U0128763

21世纪计算机系列教材

大学计算机文化

徐安东　王群慧　叶　强　编

上 海 交 通 大 学 出 版 社

内 容 提 要

计算机不仅是一种工具，也是一种文化，工具是可选的，文化却是必备的。本书是为适应当前《计算机文化基础》改革需要而编写的，内容包括：信息科学与信息技术、计算机基础知识、Windows操作系统、文字处理软件Word 2000、电子表格处理软件Excel 2000、电子演示软件PowerPoint 2000、计算机网络基础。

本书具有较大的适用面，既可供大学生作为计算机文化基础《大学计算机基础》的自学教材，也可供培训班或其他具有高中文化程度的读者自学之用。

图书在版编目(CIP)数据

大学计算机文化/徐安东，王群慧，叶强编. -上海：上海交通大学出版社，2006
ISBN 7-313-04553-0

Ⅰ.大… Ⅱ.①徐…②王…③叶… Ⅲ.电子计算机-高等学校-教材 Ⅳ.TP3

中国版本图书馆CIP数据核字(2006)第099148号

大学计算机文化
徐安东 王群慧 叶强 编
上海交通大学出版社出版发行
(上海市番禺路877号 邮政编码200030)
电话:64071208 出版人:张天蔚
上海交大印务有限公司印刷 全国新华书店经销
开本:787mm×1092mm 1/16 印张:20 字数:491千字
2006年8月第1版 2006年8月第1次印刷
印数:1~5 050
ISBN 7-313-04553-0/TP·657 定价:34.00元

前　言

计算机不仅是一种工具，也是一种文化，工具是可选的，文化却是必备的。对学生来说，它还是全面素质教育的一个重要部分，通过学习计算机知识能激发学生对先进科学技术的向往，启发学生对新知识的学习热情，培养学生的创新意识，提高学生的自学能力，锻炼学生动手实践的能力。多年来的实践证明，对计算机感兴趣的学生，绝大多数都是兴趣广泛、思想活跃、善于思考、自学能力较强、喜欢动手实践的。

进入 21 世纪，高校的计算机基础教学面临着新的形势：

(1) 计算机技术的发展为信息技术的发展起了开路先锋的作用。随之，对于信息产业，其中特别是计算机产业和以移动通信为代表的通信产业得到了蓬勃的发展，成为新经济时代的一个特征。很明显，社会的发展不仅与计算机技术相关，更与信息技术紧密相关。

信息技术的飞速发展，使各领域工作的发展愈来愈依赖于信息技术，这就要求大学生有更丰富的信息技术知识和更强的应用信息技术的能力，能够在今后工作中将信息技术与本专业紧密结合，使信息技术更有效地应用于各专业领域。

因此，21 世纪高校中的计算机基础教学，实质上是对大学生的信息技术的教育，教学的内容应当由计算机技术扩展到信息技术。因此，将原来的“计算机文化基础”的内容扩展到信息技术领域，将信息技术基础作为高校学生的公共基础，开设相应的“计算机与信息技术基础”课，这是一种时代的要求。

(2) 近年来中学的计算机基础教学有较大幅度的提升，“信息技术”教育已列入中学的教学大纲。根据教育部的要求，从 2001 年秋开始，全国高中都要开设信息技术课程，2004 年进入大学的新生已在中学阶段学习过信息技术的初步知识。新一代中学生的信息技术水平将有较大幅度的提高，大多数学生到高中毕业时已经基本掌握计算机的基本操作。

过去由于中小学未将信息技术课列入必修课程，大学的计算机基础教学承担了计算机入门教育和计算机技术教育两方面的任务，现在由于全社会的计算机普及迅速发展，办公软件(Office)的应用已成为全社会普及计算机的最基本的内容，大学不应当再以办公软件作为主要内容，应该有更高的要求。此外，简单的操作性的内容宜以自学和实践为主，不必再作为大学的正式课程在课堂上讲授。

因此，中学“信息技术”课的引入要求高校的计算机教育必须做出相应的改变，提高信息技术理论和应用技术的教学，更好地与中学教育接轨。

鉴于上述情况，上海交通大学从 2004 年起，对第一门计算机公共课《计算机文化基础》进行了教学模式和教学内容的改革，将《计算机文化基础》课程分为《计算机文化基础》和《计算机与信息技术应用基础》两门。其中，《计算机文化基础》确定为过关课程(零学分，不单独开课)，内容涵盖原《计算机文化基础》的内容，学生通过自学的方法通过考试，考试成绩与毕业文凭挂钩。

改革实践证明：《计算机文化基础》是本科学生必须学习掌握和通过的公共基础课程，把它作为过关课程的设置是正确和必要的。另一方面，由于各地教育水平和学生个体计算机能力的差异性，还有相当一部分学生基础较差，仍然需要辅以面授，配上必要的辅导，需要相应的教材。即使对于基础较好的学生，也需要提供一本适用的辅导教材。

为适应《计算机文化基础》改革需要，我们编写了本教材。本教材从素质教育的要求出发，围绕计算机为核心的信息技术这一主题，着眼于培养学生的信息素养，加强计算机基本操作技能和科学作风的培养和训练，内容涉及信息科学与信息技术的基础知识、计算机系统基础、办公自动化软件、网络应用初步等 4 个方面，包含信息科学与信息技术、计算机基础知识、Windows 操作系统、文字处理软件 Word 2000、电子表格处理软件 Excel 2000、电子演示软件 PowerPoint 2000、计算机网络基础等 7 章。

本教材由上海交通大学计算机基础教学研究中心主持编写，其中第 1、第 4、第 5 章由徐安东执笔，第 2、第 3 章由叶强执笔，第 6、第 7 章由王群慧执笔，全书由徐安东统稿并定稿。

本书具有较大的适用面，既可供大学生作为计算机文化基础(大学计算机基础)的自学教材，也可供培训班或其他具有高中文化程度的读者自学之用。限于编者水平，书中难免有不妥或错误，敬请读者批评指正。

编　者

目　　录

第 1 章　信息科学与信息技术 1
1.1　信息科学与信息技术概述 1
1.1.1　信息 1
1.1.2　信息科学 5
1.1.3　信息技术 5
1.1.4　信息高速公路 7
1.2　信息技术的核心 9
1.2.1　微电子技术 9
1.2.2　计算机技术 10
1.2.3　光电子技术 11
1.2.4　通信技术 11
1.3　信息的采集、检索与加工 12
1.3.1　信息的采集 12
1.3.2　信息的检索 13
1.3.3　信息的加工 13
1.3.4　计算机信息加工 15
1.3.5　信息系统 16
1.4　信息技术应用热点 17
1.4.1　电子信箱 17
1.4.2　可视图文 17
1.4.3　电视会议 18
1.4.4　电子出版和电子书 19
1.4.5　数字图书馆 20
1.5　信息技术的应用和社会信息化 22
1.5.1　信息化是社会发展的大趋势 22
1.5.2　社会信息化与信息化社会 23
1.5.3　我国的信息化建设 23
1.5.4　信息化建设的“金字工程” 24
1.5.5　电子商务 25
1.5.6　电子政务 26
1.5.7　教育信息化 26
1.5.8　其他领域的信息化 27
1.5.9　国家信息化规划 28

1.6 信息安全 30
1.6.1 计算机安全的常见威胁 30
1.6.2 计算机病毒 32
1.6.3 黑客 32
1.6.4 计算机犯罪 33
1.6.5 计算机信息系统安全保护规范化与法制化 35
小结 37
习题 37

第 2 章 计算机基础知识 39

2.1 计算机的基本概念 39
2.1.1 计算机的诞生和发展历史 39
2.1.2 计算机的分类 41
2.1.3 计算机的主要特点 41
2.1.4 计算机的主要用途 42
2.1.5 计算机的发展方向 43
2.2 计算机系统的组成 43
2.2.1 计算机系统的组成 43
2.2.2 硬件系统的组成及各个部件的主要功能 44
2.2.3 软件的概念以及软件的分类 45
2.3 信息编码 47
2.3.1 数值在计算机中的表现形式 47
2.3.2 字符编码 51
2.4 微型计算机的硬件组成 54
2.4.1 CPU、内存、接口和总线的概念 54
2.4.2 常用外部设备 57
2.4.3 微处理器、微型计算机和微型计算机系统 59
2.4.4 微型计算机的主要性能指标 60
小结 60
习题 61

第 3 章 Windows 操作系统 66

3.1 Windows 的基本知识 66
3.1.1 Windows 历史和基本概念 66
3.1.2 Windows 运行环境 67
3.1.3 Windows 桌面的组成 67
3.1.4 Windows 文件、文件夹(目录)、逻辑盘及路径 77
3.1.5 Windows 窗口的组成 79
3.1.6 Windows 的菜单 80

3.1.7 Windows 剪贴板 81
3.2 Windows 的基本操作 81
3.2.1 Windows 的启动和退出 81
3.2.2 Windows 中汉字输入方法及其启动 82
3.2.3 Windows 中鼠标的使用 84
3.2.4 Windows 窗口的操作方法 84
3.2.5 Windows 菜单的基本操作方法 86
3.2.6 Windows 对话框的操作 86
3.2.7 Windows 工具栏的操作和任务栏的使用 87
3.2.8 Windows 开始菜单的定制 88
3.2.9 Windows 中的剪切、复制与粘贴操作 89
3.2.10 Windows 中的命令行方式 90
3.3 Windows 资源管理器 91
3.3.1 Windows 资源管理器窗口的启动和组成 91
3.3.2 Windows 文件、文件夹的使用和管理 94
3.4 Windows 系统环境的设置 100
3.4.1 Windows 控制面板的打开 100
3.4.2 Windows 中程序的添加和删除 101
3.4.3 Windows 中时间和日期的调整 101
3.4.4 Windows 中显示器环境的设置 102
3.4.5 Windows 中鼠标的设置 106
3.4.6 Windows 中打印机、输入法设置 109
3.5 Windows 附件中的系统工具和常用工具 110
3.5.1 Windows 附件中的系统工具 110
3.5.2 Windows 附件中的常用工具 111
小结 113
习题 114

第 4 章 文字处理软件 Word 2000 119

4.1 办公信息系统概述 119
4.1.1 办公信息和办公信息处理的概念 119
4.1.2 办公信息系统的目标和服务对象 119
4.1.3 办公信息系统的类型 120
4.1.4 办公信息处理设备 120
4.1.5 办公信息处理软件 120
4.2 文字处理 121
4.2.1 文字处理的概念 121
4.2.2 汉字编码 122
4.2.3 文字处理软件 125

4.3 Word 2000 概述 125
4.3.1 Word 2000 的功能 126
4.3.2 Word 2000 的运行环境 126
4.3.3 Word 2000 的安装 126
4.3.4 Word 2000 的启动和退出 127
4.3.5 Word 2000 的窗口 127
4.4 文档的基本操作 129
4.4.1 创建新文档 129
4.4.2 打开文档 130
4.4.3 文档的输入 131
4.4.4 文档的保存 132
4.4.5 文档的查找和替换 134
4.4.6 文档的编辑 136
4.5 文档的排版 138
4.5.1 字符格式化 138
4.5.2 段落格式化 140
4.5.3 项目符号和编号 141
4.5.4 设置分栏 144
4.5.5 设置边框和底纹 144
4.5.6 格式的重复应用和清除 146
4.5.7 样式与模板 146
4.6 表格操作 148
4.6.1 表格的创建 148
4.6.2 表格的编辑 149
4.6.3 格式化表格 152
4.6.4 表格的计算与排序 154
4.7 图形操作 156
4.7.1 插入图形 157
4.7.2 设置图形的格式 159
4.7.3 艺术字的使用 161
4.7.4 文本框的使用 162
4.7.5 图形绘制 163
4.8 页面排版和打印 163
4.8.1 页眉、页脚和页码 163
4.8.2 页面设置 164
4.8.3 打印预览 165
4.8.4 打印设置与输出 166
4.9 视图 167
4.9.1 普通视图 167

4.9.2　页面视图 167
4.9.3　大纲视图 168
4.9.4　文档结构视图 169
4.9.5　全屏显示视图 169
4.10　其他功能 169
4.10.1　邮件合并 169
4.10.2　域 172
4.10.3　宏 173
4.10.4　超级链接 175
小结 179
习题 179
第 5 章　电子表格处理软件 Excel 2000 185
5.1　Excel 2000 概述 185
5.1.1　Excel 2000 的功能 185
5.1.2　启动和退出 Excel 2000 185
5.1.3　Excel 2000 的工作界面 186
5.2　Excel 2000 的基本操作 188
5.2.1　工作簿的管理 188
5.2.2　工作表中的数据输入 189
5.2.3　编辑工作表 192
5.2.4　单元格的操作 195
5.3　数据计算 198
5.3.1　数据求和 198
5.3.2　运算符和优先级 198
5.3.3　函数 199
5.4　数据管理 201
5.4.1　数据排序 201
5.4.2　数据筛选 202
5.4.3　数据分类汇总 204
5.4.4　数据透视表 205
5.5　数据图表化 207
5.5.1　创建图表 207
5.5.2　图表的编辑 209
5.5.3　图表的格式化 210
5.6　页面的设置和打印 212
5.6.1　页面设置 212
5.6.2　打印预览和打印 214
小结 216

习题 216

第 6 章 电子演示软件 PowerPoint 2000 220

6.1 引言 220

6.1.1 为什么要使用电子演示文稿 220

6.1.2 什么是电子演示文稿 220

6.2 PowerPoint 2000 的工作环境 220

6.2.1 启动 PowerPoint 2000 220

6.2.2 PowerPoint 2000 视图 222

6.3 从零开始制作演示文稿 225

6.3.1 使用“内容提示向导” 225

6.3.2 使用“设计模板” 226

6.4 编辑演示文稿 228

6.4.1 选择新的外观 228

6.4.2 添加绘图和图示 228

6.4.3 添加图表 228

6.4.4 添加剪贴画 229

6.4.5 添加徽标或更改每张幻灯片 230

6.4.6 添加其他图形 230

6.5 放映演示文稿 231

6.5.1 联机幻灯片放映 231

6.5.2 有选择性地放映 232

6.5.3 创建交互式演示文稿 233

6.6 输出演示文稿 234

6.6.1 打印输出 234

6.6.2 幻灯片打包输出 235

6.6.3 将演示文稿发布到 Web 上 235

6.7 获取联机帮助 235

小结 236

习题 236

第 7 章 计算机网络基础 239

7.1 计算机网络的定义和功能 239

7.1.1 何谓计算机网络 239

7.1.2 为何使用计算机网络 240

7.2 计算机网络的形成和发展 242

7.2.1 数据通信技术的研究与发展 242

7.2.2 分组交换技术的研究与发展 243

7.2.3 网络体系结构与协议标准化的研究 243

7.2.4 Internet 的广泛应用与高速网络技术的快速发展......244
7.3 计算机网络的分类与组成......246
7.3.1 根据网络传输技术进行分类......246
7.3.2 根据网络的覆盖范围进行分类......247
7.3.3 计算机网络的组成......247
7.4 计算机网络的体系结构及协议......248
7.4.1 实际社会生活中的例子......248
7.4.2 网络协议的概念......249
7.4.3 网络体系结构的概念......250
7.4.4 ISO/OSI 参考模型......251
7.4.5 TCP/IP 参考模型......253
7.5 数据通信与数据交换技术......255
7.5.1 数据通信的基本概念......255
7.5.2 有线传输介质......258
7.5.3 无线传输......260
7.5.4 数据交换技术......263
7.6 局域网技术......264
7.6.1 局域网的拓扑结构......264
7.6.2 IEEE 802 参考模型与协议......266
7.6.3 高速局域网技术......267
7.6.4 虚拟局域网技术......269
7.6.5 局域网操作系统......270
7.7 网络互联技术......271
7.7.1 网络互联的类型......271
7.7.2 网络互联的层次......272
7.7.3 典型的网络互联设备......273
7.8 Internet......275
7.8.1 Internet 的基本概念......275
7.8.2 Internet 的基本服务......279
7.8.3 接入 Internet......285
7.8.4 我国 Internet 宏观状况统计......286
7.9 网络安全......287
7.9.1 网络安全的重要性......287
7.9.2 网络安全标准......288
7.9.3 个人计算机的安全措施......289
7.10 网络软件的使用......290
7.10.1 局域网操作系统的使用......290
7.10.2 接入 Internet 的方法......294
7.10.3 WWW 浏览器的使用......295

7.10.4 电子邮件客户端软件的使用 298
7.10.5 FTP 客户端程序的使用 300
7.10.6 安全设置 301
小结 302
习题 304
参考文献 306
网络站点资源 306

第1章　信息科学与信息技术

20世纪40年代末期，美国数学家香农(C.E.Shannon)经过八年多的研究发表了《通信的数学理论》和《在噪声中的通信》两篇著名论文，在通信领域中提出了信息的概念，并初步建立了信息系统的模型和度量信息的公式，宣告了信息论的诞生。信息论适应了社会飞速发展的需要，迅速渗透到了人类生产、生活的各个领域。特别是近十几年，信息已成了时代的基本观念，越来越受到人们的重视。现在人们到处在谈论信息：我们现在进入了一个信息化社会，我们正在迈向信息高速公路，我们将要迎接一个信息爆炸的新时代。那么，什么是信息，它有什么特征，有什么作用，等等。本章将围绕这些问题，介绍信息、信息科学和信息技术的基本概念。

1.1　信息科学与信息技术概述

1.1.1　信息

广义地说，信息就是人类的一切生存活动和自然存在所传达出来的信号和消息。一切存在都有信息。信息的积累和传播，是人类文明进步的基础。信息同物质、能源一样重要，是人类生存和社会发展的三大基本资源之一。

对人类而言，人的五官生来就是为了感受信息的，它们是信息的接收器，它们所感受到的一切，都是信息。然而，大量的信息是我们的五官不能直接感受的，人类正通过各种手段，发明各种仪器来感知它们，发现它们。

不过，人们一般说到的信息多指信息的交流。信息本来就是可以交流的，如果不能交流，信息就没有用处了。信息还可以被储存和使用。读过的书，听到的音乐，看到的事物，想到或者做过的事情，这些都是信息。

1.1.1.1　信息的分类

信息有许多种分类方法。根据信息来源，人们一般把它分为宇宙信息、地球自然信息和人类社会信息3类。

(1) 宇宙信息是指在宇宙空间，恒星不断发出的各种电磁波信息和行星通过反射发出的信息，形成了直接传播的信息和反射传播的信息。

(2) 地球自然信息是指地球上的生物为繁衍生存而表现出来的各种行动和形态、生物运动的各种信息以及无生命物质运动的信息。

(3) 人类社会信息是指人类通过手势、眼神、语言、文字、图表、图形和图像等所表示的关于客观世界的间接信息。

信息还可以根据其用途分为决策信息、预测信息、统计信息、行为信息、控制信息、反馈信息、销售信息、市场信息、商品信息、计划信息、管理信息和经济信息等。

另外，信息也可以根据其他标准进行分类。例如，根据信息的准确性程度，可将其分为确定性信息和不确定性信息，其中不确定信息又可分概率信息和模糊信息。

1.1.1.2 信息的形态

所谓形态是指事物的形状和神态。在当代，由于科学技术的发展，信息一般表现为 4 种形态：

(1) 数值。数据通常被人们理解为“数字”，这是不全面的。应该说，纯粹由数字及某些特殊符号表示的传统意义上的数据称为数值或数字。

(2) 文本。文本是指书写的语言，即“书面语”，以表示它同“口头语”的区别。从技术上说，口头语言只是声音的一种形式。文本可以用手写，也可以用机器印刷出来。

(3) 声音。声音是指人们用耳朵听到的信息，在目前的经济阶段，人们听到的基本上是两种信息：说话的声音和音乐。收音机、录音机、电话、唱片等，都是人们用来处理声音信息的工具。

(4) 图像。图像是指人们能用眼睛看见的信息。它们可以是黑白的，也可以是彩色的；它们可以是照片，也可能是图画；它们可以是艺术的，也可以是纪实的；它们可以是一些表述或描述、印象或表示，只要能被人们看见就行。

经过扫描的一页文本和数据的图像，也被视为一个单独的图像，虽然新的程序能再次改变这些图像。复印机、传真机、打印机、扫描机是 4 种不同的、但基本上又是发挥类似功能的机器，所以完全可以合而为一。

数值、文本、声音、图像等信息形态还能相互转化。一张图画可能相当于1000个字，并由 10 万个点组成。“点”又可能是数字、文字或符号。乐谱上的乐曲之所以能被乐师演奏，是因为技术人员把像点一样的图像转化成了声音。秘书记录别人口授的语言，则是把声音变成了文字。当数字化了的信息被输入计算机或从计算机中输出，数字又可以用来表示上述这些形态中的任何一种或所有的形态。于是，过去曾被视为毫不相干的行业，如计算机、通信、电视、出版等，现在却密切相关。

1.1.1.3 信息的功能

信息的功能同信息的形态密不可分，并往往融合在一起。打个比方，信息的形态是指信息“是什么模样”，而信息的功能是指信息通过它的形态，信息“能干什么”。

从基本的意义上说，信息能通过它的 4 种形态中的一种形态，“捕捉”到环境中存在的信息，即占有它，再把它表示出来。通俗地说，生成信息就是把已知的信息用一种容易理解的形式发送出去或接收过来；再进一步，就是把信息数字化，即用“二进制”数表示。

一旦信息被数字化，即变成二进制数字“0”和“1”的组合，所有形态的信息在以后的 3 种功能中都能加以处理。当照片被分解(“读”)成数字时，图中的每一个点都被赋予一定的值，然后，照片便能通过电话或卫星发送出去或接收过来。而数字录音带(DAT)在把声音存进去以后，也可以经过类似的处理。

(1) 处理信息。处理信息是计算机为人类作出的一大贡献。计算机不但可以进行数值数据处理，而且可以进行文字处理、声音处理和图像处理等。计算机的处理功能包括转换、编辑、分析、计算和合成。虽然今天的计算机已把信息生成、处理和存储功能集于一身，但其处理过程中的各个步骤，就如同在胶片上印上图像那样，彼此是截然不同的：显影、增强、放大，然后把包含在照片上的信息保持在一定的形式中。

(2) 储存信息。储存信息通常是指用信息的 4 种形态中的一种形态来取得信息，并将其保存下来，供日后之用。在我国古代，文本和数值储存在竹简上，而敦煌壁画则储存了我国历代的许多画像。只有声音必须等到工业时代，才能储存在唱片、录音带和激光唱盘之中。而信息时代，信息则有可能储存在电脑的硬盘、软盘和光盘之中。

如果储存方式是静态的，即只是搜集和保存信息，而没有用信息来做任何事情，这种过程被称为“只读存储”(ROM)。然而，电子时代的储存通常是动态的。例如，字处理机不但能把人们书写的东西储存起来，而且一旦需要，人们还可以进行检索和修改。

(3) 传输信息。信息传输之所以能够实现，是由于有了电话等手段。在当代有线通信中，传输就是在同轴电缆上用电磁波的速度，或在光纤电缆上用光的速度，把各种形态的信息从一端传向另一端。

储存是跨越时间来传输信息，而传输则是跨越空间来传输信息。

简单的传播，诸如利用电话来进行传输，被传输的是声音和图像，而没有将这两者加以改变。然而，当网络不仅传输各种形式的信息，而且也履行生成、处理和储存功能时，便会给正在进行的各种经济活动增加巨大的价值。因此，这样的网络被称为增值网络。

1.1.1.4　信息的特点

信息的特点主要有：

(1) 信息的不灭性。信息不像物体和能量，物质是不灭的，能量也是不灭的，其形式可以转化，但信息的不灭性同它们不一样。一个杯子被打碎了，构成杯子的陶瓷的原子、分子没有变，但已不成为一个杯子。又如能量，我们可以把电能变成热能，但变成热能后电能已经消失。而信息的不灭性是一条信息产生后，其载体可以变换，可以被毁掉，如一本书、一张光盘，但信息本身并没有被消灭，所以，信息的不灭性是信息的一个很大的特点。

(2) 信息的复制性。信息可以复制，可以广泛传播。信息的复制不像物体的复制，一条信息复制成 100 万条信息，其费用十分低廉。尽管信息的创造可能需要很大的投入，但复制只需要载体的成本，可以大量地复制，广泛地传播。

(3) 信息的时效性。某些信息的价值具有很强的时效性。一条信息在某一时刻价值非常高，但过了这一时刻，可能一点价值也没有。现在的金融信息，在需要知道的时候，会非常有价值，但过了这一时刻，这一信息就会毫无价值。又如战争时的信息，敌方的信息在某一时刻有非常重要的价值，可以决定战争或战役的胜负，但过了这一时刻，这一信息就变得毫无用处。所以说，相当部分信息有非常强的时效性。

1.1.1.5　信息的基本作用

信息作为一种客观存在，它一直都在积极地发挥着人类意识或没有意识到的重大作用。科学技术在近两个世纪所取得的空前进步，使人们终于认识到，信息是与物质和能源可以相提并论的用以维系人类社会存在及发展的三大要素之一。因此，只有科学地了解和认识信息的基本作用，才能更好地把握信息，进而才能使信息更好地为科学技术、经济和社会发展服务。

概括起来，信息的基本作用主要体现在以下几个方面。

(1) 人类认识客观世界及其发展规律的基础。信息是客观事物及其运动状态的反映，是提示客观事物发展规律的重要途径。客观世界里到处充满着各种形式和内容的信息，人类的认识器官，包括感觉器官和思维器官，对各种渠道的信息进行接收，并通过思维器官将已收集到的大量信息进行鉴别、筛选、归纳、提炼、存储，形成不同层次的感性认识和理性认识。在这一认识过程中，人类是认识论的主体，信息是认识论的客体。

(2) 客观世界和人类社会发展进程中不可缺少的资源要素。物质、能源和信息是构成客观世界的三大要素。在人类社会发展的进程中，它们又是维护社会生产和经济发展的重要资源。在当今信息化社会中，与其他资源相比，信息资源具有特别重要的意义。人类对各种资源的有效获取、有效分配和有效使用，无一不是凭借对信息资源的开发利用来实现的。信息资源在推动社会发展、促进人类社会进步等方面正发挥着日益重要的作用。

(3) 科学技术转化为生产力的桥梁和工具。纵观人类历史发展的过程，从初级社会到高级文明社会经历了五六千年，而人类社会的近代文明史发展只有几百年。造成这一历史现象的根本原因在于近三百年来科学技术作为生产力发挥了关键的作用，是科学技术这一生产力要素造就了人类的近代文明。但是科学研究中的成果、技术上的创新作为推动社会前进的直接生产力是需要转化的，而转化的桥梁或工具则是人们所要把握的信息和其他一些因素。

观察现代工业文明，信息及信息技术无时无刻不在发挥着它传播知识成果、继承和发扬人类文明的桥梁和工具作用。没有观察和实验数据，没有科研报告，没有书刊资料，没有机读信息和电子信息，没有在人类历史长河中不断扩充和增值的知识与智能，就没有当今文明的社会，而这一切恰恰都来源于以某种形式流动着的信息。这些信息既是体现科学技术自身，也是传播和推广科学技术，使其转化为生产力的工具和手段。

(4) 管理和决策的主要参考依据。从广义上讲，任何管理系统都是一个信息输入、变换、输出的信息与信息反馈系统。这是因为管理者首先要知道被管理对象的一些基本情况，在一定程度上消除对管理对象认识的不确定性后，制定出相应的对策，进而实施管理。更进一步地讲，任何组织系统要实现有效的管理，都必须及时获得足够的信息，传输足够的信息，产生足够的信息，反馈足够的信息。只有以一定的信息为基础，管理才能驱动其运动机制；只有足够的信息，才能保证管理功能的充分发挥。

(5) 国民经济建设和发展的保证。信息作为一种重要资源已经得到了社会的广泛承认。信息可以创造财富，通过直接或间接参与生产经营活动，为国家经济建设的各方面发挥出重要的作用。

作为一种知识性产品，信息的价值是无法直接计算的，但它的经济效益却是实实在在的。一项适时对路的信息，可以带来一种新产品，或者在贸易中处于有利地位；信息的交流可以鼓励竞争，消除垄断，使不同的企业或工程项目得到相互促进的发展；技术经济信息可以有利于产品的更新换代，有利于产品质量的提高，有利于技术的进步和生产的发展；市场信息能提高全民经济生产的协调性等。

在工业发达国家，信息经济正迅速发展成为指导现代经济的主要经济，并且对世界各国的经济发展都产生了重大的影响和推进。近些年来，我国信息产业的发展异常迅速，信息经济产值的快速增长已很好地证明了信息在经济发展中所起的巨大作用。

1.1.1.6　信息的应用

信息的应用非常广阔，认知、科学探索、知识传播、生产流程的控制、管理(宏观管理、微观管理)、娱乐(声像设备)以及人与人之间的交流等发展都很迅速，这些都是非常宽的信息应用领域。目前，信息对各行各业的渗透已不完全是控制的问题，一些行业的发展本身就是信息发展的过程，如现代金融业其本身的物理过程就是个信息过程，现在的银行就是电子银行，货币是电子货币，实物货币以及纸币已基本被取代。绝大部分金融业务已不再通过纸币或支票的方式，而是通过电子的方式在进行。

信息的应用领域非常之广，但其应用状况和应用水平则依赖于信息科学、信息技术及其应用的发展。

1.1.2　信息科学

信息科学是研究信息及其运动规律的科学。它以香农创立的信息论为理论基础，以信息作为主要研究对象，以信息的运动规律作为主要研究内容，以现代科学方法论作为主要研究方法，以扩展人的信息功能为主要研究目标的一门科学。信息科学包括对信息的描述和测度、信息传递理论、信息再生理论、信息调节理论、信息组织理论、信息认识理论等内容。它研究信息提供、信息识别、信息变换、信息传递、信息存贮、信息检索、信息处理、信息施效等一系列问题和过程。信息科学是在信息论的基本上发展起来的，包括系统论、控制论、信息论、耗散结构论、协同论、突变论、超循环论等学科。随着现代科学技术的发展，信息科学也在不断向纵深方向深化和发展。现代信息科学实际上是以信息作为研究核心的一系列主导学科与边缘学科群。

信息科学是信息时代的必然产物，它的创立具有很重大的意义。它提出了全新的研究对象，开辟了广阔的研究领域，给整个科学技术的发展带来了新的动力和希望。不仅如此，新的学科往往还启迪新的科学观点和思想，发掘新的研究途径和方法。作为一门新兴的学科，信息科学创造了一套在现代科学发展中具有极其重要意义的独特的研究方法，即信息分析综合法、行为功能模拟法和系统整体优化法。

扩展人类的信息器官功能，提高人类对信息的接收和处理的能力，实质上就是扩展和增强人们认识世界和改造世界的能力。这既是信息科学的出发点，也是它的最终归宿。

1.1.3　信息技术

1.1.3.1　什么是信息技术

凡是能扩展人的信息功能的技术，都是信息技术(Information Technology，IT)。可以说，这就是信息技术的基本定义。它主要是指利用电子计算机和现代通信手段实现获取信息、传递信息、存储信息、处理信息、显示信息、分配信息等相关技术。

具体来讲，信息技术主要包括以下几方面技术：

(1) 感测与识别技术。其作用是扩展人获取信息的感觉器官功能。这类技术总称为“传感技术”，包括信息识别、信息提取、信息检测等技术，它几乎可以扩展人类所有感觉器官的传感功能。传感技术、测量技术与通信技术相结合而产生的遥感技术，更使人感知信息的能力得到进一步的加强。

信息识别包括文字识别、语音识别和图形识别等，通常采用“模式识别”的方法。

(2) 信息传递技术。其主要功能是实现信息快速、可靠、安全的转移。各种通信技术都属于这个范畴。广播技术也是一种传递信息的技术。由于存储、记录可以看成是从“现在”向“未来”或从“过去”向“现在”传递信息的一种活动，因而也可将它看作是信息传递技术的一种。

(3) 信息处理与再生技术。信息处理包括对信息的编码、压缩、加密等。在对信息进行处理的基础上，还可形成一些新的更深层次的决策信息，这称为信息的“再生”。信息的处理与再生都有赖于现代电子计算机的超凡功能。

(4) 信息施用技术。这是信息过程的最后环节。它包括控制技术、显示技术等。

由上可见，传感技术、通信技术、计算机技术和控制技术是信息技术的 4 大基本技术，其中现代计算机技术和通信技术是信息技术的两大支柱。本章 1.3 节将介绍信息技术的主要方面。

1.1.3.2 信息技术的发展

信息技术的发展历史悠久。指南针、烽火台、风标、号角、语言、文字、纸张、印刷术等作为古代传载信息的手段 ，曾经发挥过重要作用。望远镜、放大镜、显微镜、算盘、手摇机械计算机等则是近代信息技术的产物。它们都是现代信息技术的早期形式。

(1) 信息技术的发展历史。综观信息技术的发展历史，人类社会已经历了四次信息技术革命：

① 第一次革命是人类创造了语言和文字，接着出现了文献。语言、文献是当时信息存在的形式，也是信息交流的工具。

② 第二次革命是造纸和印刷术的出现。这次革命结束了人们单纯依靠手抄、篆刻文献的时代，使得知识可以大量生产、存储和流通，进一步扩大了信息交流的范围。

③ 第三次革命是电报、电话、电视机及其他通信技术的发明和应用。这次革命是信息传递手段的历史性变革，它结束了人们单纯依靠烽火和驿站传递信息的历史，大大加快了信息的传递速度。

④ 第四次革命是电子计算机和现代通信技术在信息工作中的应用。电子计算机和现代通信技术的有效结合，使信息的处理速度、传递速度得到了惊人的提高，人类处理信息、利用信息的能力达到了空前的高度。

(2) 信息技术的发展趋势。展望未来，信息技术的发展趋势将呈现下述趋势：

① 高速、大容量。速度越来越高、容量越来越大，无论是通信还是计算机发展都是如此。

② 综合化。包括业务综合以及网络综合。

③ 数字化。一是便于大规模生产，过去生产一台模拟设备需要花很多时间，模拟电路每一个单独部分都需要进行单独设计单独调试。而数字设备是单元式的，设计非常简单，便于大规模生产，可大大降低成本。二是有利于综合，每一个模拟电路其电路物理特性区别都非常大，而数字电路由二进制电路组成，非常便于综合，要达到一个复杂的性能用模拟方式往往综合不起来。现在数字化发展非常迅速，各种说法也很多，如数字化世界、数字化地球等。而数字化最主要的优点就是便于大规模生产和便于综合这两大方面。

④ 个人化。即可移动性和全球性。一个人在世界任何一个地方都可以拥有同样的通信手段，可以利用同样的信息资源和信息加工处理的手段。

1.1.4 信息高速公路

信息高速公路是当今社会的热门话题。1992 年，当时的参议员、现任美国副总统阿尔·戈尔提出美国信息高速公路法案。1993 年 9 月，美国政府宣布实施一项新的高科技计划——"国家信息基础设施"(National Information Infrastructure，NII)，旨在以因特网为雏形，兴建信息时代的高速公路——"信息高速公路"，使所有的美国人方便地共享海量的信息资源。

1.1.4.1 信息高速公路的建设目标

信息高速公路旨在建立一个能提供超量信息的，由通信网络、多媒体联机数据库以及网络计算机组成的一体化高速网络，向人们提供图、文、声、像信息的快速传输服务，并实现信息资源的高度共享，其主要目标是：

(1) 在企业、研究机构和大学之间进行计算机信息交换。

(2) 通过药品的通信销售和 X 光照片图像的传送，提高以医疗诊断为代表的医疗服务水平。

(3) 使在第一线的研究人员的讲演和学校里的授课发展成为计算机辅助教学。

(4) 广泛提供地震、火灾等灾害信息。

(5) 实现电子出版、电子图书馆、家庭影院、在家购物等。

(6) 带动信息产业的发展，产生巨大的经济效应，增强国际实力，提高综合国力。

1.1.4.2 信息高速公路的组成

信息高速公路由四个基本要素组成：

(1) 信息高速通道，即信息高速公路之"路"。这是一个能覆盖全国的以光纤通信网络为主的，辅以微波和卫星通信的数字化大容量、高速率的通信网。

(2) 信息资源，即信息高速公路上行驶之"车"。把众多的公用的、未用的数据、图像库连接起来，通过通信网络为用户提供各类资料、影视、书籍、报刊等信息服务。

(3) 信息处理与控制。主要是指通信网络上的高性能计算机和服务器，高性能个人计算机和工作站对信息在输入/输出、传输、存储、交换过程中的处理和控制。

(4) 信息服务对象。使用多媒体经济、智能经济和各种应用系统的用户进行相互通信，可以通过通信终端享受丰富的信息资源，满足各自的需求。

1.1.4.3 信息高速公路的关键技术

信息高速公路的主要关键技术有：

(1) 通信网技术。

(2) 光纤通信网(SDH)及异步转移模式交换技术。

(3) 信息通用接入网技术。

(4) 数据库和信息处理技术。

(5) 移动通信及卫星通信，数字微波技术。

(6) 高性能并行计算机系统和接口技术。

(7) 图像库和高清晰度电视技术。

(8) 多媒体技术。

1.1.4.4 信息高速公路的主干线：互联网络

互联网络(Internet，即因特网)是跨越全球，连接上百万个子网、上亿台主机的国际性互联网络，是最高层次的骨干网络。

互联网络源于美国国防部于1969年资助建立的Arpanet网，分为军用和民用两部分。民用部分在1989年改名为Internet。

互联网络有许多用途。利用它可向全球的互联网络用户发送电子邮件，发送开会通知或简报等，可召开分散于世界各地有关人员的电子会议，可建立电子信箱。在互联网络上发布的新闻，可以迅速传播到世界各地。研究人员可以快速进行论文、报告和计算机源程序的交换。用户可以自由地、高速地检索出分布于不同网络上的信息。用户还可以从远处进行登录，使用连接于互联网络上的软件、硬件资源，例如，使用巨型计算机。通过远程登录还可以利用各种商用数据服务。企业还可以利用互联网络发布广告。

1.1.4.5 信息高速公路的诱人画卷

信息高速公路为亿万普通人展示了一幅诱人的画卷，目前人们的许多幻想已变为现实：

(1) 可视电话。不仅可闻其声，而且可见其人。

(2) 网络购物。足不出户，通过互联网络浏览世界各地的商品，购买可下载的数字化信息产品或办理传统的商品邮购。

(3) 无纸贸易。利用互联网络实现方便、清洁、安全的电子结算和信用卡付帐，纸币将逐渐退出流通领域。

(4) 电视会议。多媒体会议系统将世界各地的与会者组织在一个虚拟的会议厅里，人们远隔万里也可举行会议，大大节省时间和费用开支。

(5) 居家办公。人们可以利用家庭计算机网络和办公自动化系统，完成所承担的工作任务，也可在网络上与他人合作。

(6) 远程教育。互联网络实现了教师、媒体、学生的自主交流，任何人均可享用网上的教育资源，完成各级教育，而无需任何资格限制。

(7) 远程医疗。多媒体的三维图像信息处理与传输技术，为远程会诊奠定了基础。即使是边远地区的病人，也可以得到最好的医生治疗。

(8) 网络游戏。人们除可以调用网上丰富的游戏软件外，还可以与远隔万里的朋友下棋、打牌等。

(9) 视频点播。人们不必拘泥于电视台播什么才能看什么，可以随时向网上视频信息库点播自己所喜欢的任何节目。交互式播放系统还可以按观众的要求选择相应的材料播放，由观众设计影视作品情节的发展。

(10) 知识点播。通过网络可以方便地访问遍布全球的数字图书馆、数字博物馆等的各种资料和数据，实现知识传输和知识共享，使知识垂手而得。

显然，信息高速公路的建成，将彻底改变人类的工作、学习和生活方式，其影响将超过今天的铁路与高速公路。

1.1.4.6　信息高速公路的巨大效益

信息高速公路具有巨大的社会经济效益。据美国预计，到 2007 年即美国建成信息高速公路之际，国民生产总值将因信息高速公路建成而增加 3210 亿美元；实现家庭办公等将减少铁路公路和航运工作量的 40%，也相应减少能源消耗和减少污染；光是汽车的废气排放量每年减少 1800 万吨；通过远距教学和医疗诊断，节省大量时间和资金；劳动生产率将提高 20%～40%。

1.1.4.7　信息高速公路在世界各国

紧随美国的信息高速公路计划之后，欧盟、加拿大、俄罗斯、日本等纷纷效仿，相继提出各自的信息高速公路建设计划，投入巨资实施国家的信息基础设施建设，一场建设信息高速公路的热潮在世界范围内涌动。

我国政府对国家信息基础设施的建设历来十分重视，“九五”计划期间就把实施以“三金”工程为核心的“金系列”工程列为信息化建设的重点。到 20 世纪末，全国已基本建成“金桥”、“金关”、“金卡”(以上合称为“三金”)、“金税”等工程，并先后投入运行。而在《国民经济信息化 2010 年远景目标纲要》中，又进一步对我国的信息化建设规定了明确的目标和任务。

1.2　信息技术的核心

信息技术包括微电子技术、计算机技术、光电子技术、通信技术、传感技术、多媒体技术、自动控制技术、视频技术、遥感技术等。下面将介绍其中的几个核心技术。

1.2.1　微电子技术

微电子技术是现代信息技术的基础，是以计算机技术、通信技术和网络技术的应用和升级为代表的信息产业中最关键的核心技术。它是随着晶体管电子计算机小型化的要求发展起来的。它利用半导体电路技术和微细加工技术，把计算机的逻辑部件(如中央处理器)和存储部件(如存储器)制作在一块硅片上，在不到 $1mm^2$ 的硅片上可以集成 1 亿多个晶体管。微电子技术经过了 30 多年的发展，目前已实现了 0.18μm 技术，预计 0.06μm 技术将在 10 年后广泛使用。由于微电子技术的应用，计算机在速度和容量不断提高的同时，大大节省了能源、材料和空间，从而大大降低了成本。将来微电子技术与纳米技术相互融合，其发展前景更为可观。

微电子技术是近半个世纪以来得到迅猛发展的一门高科技应用性学科，是信息产业的先导和基石，被誉为现代电子工业的心脏和高科技的原动力。微电子技术的强大生命力在于它可以低成本、大批量地生产出具有高可靠性和高精度的微电子结构模块。这种技术与其他学科相结合，会诞生出一系列崭新的学科和重大的经济增长点，作为与微电子技术成功结合的典型例子便是 MEMS(微电子机械系统)技术和 DNA 生物芯片等。前者是微电子技术与机械、光学等技术结合而诞生的，后者则是与生物工程技术结合的产物。当前，我们正经历着一场新的技术革命，虽然第三次技术革命包含了新材料、新能源、生物工程、海洋工程、航海航天技术和电子信息技术等，但影响最大、渗透性最强、最具有新技术革命代表性的乃是以微电子技术为核心的电子信息技术。目前，微电子技术已经成为衡量一个国家科学技术和综合国力的重要标志。微电子芯片(IC)是微电子技术的核心，其一开始就以惊人的速度发展，是人类历史上发展最快的技术之一。现代各种信息、电子系统都需要大量的集成电路和集成系统芯片。随着微电子技术的进步，芯片上的线条越来越精细，图案也越来越复杂，它们是一个采用微米(百万分之一米)和纳米(十亿分之一米)为计量单位的奇妙世界，也可以说在世界上没有一个能工巧匠能用传统的手工艺加工出这样的精美之作。

微电子技术的发展方向是高集成、高速度、低功耗和智能化。随着集成电路制造技术和设计技术的迅速发展，21 世纪的微电子技术将从目前的 3G 时代逐步发展到 3T 时代(即存储容量由 G 位发展到 T 位、集成电路器件的速度由 GHz 发展到 THz、数据传输速率由 Gbps 发展到 Tbps)。虽然一个集成电路芯片的面积只有一粒米或几粒米那么大，然而以它为主装配成的具有各种功能的仪器、装置、系统等表现出了许多人所不及的高性能。

1.2.2　计算机技术

计算机技术是信息处理的核心，现代信息技术一刻也离不开计算机技术。

计算机从其诞生之日起就不停地为人们处理着大量的信息，而且随着计算机技术的不断发展，它处理信息的能力也在不断地加强。现在计算机已经渗入到社会生活的每一个方面。现代信息技术一刻也离不开计算机技术。

芯片技术与计算机技术是密不可分的。先进的微电子技术制造出先进的芯片，而先进的计算机则是由先进的芯片组成的。芯片技术是微电子技术的结晶，是计算机技术的核心。

现在，计算机技术取得了飞速的发展，从大型机、中型机、小型机到微型机、笔记本式计算机、便携式计算机，从 PC 机、286、386 到 486、586，计算机的体积越来越小，功能越来越强，价格越来越便宜。与此同时，计算机的应用也取得了很大的发展，例如，电子出版系统的应用改变了传统印刷、出版业；计算机文字处理系统的应用使作家改变了原来的写作方式，称作“换笔”革命；光盘的使用使人类的信息存贮能力得到了很大程度的延伸，出现了电子图书这样的新一代电子出版物；多媒体技术的发展使音乐创作、动画制作等成为普通人可以涉足的领域。

在计算机技术发展进程中，多媒体技术是一个重要方面。多媒体技术是 20 世纪 80 年代才兴起的一门技术，它把文字、数据、图形、语音等信息通过计算机综合处理，使人们得到更完善、更直观的综合信息。在未来，多媒体技术将扮演非常重要的角色。信息技术处理的很大一部分是图像和文字，因而视频技术也是信息技术的一个研究热点。

在计算机技术发展进程中，计算机网络是又一个重要方面。计算机网络是现代通信技术与计算机技术相结合的产物。建立计算机网络是为了实现资源共享及更快地传送信息两个主要目的。通常认为，计算机网络就是利用通信线路，将分散在各地的具有独立功能的计算机相互连接，使其按照网络协议互相通信，实现资源共享的系统集合。计算机网络应具备通信线路、独立功能的计算机和网络协议三方面的要素。

智能化是计算机发展中的一个主要方向。当今的计算机信息处理技术在某些方面已经超过了人脑在信息处理方面的能力，如记忆能力、计算能力等。但在许多方面，却仍然逊色于人脑，如文字识别、语音识别、模糊判断、模糊推理等。尤其重要的是，人脑可以通过自学习、自组织、自适应来不断提高信息处理的能力，而目前存储程序式计算机的所有能力都是人们通过编制程序赋予给它的，是机械的、死板的和无法自我提高的。所以计算机的智能化研究将是未来研究的一个主要方向。

新一代的计算机将朝着并行处理的方向发展。目前，神经网络计算机、 光计算机、 化学和生物计算机、量子计算机正在研制之中。

1.2.3　光电子技术

光电子技术是利用光/电和电/光转换，进行从紫外、可见光到红外波段中的信息获取、传输、变换、处理、重现的技术。光电子技术可分为元件技术和系统技术两大类，已成为继微电子技术之后迅速发展的一门新兴高科技技术。

光电子器件和部件广泛应用于长距离、大容量光纤通信、光存储、光显示、光互联、光信息处理、激光加工、激光医疗和军事武器装备，预期还会在未来的光计算中发挥重要作用。如果说微电子技术推动了以计算机、因特网、光纤通信等为代表的信息技术的高速发展，改变了人们的生活方式，使得知识经济初见端倪，那么随着信息技术的发展，大容量光纤通信网络的建设，光电子技术将起到越来越重要的作用。美国商务部指出：“20 世纪 90 年代，全世界的光子产业以比微电子产业高得多的速度发展，谁在光电子产业方面取得主动权，谁就将在 21 世纪的尖端科技较量中夺魁。”日本《呼声》月刊也有类似的评论：“21 世纪具有代表意义的主导产业，第一是光电子产业，第二是信息通信产业，第三是健康和福利产业……”。可以断言，光电子技术将继微电子技术之后再次推动人类科学技术的革命。

我国在光电子技术方面是与国际水平差距较小的一个领域，与发达国家几乎同时起步。1960 年，世界第一台红宝石激光器问世；第二年，我国第一台红宝石激光器就研制成功了。此后我国激光技术迅速发展，特别是在改革开放后，以激光为特色的光电子信息产业作为一支产业新军迅速崛起。有关专家认为，在激光科研领域中我国并不落后，可以说，国外已有的激光技术，我国也都研究开发过，但真正达到应用的还不多，特别是在微电子、汽车、机械制造这些领域，激光技术还没有发挥出应有的作用。 专家们认为，面对世界激光市场的发展趋势，我国应制定自己的激光产业发展战略，有关专家呼吁并提出了我国应建设光电子信息产业基地，即“中国光谷 ”的建议。

1.2.4　通信技术

现代通信技术主要包括数字通信、卫星通信、微波通信、光纤通信等。通信技术的普及应用，是现代社会的一个显著标志。通信技术的迅速发展大大地加快了信息传递的速度，使地球上任何地点之间的信息传递速度大大加快，通信能力大大加强，各种信息媒体(数字、声音、图形、图像)能以综合业务的方式传输，使社会生活发生了极其深刻的变化。

通信技术深入到每个人的生活当中，从传统的电话、电报、收音机、电视到如今的移动式电话、传真、卫星通信，这些新的、人人可用的现代通信方式使数据和信息的传递效率得到很大的提高，从而使过去必须由专业的电信部门来完成的工作，可由行政、业务部门办公室的工作人员直接方便地来完成。通信技术成为办公自动化的支撑技术。

计算机网络与通信技术是密不可分的。今天的网络应用已经发展到高带宽、高性能并支持对综合数字业务(如现场实况转播、网络电话和视频会议、WWW 等)多种信息服务的方式。

网络正被越来越多的人使用，提供越来越多的信息服务，提供一个可以进行广泛交互的场所。所有这些，都会带给人们更方便更快捷的获取信息和合作的途径。网络可以在很大程度上消除时间和空间上的限制。可以说，基于网络的工作模式已经成为未来社会所必需的一种工作模式。

1.3 信息的采集、检索与加工

信息技术指的是利用电子计算机和现代通信手段，实现获取信息、传递信息、存储信息、处理信息、显示信息和分配信息的技术，下面对其中的获取信息、处理信息等作进一步介绍。

1.3.1 信息的采集

信息采集是指通过各种方式获取所需要的信息。信息采集是信息得以利用的第一步，也是关键的一步。信息采集工作的好坏，直接关系到整个信息管理工作的质量。

1.3.1.1 信息采集的原则

为了保证信息采集的质量，应坚持以下原则：

(1) 准确性原则。该原则要求所采集到的信息要真实、可靠，这是信息采集工作的最基本的要求。

(2) 全面性原则。该原则要求所搜集到的信息要广泛、全面、完整，只有这样才能完整地反映管理活动和决策对象发展的全貌，为决策的科学性提供保障。

(3) 时效性原则。 信息的利用价值取决于该信息是否能及时地提供，即它的时效性。信息只有及时、迅速地提供给它的使用者才能有效地发挥作用。特别是决策对信息的要求是“事前”的消息和情报，而不是“马后炮”。

1.3.1.2 信息采集的方式

信息采集一般有以下几种方式：

(1) 社会调查。 社会调查是获得真实可靠信息的重要手段。社会调查是指运用观察、询问等方法直接从社会中了解情况、采集资料和数据的活动。利用社会调查采集到的信息是第一手资料，因而比较接近社会，接近生活，容易做到真实、可靠。

(2) 建立情报网。 管理活动要求信息准确、全面、及时，为了达到这样的要求靠单一渠道采集信息是远远不够的，特别是行政管理和政府决策更是如此。因此，必须依靠多种途径采集信息，即建立信息采集的情报网。严格来讲，情报网络是指负责信息采集、筛选、加工、传递和反馈的整个工作体系，而不仅仅指采集本身。

(3) 战略性情报的开发。战略性情报是专为高层决策者开发，仅供高层决策者使用的、比一般行政信息更具战略性的信息。

(4) 附从文献中获取信息。文献是前人留下的宝贵财富，是知识的集合体，如何在数量庞大、高度分散的文献中找到所需要的有价值的信息是情报检索所研究的内容。

现在，人们正处在一个知识量激增的年代。据估计，现在世界上每年发表的科技论文约500万篇，出版的图书约为50万种，还有大量的特种文献出版。另外，情报信息的载体形式也更加多样化，有印刷型、缩微型、机器型、声像型等等。在这样一个浩如烟海的知识海洋中，找到所需要的信息，不掌握情报检索的方法和技能是根本不行的。因此，不管是研究人员还是实际工作者，尤其是情报工作者都要掌握这项技术。

1.3.2　信息的检索

信息检索是根据用户的特定需要从大量的信息集合中获取所需信息的过程。信息检索有广义和狭义之分，广义的信息检索既包括信息的描述、加工和有序化，又包括从信息库中查寻所需信息；而狭义的信息检索仅指后者。这里所论述的是狭义的信息检索。

随着社会的信息化，信息检索将成为信息工作越来越重要的一部分。信息检索速度的快慢是信息服务质量高低的体现，而信息检索速度直接与信息检索系统有关。信息检索系统是由一定的设备、方法和信息集合构成的，主要由下列要素组成：

(1) 信息资料。

(2) 设备。

(3) 方法，如信息组织存储与检索方法。

(4) 人员，包括系统管理人员和用户。

根据信息检索系统的信息存储载体，信息检索系统可划分为以下几种类型：

(1) 手工检索系统。

(2) 穿孔卡片式检索系统。

(3) 缩微品检索系统。

(4) 计算机检索系统。

计算机检索系统是一种把信息存储在计算机储存设备(如磁盘、光盘)中，并通过计算机进行信息检索的系统。随着时代的发展，计算机检索的作用越来越突出，它可以节省大量的时间和精力，其检索速度是手工检索不可比拟的。计算机检索主要是通过检索各种数据库实现的。数据库的类型主要分为文献型数据库和事实型数据库两种。检索方式包括单机检索和网络检索：单机检索包括软盘检索和光盘检索；网络检索包括远程拨号登录检索和国际互联网检索。从发展趋势看，国际互联网检索有着更为强大的生命力。

1.3.3　信息的加工

所谓信息加工是指将收集到的信息(称为原始信息)按照一定的程序和方法进行分类、分析、整理、编制等，使其具有可用性。加工是信息得以利用的关键。加工既是一种工作过程，又是一种创造性思维活动。

1.3.3.1　信息加工的目的

信息加工在整个信息处理过程中是必不可少的。对原始信息进行加工主要是基于下述原因：

(1) 原始信息一般情况下处于一种初始的、零散的、无序的、彼此独立的状态，既不能传递、分析，又不便于利用，加工可以使其变换成便于观察、传递、分析、利用的形式。

(2) 原始信息鱼目混珠，真假成分，准确与不准确的成分都有，加工可以对其进行必要的、有分析的筛选、过滤和分类，达到去粗取精、去伪存真的目的。加工后的信息更具有条理性和系统性。

(3) 加工可以发现信息收集过程中的错误和不足，为今后的信息收集积累经验。

(4) 加工可以通过对原始数据进行统计分析，编制数据模式和文字说明等产生更有价值的新信息。这些新信息对决策的作用往往更大。

1.3.3.2 信息加工的内容

由于信息量不同，信息处理人员的能力各异，因此，信息加工没有共同的模式，因而内容也不相同。概括起来，信息加工可以有以下一些内容。

(1) 分类。是指对零乱无序的信息进行整理归并，使其有条不紊，各得其所。分类可以按时间、空间(地理)、事件、问题、目的和要求等标准来进行。

(2) 比较。是指对信息进行分析，从而鉴别和判断出信息的价值、时效性，达到去粗取精、提高信息质量的目的。

(3) 综合。就是按一定的要求和程序对各种零散的数据资料进行综合性的处理，从而使原始信息升华、增殖，成为更加有用的信息。

(4) 研究。是指信息加工人员对信息进行分析和概括，从而形成有科学价值的新概念、新结论，为决策提供依据。

(5) 编制。是指将加工过的信息整理成易于理解、易于阅读的新材料，并对这些材料进行编目和索引，以便信息利用者方便地提取和利用。

以上这些加工环节可以是递进的过程，也可以同时或穿插交叉进行。我们应注意环节的相关性和制约性，使它们有机地结合起来。

1.3.3.3 信息加工的方法

加工信息有许多方法，其中统计分析方法是经常利用的一种方法。统计分析是一种对统计资料进行科学分析和综合研究的工作。统计分析可以通过对所搜集到的大量的统计资料的加工提示出社会经济现象在一定时间、地点、条件下的具体数量关系。同时，从这些数量关系中探讨事物的性质、特征及其变化的规律，从而揭露事物的矛盾，提出解决矛盾的办法。

通过统计分析，我们可以从数据分析中作出判断，透过现象抓住本质，从而深化对客观现象的认识。另外，统计分析属于定量分析，它主要从数量上提示社会经济现象，反映其发展规律。因此，可以达到从数量上正确全面地认识客观现象的目的。其次，统计分析可以通过对社会经济现象进行全面系统的定量观察和综合分析，达到正确地描述、评价、预测社会经济发展的量变与质变过程，反映客观事物的总体状况及其内在联系的目的。

1.3.3.4 信息加工的方式

信息加工的方式可分为手工和电子两大类，各有利弊。

(1) 手工处理技术的特点和局限性。 利用手工处理资料历史悠久，当然，随着科学技术的发展，手工的概念也发生了变化，开始只依靠笔和纸，后来又加上算盘和小型计算器。这类技术的特点是：所需工具较少，方法灵活，使用方便，因而被人们广泛采用。即使有了电子计算机，手工处理也有一些甚至是不可替代的用途。

(2) 利用电子计算机进行信息加工。电子计算机运算速度快，存贮容量大，因此，利用电子计算机可以加工大批量的数据。同时计算机也为资料的更深入加工提供了条件。所以说，电子计算机的问世，为信息处理工作带来了生机。

1.3.4　计算机信息加工

利用电子计算机加工信息的工作过程大致可分为：

(1) 选择计算机。根据资料的数量、加工精度等要求，选择适当的计算机，是利用计算机进行信息加工的关键一步。

(2) 资料编码。为了使原始数据能方便地输入计算机，必须按照一定的规则对其进行编码。编码就是按照一定的规则把各种数据转化为机器易接受、易处理的形式。例如，我们用“1”代表男性，用“0”代表女性，从而给性别编码。再如，可给各省、自治区、直辖市编码，以“01”代表北京，“02”代表天津等。编码时要注意不重不漏，并且每一编码所代表的内容在实际分析时都应具有独立的意义。

(3) 选择计算机软件(包括自编程序)。随着计算机的不断发展，一些为方便用户使用计算机的软件包应运而生。所谓软件包就是一些实用工具的总称。即使不懂计算机，也不懂程序设计等任何计算机技术，只要稍加学习，也可以很方便地使用软件包中的工具。大部分软件包都具有数据处理的功能，因此，利用软件包就可以对大批量数据进行加工。当然，每个软件包各有其功能特点，在使用时要根据不同的目的加以选择。另外，不能期望任何加工都能在现有软件包上实现。对于一些有特殊要求的数据处理，需要编制专用程序。编程序必须是计算机专业人员或对计算机有较深了解的人才能完成。

(4) 数据录入。将要加工的数据录入计算机是一项工作量很大的工作。数据录入本身并不复杂，但是容易出错，因此必须对录入的数据进行检查。只有确保录入数据准确无误，才能保证加工结果正确可信。

(5) 数据加工。数据录入以后，即可调用已选定的软件包或自编软件，对这些数据进行加工处理。

(6) 信息输出。数据加工完毕后，计算机即可按软件规定的格式将加工结果显示在屏幕上或输送到打印机上。至此，整个信息加工的过程即可基本上结束。

(7) 信息存贮。有些信息收集、加工处理完毕后并不是马上就要利用，这样就需要将这些信息先保存起来。另外，一些有价值的信息使用过后还有第二次，甚至第三次使用的价值，因此，需要将这些信息留存。根据需要，信息可以存入计算机的硬盘、软盘、光盘或磁带内。信息存贮要注意以下一些问题：

① 存贮的资料要安全可靠。对各种自然的、技术的及社会的因素可能造成的资料毁坏或丢失，都必须有相应的处理和防范措施。利用计算机存贮资料，要注意计算机病毒的侵袭和其他不法分子的捣乱破坏，也要防止不熟悉的人误操作而对资料造成的损害，对此，要制订机房规章制度，非操作员不允许接触相关的计算机。

② 对于大量资料的存贮要节约存贮空间。计算机存贮要采用科学的编码体系，缩短相同信息所需的代码，从而节约空间。

③ 信息存贮必须满足存取方便、迅速的需要，否则就会给信息的利用带来不便。计算机存贮应对数据进行科学的、合理的组织，要按照信息本身和它们之间的逻辑关系进行存贮。

(8) 信息传递。一般情况下，信息提供者和利用者不是同一人，信息的提供地和利用地也可能不同，因此，信息只有通过传递才能体现其价值，发挥其作用。信息传递的方式是多种多样的，主要有：

① 按照流向的不同，可以有单向传递、反馈传递和双向传递3种方式。单向传递是传递者到接收者的单方向传递，如组织内部下达各种简报，上报各种报表，报纸上公布各种行政法规和行政命令等。反馈传递是先由接收者向传递者提出要求，再由传递者将信息传给接收者的方式，如下级行政机关根据上级机关的要求，上报各种数据报表，反映情况，汇报工作等。双向传递是指传递者和接收者互相传递信息，传递者和接收者都是双重身份，既是传递者又是接收者，如经验交流会，上下级之间的请示和批复等。

② 按信息传递时信息量的集中程序不同，有集中和连续两种方式。集中式是时间集中、信息量大的传递，如年终总结，季度情况反映等。连续式是不间断的、持续的传递方式，如按日、按周、按季度上报的报表。

③ 按信息传递范围或与环境关系的不同，可有内部传递和外部传递两种方式。内部传递是组织内的传递，如机关内部的会议汇报、布告、电话等。外部传递是指上级行政机关与下级行政机关之间、同级行政机关、行政机关与其他社会团体或组织之间的传递，如某级党的机关组织与其他民主党派的座谈会等。

信息传递的基本要求是速度快。如果一条有重要价值的信息未能及时地传递给决策者，那么决策者在做决策时就不能考虑这条信息，因而就有可能造成难以弥补的、不可估量的损失。为了达到传递高速度、增加信息的流动时间，减少信息传递的中间环节是一个有力的措施。缩短信息传递的渠道有时也能加快传递速度。要加快信息传递速度，必须利用一些现代化的传输手段，如电话、电报、传真、计算机联网、有线远程通信、无线通信和移动通信等。

1.3.5 信息系统

信息系统是与信息加工、信息传递、信息存贮以及信息利用等有关的系统。信息系统可以不涉及计算机等现代技术，甚至可以是纯人工的。但是，现代通信与计算机技术的发展，使信息系统的处理能力得到很大的提高。现在各种信息系统中已经离不开现代通信与计算机技术，所以现在所说的信息系统一般均指人、机共存的系统。

信息系统一般包括数据处理系统、管理信息系统、决策支持系统和办公自动化系统。

(1) 数据处理系统是由设备、方法、过程，以及人所组成并完成特定的数据处理功能的系统。它包括对数据进行收集、存储、传输或变换等过程。例如，在数据变换这一范围内就有一系列操作都属于数据处理，像数据的识别、复制、比较、分类、压缩、变形及计算活动等。一个数据处理系统可能包含几个子系统，其中有些子系统本身就是数据处理系统。

(2) 管理信息系统是收集、存储和分析信息，并向组织中的管理人员提供有用信息的系统。它的特点是面向管理工作，提供管理所需要的各种信息。由于现代管理工作的复杂性，管理信息系统一般都是以电子计算机为基础的。

(3) 决策支持系统是把数据处理的功能和各种模型等决策工具结合起来，以帮助决策的电子计算机信息处理系统。它能够在复杂的、迅速变化的外部环境中，给各级管理人员或决策者提供有关的信息资料，并协助决策者制定和分析决策。

(4) 办公自动化系统是由计算机、办公自动化软件、通信网络、工作站等设备组成，使办公过程实现自动化的系统。一个比较完整的办公自动化系统含有信息采集、信息加工、信息传输、信息保存四个基本环节，其核心任务是向它的各层次的办公人员提供所需的信息，所以该系统综合地体现了人、机、信息资源三者之间的关系。本书的随后各章将围绕办公自动化系统，重点介绍计算机系统、办公自动化软件和计算机网络的基本使用。

1.4 信息技术应用热点

以微电子技术、计算机技术和通信技术为代表的现代信息技术日新月异的发展及其应用的广泛普及，正在改变着人们传统的生活、学习和工作方式。现在，人们普遍非常关心信息技术的应用热点、新潮信息产品的发展和应用。

1.4.1 电子信箱

电子信箱又称电子邮寄、电子邮件，英文又称“Electronic mail”，简称“E-mail”。电子信箱是通过电子通信的手段实现信件和文件的传送、接收、存储、投送等服务。

电子信箱业务是以“信箱对信箱”和信件的“存储、转发、提取”为基础的。发信人以“信箱”为中心，通过用户电报网、电话网、数据交换网等电信网路，经过计算机网的处理，将信件、文件送到接收用户的“信箱”中，并通知收信人提取。

这种以“信箱”为中心的电信业务，实际上并没有住宅楼和办公楼内经常可以看到的具体的信箱；信件也并不是写在纸上，装在信封中的。电子信箱系统，实际上是设立在电信网上的一个计算机系统。每个用户在“电子信箱”系统中都有一个属于自己专用的“电子信箱”，还有自己信箱的名称和密码。通信的过程是这样的：发信用户按照规定的方式和格式把“信件”送进自己的“信箱”，通过电信网传送到对方用户的“电子信箱”上；收信用户可以使用自己的“钥匙”(密码)去开启“信箱”，就好比是邮政信箱；信箱与信箱之间信件的处理、传递、交换、投递等就好比是邮政系统对信件的处理过程，因此称之为“电子邮政”。

电子信箱系统的硬件是一个高性能、高容量的计算机，而系统的各种功能则是由软件来实现的。

早期的信箱系统是一些独立的系统，每个系统有一台计算机，数据库和电子信箱都设在一台机器上，因此，多台计算机电子信件要互通就比较困难，资源共享受到很大的限制。

现代的电子信箱系统是以消息处理系统(MHS)为基础的。MHS是20世纪80年代后期发展起来的计算机通信网系统，现在已经成为公用电子信箱系统的国际标准。因此，现在的电子信箱系统可以实现全球联网，与全世界的电子信箱系统互通。消息处理系统的技术也使电子信箱系统的功能、互联性、安全性和经济性等各方面都有很多改进和提高。

随着信息技术的发展，计算机系统的处理能力和存储能力的提高，现代的电子信箱系统，不仅能传送信件和文件，还能传送二进制数据、传真、话音、图像及其他形式的信息。

1.4.2 可视图文

可视图文是利用数据库存储的信息向社会提供信息服务的一种交互型的电信新业务。利用可视图文业务，人们可以毫不费力地把需要的资料“点”到家中观看，这和给广播电台打个电话便可以点播自己心爱的歌曲，有异曲同工之妙。

随着计算机的迅速普及以及社会上建立的数据库的日益增多，人们对信息的需求日益迫切，可视图文业务得到迅速发展，成为信息资源共享的一种公用开放式的电信新业务。

可视图文是在20世纪70年代后期首先在英国电信部门出现的业务，当时的名称叫作“可视数据”，以后，法国、德国、加拿大、日本、美国等国也陆续开发这种系统。到90年代，世界上已经有30多个国家开办了这种业务。

可视图文业务是在现有的公用电话网和公用数据分组交换网的基础上建立起来的。由可视图文的用户终端、编辑终端、接入设备、数据库以及可视图文业务管理中心等设备组成可视图文网。这些设备及功能分别是：

(1) 用户终端：是装设在用户单位或家中，或是安装在电信营业厅、宾馆等公共场所的设备。有的是与电话机结合使用的专用终端；有的是在微机上附加硬件卡和相应软件构成的微机终端；也有的是在家用电视机上加装键盘和附加器组成的终端。用户通过键盘输入控制命令，就可以实现检索可视图文的目的。

(2) 编辑终端：是可视图文信息提供者和数据库之间的桥梁，可以实现对文字、图形信息的编辑、删除、拷贝、移动等，并且可实现文件的存入和读取等。

(3) 接入设备：是可视图文系统的管理和控制中心，是电话网上的用户终端访问公用数据分组交换网上数据库的网间连接设备。它对电话网来说，好比是自动应答的服务台；对于用户来说，能接续用户呼叫、识别用户终端，为用户提供菜单提示以及对用户的入网使用过程进行管理等；而对于分组交换网，接入设备则是一个接到分组交换机上的分组终端。

(4) 数据库：是存储信息的设备，好像一个大图书馆，里面存有大量的分类资料信息。数据库有电信部门经常管理的公用数据库和一些专业部门建立的向公众开放专业信息的专用数据库。

(5) 业务管理中心：是对全网接入设备点进行管理的设备，负责登记、更新、删除和显示入网数据库的有关信息；各数据库一旦有信息更新，就立即转发给各接入设备点，使全网的数据信息一致。对用户则有用户登录、资费计算、统计等多种管理功能。

可视图文系统根据用户终端输入的检索要求，从数据库中找出用户所需的信息，以数据的形式通过电信网传送到用户终端，经过解码，也就是把数据变换成字符、图形或图像的方式，在用户终端的屏幕上显示出来，有的还加上声音说明。资料让全社会共享，这就是可视图文的魅力所在。

1.4.3 电视会议

电视会议是用电视和电话在两个或多个地点的用户之间举行会议，实时传送声音、图像的通信方式。它同时还可以附加静止图像、文件、传真等信号的传送。

参加电视会议的人可以通过电视发表意见，同时观察对方的形象、动作、表情等，并能出示实物、图纸、文件等实拍的电视图像或者显示在黑板、白板上写的字和画的图，使所有参加会议的人感到如同和对方进行“面对面”的交谈，在效果上可以代替现场举行的会议。

会议电视经历了模拟电视会议和数字电视会议两个阶段。

模拟会议电视是早期的会议电视，在20世纪70年代就有了这种通信业务。当时传送的是黑白图像，并且只限于在两个地点之间举行会议。尽管如此，电视会议还是要占用很宽的频带，费用很高，因此，这种电视会议没有得到发展。

数字电视会议是80年代出现的，是在数字图像压缩技术的发展中研制出来的，它占用频带比较窄，图像质量也比较好。从此，数字电视会议就取代了模拟电视会议，并且得到发展，在某些地区开始形成了电视会议网。但是各地使用的标准不一，难于实现国际电视会议。

1988～1992 年期间，国际电报电话咨询委员会形成了国际电视会议的统一标准(H.200 系列建议)，规定了统一的视频网上通信模式交换标准等，从此就出现了现在的国际统一标准的电视会议系统，为国际电视会议提供了条件。

电视会议可以节省大量的会议费用，并且可以在办公自动化、紧急求援、现场指挥调度等许多方面发挥作用，因此，有较好的发展前景。

电视会议系统由终端设备、数字通信网络、网路节点交换设备等组成：

(1) 终端设备：包括摄像机、显示器、调制解调器、编译码器、图像处理设备，控制切换设备等。终端设备主要完成电视会议信号发送和接收任务。

(2) 传输设备：主要是使用电缆、光缆、卫星、数字微波等长途数字信道，根据电视会议的需要临时组成。不开电视会议时，这些信道就是长途电信的信道。

(3) 节点交换设备：它是电视会议开通必不可少的设备，是设在网路节点上的一种交换设备。三个或多个会议电视终端就必须使用一个或多个这种节点交换设备(简称 MCU)。终端发出的视频、声频、控制信号等要在节点交换设备上完成同一种模式的变换，实现通信。节点交换设备具有模型交换、视频交换和速率转换的功能。节点交换设备的多少决定了电视会议的规模。

目前，会议电视业务正以每年翻一番的速度发展。20 世纪 80 年代开始，我国开放了国际电视会议，国内会议电视业务也逐步投入商用。

1.4.4　电子出版和电子书

1.4.4.1　电子出版

出版与信息技术联系密切，技术的进步必然带来传统出版模式的变革，电子出版正是通信技术、计算机技术高速发展下的产物。

(1) 电子出版的概念。电子出版是指以数字代码的方式将图文声像等信息存贮在磁、光、电介质上，通过计算机或者类似功能的设备阅读使用，用以表达思想、普及知识和积累文化，并可复制发行的大众传播方式。

(2) 电子出版的发展。西方发达国家的电子出版物发展比较早，20 世纪 60 年代兴起，80 年代已初具规模。在我国，电子出版物起步较晚，最初是由少数掌握计算机技术和设备的单位自发开展起来的。经过了近 10 年的开拓和发展，以软磁盘为媒体的电子出版物已达到相当水平，与此同时，国产只读光盘的迅速掘起，标志着我国电子出版业开始了新阶段，特别是网络出版物的兴起，我国电子出版已经显示出了强劲的发展劲头。

(3) 电子出版的分类。电子出版物的类型有几种不同的划分方法，如按出版类型可以分为电子图书、电子报纸、电子期刊等。一种比较普遍的划分方法是按信息提供的方式划分，单行的封装型电子出版物和电子网络出版物。前者以磁盘、集成电路卡、光盘等为载体，有软盘(FD)、只读光盘(CD-ROM)、交互式光盘(CD-I)、图文光盘(CD-G)、照片光盘(PHOTO-CD)、高密度只读光盘(DVD-ROM)、集成电路卡(IC CARD)，其中只读光盘(CD-ROM)的优点是最为突出，发展也最为迅速。电子网络出版物以数据库和通信网络为基础，以计算机主机的硬盘存贮介质，它除了可以向用户提供即时的联机服务外，还可以通过通信网络迅速提供传真出版、电子邮件等多种服务。

(4) 电子出版的优势。电子出版物相对于传统出版物具有明显的优势：

① 集成性强。突破传统出版物文字、图画体现内容的局限，将声音、图像也嫁接到内容中，而且各种文体、声音、图像、图形、动画可以按照需要任意组合、切换，大大增强了出版物的表现能力。

② 信息存贮量大。一张 CD-ROM 信息容量为 600～700 MB，亦即一张五寸 CD-ROM 光盘可存贮一套大英百科全书的内容，而 DVD 盘片容量更大，几乎是 CD-ROM 的 10 倍。

③ 交互性好。人们在阅读传统出版物时，只能按照一定的线性顺序进行，而在阅读电子出版物时，可以随意选择开始的地方，可以跳跃进行，还可以树状阅读并能随时返回正文。电子出版物较好地适应了人类的思维特点。

④ 成本低。电子出版物借助现代通信技术，从计划到生产再到发行减少了许多传统出版物必需的环节，从而节省了出版管理、运输的大量开销，降低了运营成本。而且按等量信息比较，一张 CD-ROM 只读光盘，可存储 3.4 亿个汉字，折合为 2.125 万印张的出版物，若以每印张 0.80 元计算，则相当于 1.7 万元的图书成本。

1.4.4.2 电子书

简单地说，电子书就是读者可以在台式电脑或笔记本电脑及专门的装置上阅读的数字阅读材料，读者可以利用这些阅读装置和互联网相联并下载出版的新书。

电子书的出现是不可避免的。将来有一天我们在网上购书时，只需几秒钟的时间就可以把所购之书下载到令我们满意的文档阅读器上，不必再等待邮递员送书上门。到那个时候，所购买的电子书不仅不用纸张、油墨和化学耗材来印刷，而且也没有重量，阅读起来赏心悦目。书中的连续图像色彩鲜明，图形清晰，具有可搜索选择的文字内容、超文本链接及动画功能，使阅读成为一种舒适自然的活动，就像现在抱书卧读一样。

1.4.5 数字图书馆

20 世纪 90 年代以来，西方发达国家的图书馆正朝着网络化、电子化和数字化的方向发展。借助于网络通信和高新技术的发展，图书馆的发展取得了巨大的进步，电子化信息检索已成为越来越普遍的服务方式，以至出现了“数字图书馆”、“虚拟图书馆”等概念，并正在逐步成为现实。

1.4.5.1 数字图书馆的概念

“数字图书馆”(Digital Library，DL)是组织数字化信息及其技术进入图书馆并提供有效服务的系统。数字图书馆的前期，也称为电子图书馆，它包含有一些电子模拟信息和资料。90 年代以来，随着计算机、通信和网络技术、高密度存储技术以及多媒体技术的发展，特别是 1995 年初，IBM 公司推出全球数字图书馆计划，美国数字图书馆学会成立，许多学者开始普遍使用数字图书馆一词以来，数字图书馆得到了迅猛的发展。从另一层意义上讲，数字图书馆又称为虚拟的图书馆，即在本地图书馆以外，还有很多图书馆可被联机地访问，用户访问它们就像访问本地图书馆一样。它也称为网上图书馆，可供网上查询和互访。许多电子信息中心、电子杂志中心等也将成为数字图书馆的重要成员。数字图书馆是采用现代高新技术所支持的数字信息资源系统，是下一代因特网上信息资源的管理模式，将从根本上改变目前因特网上信息分散、不便使用的现状。通俗地说，数字图书馆是没有时空限制的、便于使用的、超大规模的知识中心。

1.4.5.2　数字图书馆的特征

数字图书馆具有以下特征：

(1) 使用计算机技术将各种文献信息资源数字化，并提供网上服务，包括各种动画片、影视片、多媒体资料等的网上服务。

(2) 通过各种电子通信手段和计算机网络，连接国内和国际的各种文献信息数据库系统和数字化图书馆。

(3) 利用各种新技术，如光盘存储、超媒体技术等，进行较大型的数据库的管理、检索等。

(4) 当用户在联机查找遇到问题时，可利用计算机手段进行干预(即电子参考咨询)，为读者解决问题。

1.4.5.3　建设数字图书馆的意义

作为知识经济的重要载体，数字图书馆是国家信息基础设施的重要组成部分，目前已成为评价一个国家信息基础水平的重要标志和本世纪各国文化科技竞争的焦点之一。对我国来说，数字图书馆的研发起步较晚，因此，建设数字图书馆更加具有必要性和紧迫性。其重要意义在于：

(1) 数字图书馆将改变以往信息存储、加工、管理、使用的传统方式，借助网络环境和高性能计算机等实现信息资源的有效利用和共享。它的建设将使我国在综合国力的竞争中抢占先机，掌握发展的主动权，实现跨越式发展。

(2) 数字图书馆建设的核心是增加以中文信息为主的各种信息资源，迅速扭转互联网上中文信息匮乏的状况，形成中华文化在互联网上的整体优势。

(3) 数字图书馆的建设将促进我国信息技术的发展，同时带动与之相关的计算机技术、网络技术、通信技术和多媒体技术等各项高新技术的迅速发展。这些高新技术迅速转化为现实生产力，将对我国知识创新体系的建立起到极大的促进作用。

(4) 数字图书馆可以最大限度地突破时空限制，营造出进行全民终身教育的良好环境，对于我国国民素质教育将起到巨大的提升作用。

(5) 数字图书馆将改变目前图书馆的工作方式和服务模式。数字图书馆可以更好地履行图书馆在倡导、组织和服务全民读书中的重要职能。图书馆馆员将成为捕捉和整理信息的专家，读者可以在世界各地通过网络阅览数字图书馆中的丰富信息。

1.4.5.4　数字图书馆的模式

数字化图书馆是一个开放式的硬件和软件的集成平台，通过对技术和产品的集成，把当前大量的各种文献载体数字化，组织起来在网上服务。从理论上讲，数字图书馆是一种引入管理和应用数字化的物理信息对象的方法。它的功能有以下五项：

(1) 各种载体数字化。

(2) 数据的存储和管理。

(3) 组织对数据的有效访问和查询。

(4) 数字化资料在网上发布和传送。

(5) 系统管理和版权保护。

以上五项，既是数字图书馆的基本功能，又是要使数字图书馆进入实用化的五项关键技术，这些技术的实现有的是由硬件解决，有的是通过软件的方案来实现。

1.4.5.5 数字图书馆的工具和服务模式

数字图书馆的工具和服务模式有：

(1) 搜索引擎：是未来数字图书馆组织和发现网上电子文献信息资源的重要工具，特别是近年来出现的动态建立索引的搜索引擎，它能自动帮助数字图书馆组织和发现新资源。目前因特网的查询方式大致可分为 4 种：浏览式查询；按照主题指南分类目录进行查询；利用检索软件进行关键词或自然语言的查询；集成式、多线索的查询。

(2) 全文检索系统：现代全文检索系统已引入超文本和超媒体的概念。它不但对本地数字图书馆内的文献进行全文检索，还能提供超文本联想检索和网络检索，按人们的要求链接到另一个网上图书馆获取所需资料，有自然语言接口的功能等等。它由三部分组成：

① 各个数字化特种馆藏。

② 商用的光盘数据库系统和联机数据库。

③ 因特网上的文献信息资源。

它们用统一的界面(如当前使用浏览器界面)向读者提供服务。

1.4.5.6 展望

20 世纪 90 年代以来，不同规模的数字图书馆的雏形正在不断涌现，特别是因特网的广泛应用，在 WWW 上的许多电子信息服务，已有数字图书馆初级雏形的功能。近两三年来，数字图书馆技术逐渐趋于成熟。在我国，以国家图书馆为代表的“中国试验型数字图书馆项目”已建立，教育部数字图书馆关键技术攻关项目已初步完成，像国家图书馆、上海图书馆、清华大学图书馆等数字图书馆原型也不断涌现出来。今后，随着这些原型不断完善，存储更多的信息，应用更先进的信息存储、管理、检索工具以及容纳更多的用户，将逐步向实用的、规模较大的数字图书馆迈进。

1.5 信息技术的应用和社会信息化

人类社会以不可阻挡的步伐迈入了 21 世纪，一个崭新的信息时代已经到来。今天，以计算机网络为核心的现代科学技术为我们提供了前所未有的机会和极大的发展潜力，它把人和人、人和信息联系在一起。

1.5.1 信息化是社会发展的大趋势

一轮又一轮的全球信息化浪潮此起彼伏，信息化成为世界经济和社会发展的大趋势，人类社会正逐渐由工业化社会迈向信息化社会。1998 年，信息技术和信息产业对世界经济增长的贡献率为 14.7%。1999 年，全球信息产业的交易总额达到了 1 万亿美元，年增长率达到了 200%。作为信息化基础的因特网正在全球飞速发展。1996 年以来，其用户每 9 个月增长一倍，信息流量和带宽翻一番。1999 年，全球因特网用户已达到 2.6 亿，预计到 2005 年，用户总量将超过 10 亿。在中国，因特网上用户 1997 年底为 62 万户，1998 年底为 210 万户，1999 年底为 890 万户，到今年 6 月底已发展到 1690 万，平均每 6 个月翻一番。

中共五中全会通过的关于“十五”计划的《建议》提出，要把推进国民经济和社会信息化放在优先位置，顺应世界信息化的发展，努力实现信息产业的跨越式发展。这是应对全球信息化浪潮的英明之举。

1.5.2　社会信息化与信息化社会

何谓信息化？信息化就是指在国家宏观信息政策指导下，通过信息技术开发、信息产业的发展、信息人才的配置，最大限度地利用信息资源以满足全社会的信息需求，从而加速社会各个领域的共同发展以推进到信息社会的过程。

社会信息化与信息化社会是两个不同的概念。社会信息化是以信息技术及设备、信息应用系统等来装备社会各个领域，使信息资源得以充分开发并畅行无阻，从而使全社会过渡到信息化社会的过程。相反，信息化社会则将社会作为实体，是相对于农业社会和工业社会的物质资源而言的。因此可以说，社会信息化是一种手段，这种手段的目的就是要使社会进入到信息化社会。

信息化内容的全面表述可从信息化概念和社会领域划分两方面理解：

(1) 从信息化概念析出的信息化内容，具体包括 8 个方面，即信息资源、信息技术、信息设备及装备、信息产业及集团、信息网络及信息应用系统、社会信息需求程度及利用水平、信息化人才、信息政策法规及标准。

(2) 按社会领域划分的信息化内容，具体包括信息化的四个层次，即核心层、中间层、最高层、边缘层。核心层是构成信息化的最基本单元，包括产品信息化、企业信息化、产业信息化、电子商务、政务信息化、科教信息化、家庭信息化、校园信息化、军队信息化、医疗信息化。中间层是沟通核心层和最高层的过渡层，包含经济信息化(产品信息化、企业信息化、产业信息化、电子商务)、社区信息化(家庭信息化、校园信息化、医疗信息化)、国防信息化、政府信息化、科教信息化。最高层是通过建立各种信息网络，把整个社会的各个系统如经济、科技、教育、军事、政务、日常生活等有机联系起来，使全社会达到社会信息化这一高度。边缘层是从核心层到最高层演进过程中所要采取的步骤或措施，目的在于抓住重点，各个突破，以达到全面发展。边缘层具体包括领域信息化与区域信息化两个方面。

1.5.3　我国的信息化建设

信息化是飞速发展的现代信息技术与人类社会活动相互作用而产生的必然结果。

信息化发展过程分为三个阶段：初级阶段是信息产业化和产业信息化；第二阶段是伴随而来的经济结构信息化；社会信息化则是信息化的高级阶段，其最终结果是人类社会生活全面信息化。到那时，信息资源成为社会活动的战略资源和重要财富，信息技术成为推动社会进步的主要技术，信息人员成为领导社会变革的中坚力量。

1993 年 9 月，美国政府提出“国家信息基础结构(NII)计划”后，信息化成为世界各国政府普遍关注的焦点。我国是一个发展中的国家，面对全球信息化浪潮，已经做出了积极的反应，把国家信息化提到了重要的战略位置上。早在1984年，邓小平就提出了“开发信息资源，服务四化建设”的号召；江泽民总书记强调：“四个现代化，哪一个也离不开信息化。”1996年国务院成立了信息化领导小组，并结合我国实际提出了“中国信息化基础结构(CII)”的思路，如图1.1所示。该思路将我国信息化进程中内涵基础划分为：公共电讯网、信息网、信息基础结构、信息化应用四个层次，四个层次之间的发展是相互联系、相互制约的，构成社会信息活动的一个大系统。

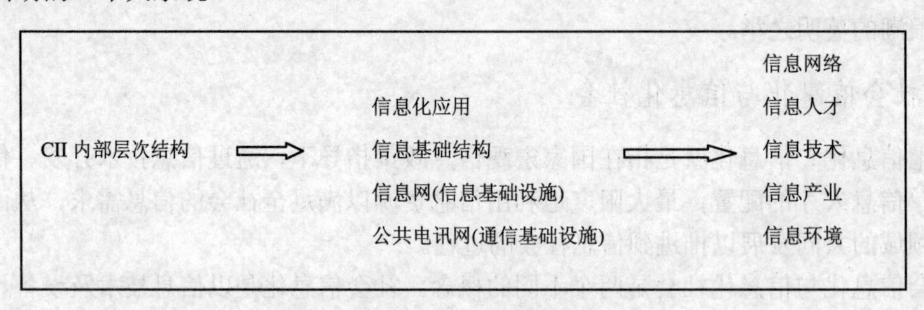

图1-1 中国信息化基础结构(CII)

在发展和建设信息化内涵中，信息基础结构这一层次包含软、硬两种任务(见图1.1)，如信息网络是基础(传输网络、处理设备和数据库)；信息人才是能动力(信息技术、信息管理、信息服务人员)；信息技术是催化剂(研究、开发、利用技术)；信息产业是支柱(信息开发与设备制造、信息产品加工、传播服务业)；信息环境则是有序运行的保障(标准、安全、政策法规、道德规范)。该层次最能影响中国信息化进程和变化。

1.5.4 信息化建设的“金宇工程”

继美国提出信息高速公路计划之后，世界各地掀起信息高速公路建设的热潮，中国迅速做出反应。1993年底，中国正式启动了国民经济信息化的起步工程——“三金工程”。

所谓“三金工程”，即金桥工程、金关工程和金卡工程。“三金工程”的目标，是建设中国的“信息准高速国道”。

(1) 金桥工程：属于信息化的基础设施建设，是中国信息高速公路的主体。金桥网是国家经济信息网，它以光纤、微波、程控、卫星、无线移动等多种方式形成空、地一体的网络结构，建立起国家公用信息平台。其目标是：覆盖全国，与国务院部委专用网相联，并与31个省、市、自治区及500个中心城市、1.2万个大中型企业、100个计划单列的重要企业集团以及国家重点工程联结，最终形成电子信息高速公路大干线，并与全球信息高速公路互联。

(2) 金关工程：即国家经济贸易信息网络工程，可延伸到用计算机对整个国家的物资市场流动实施高效管理。它还将对外贸企业的信息系统实行联网，推广电子数据交换(EDI)业务，通过网络交换信息取代磁介质信息，消除进出口统计不及时、不准确，以及在许可证、产地证、税额、收汇结汇、出口退税等方面存在的弊端，达到减少损失，实现通关自动化，并与国际EDI通关业务接轨的目的。

(3) 金卡工程：即从电子货币工程起步，计划用10多年的时间，在城市3亿人口中推广普及金融交易卡，实现支付手段的革命性变化，从而跨入电子货币时代，并逐步将信用卡发展成为个人与社会的全面信息凭证，如个人身份、经历、储蓄记录、刑事记录等。

除“三金工程”外，其他信息化建设的“金字工程”还有：

(1) 金智工程：与教育科研有关的网络工程。金智工程的主体部分是“中国教育和科研计算机网示范工程”(CERNET)，1994 年 12 月由国家计委正式批复立项实施。CERNET 由教育部主持，清华大学、北京大学、上海交通大学等 10 所高校承担建设任务，包括全国主干网、地区网和校园网三级网络层次结构，网络中心设在清华大学。金智工程的最终目的是实现世界范围内的资源共享、科学计算、学术交流和科技合作。

(2) 金企工程：由国家经贸委所属的经济信息中心规划的“全国工业生产与流通信息系统”的简称，于 1994 年底正式启动建设。

(3) 金税工程：与税务信息系统有关的信息网络工程。

(4) 金通工程：与交通信息系统有关的信息网络工程。

(5) 金农工程：与农业信息系统有关的信息网络工程。

(6) 金图工程：即中国图书馆计算机网络工程。

(7) 金卫工程：即中国医疗和卫生保健信息网络工程。

1.5.5　电子商务

所谓电子商务(Electronic Commerce)是利用计算机技术、网络技术和远程通信技术，实现整个商务(买卖)过程中的电子化、数字化和网络化。人们不再是面对面的、看着实实在在的货物、靠纸介质单据(包括现金)进行买卖交易。而是通过网络，通过网上琳琅满目的商品信息、完善的物流配送系统和方便安全的资金结算系统进行交易(买卖)。

事实上，整个交易的过程可以分为 3 个阶段：

第一阶段：信息交流阶段。对于商家来说，此阶段为发布信息阶段。主要是选择自己的优秀商品，精心组织自己的商品信息，建立自己的网页，然后加入名气较大、影响力较强、点击率较高的著名网站中，让尽可能多的人们了解你认识你。对于买方来说，此阶段是去网上寻找商品以及商品信息的阶段。主要是根据自己的需要，上网查找自己所需的信息和商品，并选择信誉好服务好价格低廉的商家。

第二阶段：签订商品合同阶段。作为 B2B(商家对商家)来说，这一阶段是签订合同、完成必需的商贸票据的交换过程。这里需要注意的是数据的准确性、可靠性、不可更改性等复杂的问题。作为 B2C(商家对个人客户)来说，这一阶段是完成购物过程的订单签订过程，顾客要将你选好的商品、自己的联系信息、送货的方式、付款的方法等在网上签好后提交给商家，商家在收到订单后应发来邮件或电话核实上述内容。

第三阶段：按照合同进行商品交接、资金结算阶段。这一阶段是整个商品交易很关键的阶段，不仅涉及资金在网上的正确、安全到位，同时也涉及商品配送的准确、按时到位。在这个阶段有银行业、配送系统的介入，在技术上、法律上、标准上等方面有更高的要求。网上交易的成功与否就在这个阶段。

电子商务的发展呈现如下特点：

(1) 更广阔的环境。人们不受时间的限制，不受空间的限制，不受传统购物的诸多限制，可以随时随地在网上交易。

(2) 更广阔的市场。在网上，这个世界将会变得很小，一个商家可以面对全球的消费者，而一个消费者可以在全球的任何一家商家购物。

(3) 更快速的流通和低廉的价格。电子商务减少了商品流通的中间环节，节省了大量的开支，从而也大大降低了商品流通和交易的成本。

(4) 更符合时代要求。如今人们越来越追求时尚、讲究个性，注重购物的环境，网上购物，更能体现个性化的购物过程。

1.5.6 电子政务

所谓电子政务，就是政府机构应用现代信息和通信技术，将管理和服务通过网络技术进行集成，在互联网上实现政府组织结构和工作流程的优化重组，超越时间和空间及部门之间的分隔限制，向社会提供优质和全方位的、规范而透明的、符合国际水准的管理和服务。

电子政务的内容非常广泛，国内外也有不同的内容规范，根据国家政府所规划的项目来看，电子政务主要包括这样几个方面：

(1) 政府间的电子政务。这是上下级政府、不同地方政府、不同政府部门之间的电子政务，主要包括：电子法规政策系统、电子公文系统、电子司法档案系统、电子财政管理系统、电子办公系统、电子培训系统、业绩评价系统。

(2) 政府对企业的电子政务。是指政府通过电子网络系统进行电子采购与招标，精简管理业务流程，快捷迅速地为企业提供各种信息服务，主要包括：电子采购与招标、电子税务、电子证照办理、信息咨询服务、中小企业电子服务。

(3) 政府对公民的电子政务。是指政府通过电子网络系统为公民提供的各种服务，主要包括：教育培训服务、就业服务、电子医疗服务、社会保险网络服务、公民信息服务、交通管理服务、公民电子税务、电子证件服务。

从上述服务内容可以看出：电子政务系统的建立不是一朝一夕可以完成的，电子政务的上述业务内容和服务也不是一出现时就具备了的。在系统建立方面，是一个从简单到复杂的发展过程，是逐步建立和完善的过程；在服务内容实施方面，是一个从试行到适应、由怀疑到自觉贯彻的长期过程。在这里，各层领导的决心、各层领导的示范和带头作用，既是建立电子政务系统的关键，也是实施电子政务的关键。其中，领导班子里的第一把手又起到了决定性的作用。

1.5.7 教育信息化

信息技术对教育的影响和冲击已悄然开始，最终将产生出全新的教育方式。

目前，随着计算机多媒体技术和网络技术的发展，以计算机技术为核心的教育技术已引起广泛的关注，人们开始认识到这种技术应用于教育将会极大地促进教育的发展，将会带来教育思想、教育内容、教育方法、教育手段、教育模式、教育过程的深刻变革，传统的教学模式将会被打破。教育技术的应用，教育手段的更新必然会对传统的教育教学方法、教育观念、教育思想产生一种冲击，形成一种新的模式，应该看到这是现代科学技术和社会信息化对教育的挑战，也是教育改革与发展的大趋势。

我国目前的教育信息化可以说是机遇与挑战并存。70%的高校建设了校园网，152 所西部高校实施了校园网工程。同时，网络应用渗透到整个教育过程。全国共有 67 所网络教育学院，招生达到 60.8 万。同时，高校之间建立了大量的公共资源，各种学术组织、数字博物馆、课程、课件等建设也如火如荼地展开。

然而，必须看到的是，中小学信息教育现状仍有待提高。20000 所大城市的初中有 35%未开设信息技术教育课程，而这一比例在全国 55 万所小学中占到 90%。几年来，中小学计算机拥有量及校园网数量都成倍增长。看到这些成绩的同时，我们也要意识到所面临的挑战：基础设施有待加强，教师信息化水平有待提高，资源开发不够，网络应用水平较低，城乡、东西部信息化基础建设差距大。

直面这些机遇与挑战，我国教育信息化有明确的“十五”规划：建设 1 万多所农村中心学校信息站；建设教育政务信息化系统；将 CERNET 延伸到县，CETV 覆盖农村；所有大学及有条件中小学建成校园网；整合教育资源；扩大网络教育学院；发展软件产业；在农村开展计算机网络信息站建设。尤其需要注意的是，在加大教育资源开发的同时，要重点开发中小学教育软件和课件资源,要避免重复建设和浪费，鼓励企业参与资源建设、网络教育建设。

1.5.8　其他领域的信息化

国务院总理温家宝在第十届全国人民代表大会第二次会议上所作的《政府工作报告》中指出，要按照走新型工业化道路的要求，推进国民经济和社会信息化，促进产业结构优化升级。以北京市为例，一个全面实现经济和社会信息化的计划已开始实施。这个计划包括：

(1) 经济管理信息化。统计信息今后仍然是政府和社会主要的信息来源。要充分利用统计信息资源在组织、制度、法律保证等方面的优势，努力完善市、区(县)、乡三级统计信息网络。以现代信息技术支持统计信息资源的传递、汇集和处理。

(2) 金融领域的信息化。建设完善的金融信息资源体系和各个商业银行、保险公司的信息应用系统。建设和完善市人民银行的金融清算、支付信息网络；继续完善银行卡信息交换网络；要和全市大部分商业银行实现联网，并和部分大商场实现直联。各银行和商业的 ATM 机和 POS 机都要进入银行卡网络系统。实施金融 IC 卡应用试点工作。要完善金融证券和期货的信息网络系统。

(3) 城市建设和管理信息化。在建设北京市遥感、遥测系统和地理信息系统(GIS)基础上，建立完整的城市建设基础数据库系统。包括全市的土地资源、水利资源状况，城市生态环境状况以及地下管线、市政建设、绿化、环保情况及全市地图信息等基础数据。城市建设管理信息系统包括在城市规划设计、城市空间的合理布局、配置和城市建设审批等方面实现信息化管理。在市政管理部门还包括对煤、水、气、暖及城市交通状况进行调控、调度的信息系统及城市生态环境的监控系统，以及在公共收费管理部门，大力推行一卡多用的 IC 卡系统，2000 年前，要在公交、地铁等部门实现统一的 IC 卡自动收费管理。

(4) 工业领域的信息化。建立企业与产品数据库系统和全市工业运行状况的信息系统。包括全市工业企业和产品的基本情况、企业财务状况、经济效益、劳动工资状况等信息。在实现工业领域信息化的同时，还必须建立技术监督信息服务系统，包括各项国际、国家标准，各种产品质量监督、管理法规的查询、检索等。

(5) 农业领域的信息化。要建立农业的基础数据库和现代农业信息系统。为“菜篮子”、“米袋子”工程和建立现代农业经济服务，包括农业产销信息、农业科技信息、农业统计信息、乡镇企业信息和农业的预测、预报信息系统，既为农业领导决策服务，也为农业企业、乡镇企业及广大农民经营服务。

(6) 商业、外贸领域的信息化。要建立商业、外贸信息资源体系和相应的数据库系统。要和全市各大、中型商场联网，向社会提供各种商品信息。并汇集外经、外贸和国际外贸动向等数据、信息，以及国际贸易方面的各种公约、协定等。在推广商业增值和外贸 EDI 应用的基础上，逐步向基于因特网的现代电子商务系统过渡。

(7) 科技、教育领域的信息化。科技教育信息系统是一个采用多媒体、ATM、Internet 等先进技术，建立在完善的科教资源体系和科教数据库的基础上，将首都非常丰富的科技、教育信息资源进行汇集、整理、综合、处理，向社会提供高质量的信息服务的系统，并将从国际互联网上获取的世界上最新的科技信息及时提供给用户，以支持科学研究、新技术新业务的开发、应用。还要大力开展网上科普、网上教育、远程教育等业务。

(8) 医疗、卫生领域的信息化。建立医药卫生信息系统，包括在首都各大医院建立管理信息系统的基础上实现联网，建立首都各医院、各种专科、各种药品的检索、查询系统，诊治各种疑难病症的名医名药查询系统和常见病、多发病的预防、诊治、查询系统以及医药卫生数据库系统。还要开展方便群众的网上预约、挂号，IC 卡应用及远程医疗等业务。

(9) 宣传、文化领域的信息化。要建立宣传、文化信息系统和相应的数据库。包括党的方针政策，党和国家的重要文献、历史年鉴、文化知识、文学、戏剧、电影、音乐等信息系统。还包括首都精神文明建设数据库系统，充分应用因特网技术开展网上宣传、文化活动。

(10) 旅游、娱乐领域的信息化。发挥北京地区旅游资源丰富，旅游事业比较发达的优势，建设好旅游娱乐信息服务系统，包括为旅客游览、交通、食宿、安全提供服务的信息服务、查询系统及文娱、体育等信息系统。为丰富人民群众的生活，开展网上查询、网上预定等业务和网上娱乐活动。

(11) 企业信息化建设。在工业、商业、交通运输、能源等企业内，建立起完善的管理信息系统(MIS)，包括企业的技术管理、生产管理、财务管理、供应与销售管理、劳动人事管理、国有资产管理等信息子系统；还包括建立适应现代电子商务需要的信息系统以及建立交通运输的调度、能源的调配等系统。

企业信息化还包括应用电子信息技术改造传统产业，采用 CAD(计算机辅助设计)、CAM(计算机辅助制造)、CAT(计算机辅助测试)和 CIMS(计算机集成制造)等先进的计算机技术，大幅度提高企业的设计、生产和管理水平。还要使企业在实现自动化生产、节约能源、环境保护方面达到新的水平。

(12) 社会公益性的信息化建设。努力实现社会公众的信息化是整个信息化事业的重要组成部分。必须建设以首都公用信息平台为枢纽的公用信息资源网络。将全市的旅游、娱乐、公共交通、医药、卫生、社区服务、文化教育等信息源和公用信息站点联网运行，为社会公众提供查询、检索服务和发布公共信息，并逐步向家庭信息化过渡。为全社会服务。并在机场、火车站、地铁站点建立信息查询的网点，以满足市民对各种信息日益增长的需求。

1.5.9 国家信息化规划

信息化是当今世界发展的大趋势，是推动经济社会变革的重要力量。大力推进信息化，是覆盖我国现代化建设全局的战略举措，是贯彻落实科学发展观、全面建设小康社会、构建社会主义和谐社会和建设创新型国家的迫切需要和必然选择。

1.5.9.1　第一个国家信息化规划

2003 年，《国民经济和社会发展第十个五年计划信息化重点专项规划》(以下简称《专项规划》)经国家信息化领导小组批准颁布。《专项规划》是“十五”期间我国国民经济和社会发展的十个重点专项规划之一，是我国编制的第一个国家信息化规划，是一份规范和指导全国信息化建设的纲领性文件，是贯彻落实党中央、国务院关于大力推进国民经济和社会信息化战略部署的行动指南。

《专项规划》界定了信息化的内涵，指出“信息化是以信息技术广泛应用为主导，信息资源为核心，信息网络为基础，信息产业为支撑，信息人才为依托，法规、政策、标准为保障的综合体系”，从而准确、清晰地表述了当前和未来一段时期我国信息化建设的主要内容，以及应用、资源、网络、产业、人才、法规政策标准在信息化体系中的位置以及相互之间的关系。

《专项规划》全面回顾和总结了“九五”期间我国信息化建设的成就，分析了当前存在的主要问题和面临的国内外形势，指出了推进信息化的重大战略意义，提出了“十五”期间推进国民经济和社会信息化的发展方针、发展目标、主要任务及政策措施。

1.5.9.2　未来 15 年信息化战略

2006 年 5 月，中共中央办公厅、国务院办公厅印发了《2006～2020 年国家信息化发展战略》(以下简称《战略》)，提出了到 2020 年我国信息化发展的战略目标。

经过多年的发展，我国信息化发展已具备了一定基础，进入了全方位、多层次推进的新阶段。抓住机遇，迎接挑战，适应转变经济增长方式、全面建设小康社会的需要，更新发展理念，破解发展难题，创新发展模式，大力推进信息化发展，已成为我国经济社会发展新阶段重要而紧迫的战略任务。

《战略》提出，到 2020 年，我国信息化发展的战略目标是：综合信息基础设施基本普及，信息技术自主创新能力显著增强，信息产业结构全面优化，国家信息安全保障水平大幅提高，国民经济和社会信息化取得明显成效，新型工业化发展模式初步确立，国家信息化发展的制度环境和政策体系基本完善，国民信息技术应用能力显著提高，为迈向信息社会奠定坚实基础。具体目标是：

(1) 促进经济增长方式的根本转变。广泛应用信息技术，改造和提升传统产业，发展信息服务业，推动经济结构战略性调整。深化应用信息技术，努力降低单位产品能耗、物耗，加大对环境污染的监控和治理，服务循环经济发展。充分利用信息技术，促进我国经济增长方式由主要依靠资本和资源投入向主要依靠科技进步和提高劳动者素质转变，提高经济增长的质量和效益。

(2) 实现信息技术自主创新、信息产业发展的跨越。有效利用国际国内两个市场、两种资源，增强对引进技术的消化吸收，突破一批关键技术，掌握一批核心技术，实现信息技术从跟踪、引进到自主创新的跨越，实现信息产业由大变强的跨越。

(3) 提升网络普及水平、信息资源开发利用水平和信息安全保障水平。抓住网络技术转型的机遇，基本建成国际领先、多网融合、安全可靠的综合信息基础设施。确立科学的信息资源观，把信息资源提升到与能源、材料同等重要的地位，为发展知识密集型产业创造条件。

信息安全的长效机制基本形成，国家信息安全保障体系较为完善，信息安全保障能力显著增强。

(4) 增强政府公共服务能力、社会主义先进文化传播能力、中国特色的军事变革能力和国民信息技术应用能力。电子政务应用和服务体系日臻完善，社会管理与公共服务密切结合，网络化公共服务能力显著增强。网络成为先进文化传播的重要渠道，社会主义先进文化的感召力和中华民族优秀文化的国际影响力显著增强。国防和军队信息化建设取得重大进展，信息化条件下的防卫作战能力显著增强。人民群众受教育水平和信息技术应用技能显著提高，为建设学习型社会奠定基础。

《战略》提出了我国信息化发展的九大战略重点：

(1) 推进国民经济信息化。

(2) 推行电子政务。

(3) 建设先进网络文化。

(4) 推进社会信息化。

(5) 完善综合信息基础设施。

(6) 加强信息资源的开发利用。

(7) 提高信息产业竞争力。

(8) 建设国家信息安全保障体系。

(9) 提高国民信息技术应用能力，造就信息化人才队伍。

为落实国家信息化发展的战略重点，《战略》指出，中国将优先制定和实施六项战略行动计划，它们是：国民信息技能教育培训计划、电子商务行动计划、电子政务行动计划、网络媒体信息资源开发利用计划、缩小数字鸿沟计划、关键信息技术自主创新计划。

《战略》还提出了具体的保障措施：完善信息化发展战略研究和政策体系、深化和完善信息化发展领域的体制改革、完善相关投融资政策、加快制定应用规范和技术标准、推进信息化法制建设、加强互联网治理、壮大信息化人才队伍、加强信息化国际交流与合作、完善信息化推进体制。

1.6 信息安全

科技的进一步发展，给人们的生活带来了便利，但是，信息安全的问题却越来越严重，病毒的侵扰，黑客的攻击，每年都要造成上百亿美元的损失。

随着中国信息化进程的不断加快，信息安全的问题也日渐凸现。作为信息化最为重要的部分——安全性问题，目前成为政府和企业信息化进程的主要问题。对企业来讲，信息安全已经是个不可回避的问题。很多企业因此面临选择，他们很担心企业的机密会不会随着信息化的加强而变得透明。可以这样说，信息安全直接制约着国家的发展和稳定，成为国民经济和社会信息化的基础和重要组成部分。

1.6.1 计算机安全的常见威胁

信息系统特别是计算机系统容易受到许多威胁，从而造成各种各样损害，导致严重损失。损害的原因是多种多样的。例如，看上去可信的员工欺骗系统的行为、外部黑客或粗心的数据录入员。由于很多损害永远也无法被发现，有些机构为了避免公众形象受损所以对损害情况加以掩盖，所以准确地评估计算机安全相关的损害是不可能的。不同的威胁其后果也有所不同：一些是影响数据的机密性或完整性，而另一些则影响系统的可用性。

计算机安全的常见威胁有：

(1) 错误和遗漏。错误和遗漏是数据和系统完整性的重要威胁，这些错误不仅由每天处理几百条交易的数据录入员造成，而且创建和编辑数据的任何类型的用户都可以造成。许多程序，特别是那些被设计用来供个人计算机用户使用的程序缺乏质量控制手段。但是，即使是最复杂的程序也不可能探测到所有类型的输入错误或遗漏。良好的意识和培训项目可以帮助机构减少错误和遗漏的数量和严重程度。

(2) 欺诈和盗窃。计算机系统会受到欺诈和盗窃的伤害，这种伤害可以是通过“自动化”了的传统手段进行也可以是通过新的手段进行。例如，有人可能会使用计算机在大型帐户中稍微减少一小部分数量的金钱，期望这个微小的差异不会被调查。金融系统不是这种风险的唯一受害者。控制资源访问的系统(如时间和考勤系统、存货系统、学籍系统以及长途电话系统)都可能成为受害者。

(3) 员工破坏。员工最熟悉其雇主的计算机和应用，包括知道何种行为会导致最大的损害、故障或破坏。公共和私营机构中人员的不断缩减造成有一些人对整个机构都很熟悉，这些人可能会保留潜在的系统访问权(如系统帐户没有被及时删除) 。从数量上看，员工破坏事件比盗窃事件要少，但是这种事件造成的损失却很高。

(4) 丧失物理和基础设施的支持。丧失基础设施的支持包括电力故障(中断、瞬间高压和电压不足)、丧失通信能力、水的中断和泄漏、下水管道问题、缺乏运输服务、火灾、洪水、国内混乱和罢工。这些损害包括如美国世贸中心爆炸和芝加哥隧道洪水这样的激烈事件，也包括像水管破裂这样的普通事件。基础设施的丧失通常导致系统停机，有时，结果是无法预料的。例如，在暴风雪的天气下员工无法上班，而计算机系统依然在工作。

(5) 有害黑客。有害黑客这一术语，有时被称为黑客，是指未经授权侵入计算机的人。他们可以是外部人也可以是内部人。黑客的威胁应该被认为是过去的或未来潜在的损害。虽然目前由黑客造成的损失远小于由内部盗窃和破坏造成的损失，但是黑客问题分布广泛而且情况严重。有害黑客行为的一个例子就是直接对公共电话系统的破坏。

(6) 工业间谍。工业间谍是指从私营企业或政府收集专有数据以达到协助其他公司的目的的行为。工业间谍行为可能是公司为了提高自身的竞争力或政府为了帮助其国内企业所为。由政府派出的外国工业间谍通常被称为经济间谍。因为信息通常在计算机系统中进行处理和存储，所以计算机安全可以帮助防范这种威胁。但是，这无法减少由于被授权的员工出卖信息而造成的威胁。

(7) 有害代码。有害代码是指病毒、蠕虫、特洛伊木马、逻辑炸弹和其他“不受欢迎的软件”。有时人们会错误的认为这些只与个人计算机有关，事实上有害代码可以攻击其他平台。

(8) 外国政府间谍。在有些场合，可能会出现外国政府情报部门造成的威胁。除了可能的经济间谍之外，外国情报部门可能会为了进一步的情报工作而瞄准非保密系统。有些非保密信息可能对其有价值，如高官的旅行计划、国内防卫和应急准备情况、制造技术、卫星数据、人事和工资数据以及执法、调查和安全文件。具有管辖权的安全官员可以提供有关处理此类威胁的指导。

(9) 对个人隐私的威胁。政府、信用局和私人公司积累了大量的关于个人的电子信息，结合计算机监控、处理和聚集大量关于个人信息的能力形成了对个人隐私的威胁。这些信息和技术结合的可能性越来越成为现代信息时代的隐忧。这通常被称为“独裁大哥”。为了防范此类侵害，在过去的很多年中，美国国会颁布了法律，如 1974 年的隐私法案、1988 年的计算机匹配和隐私法案，它定义了政府所收集的个人信息的合法使用界限。

1.6.2 计算机病毒

计算机病毒是借用生物病毒的概念。生物病毒可传播、传染，使生物受到严重的损害，甚至导致生物死亡。计算机病毒也如此地危害着计算机系统。目前，计算机病毒已成为社会的新“公害”。计算机病毒的出现及迅速蔓延，给计算机世界带来了极大的危害，严重地干扰了科技、金融、商业、军事等各部门的信息安全。

计算机病毒是指可以制造故障的一段计算机程序或一组计算机指令，它被计算机软件制造者有意无意地放进一个标准化的计算机程序或计算机操作系统中。尔后，该病毒会依照指令不断地进行自我复制，也就是进行繁殖和扩散传播。有些病毒能控制计算机的磁盘系统，再去感染其他系统或程序，并通过磁盘交换使用或计算机联网通信传染给其他系统或程序。病毒依照其程序指令，可以干扰计算机的正常工作，甚至毁坏数据，使磁盘、磁盘文件不能使用或者产生一些其他形式的严重错误。

我国计算机病毒的来源主要有两个方面：一个是来自国外的一些应用软件或游戏盘等，如小球病毒、“DIR-2”病毒等，国外早有报道。另一个来源是国内某些人改写国外的计算机病毒或自己制造病毒。如“广州一号”病毒为修改国外“大麻病毒”形成的变种，Bloody 病毒则为国产病毒。病毒的蔓延很快，天天在产生。一台电脑如果染上了病毒，可能会造成不可估量的破坏性后果，有可能使多年的心血毁于一旦，或者使至关重要的数据无法修复。

一般说来，电脑有病毒时，常常造成一些异常现象，例如，数据无故丢失；内存量异常减小；速度变慢；引导不正常；文件长度增加或显示一些杂乱无章的内容等。有经验的用户可以利用技术分析法，来判定计算机病毒的发生。

目前，对付计算机病毒的主要方法有两种：一种是利用工具软件消毒；另一种是利用防病毒卡防毒。

1.6.3 黑客

谈到网络安全问题，就涉及黑客。黑客一词，源于英文 Hacker。翻开 1998 年日本出版的《新黑客字典》，可以看到上面对黑客的定义是：“喜欢探索软件程序奥秘、并从中增长其个人才干的人。他们不像绝大多数电脑使用者，只规规矩矩地了解别人指定了解的范围狭小的部分知识。”“黑客”大都是程序员，他们对于操作系统和编程语言有着深刻的认识，乐于探索操作系统的奥秘且善于通过探索了解系统中的漏洞及其原因所在，他们恪守这样一条准则：“Never damage any system”(永不破坏任何系统)。他们近乎疯狂地钻研更深入的电脑系统知识并乐于与他人共享成果，他们一度是电脑发展史上的英雄，为推动计算机的发展起了重要的作用。那时候，从事黑客活动，就意味着对计算机的潜力进行智力上最大程度的发掘。国际上的著名黑客均强烈支持信息共享论，认为信息、技术和知识都应当被所有人共享，而不能为少数人所垄断。大多数黑客中都具有反社会或反传统的色彩，同时，另外一个特征是十分重视团队的合作精神。

显然，“黑客”一词原来并没有丝毫的贬义成分。但到后来，少数怀着不良的企图，利用非法手段获得的系统访问权去闯入远程机器系统、破坏重要数据，或为了自己的私利而制造麻烦的具有恶意行为特征的人慢慢玷污了“黑客”的名声，“黑客”才逐渐演变成入侵者、破坏者的代名词。“他们瞄准一台计算机，对它进行控制，然后毁坏它。”——这是 1995 年美国拍摄第一部有关黑客的电影《战争游戏》中，对“黑客”概念的描述。

今天，黑客一词已被用于泛指那些专门利用电脑搞破坏或恶作剧的家伙。对这些人的正确英文叫法是 Cracker，有人翻译成“骇客”。由于在中文媒体中，黑客的这个意义已经约定俗成，所以我们只好沿用黑客的叫法来指 Cracker。

1.6.4　计算机犯罪

随着信息化时代的到来、社会信息化程度的日趋深化以及社会各行各业计算机应用的广泛普及，计算机犯罪也越来越猖獗。计算机犯罪以其犯罪目的的多样化，作案手段更加隐蔽复杂、危害领域不断扩大，已对国家安全、社会稳定、经济建设以及个人合法权益构成了严重威胁。面对这一严峻形势，为有效地防止计算机犯罪，且在一定程度上确保计算机信息系统安全地运作，我们不仅要从技术上采取一些安全措施，还要在行政管理方面采取一些安全手段。因此，制定和完善信息安全法律法规，制定及宣传信息安全伦理道德规范、提高计算机信息系统用户及广大社会公民的职业道德素养以及建立健全的信息系统安全调查制度和体系等就显得非常必要和重要。

1.6.4.1　计算机犯罪的概念

计算机犯罪也许只是人类社会发展过程中的一个暂时性的犯罪名称，因为人类从来没有以作案工具来命名犯罪名称的先例。也有人把计算机犯罪叫做智能犯罪或科技犯罪，但这些均不确切，因为计算机犯罪所包含的内容既有最原始的、传统的破坏行为，又有高智慧型的破坏行为。到目前为止，国际上对计算机犯罪问题尚未形成一个统一的认识。世界各国对计算机犯罪有不同的定义。例如，欧洲合作与发展组织的定义是：“在自动数据处理过程中，任何非法的、违反职业道德的、未经批准的行为都是计算机犯罪行为”；美国司法部的定义是：“在导致成功起诉的非法行为中，计算机技术和知识起了基本作用的非法行为”；我国公安部计算机管理监察司把以计算机为主要工具的犯罪或以计算机资产为对象而实施的犯罪行为称为计算机犯罪。

1.6.4.2　计算机犯罪的基本类型

利用现代信息和电子通信技术从事计算机犯罪活动已涉及到政治、军事、经济、科技文化社会等各个方面，但最为常见的有以下这样一些表现：

(1) 非法截获信息、窃取各种情报。随着社会的日益信息化，计算机网络系统中意味着知识、财富、机密情报的大量信息已成为犯罪分子的重要目标。犯罪分子可以通过并非十分复杂的技术窃取从国家机密、绝密军事情报、商业金融行情到计算机软件、移动电话的存取代码、信用卡号码、案件侦破进展、个人隐私等各种信息。

(2) 复制与传播计算机病毒、黄色影像制品和精神垃圾。犯罪分子利用高技术手段可以极为容易地产生、复制、传播各种错误的、对社会有害的信息。计算机病毒是人为编制的具有破坏性的计算机软件程序，它能自我复制并破坏其他软件的指令，从而扰乱、改变或销毁用户存贮在计算机中的信息，造成种种无法挽回的损失。另外，随着电脑游戏、多媒体系统和互联网络的日益普及，淫秽色情、凶杀恐怖以至教唆犯罪的影像制品将不知不觉地进入千家万户，毒害年青一代。

(3) 利用计算机技术伪造篡改信息、进行诈骗及其他非法活动。犯罪分子还可以利用电子技术伪造政府文件、护照、证件、货币、信用卡、股票、商标等等。互联网络的一个重要特点是信息交流的互操作性。每一个用户不仅是信息资源的消费者，而且也是信息的生产者和提供者。这使得犯罪分子可以在计算机终端毫无风险地按几个键就可以篡改各种档案(包括犯罪史、教育和医疗记录等)的信息，改变信贷记录和银行存款余额，免费搭乘飞机和机场巴士、住旅馆吃饭、改变房租水电费和电话费等。

(4) 借助于现代通信技术进行内外勾结、遥控走私、吸毒贩毒、制造恐怖及其他非法活动。犯罪分子利用没有国界的互联网络和其他通信手段可以从地球上的任何地方向政府部门、企业或个人投放计算机病毒、“逻辑炸弹”和其他破坏信息的装置，也可以凭借计算机和卫星反弹回来的无线电信号进行引爆等等。

1.6.4.3 计算机犯罪的主要特点

与传统的犯罪形式相比，计算机犯罪有如下主要特点：

(1) 犯罪行为人的社会形象具有一定的欺骗性。与传统的犯罪不同，计算机犯罪的行为人大多是受过一定教育和技术训练、具有相当技能的专业工作人员，而且大多数是受到上司信任的雇员，他们具有一定的社会经济地位。犯罪行为人作案后大多都无罪恶感，甚至还有一种智力优越的满足感。由于计算机犯罪手段是隐蔽的、非暴力的，犯罪行为人又有相当的专业技能，他们在社会公众面前的形象不像传统犯罪那样可憎，因而具有一定的欺骗性。

(2) 犯罪行为隐蔽而且风险小，便于实施，难以发现。利用计算机信息技术犯罪不受时间和地点的限制，犯罪行为的实施地和犯罪后果的出现地可以是分离的，甚至可以相隔十万八千里，而且这类作案时间短、过程简单，可以单独行动，不需借助武力，不会遇到反抗。由于这类犯罪没有特定的表现场所和客观表现形态，有目击者的可能性很少，而且即使有作案痕迹，也可被轻易销毁，因此发现和侦破都十分困难。

(3) 社会危害性巨大。由于高技术本身具有高效率、高度控制能力的特点以及它们在社会各领域的作用越来越大，高技术犯罪的社会危害性往往要超出其他类型犯罪。

(4) 监控管理和惩治等法律手段滞后。社会原有的监控管理和司法系统中的人员往往对高技术不熟悉，对高技术犯罪的特点、危害性认识不足，或没有足够的技术力量和相应的管理措施来对付它们。因此，大部分的计算机犯罪很难被发现。

1.6.4.4 计算机犯罪的危害及其对社会的冲击

在计算机化程度较高的国家，计算机犯罪已经形成了一定的规模和气候，成为一种严重的社会问题，威胁着经济发展、社会稳定和国家安全。据不完全统计，美国计算机犯罪造成的损失已达上万亿美元，年损失几百亿美元，平均每起损失 90 万美元。原联邦德国每年损失 95 亿美元。英国为 25 亿美元，且每 40 秒就发生一起计算机诈骗案。这些数字只是很粗略的，实际的数字可能要大得多，因为还有许多案件并不为人所知，也没有向警方报案。亚洲国家和地区的计算机犯罪问题也很严重，如日本、新加坡等。我国在报纸上公开报道的计算机犯罪案件也已达数百起。这一切表明计算机犯罪已成为不容忽视的社会现象，各国政府、各种机构以至整个社会都应积极行动起来，打击和防范计算机犯罪。

1.6.5 计算机信息系统安全保护规范化与法制化

信息安全是三分技术(包含标准)、七分管理(包含法规)，而管理是灵魂。法规是信息安全保护的法律规范，以其公正性、权威性、规范性、强制性，成为管理的准绳和依据。

1.6.5.1 计算机信息系统安全法规的基本内容与作用

计算机信息系统安全立法为信息系统安全提供了法律的依据和保障，有利于促进计算机产业、信息服务业和科学技术的发展。信息系统安全法律规范是建立在信息安全技术标准和社会实际的基础之上的，它所具有的宏观性、科学性、严密性以及强制性和公正性，其目标无非在于明确责任，制裁违法犯罪，保护国家、单位及个人的正当合法权益。

(1) 计算机违法与犯罪惩治。显然是为了震慑犯罪，保护计算机资产。

(2) 计算机病毒治理与控制。在于严格控制计算机病毒的研制、开发，防止、惩罚计算机病毒的制造与传播，从而保护计算机资产及其运行安全。

(3) 计算机安全规范与组织法。着重规定计算机安全监察管理部门的职责和权利以及计算机责任管理部门和直接使用部门的职责与权利。

(4) 数据法与数据保护法。其主要目标在于保护拥有计算机的单位或个人的正当合法权益，当然包括隐私权等。

1.6.5.2 国外计算机信息系统安全立法简况

信息安全为举世所关注所重视，1992 年联合国各成员国签署了《国际电信联盟组织法》；1998 年联合国大会通过了“关于信息和传输领域成果只用于国际安全环境”的决议；欧洲委员会于 2000 年制定的《打击计算机犯罪公约》是首次出台的打击黑客的国际公约，包括美国等 40 多个国家加入了这个公约。

俄罗斯紧密围绕国家信息安全也制定了一系列法律和规范，如《参与国际信息交流法》、《俄联邦信息、信息化和信息保护法》等。2000 年普京签发的《俄联邦信息安全学说》包括 4 个方面内容：信息安全领域的国家利益；保障信息安全的方法；信息安全保障国家政策的基本原则和实施这一政策的首要措施；信息安全保障体系的主要职能和组成部分。

美国对国家信息安全尤其重视，其行政法、刑法、诉讼法等十分健全。从法规体系上说，在行政法方面，1987 年推出的《计算机安全法》定义了对联邦计算机系统中的敏感资料的保护；在刑法方面，1984 年出台了《计算机诈骗和滥用法》，1987 年联邦计算机犯罪法正式颁布；在诉讼法方面，《联邦证据法》对计算机犯罪证据做出了相应的规定。此外，美国早已制定出信息战框架，如《信息战条令》、《2010 年联合构想》等，并在实战中得到了检验。

除美、俄外，西方国家也先后根据各自的实际情况，纷纷制定法律政策，颁布了计算机安全法规。1973 年瑞士通过了世界上第一部保护计算机的法律。德国 1996 年出台《信息和通信服务规范法》即《多媒体法》，该法被认为是世界上第一部规范 Internet 的法律。1985

年日本制定了计算机安全规范，1986年成立了日本安全管理协会，1989年日本警视厅又公布了《计算机病毒等非法程序的对策指南》，2000年年底日本防卫厅发表了《信息军事革命手册》。

1.6.5.3 国内计算机信息系统安全立法简况

早在1981年，我国政府就对计算机信息系统安全予以了极大的关注。并于1983年7月，公安部成立了计算机管理监察局，主管全国的计算机安全工作。为了提高和加强全社会的计算机安全意识观念，积极推动、指导和管理各有关方面的计算机安全治理工作，公安部于1987年10月推出了《电子计算机系统安全规范(试行草案)》，这是我国第一部有关计算机安全工作的管理规范。

到目前为止，我国已经颁布了的与计算机信息系统安全问题有关的法律法规主要还有：1986年9月颁布的《中华人民共和国治安管理处罚条例》；1986年12月颁布的《中华人民共和国标准化法》；1988年9月颁布的《中华人民共和国保守国家秘密法》；1991年5月颁布的《计算机软件保护条例》；1992年4月颁布的《计算机软件著作权登记办法》；1994年2月颁布的《中华人民共和国计算机信息系统安全保护条例》，它是我国的第一个计算机安全法规，也是我国计算机安全工作的总纲；1997年5月颁布的《中华人民共和国计算机信息网络国际联网管理暂行规定》；1997年12月颁布的《计算机信息网络国际联网安全保护管理办法》等。

除此之外，我国幅员辽阔，计算机系统的应用和发展各地不尽相同。因此，各地为搞好本地区的计算机安全工作，在国家有关法规的基础上，制定了符合本地区实情的计算机信息安全“暂行规定”或“实施细则”，如1992年，天津市公安局颁布并通过了《天津市计算机病毒控制条例》。

1.6.5.4 计算机信息系统安全道德及其宣传教育

(1) 计算机安全道德的概念及涉及的内容。计算机道德是用来约束计算机从业人员言行，指导计算机从业人员思想的一整套道德规范。计算机道德可涉及到计算机工作人员的思想认识、服务态度、业务钻研、安全意识、待遇得失及其公共道德等方面。

(2) 研究计算机安全道德的目的及任务。研究计算机道德，提出计算机职业道德的内容，目的在于使计算机事业得以健康发展；防患及尽可能避免计算机犯罪，从而降低计算机犯罪给人类社会带来的破坏和损失。长期以来，由于计算机文化和计算机技术发展的不平衡性，人们的思想观念没有跟上计算机发展的需要。因此，研究计算机道德的任务在于一方面通过宣传手段来更新人们的思想观念，使人们逐步认识到对计算机系统的非法破坏活动亦是一种不道德、不符合现代社会伦理道德的行为；另一方面，通过建立健全切实可行的法律法规及行为规范准则，使人们认识到计算机犯罪的不道德性和非法性。

实践证明，计算机职业道德建设应该从小处抓起、从早抓起，我们应该将计算机道德教育列入德育教育的范畴，使其成为大众的普及课，成为计算机课程体系中的必修课。随着社会信息化程度的日益提高，计算机道德建设必将引起各国乃至全世界有关部门的高度重视。

● 小结

人类社会的发展已进入了信息社会，信息、信息科学和信息技术已成为人们最关注的话题之一。

(1) 信息、信息科学和信息技术的基础知识。

信息是人类的一切生存活动和自然存在所传达出来的信号和消息。信息的积累和传播，是人类文明进步的基础。信息同物质、能源一样重要，是人类生存和社会发展的三大基本资源之一。

信息科学是研究信息及其运动规律的科学，它以信息作为主要研究对象，以信息的运动规律作为主要研究内容，以现代科学方法论作为主要研究方法，以扩展人的信息功能为主要研究目标。

凡是能扩展人的信息功能的技术，都是信息技术。信息技术是指有关信息的收集、识别、提取、变换、存贮、传递、处理、检索、检测、分析和利用等技术。信息技术包括感测与识别技术、信息传递技术、信息处理与再生技术、信息施用技术等，涉及到微电子技术、计算机技术、光电子技术、通信技术和传感技术、多媒体技术、自动控制技术、视频技术、遥感技术等技术领域。

(2) 信息的采集、信息的检索、信息的加工、计算机信息加工是信息技术的重要部分。计算机信息加工的工作过程大致分为选择计算机、资料编码、选择计算机软件、数据录入、数据加工、信息输出、信息存贮、信息传递等步骤。

(3) 当前信息技术应用的热点较多，例如电子信箱、可视图文、电视会议、电子出版和电子书、数字图书馆等。

(4) 信息化是社会发展的大趋势，信息化已成为经济和社会发展的助推剂，信息化渗透到社会的方方面面。为推进国民经济和社会信息化，我国提出了“中国信息化基础结构(CII)”的思路，启动了信息化建设的“金字工程”，加快电子商务、电子政务、教育信息化的发展。

(5) 大力推进信息化，是覆盖我国现代化建设全局的战略举措，是贯彻落实科学发展观、全面建设小康社会、构建社会主义和谐社会和建设创新型国家的迫切需要和必然选择。为使我国信息化事业得以健康发展，2006 年 5 月国家公布了《2006—2020 年国家信息化发展战略》。

(6) 信息安全已经成为一个国家国民经济能否顺利发展、能否与其他国家竞争、能否抵御外敌入侵的重要条件。与信息安全有关的问题主要有计算机病毒、黑客、计算机犯罪、计算机信息系统安全保护规范化与法制化等。

● 习题

(1) 什么是信息？试从信息的分类、信息的形态、信息的功能、信息的特点、信息的基本作用和信息的应用等方面全面理解信息的涵义。

(2) 什么是信息科学？实现信息化的出发点和最终归宿是什么？

(3) 什么是信息技术？它包括哪些主要技术？ 它的发展趋势怎样？

(4) 什么是信息高速公路？它的建设目标、关键技术是什么？了解本地区的信息高速公路

“开通”情况。说说信息高速公路“开通”对本地区人们生活方式带来的变化。

(5) 试述你所了解的微电子技术、计算机技术、光电子技术和通信技术。

(6) 信息采集的原则是什么？信息采集有哪些采集方式？

(7) 什么是计算机检索？试从因特网上检索“计算机网络”和“多媒体技术”的定义。

(8) 简述计算机信息加工的过程。

(9) 什么是信息系统？简述你对各种信息系统的了解。

(10) 谈谈你所使用或了解的信息技术应用热点。

(11) 如何理解信息化社会和社会信息化？

(12) 信息化过程中“信息”的作用有哪些？简述我国信息化过程的基础建设思路。

(13) 谈谈你了解的信息化建设的“金字工程”。

(14) 简述电子商务和电子政务的涵义。

(15) 试论信息技术与教育的关系，谈谈你身边的教育信息化状况。

(16) 简述未来15年国家信息化战略的主要内容。

(17) 简述计算机病毒的来源和对付方法。

(18) 怎样理解计算机“黑客”？

(19) 什么是计算机犯罪？计算机犯罪有哪些基本类型及特点？

(20) 简述计算机信息系统安全法规的基本内容与作用。

(21) 谈谈你所了解的与计算机信息系统安全问题有关的法律法规。

(22) 观察你生活中的一天，使用了哪些信息设备？获得了哪些信息？体验信息技术对我们生活和学习的影响。

第2章　计算机基础知识

2.1　计算机的基本概念

2.1.1　计算机的诞生和发展历史

电脑离我们越来越近，已经成为我们工作、生活的一部分。打开电脑，您就可以在里面打字、画画、听音乐、玩游戏、看 VCD 电影……等等很多的应用。目前还有一个最热门也是非常有现实意义的应用——上 Internet 网。在您足不出户就可以畅游世界的时候，那份电脑带给您的欣喜一定是无法用言语来表达的，只有置身其中，置身于奇妙的电脑世界，您才能感觉到这个网络时代的节奏和脉搏。

图 2.1

从现在开始，让我们一起跨入精彩的电脑世界，去了解这个影响着我们的现在和将来的机器。

世界上第一台电子数字式计算机于 1946 年 2 月 15 日在美国宾夕法尼亚大学研制成功，它的名称叫 ENIAC(埃尼阿克)，是电子数字积分器和计算器(The Electronic Numerical Intergrator and Culculator)的缩写。它使用了近 18000 个真空电子管，耗电 170 千瓦，占地 150 平方米，重达 30 吨，每秒钟可进行 5000 次加法运算。图 2.2 是放置这台计算机的房间全景。虽然它还比不上今天最普通的一台微型计算机，但在当时它已是运算速度的绝对冠军，并且其运算的精确度和准确度也是史无前例的。以圆周率(π)的计算为例，中国的古代科学家祖冲之利用算筹，耗费 15 年心血，才把圆周率计算到小数点后 7 位数。1 千多年后，英国人香克斯以毕生精力计算圆周率，才计算到小数点后 700 多位。而使用 ENIAC 进行计算，仅用了 40 秒就达到了这个记录，还发现香克斯的计算中，第 528 位是错误的。

图 2.2　ENIAC 计算机

ENIAC 奠定了电子计算机的发展基础，在计算机发展史上具有划时代的意义，它的问世标志着电子计算机时代的到来。

ENIAC 诞生后，美籍匈牙利数学家冯・诺依曼(图 2.3)提出了重大的改进理论，主要有两点：

(1) 电子计算机应该以二进制为运算基础。

(2) 电子计算机应采用“存储程序”方式工作，整个计算机的结构应由五个部分组成：运算器、控制器、存储器、输入装置和输出装置。

图 2.3 冯·诺依曼

冯·诺依曼的这些理论的提出，解决了计算机的运算自动化问题和速度配合问题，对后来计算机的发展起到了决定性的作用。直至今天，绝大部分的计算机还是采用冯·诺依曼方式工作。

ENIAC 诞生后的短短几十年间，计算机的发展突飞猛进。主要电子器件相继使用了真空电子管、晶体管，中、小规模集成电路和大规模、超大规模集成电路，引起计算机的几次更新换代。每一次更新换代都使计算机的体积和耗电量大大减小，功能大大增强，应用领域进一步拓宽。特别是体积小、价格低、功能强的微型计算机的出现，使得计算机迅速普及，进入了办公室和家庭，在办公室自动化和多媒体应用方面发挥了很大的作用。目前，计算机的应用已扩展到社会的各个领域。可将计算机的发展过程分成以下几个阶段：

(1) 第一代计算机(1946～1957 年)。主要元器件是电子管。主要贡献是：

① 确立了模拟量可变化为数字量进行计算，开创了数字化技术的时代。

② 形成了电子数字计算机的基本结构：冯·诺依曼结构。

③ 确定了程序设计的基本方法。

④ 开创了使用 CRT(cathode-ray tube)作为计算机的字符显示器。

(2) 第二代计算机(1958～1964 年)。用晶体管代替了电子管。主要贡献是：

① 开创了计算机处理文字和图形的新阶段。

② 产生了高级语言。

③ 出现通用计算机和专用计算机的区别。

④ 鼠标开始作为输入设备出现(主要在一些图形工作站上)。

(3) 第三代计算机(1965～1970 年)。以中、小规模集成电路取代了晶体管。主要贡献是：

① 操作系统更加完善。

② 运算速度达到 100 万次/秒以上。

③ 机器的种类开始根据性能被分为巨型机、大型机、中型机和小型机。

④ 较好解决了硬件更新过程中的兼容性问题。

(4) 第四代计算机(1971 年至今)。采用大规模集成电路和超大规模集成电路。主要贡献是：开始出现微机——微型计算机，计算机开始走入家庭。

从 1971 年至今，虽然没有大家公认的五代机的诞生，但计算机还是一直在发展中。尤其是微型计算机，以其体积小、性能稳定、价格低廉、对环境要求低等特点，获得了飞速的发展。

从 1971 年 intel 公司率先推出 4004 微处理器之后，微处理器的结构、性能一直在快速发展中。微型计算机的字长从 4 位、8 位、16 位、32 位到 64 位，速度越来越快，存储容量越来越大，其性能指标已经赶上甚至超过 20 世纪 70 年代的中、小型机的水平。

目前，计算机已经进入网络时代，计算机集文字、图形、声音、视频于一体。1993 年美国“信息高速公路”计划的提出，促进了计算机与通信的结合，形成了各种规模的计算机网络，从局域网、城域网、广域网到国际互联网，计算机发展前途无量。

2.1.2 计算机的分类

计算机的种类很多，差别各异，确切地分类很困难。一般我们会根据不同的标准进行不同的分类。

2.1.2.1 按信号分类

按信号分类，计算机可以分为：

(1) 数字电子计算机。数字(digital)电子计算机以数字量(也叫不连续量)作为运算对象并进行运算，和模拟量电子计算机相比特点是精确度高，具有存储和逻辑判断能力。计算机的内部操作和运算是在程序的控制下自动进行的。

一般在不做说明的情况下，计算机指的就是数字电子计算机。

(2) 模拟电子计算机。模拟电子计算机是以模拟量(连续变化的量)作为运算量的计算机，在早期计算机发展的初期，具有速度快的特点，但精确度不高。随着数字电子计算机的发展，其速度越来越快，模拟量电子计算机的优点已不复存在，而缺点却依然如故，所以现在已经很少使用。

2.1.2.2 按设计目的分类

按设计目的分类，计算机可以分为：

(1) 通用计算机。用于解决各类问题而设计的计算机。通用计算机要考虑各种用途的情况，既可以进行科学计算，又可以进行数据处理等，是一种用途广泛、结构复杂的计算机。

(2) 专用计算机。为某种特定用途而设计的计算机，如用于数字机床控制、用于专用游戏机控制等。专用计算机针对性强，结构相对简单，效率高，成本低。

2.1.2.3 按规模大小分类

按规模大小分类，计算机可以分为：

(1) 巨型计算机。

(2) 大型计算机。

(3) 中型计算机。

(4) 小型计算机。

(5) 微型计算机。

2.1.3 计算机的主要特点

计算机的基本工作特点是快速、准确和通用。由于计算机具有强大的算术运算和逻辑运算的能力，因此计算机能够解决各种复杂的问题。

(1) 计算机具有自动控制的能力。在计算机中可以存储大量的数据和程序。存储程序是计算机工作的一个重要的原则，这是计算机能自动处理的基础。计算机由存储的程序控制其操作过程，只要根据应用的需要，事先编写好程序并输入计算机，计算机就可以自动连续的工作，完成预定的处理任务。

(2) 计算机具有高速运算的能力。现代计算机的运算速度最高可以达到每秒几万亿次，即便是个人电脑，运算速度也可以达到每秒几亿次。

(3) 计算机具有记忆(存储)的能力。计算机拥有容量很大的存储装置，它不仅可以存储处理中所需要的原始数据、中间结果与最后运算结果，还可以存储程序员所编写的指令——程序。计算机不仅可以存储能算术运算的数值数据，还可以存储不能算术运算的文本数据和多媒体数据，并对这些数据进行加工、处理。

(4) 计算机具有很高的计算精度。因为计算机采用数字量进行运算，且采用各种自动纠错方式，所以准确性相当高，并且随着字长的增加，浮点数的精确度越来越高(有效数位越来越长)。

(5) 计算机具有逻辑判断的能力。计算机除了可以进行算术运算，还可以进行逻辑运算。

(6) 通用性强，用途广泛。计算机可以应用在各行各业。同一台通用计算机，只要安装不同的软件，就可以运用在不同的场合，完成不同的任务。

2.1.4 计算机的主要用途

计算机的应用领域十分广泛，从军事到民用，从科学计算到文字处理，从信息管理到人工智能，大致可以分为以下几个方面：

(1) 科学计算。数值计算是计算机最早应用的领域。第一台计算机就是用于弹道计算的，以后如天气预报、人造卫星、原子反应堆、导弹、建筑、桥梁、地质、机械等方面都离不开大型高速计算机。计算机根据公式模型进行计算，工作量大，精确度高，速度快，结果可靠。利用计算机进行数值计算，可以节省大量人力、物力和时间。

(2) 数据处理。数据处理是现在计算机应用最广泛的领域，是一切信息管理、辅助决策的基础。计算机可以对各种各样的数据进行处理，包括文本型数据和多媒体数据的输入(采集)、传输、加工、存储、输出等。信息管理系统(MIS)、决策支持系统(DSS)、专家系统(ES)、办公自动化系统(OA)都需要数据处理的支持。例如，企业信息系统中的生产统计、计划制定、库存管理、市场销售管理等；人口信息系统中数据的采集、转换、分类、统计、处理、输出报表等。

(3) 实时控制。实时控制主要用在工业控制和测量方面。对控制对象进行实时的自动控制和自动调节。例如，大型化工企业中自动采集工艺参数，进行校验、比较以控制工艺流程；大型冶金行业的高炉炼钢控制；数控机床的控制；电炉温度的闭环控制等。使用计算机控制可以降低能耗，提高生产效率，提高产品质量。

(4) 计算机辅助系统。计算机辅助系统可以帮助人们更好地完成学习、工作等任务。例如，计算机辅助设计 CAD，利用计算机的特点，绘图质量高，速度快，修改方便，大大提高了设计的效率，不仅仅被用在产品设计上，还可以用于一切需要图形的领域——计算机模拟、制作地图、广告、动画片等。

除了计算机辅助设计 CAD 外，还有计算机辅助制造 CAM、计算机辅助工程 CAE、计算机辅助教学 CAI、计算机集成制造系统 CIMS 等。

(5) 人工智能。人工智能是利用计算机来模仿人的高级思维活动。例如，智能机器人、专家系统等。这是计算机应用领域中难度较大的领域之一。

此外还有一些应用领域，例如，联机检索、网络应用、电子商务等。

2.1.5 计算机的发展方向

计算机的应用能力有力地推动了经济的发展和科学技术的进步，同时也对计算机技术提出了更高的要求。以超大规模集成电路为基础，未来的计算机将向巨型化、微型化、网络化与智能化发展。

2.2 计算机系统的组成

2.2.1 计算机系统的组成

计算机系统包括硬件系统和软件系统两大部分，如图2.4所示。

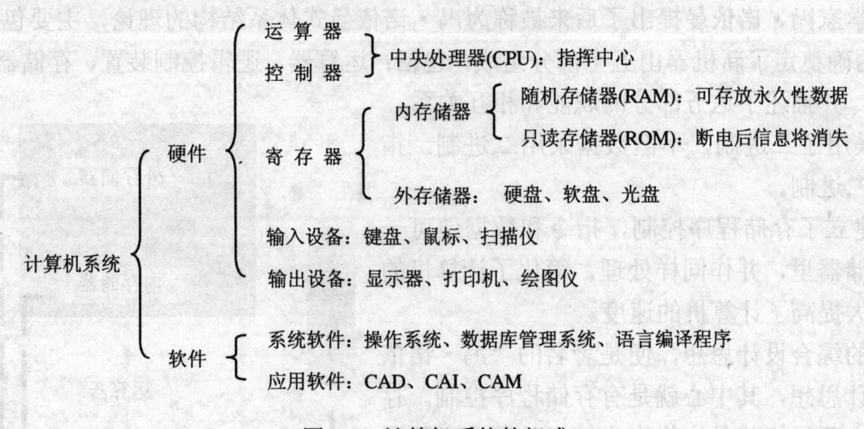

图2.4 计算机系统的组成

计算机硬件是指组成计算机的各种物理设备，也就是那些看得见、摸得着的实际物理设备。它包括计算机的主机和外部设备。具体由五大功能部件组成，即：运算器、控制器、存储器、输入设备和输出设备。这五大部分相互配合，协同工作。其简单工作原理为，首先由输入设备接受外界信息(程序和数据)，控制器发出指令将数据送入(内)存储器，然后向内存储器发出取指令命令。在取指令命令下，程序指令逐条送入控制器。控制器对指令进行译码，并根据指令的操作要求，向存储器和运算器发出存数、取数命令和运算命令，经过运算器计算并把计算结果存在存储器内。最后在控制器发出的取数和输出命令的作用下，通过输出设备输出计算结果。

计算机软件系统包括系统软件和应用软件两大类。

系统软件是指控制和协调计算机及其外部设备，支持应用软件的开发和运行的软件。其主要的功能是进行调度、监控和维护系统等等。系统软件是用户和裸机的接口，主要包括：

(1) 操作系统软件，如DOS、Windows、Linux，Netware等。

(2) 各种语言的处理程序，如低级语言、高级语言、编译程序、解释程序。

(3) 各种服务性程序，如机器的调试、故障检查和诊断程序、杀毒程序等。

(4) 各种数据库管理系统，如SQL Sever、Oracle、Informix、Foxpro等。

应用软件是用户为解决各种实际问题而编制的计算机应用程序及其有关文件。应用软件

主要有以下几种:

(1) 用于科学计算方面的数学计算软件包、统计软件包。

(2) 文字处理软件包(如 WPS、Office)。

(3) 图像处理软件包(如 Photoshop、动画处理软件 3DS MAX)。

(4) 各种财务管理软件、税务管理软件、工业控制软件、辅助教育等。

除了图 2.4 所示的一些概念以外，我们经常把 CPU 和内存合起来称为主机；将输入设备、输出设备和外存合起来称为外部设备。

2.2.2 硬件系统的组成及各个部件的主要功能

现在一般认为 ENIAC 机是世界第一台电子计算机，不过，ENIAC 机本身存在两大缺点：一是没有存储器；二是它用布线接板进行控制。直到 1946 年，被称为“计算机之父”的美籍匈牙利科学家冯·诺依曼提出了后来被称为冯·诺依曼式体系结构的理论，主要包括：

(1) 明确奠定了新机器由五个部分组成，包括：运算器、逻辑控制装置、存储器、输入和输出设备，并描述了这五部分的职能和相互关系。

(2) 采用了二进制，不但数据采用二进制，指令也采用二进制。

(3) 建立了存储程序控制，指令和数据便可一起放在存储器里，并作同样处理，简化了计算机的结构，大大提高了计算机的速度。

他们的综合设计思想，便是著名的“冯·诺依曼机”设计思想，其中心就是有存储程序控制。存储程序的主要思想就是：将事先编好的程序和数据存放在计算机内部的存储器中，计算机在程序的控制下一步一步进行处理。原则上指令和数据一起存储。这个概念被誉为“计算机发展史上的一个里程碑”。它标志着电子计算机时代的真正开始，指导着以后的计算机设计。

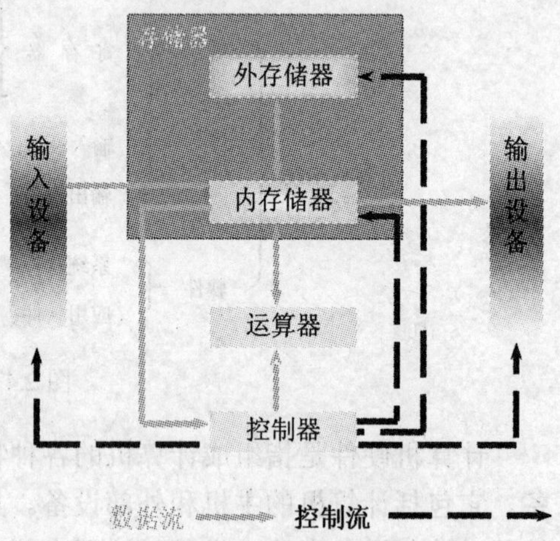

图 2.5 冯·诺依曼计算机的五大部件

冯·诺依曼结构计算机的硬件由五大部件构成，如图 2.5 所示。

(1) 运算器。运算器又称算术逻辑单元(Arithmetic Logic Unit 简称 ALU)。它是计算机对数据进行加工处理的部件，包括算术运算(加、减、乘、除等)和逻辑运算(与、或、非、异或比较等)。运算器接收待运算的数据，完成程序指令所指定的运算后再把运算结果送往内存。

(2) 控制器。控制器负责从存储器中取出指令，并对指令进行译码；根据指令的要求，按时间的先后顺序，负责向其他各部件发出控制信号，保证各部件协调一致地工作，一步一步地完成各种操作。控制器主要由指令寄存器、译码器、程序计数器、操作控制器等组成。

如图 2.6 所示，随着半导体集成电路技术的出现和广泛的应用，Intel 公司最先将控制器和运算器制作在同一芯片上(Intel 4004)，就是我们常说的中央处理器(Central Processing Unit，CPU)。中央处理器也叫微处理器，是硬件系统的核心。

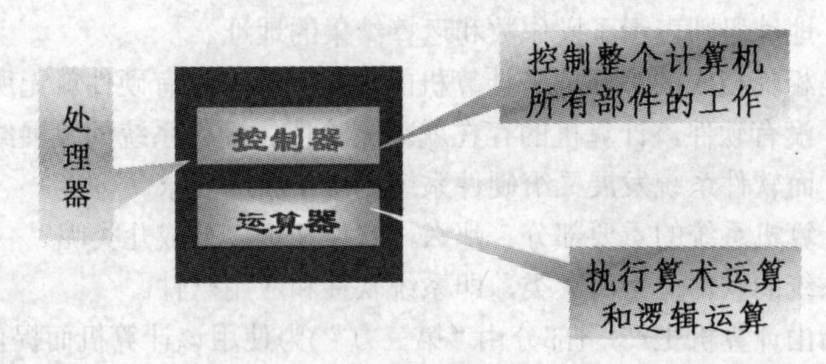

图 2.6　CPU

(3) 存储器。存储器是计算机记忆或暂存数据的部件。计算机中的全部信息，包括原始的输入数据。经过初步加工的中间数据以及最后处理完成的有用信息都存放在存储器中。而且，指挥计算机运行的各种程序，即规定对输入数据如何进行加工处理的一系列指令也都存放在存储器中。存储器分为内存储器(内存)和外存储器(外存)两种，见图 2.7。

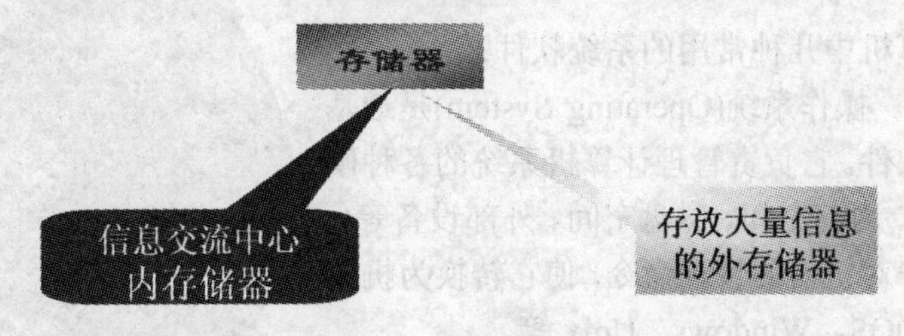

图 2.7　存储器

内存也叫主存，主要存放将要执行的指令和运算数据，相对外存来说容量小，但速度快、成本较高。

外存也叫辅存，主要用于长期存放程序和数据，相对内存来说容量大、速度慢、成本低。CPU 只能对内存进行读写操作，所以外存中的程序和数据要处理时，必须先调入内存。

(4) 输入设备。输入设备是给计算机输入信息的设备。它是重要的人机接口，负责将输入的信息(包括数据和指令)转换成计算机能识别的二进制代码，送入存储器保存。常见的输入设备有鼠标、键盘、扫描仪、光笔、触摸屏等。

(5) 输出设备。输出设备是输出计算机处理结果的设备。在大多数情况下，它将这些结果转换成便于人们识别的形式。常见的输出设备有显示器、打印机、绘图仪、音箱等。

2.2.3　软件的概念以及软件的分类

软件是计算机系统的重要组成部分。相对于计算机硬件而言，软件是计算机的无形部分，但它的作用是很大的。可以这样说，没有装备任何软件的计算机(这样的计算机称为裸机)是没有用的。

所谓软件，一般指能够指挥计算机工作的程序与程序运行所需要的数据，以及与这些程序和数据有关的文字说明和图表资料(文档)。

所谓程序，是指为解决某个问题而设计的一系列有序的指令或语句(一条语句可以分解成若干条指令)的集合。

所谓指令，也叫机器语言，是包含有操作码和地址码的一串二进制代码。其中操作码规定了操作的性质，地址码则表示了操作数和运算结果的地址。

硬件与软件是相辅相成的。硬件是计算机的物质基础，没有硬件就无所谓计算机。软件是计算机的灵魂，没有软件，计算机的存在就毫无价值。硬件系统的发展给软件系统提供了良好的开发环境，而软件系统发展又给硬件系统提出了新的要求。

软件是组成计算机系统的重要部分。那么，软件又可以分成几类呢？

微型计算机系统的软件分为两大类，即系统软件和应用软件。

系统软件是指由计算机生产厂(部分由“第三方”)为使用该计算机而提供的基本软件。最常用的软件有：操作系统、文字处理程序、计算机语言处理程序、数据库管理程序、连网及通信软件、各类服务程序和工具软件等。

应用软件是指用户为了自己的业务应用而使用系统开发出来的用户软件。系统软件依赖于机器，而应用软件则更接近用户业务。

系统软件、应用软件和硬件之间的关系如图 2.8 所示。

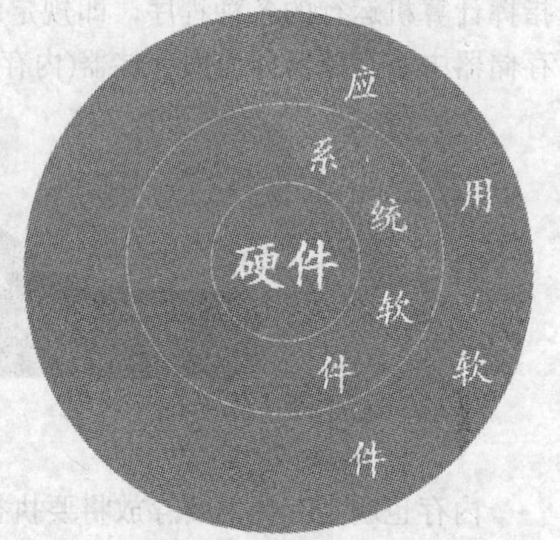

图 2.8　硬件软件关系图

以下简介计算机中几种常用的系统软件：

(1) 操作系统。操作系统(Operating System)是最基本最重要的系统软件。它负责管理计算机系统的各种硬件资源(例如 CPU、内存空间、磁盘空间、外部设备等)，并且负责解释用户对机器的管理命令，使它转换为机器实际的操作，如 DOS、Windows、Unix 等。

(2) 计算机语言处理程序。计算机语言分机器语言、汇编语言和高级语言。

机器语言(Machine Language)是指机器能直接认识的语言，它是由“1”和“0”组成的一组代码指令。

汇编语言(Assemble Language)是由一组与机器语言指令——对应的符号指令和简单语法组成的。

高级语言(High level language)比较接近日常用语，对机器依赖性低，即适用于各种机器的计算机语言，如 Basic 语言、Visual Basic 语言、FORTRAN 语言、C 语言、Java 语言等。相对于高级语言，机器语言和汇编语言被称为“低级语言”

计算机只认识机器语言，汇编语言所写的程序要经过“汇编”的过程翻译成机器语言才能被计算机所理解。同样，高级语言所写的程序叫做“源程序”，也必须翻译成机器语言才可以被计算机所理解执行。

将高级语言所写的程序翻译为机器语言程序，有两种翻译程序，一种叫“编译程序”，一种叫“解释程序”。

编译程序把高级语言所写的程序作为一个整体进行处理，编译后与子程序库链接，形成一个完整的可执行程序。这种方法的缺点是编译、链接比较费时，但可执行程序的运行速度很快。FORTRAN 语言、C 语言等都采用这种编译的方法。

解释程序则对高级语言程序逐句解释执行。这种方法的特点是程序设计的灵活性大，但程序的运行效率较低。Basic 语言属于解释型。

(3) 数据库管理系统。随着数据处理业务的不断增加，日常许多业务处理，都属于对数据进行管理，所以计算机制造商也开发了许多数据库管理程序(DBMS)。较著名的适用于微机系统数据库管理程序的有 Visual FoxPro、SQL Server、DB2、Oracle 等。

另外，还有连网及通信软件、各类服务程序和工具软件等。

应用软件是为解决各种实际问题而编制的计算机程序，如财务软件、学籍管理系统等。应用软件可以由用户自己编制，也可以由软件公司编制，如 Microsoft office 就是一个应用软件。

2.3 信息编码

2.3.1 数值在计算机中的表现形式

在计算机中的数是用二进制数表示的，因为二进制的数据运算法则简单，与逻辑运算吻合，成本较低，容易实现，特别是技术上很容易找到具有两种状态的器件来表示二进制的数据。那么什么是二进制呢？这个要从进位计数制说起。

2.3.1.1 进位计数制与基数和位权

所谓进位计数制，其实就是逢 N 进一的数据表示法。逢十进一是我们所熟悉的十进制，而二进制则是逢二进一。表 2.1 是十进制数与二进制数和八进制、十六进制数的对应关系。

表 2.1　十进制、二进制、八进制、十六进制数的关系对照表

二进制	十进制	八进制	十六进制
0	0	0	0
1	1	1	1
10	2	2	2
11	3	3	3
100	4	4	4
101	5	5	5
110	6	6	6
111	7	7	7
1000	8	10	8
1001	9	11	9
1010	10	12	A
1011	11	13	B
1100	12	14	C
1101	13	15	D
1110	14	16	E
1111	15	17	F
10000	16	20	10

关于进位计数制，有两个很重要的概念——基数和位权。

在一种数制中，只能使用一组固定的数字符号来表示数目的大小，具体使用多少个数字符号来表示数目的大小，就称为该数制的基数。例如：

十进制(Decimal)：基数是10，它有10个数字符号，即0，1，2，3，4，5，6，7，8，9。其中最大数码是基数减1，即9，最小数码是0。

二进制(Binary)：基数是2，它只有两个数字符号，即0和1。这就是说，如果在给定的数中，除0和1外还有其他数，例如1012，它就决不会是一个二进制数。

八进制(Octal)：基数是8，它有8个数字符号，即0，1，2，3，4，5，6，7。最大的也是基数减1，即7，最小的是0。

十六进制(Hexadecimal)：基数是16，它有16个数字符号，除了十进制中的10个数可用外，还使用了6个英文字母。它的16个数字依次是0，1，2，3，4，5，6，7，8，9，A，B，C，D，E，F。其中A至F分别代表十进制数的10至15，最大的数字也是基数减1。

我们可以得出这样一个规律：对于N进制数，实际上基数就是N。

既然有不同的进制，那么在给出一个数时，需指明是什么数制里的数。例如：$(1010)_2$、$(1010)_8$、$(1010)_{10}$、$(1010)_{16}$所代表的数值就不同。除了用下标表示外，还可以用后缀字母来表示数制。例如2A4EH、FEEDH、BADH(最后的字母H表示是十六进制数)，与$(2A4E)_{16}$、$(FEED)_{16}$、$(BAD)_{16}$的意义相同。与十六进制可以使用H后缀表示一样，八进制、十进制、二进制分别用O、D. B后缀表示；由于英文字母O和数字0很难区别，所以八进制又常常用Q作为后缀。

再来看看什么叫做位权。对于多位数，处在某一位上的“1”所表示的数值的大小，称为该位的位权。例如十进制第2位的位权为10，第3位的位权为100；而二进制第2位的位权为2，第3位的位权为4。

对于位权总结一下，如果我们规定小数点左边第一位编序号为0，向左序号递增、向右序号递减的话，则位权等于基数的序号次方。

表2.2是不同进位计数制的基数和位权。

表2.2 进位计数制的基数和位权

数制	数码	基数	位权								
			a_n	a_{n-1}	…	a_1	a_0	.	a_{-1}	a_{-2}	…	a_{-m}
十进制	0,1,2,3,4,5,6,7,8,9	10	10^n	10^{n-1}	…	10^1	10^0	.	10^{-1}	10^{-2}	…	10^{-m}
二进制	0,1	2	2^n	2^{n-1}	…	2^1	2^0	.	2^{-1}	2^{-2}	…	2^{-m}
八进制	0,1,2,3,4,5,6,7	8	8^n	8^{n-1}	…	8^1	8^0	.	8^{-1}	8^{-2}	…	8^{-m}
十六进制	0,1,2,3,4,5,6,7,8,9,A,B,C,D,E,F	19	16^n	16^{n-1}	…	16^1	16^0	.	16^{-1}	16^{-2}	…	16^{-m}

2.3.1.2 二进制数相加的规则

二进制数的加减法本身比较简单，加法遵循逢2进1准则，减法则是不够减向上借位，借来的位相当于2，但实际上在计算机中减法是被当作加上一个负数来理解的，所以这里我们只说明加法的规则二进制加法法则：

0＋0=0

0＋1=1

1＋0=1

1＋1=10(进位为 1)

【例 2.1】　将两个二进制数 1011 和 1010 相加。

解：相加过程如下：

被加数　　1011

加　数　　1010

———————

　　　　10101

2.3.1.3　二进制数和十进制数的相互转换

因为我们人所熟悉的毕竟是十进制，而计算机又采用二进制，所以我们经常会遇到二、十进制之间的相互转换。那么，怎么转换呢？

首先介绍一下展开多项式的概念。对于 N 进制数，每个位置上的数据所代表的真实大小显然等于数据本身乘以位权。那么该数大小就等于各个数据所代表的真实大小相加，即：

$$(a_n a_{n-1} \cdots a_0)=a_n \times 基数^{n}+a_{n-1} \times 基数^{n-1}+\cdots+a_0 \times 基数^{0}$$

例如：

$$(1010)_{10}=1\times 10^3+0\times 10^2+1\times 10^1+0\times 10^0$$

$$(1010)_2=1\times 2^3+0\times 2^2+1\times 2^1+0\times 2^0=(10)_{10}$$

由此我们可以看到，利用二进制数的展开多项式，我们可以把一个二进制数转化为十进制数，即使这个数带小数点：

101.11(B)=22＋1＋2－1＋2－2=5.75(D)

相同的方法也可以作用在八进制、十六进制数向十进制转换的过程中。例如：

$$1010(Q)=1\times 8^3+0\times 8^2+1\times 8^1+0\times 8^0=520(D)$$

$$BAD(H)=11\times 16^2+10\times 16^1+13\times 16^0=2989(D)$$

上面介绍的是二进制数或其他进制数向十进制转换，如果需要将一个十进制数转换成二进制又该如何呢？

对于十进制的整数部分要转换成二进制，可以采用“除基取余法”，即把这个十进制数不断除以基数，取每一次的余数，直到商为 0；然后将余数倒过来写，就是转换以后的二进制数。

【例 2.2】　将十进制数 25 转换为二进制数。

解：

2| 25

2| 12　　余数 1

2| 6　　余数 0

2| 3　　余数 0

2| 1　　余数 1

0　　余数 1

结果为 25(D)=10111(B)。

对于十进制的小数部分要转换成十进制，则要采用“乘基取整法”，即把这个十进制纯小数不断地乘以基数，取每一次的整数部分，直到小数部分为 0 或者出现循环；将每次的整数部分顺着写下来就是相应的二进制数的小数部分。

【例 2.3】　将十进制数 0.25 转换为二进制数。

解：

0.2 5	
× 2	
0.5 0	取整数位 0
× 2	
1.00	取整数位 1

结果为 0.25(D)=0.01(B)。

如果一个二进制数有整数部分又有小数部分，则要把它们分开转换，转换结束后再合在一起。

【例 2.4】　将十进制数 125.24 转换为二进制数(取四位小数)。

整数部分转换	余数	小数部分转换	取整数位
2|1 2 5		0.2 4	
2| 6 2...	1	× 2	
2|3 1...	0	0.4 8…………	0
2|1 5...	1	× 2	
2| 7...	1	0.9 6…………	0
2|3...	1	× 2	
2|1...	1	1.9 2…………	1
0...	1	× 2	
		1.8 4…………	1

结果为：125.24(D)= 1111101.0011(B)。

如果十进制数要转换成八进制或十六进制数，方法完全一样，只不过将基数改为 8 或 16 即可。

【例 2.5】　将十进制数 125.24 转换为十六进制数(取一位小数)。

整数部分转换	余数	小数部分转换	取整数位
16 | 125	D	0.24	
16 | 7	7	× 16	
0		3.84…………	3

结果为：125.24(D)=7D.3(H)——不考虑四舍五入。

2.3.1.4　二进制数与八、十六进制数之间的转换

在前面的介绍过程中，有这样一个问题：我们使用二进制数是因为计算机；使用十进制数是因为“人”自己。那么，我们为什么要牵涉到八进制甚至十六进制数呢？

原来，二进制数虽然实现方便、运算简单，但它有一个很大的缺点，就是一个数据的位数往往很长。再加上二进制数又全是 0 或 1，变化少，所以在阅读或书写时很容易犯错。而十进制数阅读、书写很方便，但和二进制的转换还是相对复杂了一点。所以，我们需要一种书写简单，又和二进制数容易转换的进制数。要容易转换，进制必须是 2 的 n 次方，四进制的书写仍然很长，而 32 进制的基数太多；所以只剩下八进制和十六进制数了。

那么，二进制数和八进制或十六进制的转换是否真的很简单呢？它们是怎么转换的呢？我们来看一下表 2.1 中二进制数和八进制数的关系，由此可以发现，每一位八进制数都可以独立地对应于三位二进制数，所以，八进制数转换为二进制，只要将每位上的数用三位二进制表示出来(如果有小数部分也一样)。

【例 2.6】　将八进制数 64327.12 转换为二进制数.

　　八进制数　6　4　3　2　7　.1　2

　　二进制数　110 100 011 010 111 .001 010

结果为:64327.12(Q)=110100011010111.00101(B)。

而将二进制数转换成八进制数，则反向操作，即以小数点为标准，分别向左右方向按三位一组进行分组，每组独立转换成八进制即可。注意，向左(整数部分)不够数分组时前面加 0，而向右(小数部分)不够数分组时是后面加 0。

【例 2.7】　将二进制数 1101011.01011 转换成八进制。

　　二进制数　001 101 011 .010 110

　　八进制数　1　5　3　.2　6

结果为：1101011.01011(B)=153.26(Q)。

上面分析的是二进制数和八进制数转换的规则，其实由于计算机的特点，十六进制数用得更多一点。而二进制与十六进制数的转换方式与二进制和八进制的转换方式类同，只不过一位十六进制数要对应四位二进制数。

【例 2.8】　将十六进制数 AB63F.1C 转化成二进制。

　　十六进制数　A　B　6　3　F　.1　C

　　二进制数　1010101101100011111 1.00011100

结果为：AB63F.1C(H)=1010101101100011111 1.000111(B)。

【例 2.9】　将二进制数 1100101.10101 转化成十六进制数。

　　二进制数　01100101.10101000

　　十六进制数　6　5　.A　8

结果为：1100101.10101(B)=65.A8(H)。

2.3.2　字符编码

在计算机中，除了有整型、实型等数值数据外，还有很多非数值数据，例如图像、声音

等，而其中最重要的是字符数据(文本数据)。

2.3.2.1 西文字符

在计算机中是不能直接存储西文字符或专用字符的。如果想把一个字符存放到计算机内，就必须用一个二进制数来取代它。也就是说，要制定一套达到二进制数之间映射关系标准的字符，这就是西文字符编码。

西文字符编码有很多，最常见的叫做 ASCII 码。ASCII 码(American Standard Code for Information Interchange)是美国信息交换标准代码的简称。ASCII 码占一个字节，标准 ASCII 码为 7 位(最高位为 0)，扩充 ASCII 码为 8 位(用来作为自己本国语言字符的代码)。7 位二进制数给出了 128 个编码，表示了 128 个不同的字符。其中 95 个字符可以显示，包括大小写英文字母、数字、运算符号、标点符号等。另外的 33 个字符，是不可显示的，它们是控制码，编码值为 0～31 和 127。

例如：A 的 ASCII 码为 1000001 B，十六进制表示为 41H，空格为 20H，等等。最常用的还是英文字母和数字字符：

字符“0”～“9”对应 48～57；

字符“A”～“Z”对应 65～90；

字符“a”～“z”对应 97～122。

这里尤其要注意的是数字字符“0”～“9”和整型数据 0～9 的区别。整型数据在计算机内就是以二进制形式存储的，而字符数据必须编码后再存储，也就是说，字符“0”～“9”在计算机内就是十进制数 48～57 的二进制表示。

2.3.2.2 汉字字符

西文是拼音文字，基本符号比较少，编码比较容易，因此，在一个计算机系统中，输入、内部处理、存储和输出都可以使用同一代码。由于汉字种类繁多，编码比拼音文字困难，因此，在不同的场合要使用不同的编码。通常有 4 种类型的编码，即输入码、交换码(国标码)、内码、字形码。

1) 输入码

输入码所解决的问题是如何使用西文标准键盘把汉字输入到计算机内。有各种不同的输入码，主要可以分为三类：数字编码、拼音编码和字型编码。

(1) 数字编码。就是用数字串代表一个汉字，常用的是国标区位码。它将国家标准局公布的 6763 个两级汉字分成 94 个区，每个区分 94 位。实际上是把汉字表示成二维数组，区码、位码各用两位十进制数表示，输入一个汉字需要按 4 次键。此外，国标区位码还收录了许多符号和其他语言的字母，分 9 个区安排，第 1～第 9 区安排了 682 个图形符号，包括常用标点符号、运算符号、制表符号、顺序号，以及英、俄、日、希腊文的字母等。数字编码是唯一的，但很难记住。比如“中”字，它的区位码以十进制表示为 5448(54 是区码，48 是位码)，以十六进制表示为 3630(36 是区码，30 是位码)。以十六进制表示的区位码是不能用来输入汉字的。

(2) 拼音编码。是以汉字读音为基础的输入方法。由于汉字同音字太多，输入后一般要进行选择，影响了输入速度。

(3) 字形编码。是以汉字的形状确定的编码，即按汉字的笔画部件用字母或数字进行编码。五笔字型、表形码，便属此类编码，其难点在于如何拆分一个汉字。

2) 交换码(国标码)

交换码用于在计算机之间交换信息，实际上是一种汉字标准，用两个字节来表示，每个字节的最高位均为 0。因此，可以表示的汉字数为 2^{14}=16384 个。将汉字区位码的高位字节、低位字节各加十进制数 32(即十六进制数的 20)，便得到国标码。例如，“中”字的国标码为 8680(十进制)或 7468(十六进制)。这就是国家标准局规定的 GB2312—80 信息交换用汉字编码集。

3) 内码

汉字内码是在设备和信息处理系统内部存储、处理、传输汉字用的代码。无论使用何种输入码，进入计算机后就立即被转换为机内码。规则是将国标码的高位字节、低位字节各自加上 128(十进制)或 80(十六进制)。例如，“中”字的内码以十六进制表示时应为 F4E8。这样做的目的是使汉字内码区别于西文的 ASCII 编码，因为每个西文字母的 ASCII 编码的高位均为 0，而汉字内码的每个字节的高位均为 1。这样就不会造成中西文混排时的编码误读现象。这也是为什么我们使用标准 ASCII 码而不是扩展 ASCII 码的原因。

为了统一表示世界各国的文字，1993 年国际标准化组织公布了“通用多八位编码字符集”的国际标准 ISO/IEC 10646，简称 UCS(Universal Code Set)，它为包括汉字在内的各种正在使用的文字规定了统一的编码方法。该标准使用 4 个字节来表示一个字符。其中，一个字节用来编码组，因为最高位不用，故总共表示 128 个组。一个字节编码平面，总共有 256 个平面，这样，每一组都包含 256 个平面。在一个平面内，用一个字节来编码行，因而总共有 256 行。再用一个字节来编码字位，故总共有 256 个字位。一个字符就被安排在这个编码空间的一个字位上。例如，ASCII 字符“A”，它的 ASCII 为 41H，而在 UCS 中的编码则为 00000041H，即位于 00 组、00 面、00 行的第 41H 字位上。又如汉字“大”，它在 GB2312 中的编码为 3473H，而在 UCS 中的编码则为 00005927H，即在 00 组、00 面、59H 行的第 27H 字位上。4 个字节的编码足以包容世界上所有的字符，同时也符合现代处理系统的体系结构。

4) 字形码

字形码是表示汉字字形的字模数据，因此也称为字模码，是汉字的输出形式。通常用点阵、矢量、轮廓等表示。这里我们只介绍点阵字形码。

用点阵表示时，字形码指的就是这个汉字字形点阵的代码。根据输出汉字的要求不同，点阵的多少也不同。简易型汉字为 16×16 点阵，提高型汉字为 24×24 点阵、48×48 点阵，还有一些高分辨率点阵。

现在我们以 16×16 点阵为例来说明一个汉字字形码所要占用的内存空间。所谓点阵字型，实际上是把每个点看作一个 0 或者 1 的数据位，因为每行 16 个点就是 16 个二进制位，存储一行代码需要 2 个字节(字节的概念见本章 2.2.4 内存部分)。那么，16 行共占用 2×16=32 个字节。

由此可见，点阵字形码所占存储空间取决于点阵的分辨率而不是什么汉字。点阵的分辨率越高，汉字越漂亮，但所占存储空间也越大。在同样的点阵下，不同汉字的点阵字形码存储空间是一样的。其计算公式为：每行点数÷8×行数。依此，对于 48×48 的点阵，一个汉字字形需要占用的存储空间为 48÷8×48=6×48=288 个字节。

2.4 微型计算机的硬件组成

2.4.1 CPU、内存、接口和总线的概念

微型计算机的特点是体积小、重量轻、价格低廉、可靠性高、结构灵活、适应性强、应用广泛。由于其体积小，因此计算机才能顺利地进入家庭。因为微型计算机每个时刻只能一个人使用，所以又被称为个人电脑。

2.4.1.1 微处理器(CPU)

运算器和控制器合在一起，做在一块半导体集成电路中，称为中央处理器(CPU)，即微处理器。它是计算机的核心，用于数据的加工处理并使计算机各部件自动协调地工作。CPU 品质的高低直接决定了一个计算机系统的档次。

第一代微处理器：1971 年 Intel 公司制成的 4 位微处理器 4004、4040 和早期的 8 位微处理器 8008。

第二代微处理器：以 Intel 公司 1973 年 12 月研制成功的 8080 为标志。

第三代微处理器：1978 年制造的 8086 和 1979 年研制的 8088，1983 年又制造了全 16 位的 80286。

第四代微处理器：

1985 年 Intel 公司制造出 32 位字长的微处理器 80386；

1989 年 4 月又研制成功 80486；

1993 年 3 月 Intel 公司制造出 Pentium(奔腾)微处理器；

1995 年 11 月，推出了 Pentium Pro，接着又推出了含有 MMX(多媒体扩展指令集)功能的 Pentium 处理器 P55C；

1999 年 11 月推出 PIII微处理器；

2000 年 11 月，Intel 推出更新的微处理器芯片 P4。

2.4.1.2 主板

微型计算机中最大的一块电路板是主板。微处理器、内存、显示接口卡以及各种外设接口卡都插在这块主板上。

主板上有 CPU 插座、内存插座、BIOS、CMOS 及电池、输入输出接口和输入输出扩展槽(系统总线)等 PC 机的主要部件。不同档次的 CPU 需用不同档次的主板。主机板的质量直接影响 PC 机的性能和价格。图 2.9 是一典型的主板示意图。

主板上有一块 Flash Memory(快速电擦除可编程只读存储器，也称为“闪存”)集成电路芯片，其中存放着一段启动计算机的程序，微机开机后自动引导系统。

主板上有一片 CMOS 集成芯片，它有两大功能：一是实时时钟控制，二是由 SRAM 构成的系统配置信息存放单元。CMOS 采用电池和主板电源供电，当开机时，由主板电源供电；断电后由电池供电。系统引导时，一般可通过 Del 键，进入 BIOS 系统配置分析程序修改 CMOS 中的参数。

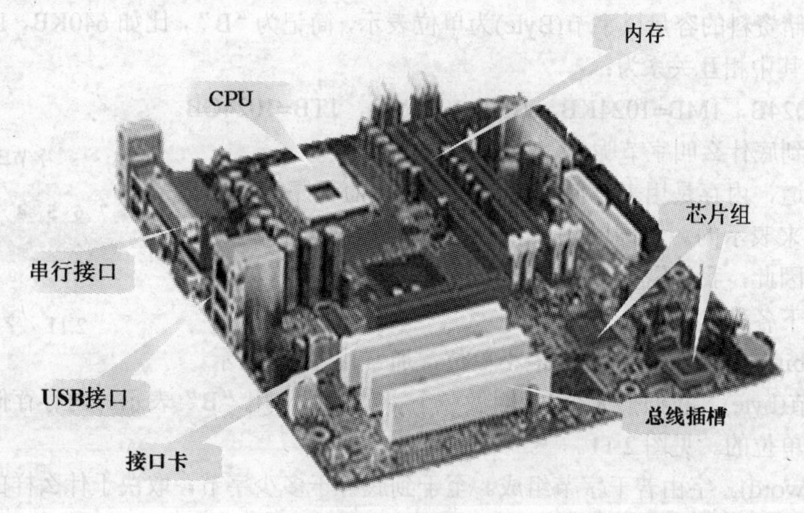

图 2.9　主板

2.4.1.3　存储器

存储器可以分为内存(主存)和外存(辅存)。虽然都属于五大部件中的存储器部件，但是它们的差别还是很大的。

首先我们来看内存。它由随机存取存贮器(RAM)和只读存贮器(ROM)构成。

RAM 负责计算机运算过程中的原始数据、中间数据、运算结果以及一些应用程序的处理，特点是关机即清除。

ROM 负责存贮一些系统软件，如开机检测，系统初始化等，特点是信息永久保存，只能读出，不能重写。

内存是计算机用于存储程序和数据的部件，由若干大规模集成电路存储芯片或其他存储介质组成。内存储器直接与中央处理器交换资料(见图 2.10)，存取速度快，管理较复杂。

图 2.10　内存读写

内存虽然分为随机存储器和只读存储器两大类，但是人们平时日常生活中常说的内存往往是指随机存储器(Random Access Memory)。RAM 用于存储当前计算机正在使用的程序和数据，其信息可以随时存取，但是一旦断电，其中的信息会全部丢失，且无法挽救；只读存储器(Read only Memory)一般情况下只能读出，不能写入。通常，厂商把计算机最重要的系统信息和程序数据存储在 ROM 中，即使机器断电，ROM 的资料也不会丢失。

内存存储资料的容量以字节(Byte)为单位表示，简记为“B”，比如640KB，1MB，32MB，1GB等等。其中相互关系为：

1KB=1024B，1MB=1024KB，1GB=1024MB，1TB=1024GB。

那么，到底什么叫字节呢？

2.11 字节与位

我们知道，内存是用来存储程序和数据的，而程序和数据都是用二进制来表示的。不同的程序和数据其大小(二进制位数)是不一样的，因此，我们需要一个关于存储容量大小的单位。现在我们介绍一下各种单位：

(1) 位(bit)。位是二进制数的最小单位，通常用“b”表示。

(2) 字节(byte)。我们把8个bit叫做一个字节，通常用“B”表示。内存存储容量一般都是以字节为单位的。见图2.11。

(3) 字(word)。字由若干字节组成。至于到底等于多少字节，取决于什么样的计算机，更确切地说，取决于计算机的字长，即计算机一次所能处理的数据的最大位数。

内存储器的主要性能指标就是存储容量和读取速度。现在我们再来看看外存。

外存又被称为辅助存储器，用来存储大量的暂时不处理的数据和程序。外存的特点是存储容量大，速度慢，价格低，在停电时能永久地保存信息。它和内存最本质的一点区别是：CPU不能直接访问外存。也就是说，外存的数据必须被调入内存后，才能被执行和处理。

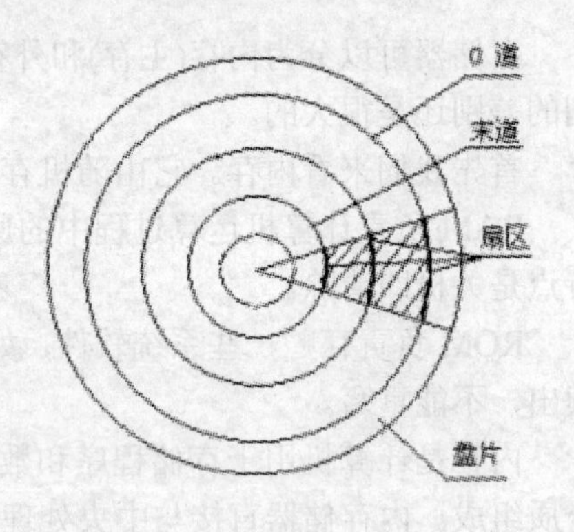

图2.12 软磁盘

最常用的外存储器是软磁盘、硬磁盘和光盘。

软盘是在聚酯塑料圆盘上涂上一层磁性薄膜制成的。软盘容量小、速度低，但价格便宜、可脱机保存、携带方便，主要用于数据后备及软件转存。目前，PC机所用的软盘都是3.5英寸软盘，容量为1.44MB。在3.5英寸磁盘中，写保护口打开时为写保护。

软盘中的信息是记录在被称为磁道的同心圆上的，如图2.12所示。磁道按顺序编号，最外面一个磁道编号为第0道，0道在磁盘中具有特殊用途，这个磁道的损坏将导致磁盘报废。每个磁道又被划分成若干邻接的段，称为扇区，扇区是存放信息的最小物理单位。每个扇区的长度一般为512个字节。因此，软盘的存储容量公式为：

存储量＝面数×每面磁道数×每道扇区数×每扇区字节数。

例如：3.5 英寸软盘存储容量=2(面)×80(磁道)×18(扇区)×512(B)=1.44(MB)。

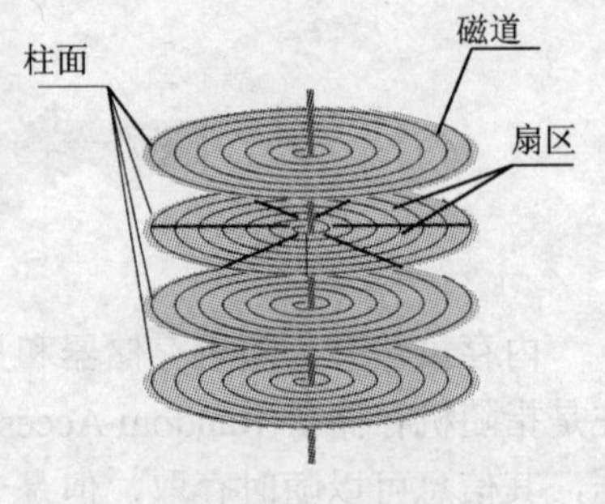

图2.13 硬磁盘

其特点是固定密封、容量大、运行速度快、可靠性高。磁盘片和驱动器(磁头、传动装置等)做在一起，因此又叫固定盘。硬盘是PC机主要信息(系统软件、应用软件、用户数据等)存放的地方。

硬盘的信息记录方式、概念、存储容量的计算公式都和软盘类似，如图2.13所示。

光盘的存储原理和磁介质的软、硬盘完全不同。光盘是一种利用激光写入和读出的存贮器，特点是速度快，容量大。其容量一般在 500MB 以上，而且能够永久保存盘上的信息。有 CD-ROM(只读型)、CD-R(一次写入型)、CD-RW(可擦写型)等不同种类。

2.4.1.4　接口

由于输入设备、输出设备、外存储器等外设在结构和工作原理上和主机(CPU＋内存)有着很大的区别，因此，在交换数据时需要一种逻辑部件协调两者的工作。我们把这种逻辑部件叫做输入输出接口，简称接口。

根据接口数据传送宽度，我们可以把接口分为串行和并行两大类。

我们平时经常接触的总线有：

(1) 总线接口：提供多种总线类型的扩展槽，供用户插入相应的适配器(功能卡：显卡、声卡、网卡)。

(2) 串行口：只能依次传送 1 路信号，提供 COM1、COM2。

(3) 并行口 LPT：一次同时传送 8 路信号。

(4) USB 接口(通用串行总线)：新型接口标准，支持即插即用。

2.4.1.5　微型计算机系统总线

总线就是一组公共信息传输线路，通常是由发送信息的部件分时地将信息发往总线，再由总线将这些信息同时发往各个接收信息的部件。

对于总线，有不同的分类标准。

根据其传送的信息种类，我们可以把它分为控制总线、数据总线、地址总线(见图 2.14)。

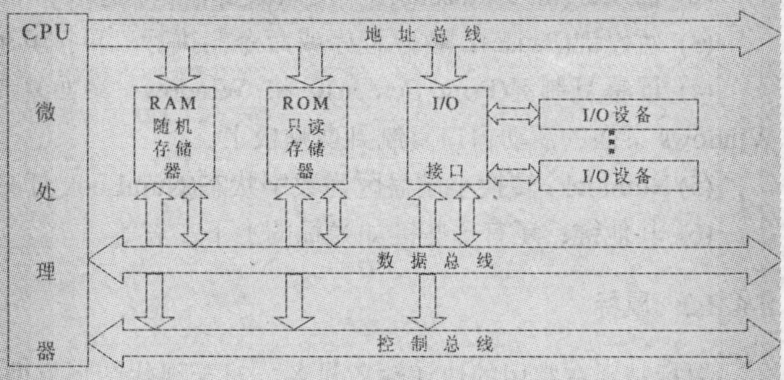

根据其在微机中的位置，我们又把微处理器与内存以及其他接口部件之间的总线称为系统内部总线；主机系统与外部设备之间通信的总线称为外部总线。而根据系统内部总线在主机板上还是在芯片内部，又可以分为系统总线(板总线)和芯片总线(局部总线)。

系统总线标准有：ISA. EISA. VESA. PCI 等。

图 2.14　系统总线结构

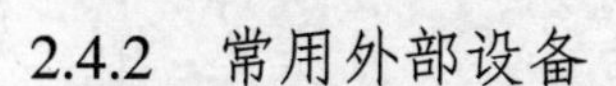

2.4.2　常用外部设备

2.4.2.1　键盘

键盘是标准输入设备，一般可划分为主键盘区、功能键区、光标控制键区、数字小键盘键区。

1) 主键盘区

(1) 字母锁定键(Caps Lock)：按下此键，字母锁定为大写；再按此键，锁定为小写。

(2) 换档键(Shift)：左右各有一个，按下此键，再按打字键，输入上档符号，或改变字母大小写。

(3) 制表键(Tab)：光标向右移动至下一个 8 格的头一位；同时按换档键，光标向左移动至上一个 8 格的头一位。

(4) 退格键(←或 Backspace)：光标回退一格，用于删除光标前字符。

(5) 回车键(Enter)：结束命令行或结束逻辑行。

(6) 空格键：光标右移一格，使光标所在处出现空格。

(7) 换码键(Esc)：删除当前行。如果输入的命令有错，可按此键删除，以重新输入命令。

(8) 控制键(Ctrl)、组合键(Alt)：左右各有一个，与其他键配合使用，完成特殊的控制功能。如 Ctrl＋Alt＋Del 键的功能是使系统热启动，Ctrl＋Print Screen SysRq 键的功能是屏幕硬拷贝，Ctrl＋Break 键的功能是中止当前执行中的命令。

(9) Windows 徽标键：位于 Ctrl 和 Alt 两键之间的键，左右各有一个，上有 Windows 徽标，按此键可快速启动 Windows 的“开始”菜单。与其他键配合使用，可完成多种 Windows 的窗口操作。

(10) 字母数字键。

2) 功能键区

功能键 F1～F12 也称可编程序键(Programmable Keys)，可以编制一段程序来设定每个功能键的功能。不同的软件可赋予功能键不同的功能。

3) 光标控制键区与小键盘数字键区

(1) 删除键(Del 或 Delete)：用于删除光标所在处的字符。

(2) 插入键(Ins 或 Insert)：常用来改变输入状态，即插入或改写方式的转换。

(3) 暂停键(Pause)：暂停程序或命令的执行，再按其他键继续执行。

(4) 屏幕复制键(Print Screen)：将 Windows 桌面复制到剪贴板上，Alt＋PrintScreen 将 Windows 桌面的活动窗口复制到剪贴板上。

(5) Numlock：转换小键盘区为数字状态(NumLock 灯亮)或光标控制状态(NumLock 灯灭)。

(6) 其他键：还有一些键如光标的上下左右等。

2.4.2.2 鼠标

鼠标是现在常用的快速输入设备，对于现代图形界面的用户来说更是必不可少。鼠标一般可分为光电式和机械式两种，光电式灵敏度较高，但价格也较贵。鼠标有左、中、右三键，也有的鼠标只有左右两键。

2.4.2.3 显示器

目前，常用的显示器有液晶显示器 LCD 和普通显示器 CRT。显示器是最常见的输出设备。下面介绍一些显示器的概念：

(1) 像素：即光点。整个屏幕可以看作是由光电(像素)组成的。

(2) 点距：指屏幕上相邻两个荧光点之间的最小距离。点距越小，显示质量就越好。

(3) 分辨率：水平分辨率×垂直分辨率。如 1024×768，表示水平方向最多可以包含 1024

个像素，垂直方向有 768 条扫描线。

(4) 垂直刷新频率：也叫场频，是指每秒钟显示器重复刷新显示画面的次数，以 Hz 表示。这个刷新的频率就是我们通常所说的刷新率。根据 VESA 标准，75Hz 以上为推荐刷新频率。

(5) 水平刷新频率：也叫行频，是指显示器 1 秒钟内扫描水平线的次数，以 KHz 为单位。在分辨率确定的情况下，它决定了垂直刷新频率的最大值。

(6) 带宽：是显示器处理信号能力的指标，单位为 MHz。它是指每秒钟扫描像素的个数，可以用“水平分辨率×垂直分辨率×垂直刷新率”这个公式来计算带宽的数值。

2.4.2.4　显示适配器

对应于不同的显示器，必须要有相应的控制电路，称为适配器或显示卡。现在，我们来看一下显示适配器的一些标准：

(1) 显示存储器：也叫显示内存、显存。显存容量大，则显示质量高，特别是对图像。

显示存储空间＝水平分辨率×垂直分辨率×每个像素所占存储空间。

每个像素所占存储空间取决于它的灰度级(即颜色数目)。如果设每个像素占 n 个 bit，那么 2 的 n 次方就是颜色的数目。一般我们所说的“真彩”，每个像素将占据 24 位甚至更多的存储空间。

(2) 显示标准：CGA(Color Graphics Adapter，彩色图形显示控制卡)、EGA(Enhanced Graphics Adapter，增强型图形显示控制卡)和 VGA(Video Graphics Array，视频图形显示控制卡)几种。目前流行的是 SVGA(Super VGA)和 TVGA，它的分辨率可达到 1024×768，甚至可达 1024×1024 或 1280×1024。

2.4.2.5　打印机

打印机是计算机系统常用的另一个基本输出设备。打印机按印字方式可分为击打式打印机和非击打式印字机两种。

(1) 击打式打印机：利用机械原理由打印头通过色带把字体或图形打印在打印纸上。典型的击打式打印机就是点阵针式打印机，它可以按打印针的数目分为 9 针、24 针等几种。

(2) 非击打式印字机：利用光、电、磁、喷墨等物理和化学的方法把字印出来。主要有激光打印机和喷墨打印机。

喷墨打印机：利用特制技术把墨水微粒喷在打印纸上绘出各种文字符号和图形。

激光打印机：激光打印机是激光扫描技术和电子照相技术相结合的产物，亦称页式打印机，它具有很好的印刷质量和打印速度。

除了这些常见的外部设备，还有很多，如扫描仪、绘图仪、光笔等。

2.4.3　微处理器、微型计算机和微型计算机系统

1) 微处理器

使用大规模集成电路或超大规模集成电路技术，将传统计算机的运算器和控制器集成在一块(或多块)半导体芯片上作为中央处理器(CPU)，这种半导体集成电路系统就是微处理器。

2) 微型计算机

以微处理器为核心，配上由大规模集成电路所制成的存储器、输入设备、输出设备及系

统总线所组成的计算机，称为微型计算机。

3) 微型计算机系统

以微型计算机为中心，配以相应外围设备、辅助电路、系统软件，就构成了微型计算机系统。它和微型计算机最主要的区别是包括了指挥计算机工作的系统软件。

2.4.4 微型计算机的主要性能指标

微型计算机的主要性能指标有：

(1) 运算速度：是衡量 CPU 工作快慢的指标。该指标虽然和主频有关，但由于还牵涉到内外存的速度、字长以及指令系统的设计，所以不能简单的认为就是主频。一般我们以每秒可以完成多少条指令作为衡量标准，单位是 MIPS(每秒百万指令数)

(2) 字长：是 CPU 一次可以处理的二进制位数，字长主要影响计算机的速度和精度。字长越长，同时处理的数据量就越大，速度相应就越快；字长越长，数据的有效位数就越长，精度也越高。我们常说的 16 位机、32 位机、64 位机，就是指的字长。

(3) 内存容量：表示计算机的存储能力的指标。容量越大，能存储的数据就越多，能直接处理的程序和数据就越多，计算机的解题能力和规模就越大。

内存容量、字长和运算速度是计算机的三大性能指标

(4) 主频：虽然主频不等于运算速度，但它可以在很大程度上决定运算速度。主频的单位是 MHz。

(5) 可靠性：指计算机连续无故障运行的时间长短。其指标是 MTBF，指平均无故障时间。

(6) 可维护性：指故障发生后能否尽快恢复。其指标是 MTTR，指平均修复时间。

(7) 兼容性：兼容是广泛的概念，包括程序数据的兼容和设备的兼容。兼容使机器易于推广。

(8) 性价比：性能指综合性能，而价格也要考虑软件的价格。

● 小结

第一台电子计算机 ENIAC 的诞生揭开了人类科学技术发展史新的一页。计算机按照主要电子器件可以分为四代：第一代电子管计算机(1946～1957 年)，第二代晶体管计算机(1958～1964 年)、第三代集成电路计算机(1965 年至 70 年代初期)和第四代大规模和超大规模计算机(70 年代初期至现在)。从第一代到第四代存储容量不断增大，速度不断提高，体积不断缩小，功能不断增强。

计算机的种类很多，差别各异。一般我们可以按信号、按设计目的和按规模大小三种标准对计算机进行分类。

计算机的特点主要有：具有自动控制的能力，具有高速运算的能力，具有记忆（存储）的能力，具有很高的计算精度，具有逻辑判断的能力，通用性强和用途广泛。

随着计算机的普及，计算机的应用领域不断扩大，计算机的应用程度已经成为先进程度的代名词。计算机应用概括起来有以下方面：科学计算、数据处理、实时控制、计算机辅助系统、人工智能、家庭应用等。

计算机正处于飞速发展时期，计算机发展趋势，从计算机自身来说，一是巨型化，一是

微型化；从应用上来说，计算机的发展是网络化、智能化、多媒体化，一个很新的发展趋势是虚拟现实。

计算机系统由硬件和软件两大部分组成。计算机硬件包括存储器、运算器、控制器、输入设备和输出设备。运算器和控制器合称计篡机的中央处理机(CPU)，CPU 和计算机的内存储器合称计算机主机，输入设备和输出设备称为计算机的外部设备。软件又可以分为系统软件和应用软件。

常用的系统软件包括操作系统、计算机语言处理程序和数据库管理系统。操作系统是最基本最重要的系统软件，它负责管理计算机系统的各种硬件资源(例如 CPU、内存空间、磁盘空间、外部设备等)，并且负责解释用户对机器的管理命令，使它转换为机器实际的操作。微型计算机常用的操作系统有 DOS、Windows、UNIX、Linux、OS/2 等。

根据冯•诺依曼存储程序的观点，计算机内部的数据处理都是按二进制描述的，但我们日常生活中多是用十进制，所以两者之间需要进行转换。另外，为了记忆方便，计算机还使用八进制和十六进制。由于计算机所有信息以二进制描述，所以对字符、汉字以及图形就形成了不同的编码，如 ASCII 码、交换码(国标码)、内码、字形码、输入码等等。

微型计算机的特点是体积小、重量轻、价格低廉、可靠性高、结构灵活、适应性强和应用广泛。运算器和控制器合在一起，做在一块半导体集成电路中，从而构成微处理器。它是计算机的核心，决定了一个计算机系统的档次。从 1971 年 Intel 公司率先推出 4004 微处理器之后，微处理器的结构、性能一直在快速发展中。微处理器按集成度和处理能力划分也经历了四代的发展。

衡量微型计算机的性能指标通常有运算速度、字长、内存容量、主频率、可靠性、可维护性、兼容性、性价比等。微型计算机常用的外部设备有键盘、磁盘、显示器和打印机等。

通过本章的学习应该达到以下要求：

(1) 了解计算机的发展以及计算机的发展趋势。

(2) 熟悉计算机的特点和计算机的应用。

(3) 掌握计算机中二进制数和十进制数的转换。

(4) 了解计算机中的编码。

(5) 掌握计算机系统的组成。

(6) 熟悉微型计算机系统。

(7) 掌握常用外部设备的使用和常用的技术指标。

● 习题

1) 选择题

(1) 1946 年美国诞生了世界上第一台电子计算机，它的名字叫(　　)。

A. ADVAC　　B. EDSAC

C. ENIAC　　D. UNIVAC-I

(2) 第三代计算机称为(　　)计算机。

A. 电子管　　B. 晶体管

C. 中小规模集成电路　　D. 大规模超大规模集成电路

(3) 计算机系统由(　　)和(　　)两大部分组成。

A. 操作系统/应用软件　　B. 主机/外设

C. CPU/外设　　D. 硬件系统/软件系统

(4) 到目前为止，我们所使用的计算机都属于冯·诺依曼结构，这种结构的最基本特点是(　　)。

A. 计算机系统由两大部分组成

B. 采用二进制系统

C. 程序和数据统一存储并在程序控制下自动工作

D. 依靠硬件和软件相互协调工作来高效处理信息

(5) 计算机的硬件系统是由(　　)组成的。

A. CPU、控制器、存储器、输入设备和输出设备

B. 运算器、控制器、存储器、输入设备和输出设备

C. 运算器、存储器、输入设备和输出设备

D. CPU、运算器、存储器、输入设备和输出设备

(6) CPU 是构成计算机的核心部件，在微型机中，它一般被称为(　　)。

A. 中央处理器　　B. 单片机

C. 单板机　　D. 微处理器

(7) 存储器包括内存储器和外存储器，现代计算机的内存储器有(　　)。

A. ROM　　B. RAM

C. ROM 和 RAM　　D. 硬盘和软盘

(8) 计算机的存储量通常以能存储多少个二进制位或多少个字节来表示。1 个字节是指(　　)个二进制位，1MB 的含义是(　　)个字节。

A. 1024/1024　　B. 8/1024K

C. 8/1000K　　D. 16/1000

(9) 扫描仪是一种(　　)。

A. 输出设备　　B. 存储设备

C. 输入设备　　D. 玩具

(10) 计算机软件主要分为(　　)和(　　)两种。

A. 用户软件、系统软件　　B. 用户软件、应用软件

C. 系统软件、应用软件　　D. 系统软件、教学软件

(11) 操作系统、编译程序和数据库管理属于(　　)。

A. 应用软件　　B. 系统软件

C. 管理软件　　D. 以上都是

(12) 电子数字计算机工作最重要的特征是(　　)。

A. 高速度　　B. 高精度

C. 存储程序自动控制　　D. 记忆力强

(13) 计算机能直接识别的语言是(　　)。

A. 汇编语言　　B. 自然语言

C. 机器语言　　D. 高级语言

(14) 下列存储器中，存储速度最快的是(　　)。

A. 软盘　　B. 硬盘

C. 光盘　　D. 内存

(15) 1MB 等于(　　)。

A. 1000 字节　　B. 1024 字节

C. 1000×1000 字节　　D. 1024×1024 字节

(16) 如果按字长来划分，微型机可分为 8 位机、16 位机、32 位机、64 位机和 128 位机等。所谓 32 位机是指该计算机所用的 CPU(　　)。

A. 一次能处理 32 位二进制数　　B. 具有 32 位的寄存器

C. 只能处理 32 位二进制定点数　　D. 有 32 个寄存器

(17) 下列关于操作系统的叙述中，正确的是(　　)。

A. 操作系统是软件和硬件之间的接口

B. 操作系统是源程序和目标程序之间的接口

C. 操作系统是用户和计算机之间的接口

D. 操作系统是外设和主机之间的接口

(18) 硬盘和软盘驱动器是属于(　　)。

A. 内存储器　　B. 外存储器

C. 只读存储器　　D. 半导体存储器

(19) 能将源程序转换成目标程序的是(　　)。

A. 调试程序　　B. 解释程序

C. 编译程序　　D. 编辑程序

(20) 系统软件中最重要的是(　　)。

A. 操作系统　　B. 语言处理程序

C. 工具软件　　D. 数据库管理系统

(21) 一个完整的计算机系统包括(　　)。

A. 计算机及其外部设备　　B. 主机、键盘、显示器

C. 系统软件与应用软件　　D. 硬件系统与软件系统

(22) 计算机的软件系统包括(　　)。

A. 程序与数据　　B. 系统软件与应用软件

C. 操作系统与语言处理程序　　D. 程序、数据与文档

(23) 断电时计算机(　　)中的信息会丢失。

A. 软盘　　B. 硬盘

C. RAM　　D. ROM

(24) 微型计算机的性能主要取决于(　　)的性能。

A. RAM　　B. CPU

C. 显示器　　D. 硬盘

(25) 所谓“裸机”是指(　　)。

A. 单片机　　B. 单板机

C. 不装备任何软件的计算机　　D. 只装备操作系统的计算机

(26) 在计算机行业中，MIS 是指(　　)。

A. 管理信息系统　　B. 数学教学系统

C. 多指令系统　　D. 查询信息系统

(27) CAI 是指(　　)。

A. 系统软件　　B. 计算机辅助教学软件

C. 计算机辅助管理软件　　D. 计算机辅助设计软件

(28) 既是输入设备又是输出设备的是(　　)。

A. 磁盘驱动器　　B. 显示器

C. 键盘　　D. 鼠标器

(29) 当运行某个程序时，发现存储容量不够，解决的办法是(　　)。

A. 把磁盘换成光盘　　B. 把软盘换成硬盘

C. 使用高容量磁盘　　D. 扩充内存

(30) 计算机的存储系统一般指主存储器和(　　)。

A. 显示器　　B. 寄存器

C. 辅助存储器　　D. 鼠标器

(31) (　　)是为了解决实际问题而编写的计算机程序。

A. 系统软件　　B. 数据库管理系统

C. 操作系统　　D. 应用软件

(32) 对 PC 机，人们常提到的“Pentium”、“PentiumⅡ”指的是(　　)。

A. 存储容量　　B. 运算速度

C. 主板型号　　D. CPU 类型

(33) 为了避免混淆，二进制数在书写时通常在右面加上字母(　　)。

A. E　　B. B

C. H　　D. D

(34) 通常所说的区位、全拼双音、双拼双音、智能全拼、五笔字型和自然码是不同的(　　)。

A. 汉字字库　　B. 汉字输入法

C. 汉字代码　　D. 汉字程序

(35) 一张 3.5 英寸软盘的存储容量是(　　)。

A. 1.44MB　　B. 1.44KB

C. 1.2MB　　D. 1.2KB

(36) I/O 设备直接(　　)。

A. 与主机相连接　　B. 与 CPU 相连接

C. 与主存储器相连接　　D. 与 I/O 接口相连接

(37) 下列外部设备中，属于输入设备的是(　　)。

A. 鼠标　　B. 投影仪

C. 显示器　　D. 打印机

(38) 主要逻辑元件采用晶体管的计算机属于(　　)。

A. 第一代　　B. 第二代

C. 第三代　　D. 第四代

(39) 液晶显示器简称为(　　)。

A. CRT　　B. VGA

C. LCD　　D. TFT

(40) 当软盘被写保护后，它(　　)。

A. 不能读写　　B. 只能写

C. 只能读　　D. 可读也可写

2) 计算题

(1) 把下列十六进制数转换成二进制：

A301(H)：

7EF.C(H)：

2.56E8(H)：

(2) 把下列的二进制数转化成八进制：

11010101(B)：

10101.10101(B)：

0.00001011(B)：

(3) 把下列的十进制数转化成二进制：

67：

255：

1024：

第 3 章　Windows 操作系统

3.1　Windows 的基本知识

3.1.1　Windows 历史和基本概念

Windows 系统是微软(Microsoft)公司开发的，是一个具有图形用户界面(Graphical User Interface，GUI)的多任务的操作系统。所谓多任务是指在操作系统环境下可以同时运行多个应用程序，如一边可以在“WORD”软件中编辑稿件，一边让计算机播放音乐，这时两个程序都已被调入内存储器中处于工作状态。

Windows 是在微软 DOS 操作系统上发展起来的，即使到了 Windows 2000，也能看到 DOS 的影子。由最初的 Windows 1.0 版本至今，Windows 的发展见表 3.1。

表 3.1　Windows 的发展历史

年份	产　品	特　点	
1981	MS DOS	基于16位操作系统	基于字符界面的单用户、单任务的操作系统
1983	Windows 1.0		支持 Intel X386 处理器，具备图形化界面，实现了通过剪贴板在应用程序间传递数据的思想
1987	Windows 2.0		改善了性能，增加了对扩充内存的支持
1990	Windows 3.0/3.1		成为 Microsoft 的主流产品，3.1 版本引入了可缩放的 True Type 字体技术，增加了对象链接和嵌入技术(OLE)以及对多媒体技术的支持等
1993	Windows for Workgroup 3.1		Mocrosoft 的第一个网络桌面操作系统
1995	Windows NT Server/Workstation 3.51	基于32位操作系统	为提供良好的系统安全性和可靠性而设计的
	Windows 95		可以独立运行而无需 DOS 支持，采用 32 位处理技术，兼容以前 16 位的应用程序
1996	Windows NT Workstation / Server 4.0		采用了多项技术创新，并继承了 Windows 95 的友好界面
1998	Windows 98		Windows 95 升级版，内置 IE 4.0 浏览器
2000	Windows 2000 Professional Windows 2000 Server Windows 2000 Advanced Server Windows 2000 Datacenter Server		比 Windows 98 更加稳定，更加安全，更易于管理；比 Windows NT 4.0 有更好的扩展性，新的电子商务特性，增加了移动用户支持
2001	Windows XP Home Edition Windows XP Professional		

事实上，最初的 Windows 3.x 并不是一个真正的图形界面操作系统，它只是一个在 DOS

环境下运行的、对 DOS 有较多依赖的 DOS 子系统。1995 年推出的 Windows 95 和 1998 年推出的 Windows 98 是一个真正的全 32 位的个人计算机图形环境的操作系统。Windows NT4.0 是 Windows 家族中第一个完备的 32 位网络操作系统，它主要面向高性能微型计算机、工作站和多处理器服务器，是一个多用户操作系统。

Windows 2000 原名是 Windows NT 5.0，它具有全新的界面、高度集成的功能、巩固的安全性、便捷的操作优势。Windows 2000 在界面、风格与功能上都具有统一性，是一种真正面向对象的操作系统。另外，用户在操作本机的资源和远程资源时不会感到有什么不同。

3.1.2　Windows 运行环境

Windows 操作系统对处理器、内存容量、硬盘自由空间、显示器、光盘驱动器及光标定位设备等的最低个人计算机硬件配置为：

处理器：133MHz Pentium 或更高的微处理器(或相当的其他微处理器)。Windows Professional 支持双 CPU。

内存容量：推荐最小 64 MB 内存(最小支持 32 MB，最大 4GB)。

硬盘自由空间：2 GB 硬盘，850 MB 的可用空间(此空间指操作系统安装目录，如 windows 2000 安装于 c 盘，则 c 盘至少要保留 850MB 可用空间)。如果从网络安装，还需更多的可用磁盘空间。

显示器：VGA 或更高分辨率。

光盘驱动器：CD-ROMD 或 VD-ROM 驱动器。

光标定位设备：Microsoft 的鼠标器或与其兼容的定位设备。

上述硬件配置只是可运行 Windows 操作系统的最低指标，更高的指标可以明显提高其运行性能。如需要连入计算机网络和增加多媒体功能，则需配置调制解调器(MODEM)、声卡等附属设备。

3.1.3　Windows 桌面的组成

启动 Windows 2000 之后，首先看到的整个屏幕就是 Windows 2000 的桌面，用户对计算机的控制都是通过它来实现的。为了方便用户浏览，桌面的默认背景色更换为漂亮的海蓝色。第一次显示桌面时，“我的电脑”、“Internet Explorer”、“回收站”、“我的文档”、“网上邻居”等 5 个图标将出现在屏幕上。为了工作的需要，可将那些经常使用的应用程序以快捷方式的形式添加到桌面上，如图 3.1 所示。桌面里面添加了画图、控制面板、写字板等快捷方式。

除了桌面图标，Windows 桌面还包括“开始”按钮、任务栏两个主要组成部分。

3.1.3.1　桌面图标

桌面上的图标通常是 Windows 环境底下可以执行的一个应用程序，也可能是一个文件夹；用户可以通过双击其中任意一个图标打开一个相应的应用程序窗口进行具体的操作。现在我们来介绍一下一开始默认出现在桌面上的 5 个图标：

1) “我的电脑”图标

“我的电脑”整合了计算机系统中的各种资源，主要包括软盘驱动器、硬盘驱动器、光盘驱动器、控制面板以及一些移动设备、网络映射驱动器等。对该图标双击，可以在屏幕上显示图 3.2 所示的窗口。

图 3.1 桌面

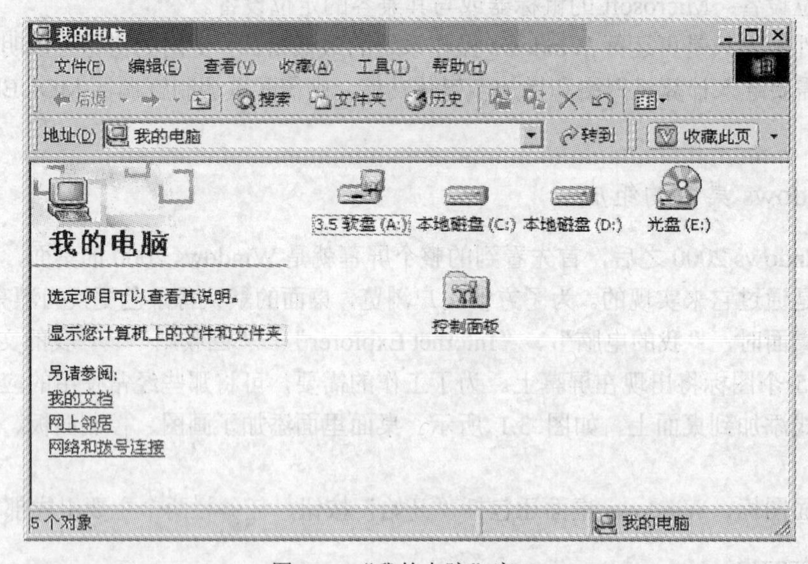

图 3.2 “我的电脑”窗口

“我的电脑”是用户访问计算机资源的入口，当用户在“我的电脑”窗口中选择某个对象后，屏幕上将出现代表该资源的窗口。

2) “我的文档”图标

“我的文档”是 Windows 2000 用于保存用户文件的文件夹，它是所有应用程序保存文件的默认文件夹。为了便于用户查找、保存这个特殊的文件夹，“我的文档”文件夹已经被移到了根目录的“Documents and Settings”目录下。

在“我的文档”中存储的内容具有独立性，即使多人同时共享一台计算机，在未获得授权的情况下，也不可能互相浏览存放的文档。即不同用户看到的“我的文档”窗口是不一样的，见图 3.3。

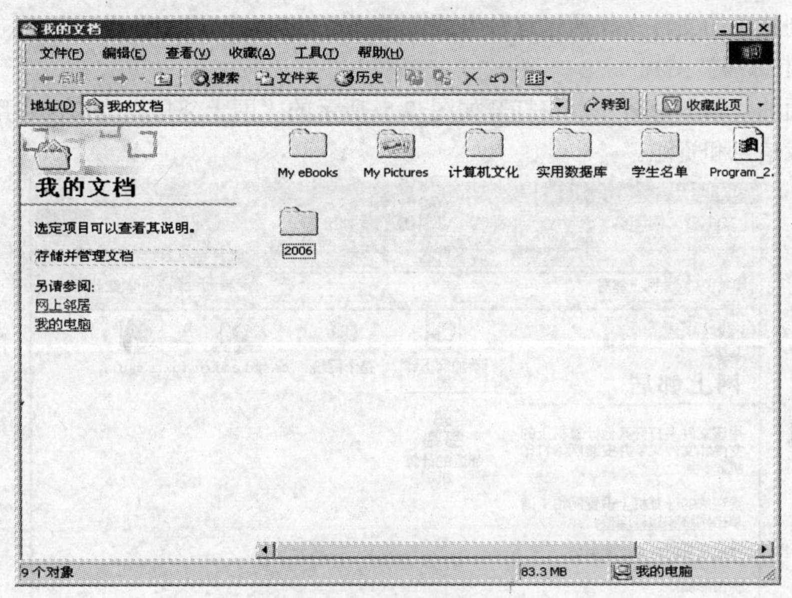

图 3.3　“我的文档”窗口

“我的文档”窗口的 My Pictures 文件夹是 Windows 2000 新增的文件夹，双击该文件夹时，将打开如图 3.4 所示的 My Pictures 窗口。

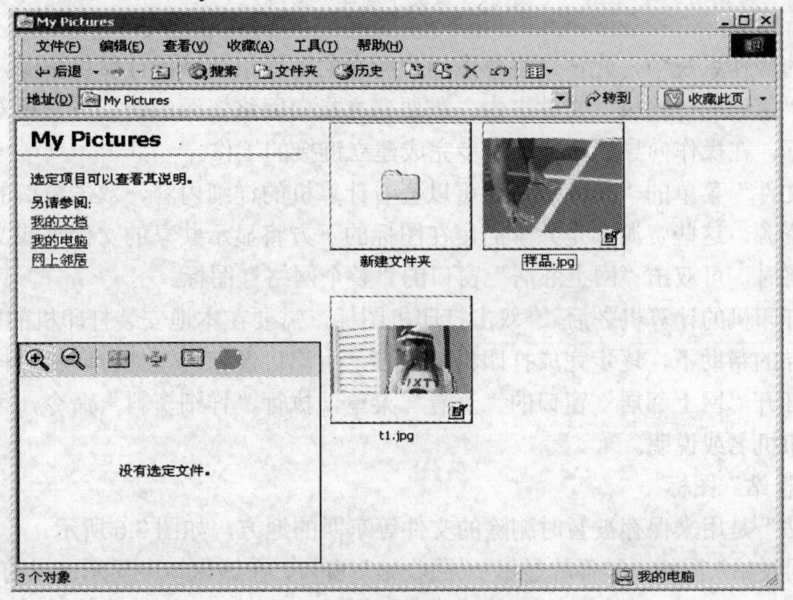

图 3.4　“我的图片”窗口

在左侧的预览框内新增 6 个按钮，它们帮助用户浏览、打印所选的图片。单击“放大”按钮时，再单击预览区，可放大所选的图片。单击“缩小”按钮时，再单击预览区，可缩小预览图片。单击“实际大小”按钮时，所选的图片将以原有的大小显示在预览框内。单击“最合适的大小”按钮时，将以最合适的预览比例显示所选的图片。单击“全屏幕预览”按钮时，所选的图片将充满整个屏幕。单击“打印”按纽时，所选的图片将送往默认的打印机输出。

在“我的文档”窗口的空白处右击，选择“新建”→“文件夹”之后，用户便可以在“我的文档”内创建新的文件夹，通过这种方式，用户可以对自己的文件进行归类、整理。

3) “网上邻居”图标

双击桌面的“网上邻居”，将打开如图 3.5 所示的“网上邻居”窗口，它用于帮助用户在网络中查找信息和资源。

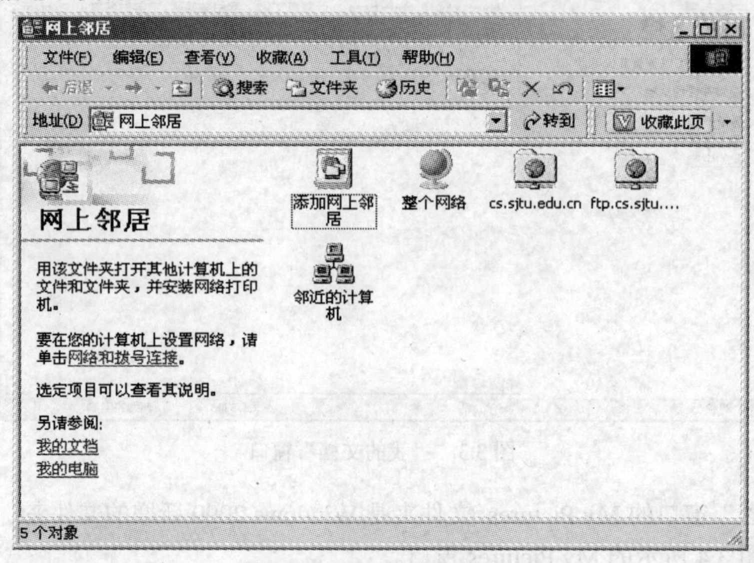

图 3.5 “网上邻居”窗口

在以前的操作系统中，此窗口将显示用户所在的工作组或域的计算机资源，现在这些内容被移动到“邻近的计算机”文件夹内。需要建立指向网络资源的链接时，可双击“添加网上邻居”图标，在操作向导的帮助下逐步完成建立链接的工作。

利用“文件”菜单的“属性”命令可以查看计算机的详细内容，双击窗口的图标将显示全部可用的资源，这些资源都是共享的，在图标的下方将显示共享的文件夹或文件名。需要浏览整个网络时，可双击“网上邻居”窗口的“整个网络”图标。

选择带打印机的计算机之后， 双击打印机图标，需要在本地安装打印机的驱动程序时，可在安装向导的帮助下，逐步完成打印机的安装，用户可像使用本地打印机一样使用网络上的打印机。打开“网上邻居”窗口的“查看”菜单，执行“详细资料”命令，可在“备注”栏中查找打印机名或说明。

4) “回收站”图标

“回收站”是用来保存被暂时删除的文件等东西的地方，如图 3.6 所示。

双击“回收站”图标，屏幕就显示 “回收站”窗口，在该窗口中显示出以前删除的文件、文件夹、图标的名字。用户可以从中恢复一些有用的文件、文件夹和图标，或者把这些干脆彻底清空。只有把这些被“删除”的东西从回收站彻底“清空”，才能腾出外存空间。

此外，“回收站”这个图标有一个特殊的地方，就是这个图标是不能更改名字的。

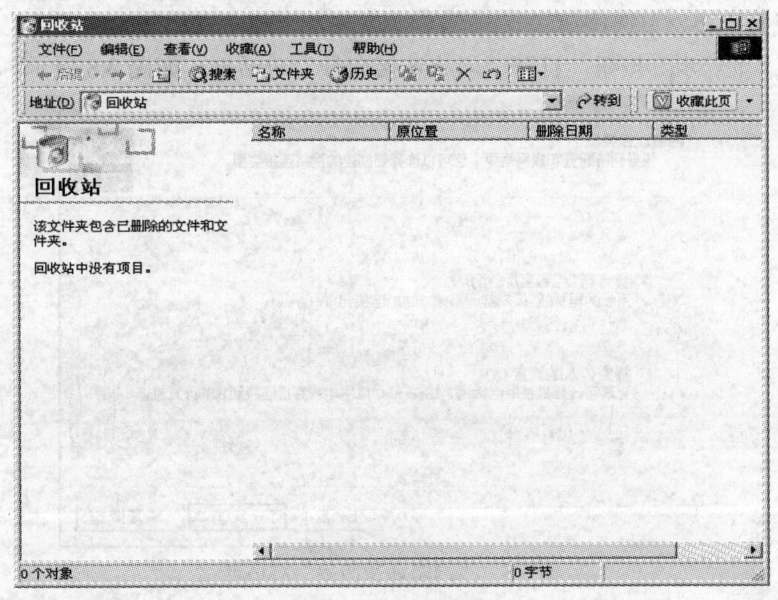

图 3.6　回收站窗口

5) “Internet Explorer”图标

在第一次使用“Internet Explorer”图标时，你要设置 internet 连接。不过，在建立 Internet 连接之前，用户需要为自己选择一个服务提供者(ISP)，并请求用户帐号。这里，以使用调制解调器和电话线进行拨号上网为例，说明设置方法：

(1) 在桌面上，双击“Internet Explorer”图标，打开“ Internet 连接向导”对话框，如图 3.7 所示。

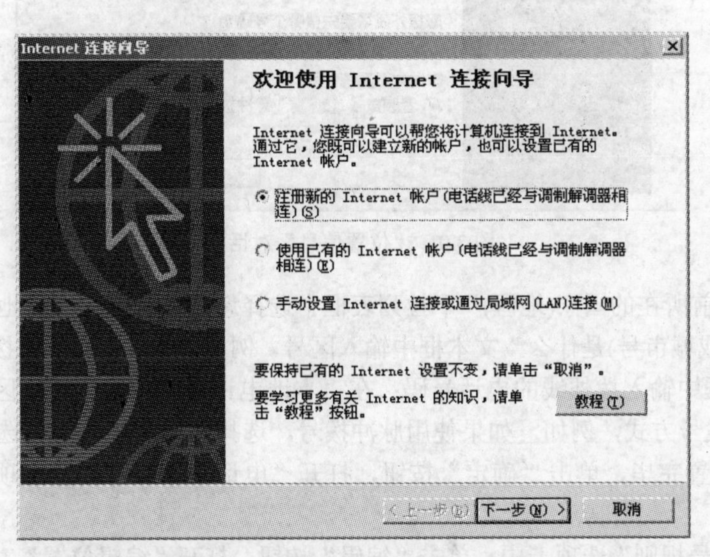

图 3.7　“Internet 连接向导”对话框

(2) 如果要注册新的帐号，选择“注册新的 internet 帐号”单选按钮；如果要使用已有的帐号，选择“使用已有的 internet 帐户”单选按钮；如果要手动或通过局域网设置连接，则选择“手动设置 internet 连接或通过局域网连接”单选按钮。这里，选择“手动设置 internet 连接或通过局域网连接”单选按钮。

(3) 单击“下一步”按钮，打开“网络连接向导”对话框，如图 3.8 所示。

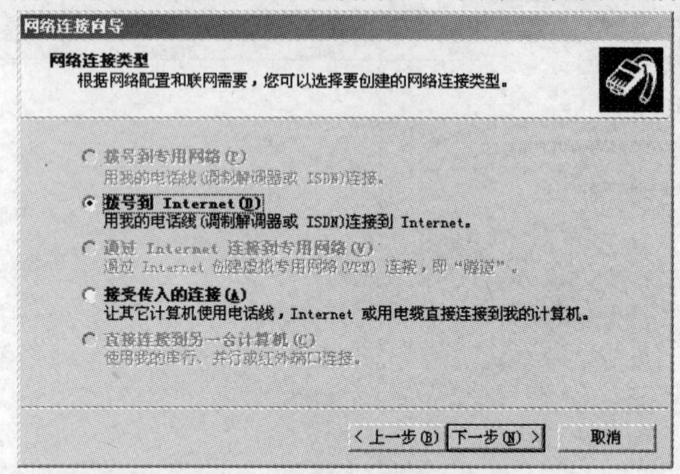

图 3.8 “网络连接向导”对话框

(4) 单击“下一步”按钮，打开“位置信息”对话框，如图 3.9 所示。

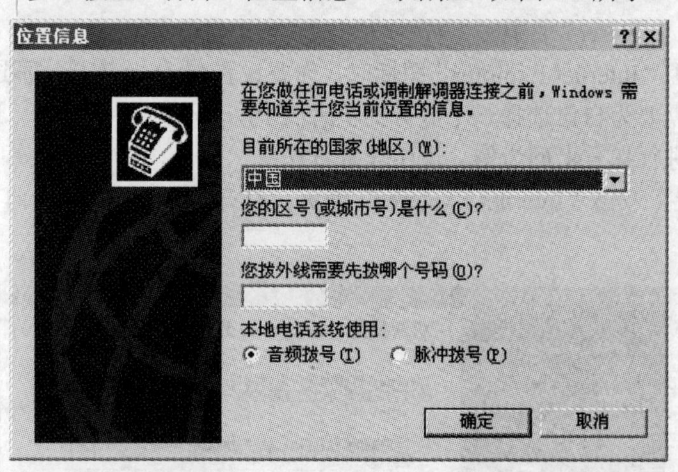

图 3.9 “位置信息”对话框

(5) 在“目前所在的国家(地区)”下拉列表框中选择您所在的国家或者地区，例如，中国；在“您的区号(或城市号)是什么”文本框中输入区号，例如，0 8 6；在“您拨外线需要先拨哪个号码”文本框中输入拨外线的电话号码；在“本地电话系统使用”选项区域中选择本地电话系统使用的拨号方式，例如，如果使用脉冲拨号，选择“脉冲拨号”单选按钮。

(6) 位置设置完毕，单击“确定”按钮，打开“电话和调制解调器选项”对话框，如图 3.10 所示。

(7) 在“拨号规则”选项卡中，单击“编辑”按钮，打开“编辑位置”对话框，对您拨号的位置进行编辑；如果要为您自己新建一个拨号位置，单击“新建”按钮，打开“新地点”对话框进行设置。

(8) 单击“确定”按钮，会打开“调制解调器”选项卡，如图 3.11 所示。

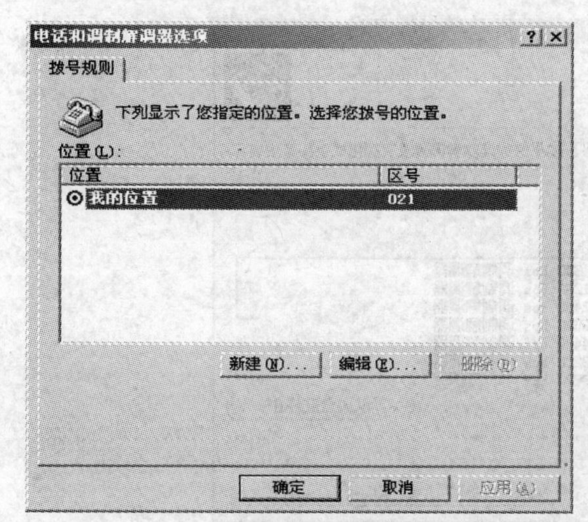

图 3.10　“电话和调制解调器选项”对话框

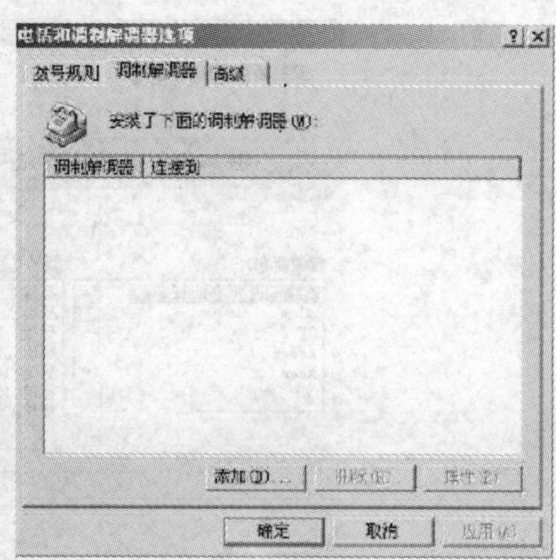

图 3.11　“调制解调器”选项卡

(9) 单击“添加”按钮，打开如图 3.12 所示的对话框。

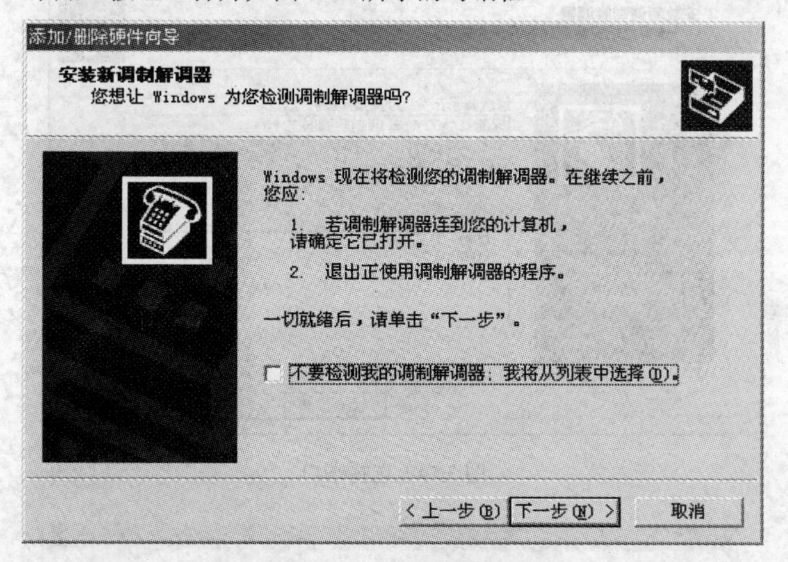

图 3.12　安装调制解调器

(10) 启用“不要检测我的调制解调器：我将从列表中选择”复选框，然后单击“下一步”按钮，打开如图 3.13 所示的对话框。

(11) 在“制造商”列表框中选择调制解调器的制造商；在“型号”列表框中选择调制解调器型号。如果要从磁盘安装，单击“从磁盘安装”按钮进行磁盘安装。

(12) 单击“下一步”按钮，打开如图 3.14 所示的对话框。

(13) 在“选定的端口”文本框中选择一个端口，然后单击“下一步”按钮，系统开始安装调制解调器。

(14) 单击“完成”按钮，完成安装，并返回到“调制解调器”选项卡。

(15) 单击“确定”按钮，完成拨号设置，同时返回到“Internet 连接向导”对话框，如图 3.15 所示。

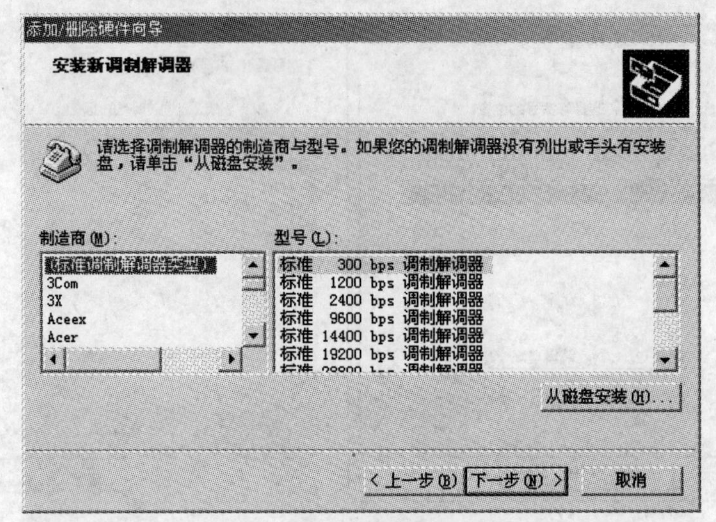

图 3.13 选择调制解调器

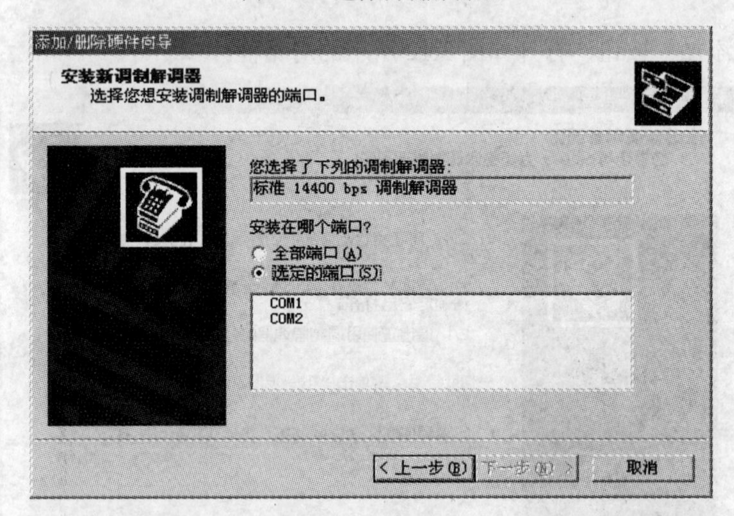

图 3.14 选择端口

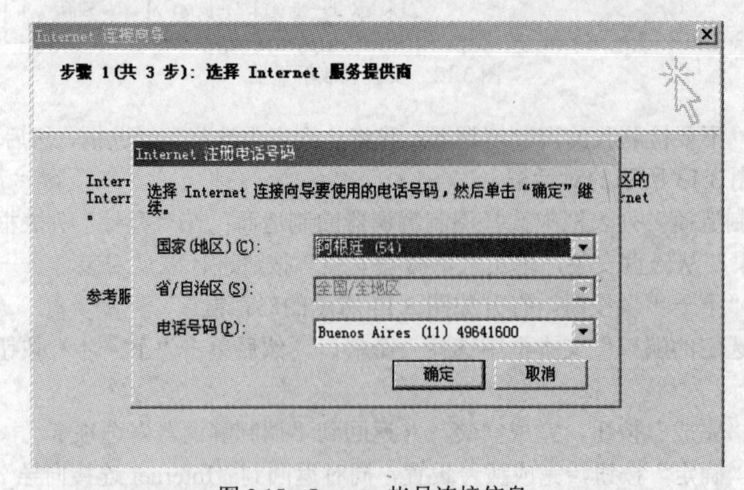

图 3.15 Internet 帐号连接信息

(16) 设置Internet帐号连接信息分三步。第一步，输入通过拨号连入ISP所用的电话号码，包括区号、电话号码及国家(地区)名称和代码，然后单击“下一步”按钮。第二步，输入用于登录到ISP的用户名和密码，单击“下一步”按钮。用户名用于连接ISP所提供的服务，密码则用于登录到ISP并与用户名相关联，为了安全起见，在输入密码时显示为“*”号。第三步，输入拨号连接的名称，该名称可以是ISP的名称，也可以是想用的任何名称，名称最长可达255个字符，其中可以包含空格，该名称将作为所创建的拨号设置名称。

(17) 单击“下一步”按钮，打开“设置Internet Mail帐号”对话框，如图3.16所示。

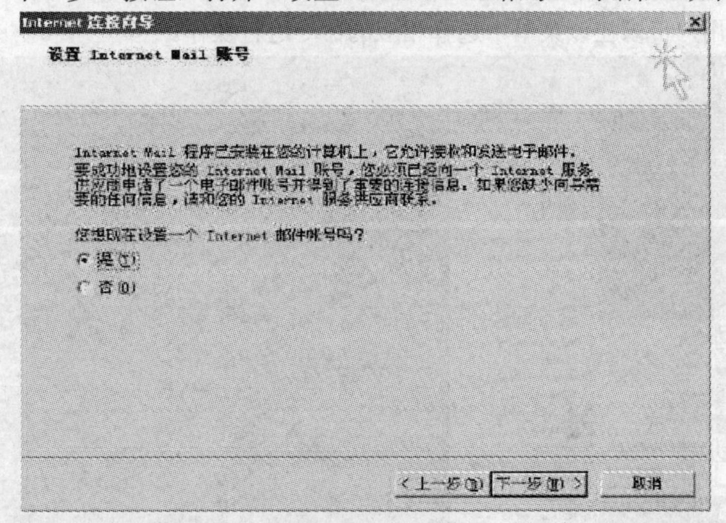

图3.16 “设置Internet Mail帐号”对话框

(18) 如果需要设置 Internet 邮件帐号，就要选择“是”单选按钮并进行下一步设置。如果不需要设置Internet邮件帐号，就选择“否”单选按钮。这里选择“否”单选按钮。

(19) 单击“下一步”按钮，连接向导进入最后一步，将告知用户已经成功地运行完“Internet连接向导”，如图3.17所示。

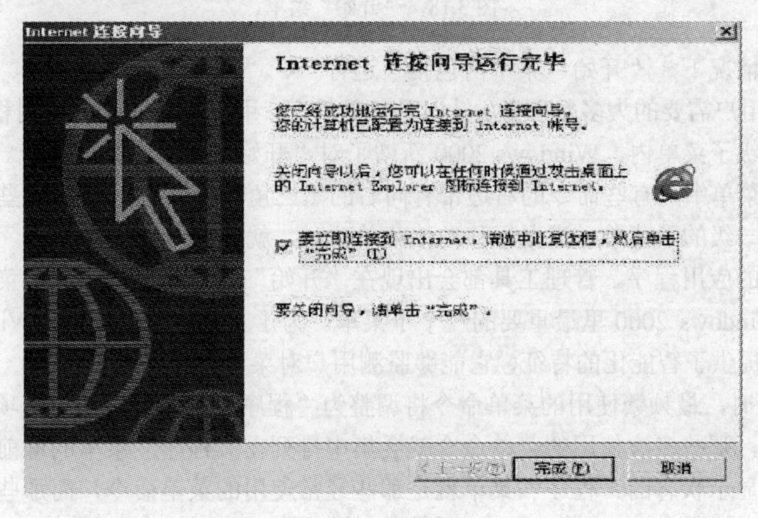

图3.17 完成设置

(20) 如果用户要立即连接到Internet，启用复选框，然后单击“完成”按钮。如果不想立即连接到 Internet，则取消对该复选框的选择，之后单击“完成”按钮即完成连接设置。

其他如 ADSL 等宽带连接的建立也是从这个图标进入，步骤更简单，不再举例说明。

完成连接后，以后可以通过双击“Internet Explorer”图标来打开 IE 浏览器，连接到 Internet 网络。关于 IE 浏览器的详细介绍以及以后要修改连接的方法参见第 7 章。

3.1.3.2 “开始”按钮

“开始”按钮位于桌面的左下角。单击“开始”按钮就可以打开 Windows 的“开始”菜单(见图 3.18)，用户可以在该菜单中选择相应的命令进行操作。

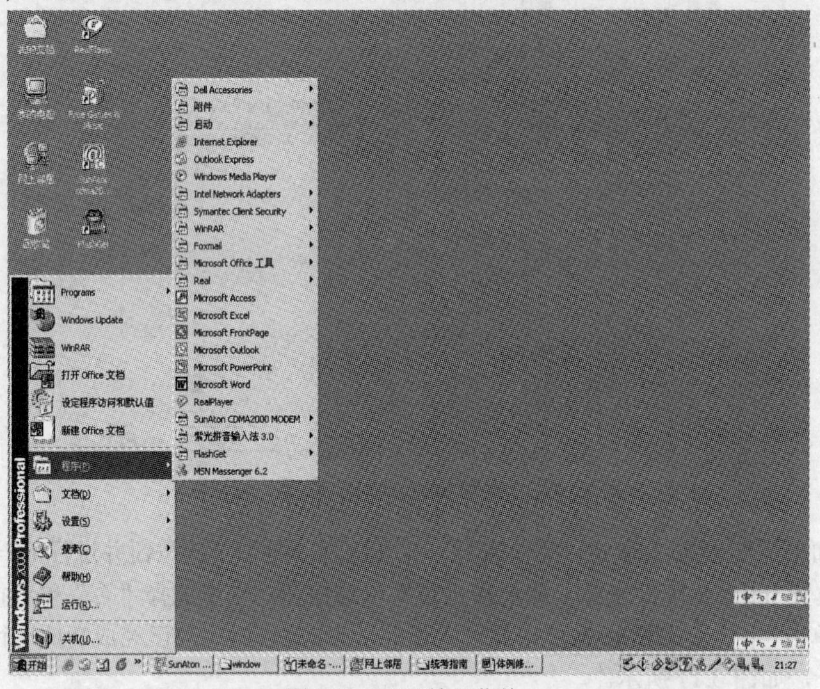

图 3.18 “开始”菜单

在默认的情况下，“开始”菜单内包括“运行”、“搜索”、“程序”、“设置”等选项，它包括了用户需要的大多数服务。针对具体的情况，用户可将其他的应用程序添加到“开始”菜单的各级子菜单内，Windows 2000 新增了对“开始”菜单的扩展功能。

“开始”菜单中的有些命令的右边带有向右的黑三角，在 Windows 中这些黑三角表示该菜单项带有下一级的子菜单，当鼠标移向该菜单项时，就会打开子菜单。

用户安装的应用程序、管理工具都会出现在“开始”菜单的“程序”子菜单内，该子菜单可以说是 Windows 2000 里最重要的一个子菜单。为了方便用户的选择，Windows 2000 为“程序”菜单提供了智能化的特征，它能够监测用户对菜单命令的使用情况，当使用“程序”菜单 6 次以上时，最频繁使用的菜单命令将调整为“程序”菜单的第一个选项。经过一段时间的操作之后，那些多次使用的菜单命令就会集中排列在“程序”菜单的最前列，供用户随时启用。处于显示状态的“程序”菜单就是那些经常使用的菜单命令，而那些不经常使用的菜单命令将处于折叠状态，这样就可以减少“程序”菜单的长度，使“程序”菜单显得简洁、整齐。需要显示所有的菜单选项时，可单击“程序”菜单下方的双折线。除了“程序”子菜单项，“开始”按钮的各个命令(菜单项)都各有其用途，简单总结如下：

程序：用以运行指定的应用程序。

文档：用以打开最近使用过的文档。

设置：用户可以按个人喜好设定任务栏、开始菜单、打印机、网络和拨号连接及控制面板窗口。

搜索：根据文件名、文件大小或日期等查找文件或文件夹。

帮助：打开 Windows 联机帮助系统。

运行：提供了一种通过输入命令字符串来启动程序、打开文档或文件夹，以及浏览 Web 站点的方法。

关机：提供了退出 Windows 系统的各种方法(关机、重启、注销等)。

3.1.3.3 任务栏

任务栏位于桌面的底部，从左到右依次为“开始”按钮、快捷启动工具栏、用于放置当前打开程序的最小化窗口的空白处，最右端矩形框中放着状态指示器，里面包含音量控制器、系统时间、输入法指示器等，见图 3.19。

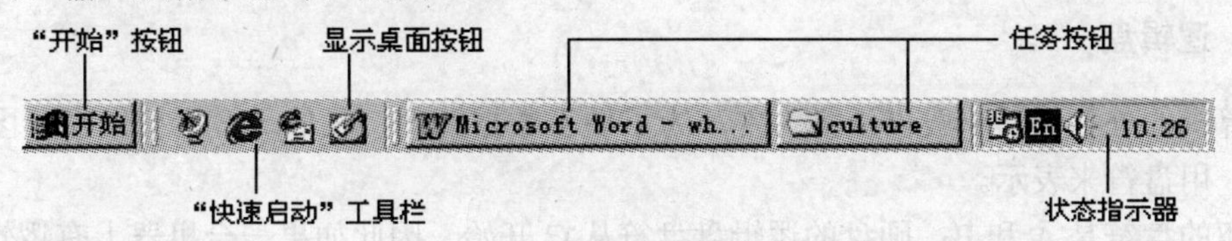

图 3.19 任务栏

快速启动工具栏中的按钮可以快速启动一些常用的程序；状态指示器主要表明系统关于声音、文字、时间以及其他一些性能状态；而所有正在运行的应用程序和打开的文件夹均以按钮的形式显示在任务栏空白处上，要切换到某个应用程序或文件夹窗口，只需单击任务栏上相对应的按钮。

3.1.4 Windows 文件、文件夹(目录)、逻辑盘及路径

3.1.4.1 文件

在 Windows 中，所有信息(程序、数据、文本)都是以文件形式存在磁盘上的，文件是一组信息的有序集合。文件有三个要素：文件名、扩展名、存放位置。

每个文件都有一个文件名，文件名可以用英文或汉字取，Windows 2000 支持长文件名格式，至多 255 个字符(包括空格)；文件名不区分大小写，可以使用多分隔符，可以使用诸如“＋”、“，”、“；”、“[”、“]”、“=”、空格”等特殊字符。

多数文件还有一个扩展名，扩展名表示这个文件的性质，如.DOC 是 Word 文档；.EXE 或.COM 是程序文件。

3.1.4.2 文件夹

文件夹也叫目录，是文件的集合体，或者说是用来放置文件和子文件夹的容器。文件夹

中可以包含多个文件，当然也可以一个文件也没有；同样文件夹中也可以包含多个子文件夹，或者一个子文件也没有。

为了有效地组织文件的存放，文件夹(目录)采用层次结构。每个逻辑磁盘的根部都可以直接存放文件，叫做根目录。根目录下面还可放子目录(文件夹)，子目录下面还可再放子目录(文件夹)，结构像一颗倒置的树，见图 3.20。

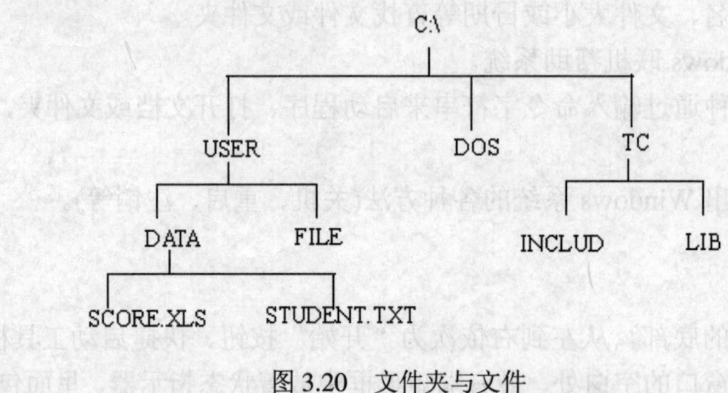

图 3.20 文件夹与文件

3.1.4.3 逻辑盘

计算机的外存储器一般以硬盘为主。为了便于数据管理，我们一般会把硬盘分区为几个逻辑盘，用盘符来表示。

软驱的盘符是 A 和 B；硬盘的逻辑盘盘符从 C 开始。因此如果一台机器上有逻辑硬盘 C 和 D，它们可能是属于同一个物理硬盘的，也可能是属于两个物理硬盘的。

3.1.4.4 路径

我们说文件有三个要素，除了文件名和扩展名以外，另一个存放位置实际上就是指文件所在的路径。不仅文件有所在路径，文件夹也有所在路径(存放位置)。

所谓路径，其作用在于标明了文件所在的位置。根据路径表述方式的不同，我们可以把路径分为绝对路径和相对路径两种表述方式。

绝对路径，即从根目录开始到文件所在目录的路线上的各级子目录名与分隔符“\”所组成的字符串。根目录的表示为“盘符:\”，如“C:\”。例如，图 3.20 中文件 student.txt 的绝对路径为“c:\user\data”

相对路径，即从当前位置开始到文件所在目录的路线上的各级子目录名与分隔符“\”所组成的字符串。当前位置是指系统当前正在使用的目录。以图 3.20 为例，如果当前位置是“c:\user\file”，则文件 student.txt 的相对路径是“..\data”，这里“..”表示上一级文件夹(父目录)。

在 Windows 2000 中，两个不同文件的三要素不可能全部相同，即知道了某个文件的文件名、扩展名和路径，就可以唯一确定是哪个文件。因此，我们常常用路径＋文件名＋扩展名清楚地表示某个文件。文件名和扩展名之间用“.”分隔，路经与文件名之间的分隔符为“\”。

图 3.20 中所示的 student.txt 文件的完整表示是：“c:\user\data\student.txt”。

3.1.5 Windows 窗口的组成

Windows 采用了多窗口技术，所以在使用 Windows 操作系统时，我们可以看到各种窗口。对这些窗口的正确理解和操作是学习 Windows 中最基本的要求。

简单来说，Windows 操作系统中的窗口可以分为四大类：

3.1.5.1 应用程序窗口

该窗口是应用程序运行时的工作界面。应用程序窗口是典型的 Windows 窗口，由标题栏、菜单栏、工具栏、最大化按钮、最小化按钮、关闭按钮、控制按钮、状态栏、窗体等组成。

3.1.5.2 文档窗口

该窗口只能出现在应用程序窗口之内，用于显示某文档的具体内容。它常常包含用户的文档或数据文件。一般文档窗口没有自己的菜单栏和工具栏，而是共享所在的应用程序窗口的菜单栏和工具栏。而且一个应用程序窗口中经常可以包含多个文档窗口，如图 3.21 所示。

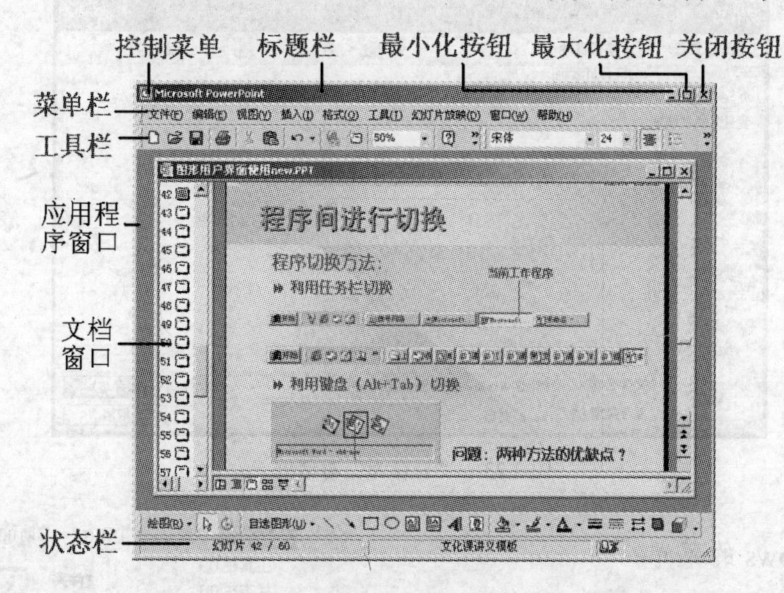

图 3.21 应用程序窗口和文档窗口

3.1.5.3 文件夹窗口

文件夹窗口用于显示该文件夹中的文档组成内容和组织方式。双击某个文件夹就可以打开这个窗口，见图 3.22。

3.1.5.4 对话框窗口

当操作系统需要与用户进一步沟通时，它就显示一个“对话框”作为提问、解释或警告之用。对话框窗口是系统和用户对话、交换信息的场所；而对话框窗口的形态也是各种各样的，随着对话框种类的不同而变化。图 3.23 是保存文件时使用的“另存为”对话框。

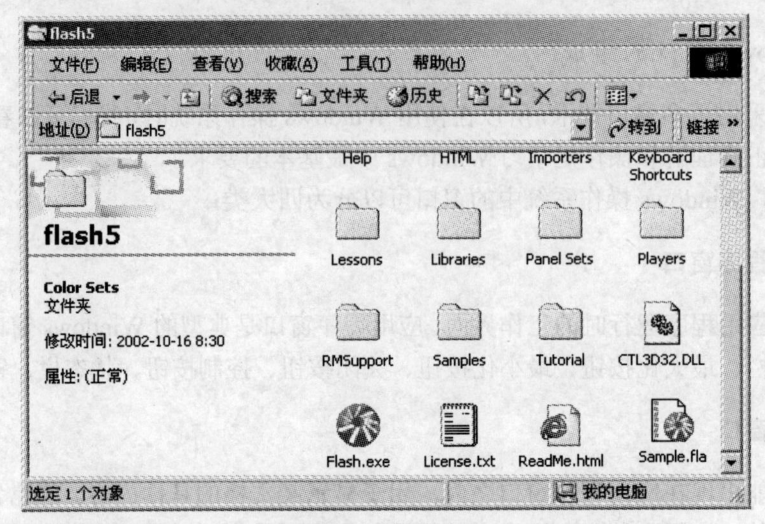

图 3.22 文件夹窗口

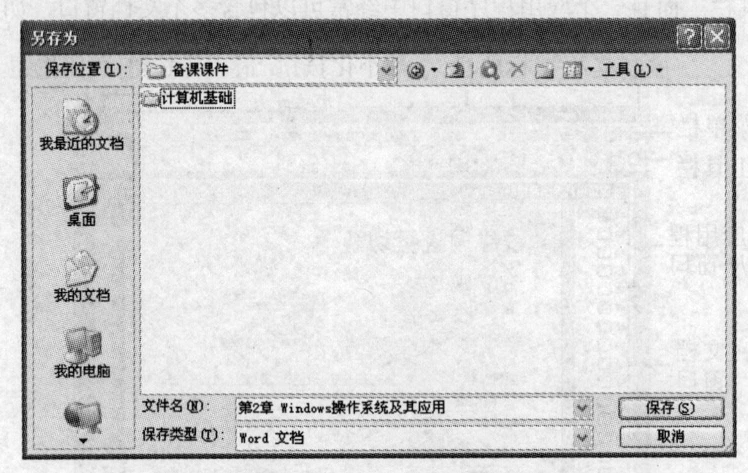

图 3.23 “另存为”对话框

3.1.6 Windows 的菜单

Windows 菜单主要分为下拉式菜单和弹出式菜单两种。

3.1.6.1 下拉式菜单

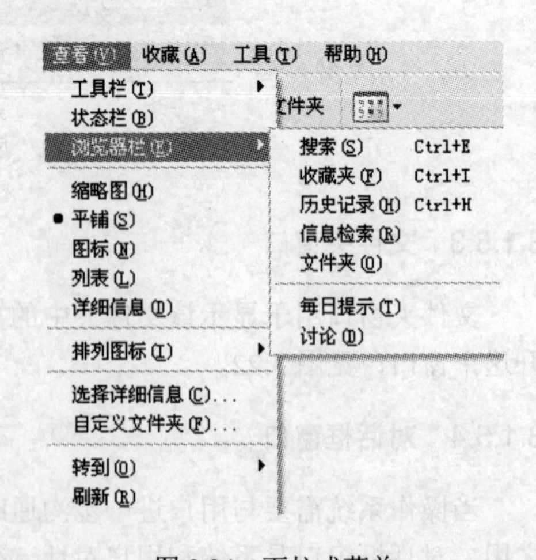

图 3.24 下拉式菜单

大多数菜单都属于下拉式菜单，如鼠标左击窗口的菜单栏中的某项，或者左击“开始”按钮等，都会出现下拉式菜单。下拉式菜单出现的方向不一定向下，也有可能向上(如“开始”菜单)，见图 3.24。

下拉式菜单中会含有若干条命令。为了便于使用，命令按功能分组，分别放在不同的菜单项里。当前能够执行的有效菜单命令以深色显示，无效命令以浅灰色表示。

如果菜单命令旁带有黑三角标记，表示一旦鼠标移动到该命令项会弹出一个子菜单项；如果菜单命令旁带有“...”标记，则表示选择该命令将会弹出一个对话框窗口，以期待用户进一步输入必要的信息或做进一步选择。

此外，有些菜单命令被选择后左边会出现一个“√”，这表示该菜单项其实是一个复选框；有些会出现一个“●”，这表示该菜单项其实是一个单选框。这些菜单项仅仅表示某种选择设置。

有些应用程序中，某些菜单的菜单项内容还会随着程序状态的变化而变化。

3.1.6.2 弹出式菜单

将鼠标指向屏幕的某个位置或指向某个选中的对象，单击鼠标的右键，就会打开一个菜单，这个菜单就叫弹出式菜单，也叫快捷菜单。该菜单中的内容与选中的对象有关，包括与选中对象直接相关的一组常用命令；选中的对象不同，弹出的菜单命令也不一样，见图 3.25。

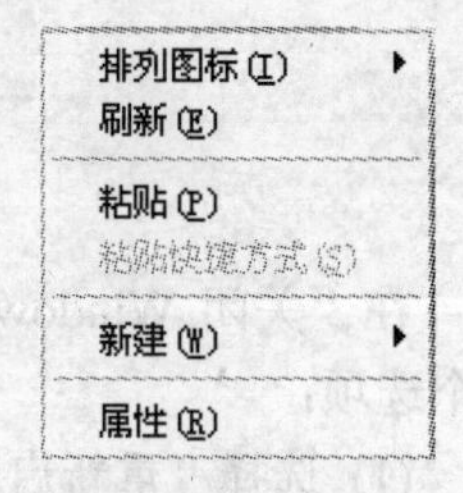

图 3.25 弹出式菜单

3.1.7 Windows 剪贴板

剪贴板是 Windows 在内存开辟的一块特殊的临时区域，用来在 Windows 程序之间、文件之间传送信息。我们可以把选中的文本(或其他对象)保存到剪贴板中，再把它们粘贴到目标位置。剪贴板是个很重要的工具。我们一般所说的复制、剪切、粘贴都会用到剪贴板。

剪切：把选中对象移到剪贴板，原来内容消失。

复制：把选中对象拷贝到剪贴板，原来内容仍存在。由于剪贴板的内容用户看不到，所以给人的感觉好像什么事情也没发生。

粘贴：把剪贴板内容移到目标位置，剪贴板内容仍存在。因此一个内容可以“粘贴”多次。Windows 2000 剪贴板中只能存放一个内容，新的一次剪切或复制，都会使剪贴板的内容改变，即原来的内容被覆盖。

3.2 Windows 的基本操作

3.2.1 Windows 的启动和退出

将 Windows 2000 安装在计算机上之后，每次打开计算机，在系统自检通过后，Windows 2000 都会自行启动。完成加载驱动程序、检查系统的硬件配置之后，屏幕上就会显示登录对话框，要求输入用户名、密码。用户名和密码通过检验后，Windows 2000 桌面才会显示在屏幕上。

要退出 Windwos 2000 操作系统，可以单击“开始”按钮，并选择“关机”命令；或者在关闭所有程序和窗口之后继续按“Alt＋F4”，就会打开如图 3.26 所示的“关闭 Windows”对话框。

注意，在退出 Windows 2000 之前，用户应关闭所有打开的程序和文档窗口，如果不关闭，系统会询问用户是否结束运行程序。

图 3.26 “关闭 windows”对话框

在“关闭 Windows”对话框中有名为“希望计算机做什么？”的下拉列表框，其内包括 4 个选项：

(1) 选择“重新启动”之后，将首先保存数据，然后重新启动计算机。如果用户安装了多种操作系统，还可以选择其他的操作系统。

(2) 选择“关机”之后，在关闭计算机之前，同样将保存已更改的设置。

(3) 选择“注销”之后，将变更使用计算机的用户名及其口令。对于管理员来说，一方面可以更改自己使用的口令、用户名，另一方面还可以检测其他用户是否能够正常登录。

(4) 选择“等待”之后，计算机将进入休眠状态，减少功耗。如果要再次使用，也可以很快进入。

为了使 Windows 2000 系统在退出前保存必要的信息及妥善处理相关的运行环境，保证能再次正常启动，Windows 操作系统的退出一定要按照规程去做，不要采用关闭电源的方式直接退出。

3.2.2 Windows 中汉字输入方法及其启动

在安装 Windows 时，系统已经把常用的输入法安装好了，并在任务栏的右边显示输入法指示器图标。如果以后还需要使用新的输入法，可以添加安装。

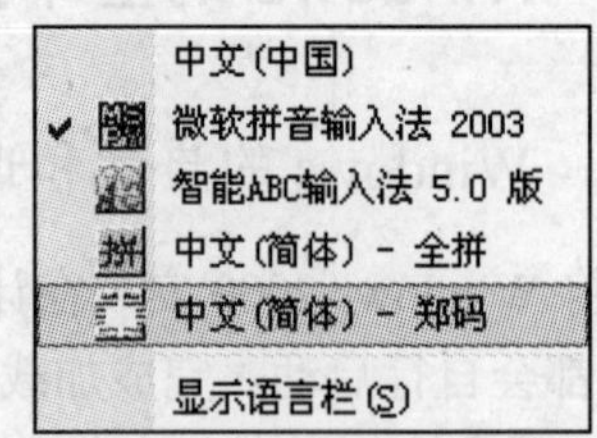

图 3.27 输入法列表

单击输入法指示器按钮，就可以打开如图 3.27 所示的输入法列表，在列表中选择你需要的输入法即可。当切换到汉字输入法时，屏幕上会出现相应的输入法状态框。图 3.28 就是在智能输入法时的输入法状态框，可以用鼠标单击其中的按钮进行全角/半角切换、中英文切换、中西文标点切换、标准/双打切换、软键盘打开等。

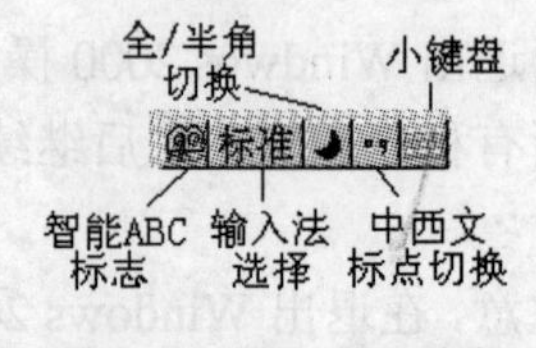

图 3.28 输入法状态框

当然，在汉字输入时，用得更多的是组合键。常用的组合键有中西文的切换：按 Ctrl＋空格键或单击任务栏的文字切换按钮(En)→选择输入法。

中文输入法切换：按 Ctrl＋Shift 键或单击任务栏的文字

切换按钮(En)→选择输入法状态图标。

全角/半角切换：按 Shift＋空格或单击输入法状态框中相应的按钮。

其他还有一些针对某个输入法的特殊按键，这里就不再一一介绍了。

下面以智能 ABC 为例，介绍一下它的汉字输入法规则。

(1) 智能 ABC 输入法一般以汉字的汉语拼音作为输入的键码，输入过程如下：

① 在小写状态(Caps Lock 指示灯不亮，输入法标志不是“A”)下输入字母。

② 按拼音规则输入代码，可以是全拼，也可以简拼，系统会自动识别。

③ 按空格键，从汉字列表中选择所需的汉字，若找不到可按“=/-”或“Page Up/Down”键翻页。

(2) 智能 ABC 也可以按音形混合规则输入汉字：

规则：汉字的声母加 1～2 个笔划代码(八笔划)，见表 3.2。

表 3.2 八笔划代码表

笔形代码	笔 形	笔形名称	实 例	注 解
1	一(✓)	横(提)	二、要、厂、政	“提”也算作横
2	丨	竖	同、师、少、党	
3	丿	撇	但、箱、斤、月	
4	、(㇏)	点(捺)	写、忙、定、间	“捺”也算作点
5	ㄱ	折(竖弯勾)	对、队、刀、弹	顺时针方向，多折笔画，以尾折为准，如“了”
6	L	弯	匕、她、绿、以	逆时针方向，多折笔画，以尾折为准，如“乙”
7	十(×)	叉	草、希、档、地	交叉笔画只限于正叉
8	口	方	国、跃、是、吃	四边整齐的方框

取码时按照笔顺。含有笔形“十(7)”和“口(8)”的结构，按笔形代码 7 或 8 取码，而不将它们分割成简单笔形代码 1～6。

例如：宁：n44；山：s2；国：g8；地：d71。

(3) 能用词组的地方，还可以使用词组输入(全拼音或音形混合)。原来词组库没有的词组，可以自己创造，新词用过后，能自动记忆，可以和基本词汇库中的词条一样使用。

例如：中华人民共和国 z'hrmghg

注意两点：

① 当无法区分是一个字还是两个字时，两字之间用分隔符“'”分开，如“中华”(z'h)；“平安”(p'an)。

② 在新词输入选择过程中，如果结果与用户需要不符，可用退格“←”键进行干预后重新选择。

(4) 特殊符号输入，可以右击小键盘→选择(单击)符号类→单击小键盘进行。

其他还有很多输入法，如笔者比较喜欢的微软拼音、五笔字型等，用户可以选择自己合适的输入法来使用。

3.2.3 Windows 中鼠标的使用

Windows 是图形化操作系统，而鼠标的使用就是 Windows 环境底下的主要特点之一。用鼠标作为输入设备，比用键盘作为输入设备更简单、更容易、更“傻瓜”，具有快捷、准确、直观的屏幕定位和选择能力。

鼠标的主要操作方法有：

(1) 左击(也叫单击)：按一下鼠标左键，表示选中某个对象或启动按钮。

(2) 双击：快速连续地按两次鼠标左键，表示启动某个对象(等同于选中之后再按 Enter 键)。

(3) 右击：按一下鼠标右键，表示启动快捷菜单(弹出式菜单)。

(4) 拖动：按住左键不放，并移动鼠标指针至屏幕的另一个位置或另一个对象，表示选中一个区域，或是把对象拖到某个位置，或是改变对象位置或大小。

(5) 指向：移动鼠标指针至屏幕的某个位置或某个对象上，没有按键。

由于鼠标的位置以及和其他屏幕元素的相互关系往往会反映当前鼠标可以做什么样的操作。为了使用户更清晰地看到这一点，在不同的情况下鼠标的形状会不一样。当然你可以自己定义鼠标的形状，但在默认的环境底下，鼠标在对应不同操作时的形状如图 3.29 所示。

图 3.29 鼠标指针的表示

3.2.4 Windows 窗口的操作方法

根据 3.1.5 中关于窗口的描述，我们知道 Windows 2000 中有很多可操作的矩形区域，我们把它叫做窗口；这些窗口可以分为应用程序窗口、文档窗口、文件夹窗口、对话框窗口四大类。下面介绍这些窗口的常用操作方法。

3.2.4.1 窗口的移动

将鼠标指向窗口标题栏，并拖动鼠标到指定位置就能完成窗口的移动。

3.2.4.2 窗口的最大化、最小化和恢复

(1) 窗口最大化与还原：在窗口右上角，最大化按钮是 3 个按钮的中间一个(参见图 3.21)，用鼠标单击窗口中的最大化按钮，则窗口将放大到充满整个屏幕空间，最大化按钮将变成还原按钮。单击还原按钮则窗口将恢复原来的大小。

(2) 窗口最小化与还原：最小化按钮是 3 个按钮中的左边一个，它可把窗口缩小为一个图

标按钮并放在任务栏上。要把最小化后的窗口还原，只要用鼠标左击任务栏上相对应的图标按钮就行。

3.2.4.3　窗口大小的改变

当窗口不是最大时，可以改变窗口的宽度和高度。

(1) 改变窗口的宽度：将鼠标指向窗口的左边或右边，当鼠标变成水平方向双箭头符号后，将鼠标拖动到所需位置。

(2) 改变窗口的高度：将鼠标指向窗口的上边或下边，当鼠标变成垂直方向双箭头符号后，将鼠标拖动到所需位置。

(3) 同时改变窗口的宽度和高度：将鼠标指向窗口的任意一个角，当鼠标变成倾斜双箭头符号后，将鼠标拖动到所需位置。

注意，有些窗口的大小是固定的，不能进行改变，或者有最小限制。这在对话框窗口中比较常见。

3.2.4.4　窗口内容的滚动

(1) 小步滚动窗口内容：单击滚动条的滚动箭头(见图 3.30)。

(2) 大步滚动窗口内容：单击滚动条中滚动箭头和滑块之间的空白区域。

(3) 滚动窗口内容到指定位置：鼠标拖动滚动条中的滑块到指定位置。

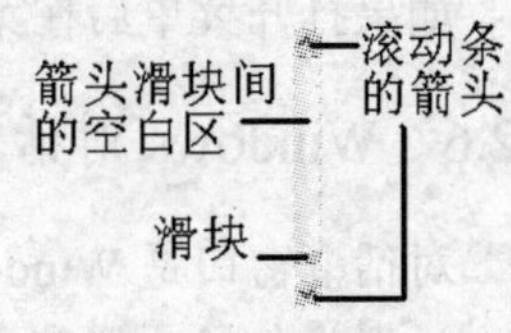

图 3.30　垂直滚动条

3.2.4.5　窗口的关闭

在窗口右上角，关闭按钮是三个按钮中最右面的一个。单击关闭按钮，或者双击控制菜单图标，或者选择菜单命令“文件→退出”，或者按组合键 Alt＋F4，或者右击标题栏并在弹出式菜单中选择“关闭”，或者右击任务栏上的图标按钮并在弹出式菜单中选择“关闭”，都可以关闭当前的窗口。

3.2.4.6　控制菜单

用鼠标单击窗口左上角的控制按钮出现控制菜单，利用控制菜单可以用键盘操作一些原本只能用鼠标实现的操作。控制菜单中各命令的意义：

(1) 还原：将窗口还原成最大化或最小化前的状态。

(2) 移动：使用键盘上的上、下、左、右移动键将窗口移动到另一位置。

(3) 大小：使用键盘改变窗口的大小。

(4) 最小化：将窗口缩小成图标。

(5) 最大化：将窗口放大到最大。

(6) 关闭：关闭窗口。

3.2.4.7　不同窗口间的切换

在 Windows 2000 中，同时可以打开很多窗口，但只有当前正在被操作的窗口叫做活动窗口。默认情况下，活动窗口的标题为深蓝色，而非活动窗口的标题为浅蓝色。如果你想要在其他窗口中操作，就必须切换到对应的窗口。

要在窗口间切换方法很多，如：单击非活动窗口、单击任务栏上相应的按钮图标、按住组合键 Alt＋Tab，然后选择需要的窗口、组合键 Alt＋Esc 等

3.2.5 Windows 菜单的基本操作方法

Windows 里有下拉式和弹出式菜单两种。对于弹出式菜单，一般在某个位置或对象上用鼠标右击打开；而对于下拉式菜单，主要有以下两种打开方法：

(1) 用鼠标单击该菜单项处。

(2) 当菜单项后的方括号中含有带下划线的字母时，也可按 Alt＋字母键。

对于选择菜单中某个命令执行，一般有以下 4 种方法：

(1) 打开菜单，并用鼠标单击该命令选项。

(2) 打开菜单，并用键盘上的四个方向键将高亮条移至该命令选项，然后按回车键。

(3) 若该命令选项后的括号中有带下划线的字母，则可以在打开菜单后直接按该字母键。

(4) 若该命令选项后标有组合键，则可以不用打开菜单，而直接按组合键表示执行该菜单选项命令。

如果打开菜单后在菜单外单击鼠标，则表示取消该菜单。

3.2.6 Windows 对话框的操作

对话框窗口是 Windows 的 4 种窗口类型之一，也是变化最多的一种窗口。不同的对话框大小、形状各异，但基本功能都是提供人机交互的界面，等待用户输入信息。所以对话框的组成元素基本上包括如标题栏、命令按钮、文本框、单选框、复选框、组合框、标签、框体、选项卡、列表框等等。当然这些组件不一定都有，而且数目多少不一，因此造成对话框的多样性，如图 3.31 所示。

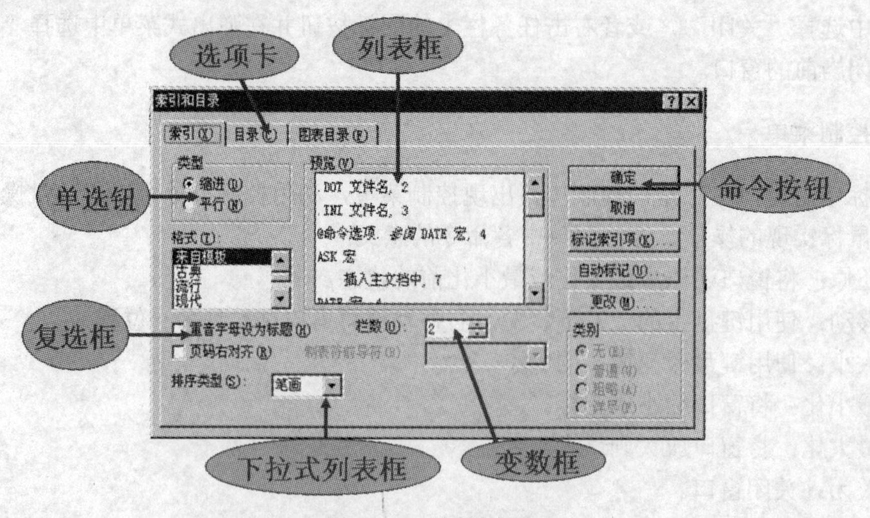

图 3.31 对话框窗口

在对话框窗口中的基本操作就是针对上述组成元素的输入或设置，如文本框的输入、单

选复选框的设置、列表框组合框的选择等等，有些命令按钮还会进一步打开新的对话框窗口进行设置。用户完成所有输入和设置后，一般对话框会有一个“确定”或类似意思的命令按钮，单击此命令按钮表示确认刚才的信息输入，并关闭对话框窗口；当然大多数对话框还有“取消”命令按钮，单击此命令按钮表示关闭对话框窗口并且不进行信息输入。

3.2.7　Windows 工具栏的操作和任务栏的使用

在窗口的菜单栏下面通常是工具栏，如图 3.32 所示。工具栏中包括了一些常用的工具按钮，可以通过单击此工具按钮实现某些菜单中的命令，方便快捷。

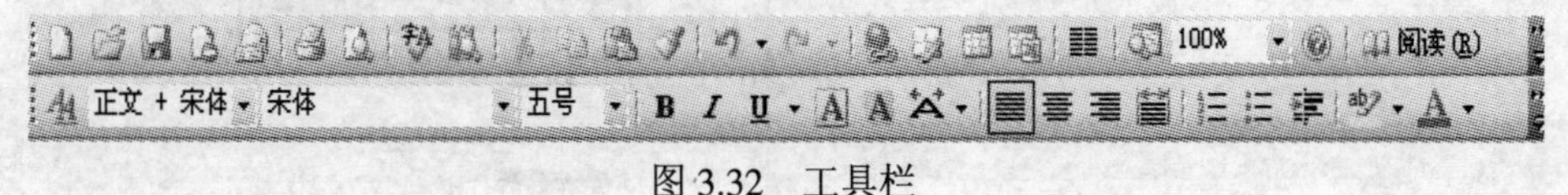

图 3.32　工具栏

用户可以在不同的窗口中设置显示不同的工具栏，例如，在“我的电脑”中通过菜单“查看”→“工具栏”设置，见图 3.33。

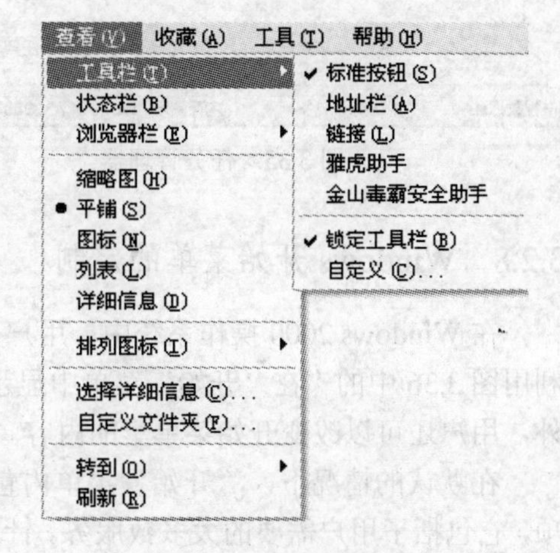

图 3.33　工具栏设置

Windows 2000 是一个多任务的操作系统，用户可以同时打开多个应用程序和多个文档窗口。设置任务栏的主要目的就是方便用户在各个应用程序以及各个文档窗口之间进行切换。

任务栏一般位于桌面的底部，你也可以用鼠标指向任务栏的空白区，并按住鼠标左键，把它拖动到桌面的顶部或左右两边。当用户打开一个应用程序，任务栏中就会出现代表该应用程序的图标按钮。即使该应用程序窗口被最小化了，在任务栏上依然留有这个图标按钮。用户想切换到某个应用程序，只需要简单地单击这个图标按钮就可以实现。

当然，任务栏还有一些其他作用。例如，用户可以利用任务栏上面的快速启动工具栏中的按钮快速方便地启动一些应用程序；利用任务栏上面的状态指示器观察当前的声音、时间等信息，并且进行设置；还可以在任务栏上建立自己的工具栏等。

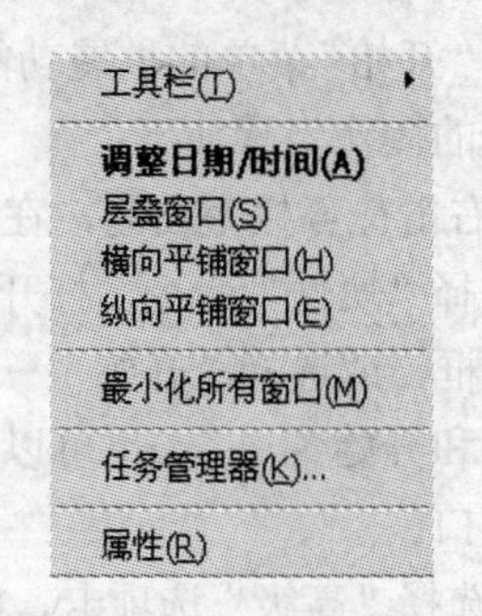

图 3.34　任务栏弹出式菜单

在任务栏的空白区单击鼠标右键，可以弹出如图 3.34 所示的弹出式菜单，用户可以利用其中的工具栏选项在任务栏上建立新的甚至是自己定义的工具栏；可以安排窗口的排列方式；可以调整系统时间；可以使所有窗口最小化；也可以选择任务管理器，打开如图 3.35 所示的窗口，并进一步选择结束任务或进程、或者切换任务、或者开始运行新的任务(程序)。

对于任务栏本身，除了可以移动位置到上下左右外，还可以对它做一些设置。例如，利用鼠标拖动任务栏的边缘以改变任务栏的高度；利用鼠标右击任务栏的空白处，并在如图 3.34

的弹出式菜单里面选择“属性”，就可以进入如图 3.36 所示的对话框窗口，在这个窗口的“常规”选项卡里面利用几个复选框可以设置任务栏的一些特性：是否任务栏不会被挡住？是否任务栏在没有选中时要自动隐藏？等等。

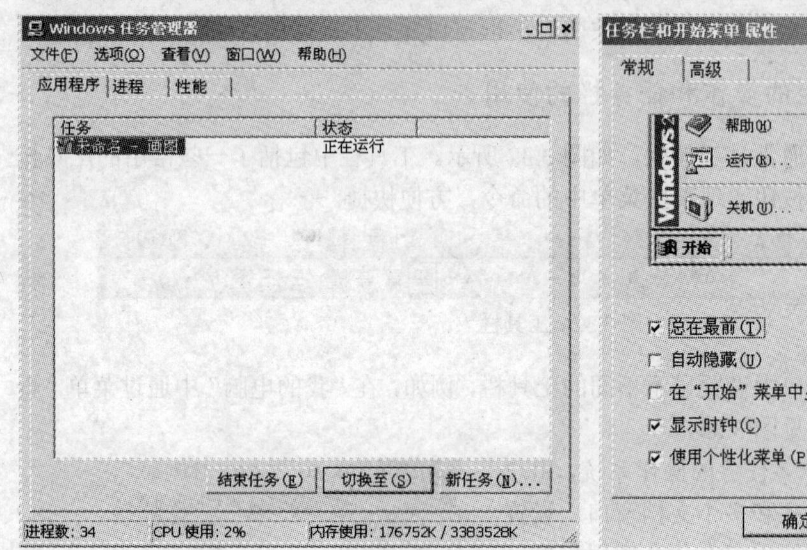

图 3.35 任务管理器

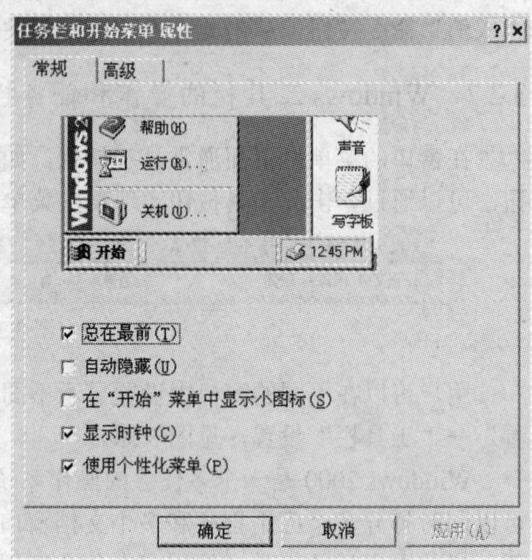

图 3.36 任务栏属性对话框常规选项卡

3.2.8 Windows 开始菜单的定制

在 Windows 2000 操作系统中，用户可以按照自己的意思去定制开始菜单的样子。首先，利用图 3.36 中的“在‘开始’菜单中显示小图标”复选框可以使开始菜单中的图标变小。另外，用户还可以改变开始菜单里的内容。

在默认的情况下，“开始”菜单内包括“运行”、“搜索”、“程序”、“设置”等选项，它包括了用户需要的大多数服务。针对具体的情况，用户可将其他的应用程序添加到“开始”菜单的各级子菜单内，Windows 2000 新增了对“开始”菜单的扩展功能。扩展“开始”菜单的操作步骤如下：

(1) 右击任务栏空白区，在打开的快捷菜单内选择“属性”命令，打开“任务栏属性”对话框，或选择“开始”→“设置”→“任务栏和开始菜单”，也可以打开同样的对话框窗口。

(2) 选择“高级”选项卡，如图 3.37 所示。

(3) 在“‘开始’菜单设置”列表框内选择需要扩展的“开始”菜单选项。

(4) 单击“确定”按钮。

例如，在“‘开始’菜单设置”列表框

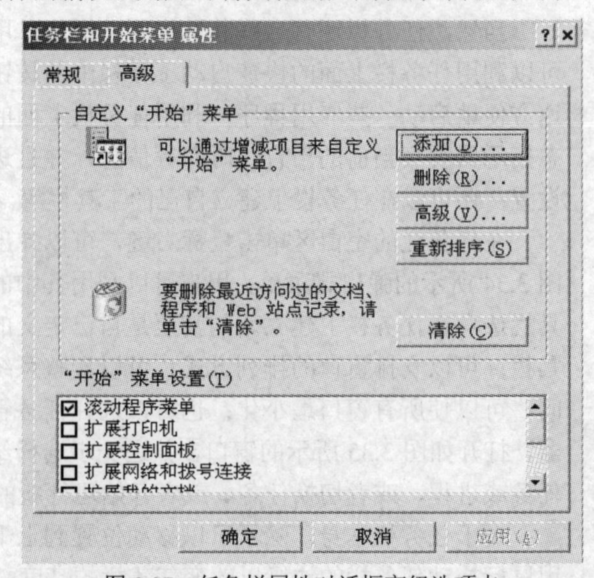

图 3.37 任务栏属性对话框高级选项卡

内启用“扩展打印机”复选框之后，原来在“打印机文件夹”中的图标将成为“开始”菜单的“设置”子菜单的“打印机”子菜单选项(如图 3.38 所示)，用户可以直接访问各个打印机图标，而不用像原来那样选择打印机文件夹窗口，再在窗口中选择各个打印机图标。

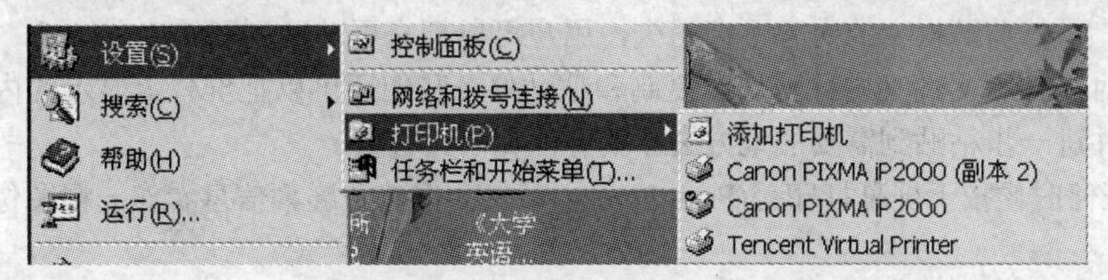

图 3.38　扩展打印机之后的开始菜单

另外，在“高级”选项卡内，单击“添加”按钮之后，可将应用程序添加到“开始”菜单内。单击“删除”按钮时，那些暂时不需要的菜单及其命令都可被取消(只是删除开始菜单中的快捷方式，程序本身不会被删除)。单击“高级”按钮之后，可对已有的菜单命令进行浏览、移动、复制、删除等操作。

3.2.9　Windows 中的剪切、复制与粘贴操作

利用剪贴板可以进行剪切、复制、粘贴操作，具体操作如下：

(1) 先选定一个对象，即选定一个或一组文件和文件夹。方法有下列几种：

① 选定单个文件或文件夹：用鼠标单击要选定的文件或文件夹的图标或名称。

② 选定一组连续排列的文件或文件夹：用鼠标单击要选定的文件或文件夹组中的第一个图标或名称，然后移动鼠标指针到该文件或文件夹组中的最后一个图标或名称，最后按下 Shift 键并单击鼠标；或者从左上角拖动鼠标至右下角。

③ 选定一组非连续排列的文件或文件夹：在按下 Ctrl 键的同时，用鼠标单击每一个要选定的文件或文件夹的图标或名称。

④ 选定几组连续排列的文件或文件夹：先选定第一组；然后，在按下 Ctrl 键的同时，用鼠标单击第二组中的第一个文件或文件夹图标或名称，再按下 Ctrl＋Shift 键，用鼠标单击第二组中最后一个文件或文件夹图标或名称；依此类推，直到选定最后一组为止。

⑤ 选定所有文件和文件夹：单击“编辑”菜单中的“全部选定”命令，或按 Ctrl＋A 键。

一旦发现选错要取消选定文件，只要单击窗口中任何空白处就行。

注意，选择一组文件和文件夹时不能采用鼠标拖动的方式，这不同于在文档编辑的时候的文字选择。

编辑(E)　查看(V)　收藏(A)　工
撤销删除(U)　Ctrl+Z
剪切(T)　Ctrl+X
复制(C)　Ctrl+C
粘贴(P)　Ctrl+V
粘贴快捷方式(S)
复制到文件夹(F)...
移动到文件夹(V)...
全部选定(A)　Ctrl+A
反向选择(I)

图 3.39　文件夹窗口的编辑菜单

(2) 剪切或复制。大部分 Windows 应用程序窗口中都有剪切、复制、粘贴的菜单命令，一般放在“编辑”菜单里面，图 3.39 所示为文件夹窗口的“编辑”菜单。用户可以选择这些菜单命令进行剪切、复制，也可以使用热键 Ctrl＋X(剪切)、Ctrl＋C(复制)。注意，在 Windows 2000 里面的剪贴板上只能放一样东西，也就是说，只有最近的那次剪切或复制

是有效的。

(3) 剪贴板上的内容粘贴到需要的地方。用户可以选择粘贴的目的地，再使用菜单命令“粘贴”，或按热键 Ctrl＋V(粘贴)。粘贴后，除非退出 Windows2000 或者用户再一次进行剪切、复制操作，不然剪贴板上的内容不会消失，用户可以把它再粘贴到别的地方。

除了对文件和文件夹进行剪切、复制和粘贴外，我们还可以把屏幕上显示的内容复制到剪贴板上并进一步粘贴到需要的地方去。其方法如下：

(1) 任何时候按下屏幕打印键(Print Screen)，就会把整个屏幕信息看作一幅图像复制到剪贴板上。

(2) 任何时候同时按下 Alt 键和屏幕打印键，就可以把当前活动窗口在屏幕上显示的内容看作一幅画复制到剪贴板上；非活动窗口的，或者虽然是活动窗口但不在屏幕范围内的，不会被复制。

3.2.10 Windows 中的命令行方式

Windows 2000 是在 DOS 操作系统上发展起来的，命令行方式就是指在 MS-DOS 模式下执行命令。

要进行命令行方式的操作，首先就要切换到 MS-DOS 环境下——严格来说是在 Windows 2000 操作系统之上再加一层 MS-DOS 的外壳。其方法如下：

选择“开始”→“程序”→“附件”→“命令提示符”，就能进入如图 3.40 所示的命令行环境。

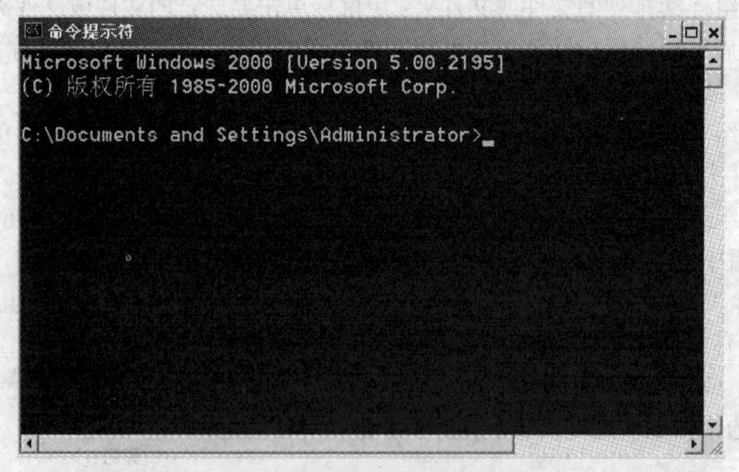

图 3.40 “命令提示符”窗口

当 MS-DOS 以窗口方式运行时，实际上这个命令提示符窗口和其他的窗口一样，可以最大化、最小化、还原和关闭，该窗口同样有标题栏、滚动条、控制菜单等 Windows 窗口常见的元素。除了窗口方式，MS-DOS 还可以全屏方式运行，即独霸整个屏幕，产生一种完全类似于 NS-DOS 操作系统环境的感觉。使用热键 Alt＋Enter 就可以在这两种方式(窗口方式和全屏方式)之间切换。

窗口方式运行时使命令提示符窗口成为当前活动窗口，或者选择全屏方式运行，用户就可以在其中进行 MS-DOS 的命令行操作。输入命令“exit”，可以关闭这个命令提示符窗口。

3.3 Windows 资源管理器

3.3.1 Windows 资源管理器窗口的启动和组成

在 Windows 里面，我们可以用资源管理器或“我的电脑”来管理文件和文件夹；而资源管理器更是可以负责对系统资源进行管理，它把“我的电脑”、“我的文档”、“回收站”、“网上邻居”等全部归结在一个窗口之内，如图 3.41 所示。

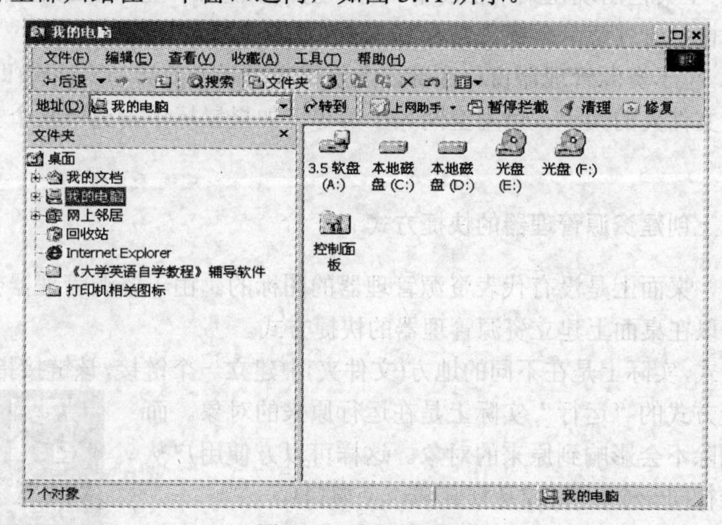

图 3.41　资源管理器

3.3.1.1 打开资源管理器

方法一：在“开始”菜单的“程序”选项的“附件”中，单击“资源管理器”图标。

方法二：用鼠标右击“我的电脑”、“网上邻居”、“回收站”、“开始”按钮等项目，在弹出的菜单上单击“资源管理器”选项。

方法三：如果桌面上有资源管理器的快捷方式图标，双击该图标(初始状态桌面上是没有资源管理器快捷方式图标的)。

3.3.1.2 资源管理器窗口的组成

资源管理器窗口除了标题栏、菜单栏、工具栏、状态栏之外，其主要特点是工作区分为左、右两栏，左边为文件夹树窗口，右边为文件窗口。

(1) 文件夹树窗口。工作区左边的窗口，用于显示树状结构的资源列表，如驱动器、文件夹、打印机、控制面板等。用鼠标单击要展开的文件夹图标前的“＋”号，表示在文件夹树窗口中展开该文件夹，显示下一级子文件夹，同时“＋”号变“－”号。鼠标单击“-”号表示折叠，即隐藏该文件夹中的下一级子文件夹，同时“－”号恢复成“＋”号。如果文件夹图标左侧没有标记，则表示该文件夹下没有子文件夹，不可进行展开或隐藏操作。在这些过程中，右边的文件窗口中的内容保持不变，也就是说并不表示选中任何文件夹，而只是做展开、隐藏操作。

(2) 文件窗口。工作区右边的窗口，也叫文件夹内容窗口，用来显示选中的文件夹的内容。用户也可以直接对文件窗口中显示的子文件夹双击展开，以显示下一级文件夹的内容。

(3) 窗口分隔条。工作区中用来分隔左右窗口的，可以用鼠标置于窗口分隔条的右侧，使之显示双箭头标记，就可以左右移动窗口分隔条的位置，改变左右窗口的相对大小。

(4) 菜单栏。与一般窗口一样，标题栏下面就是菜单栏。其主要包括“文件”、“编辑”、“查看”、“收藏”、“工具”、“帮助”。

(5) 工具栏。工具栏出现在菜单栏的下一行，也可以隐藏。显示还是隐藏，以及显示多少内容可以由用户自己通过菜单命令“查看”→“工具栏”来设定。

(6) 状态栏。位于资源管理器窗口底部，主要用来显示当前活动文件夹(即选中的文件夹)中文件的个数、文件夹的大小、可用空间大小等等。如果鼠标单击选中某个文件，则可以显示该文件大小。

3.3.1.3 在桌面上创建资源管理器的快捷方式

在初始状态，桌面上是没有代表资源管理器的图标的。由于资源管理器会被经常使用，有的用户希望可以在桌面上建立资源管理器的快捷方式。

所谓快捷方式，实际上是在不同的地方(文件夹)中建立一个链接，该链接指向原来的对象。因此，对此快捷方式的“运行”实际上是在运行原来的对象。而对快捷方式的删除不会影响到原来的对象。这样可以方便用户从不同的位置上运行同一个程序(或是打开同一个窗口)。

为了和一般的文件图标有所区别，快捷应用程序图标在左下角，用一个小箭头表示，如图 3.42 所示。

图 3.42 快捷方式图标

要在桌面上创建资源管理器的快捷方式，一般过程如下：

(1) 单击“开始”按钮，通过“开始”→“程序”→“附件”→“资源管理器”，找到资源管理器图标。

(2) 鼠标指向该图标，单击右键，在弹出式菜单中选择“发送到”→“桌面快捷方式”，如图 3.43 所示。

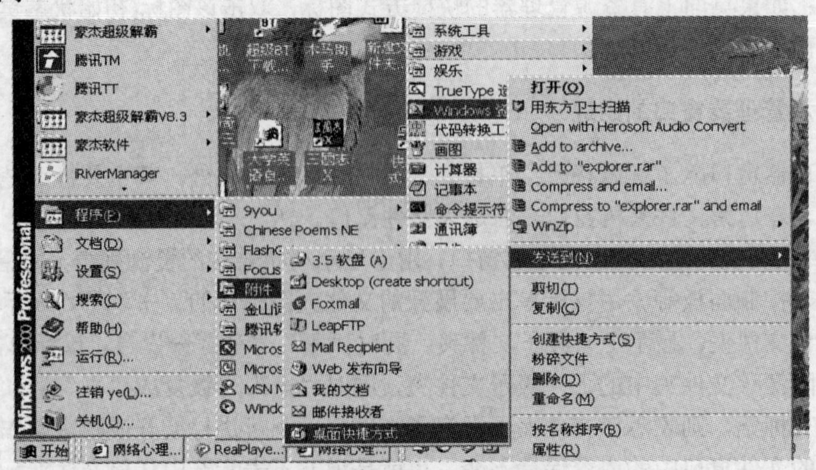

图 3.43 快捷方式发送到桌面

或者鼠标右键拖动该图标至桌面后释放，在弹出的如图 3.44 的菜单中选择“在当前位置创建快捷方式”。

复制到当前位置(C)
移动到当前位置(M)
在当前位置创建快捷方式(S)
取消

图 3.44 右键拖动释放弹出菜单

3.3.1.4 关闭资源管理器的文件夹树窗口

只要单击工具栏的文件夹按钮，就可以关闭资源管理器左边的文件夹树窗口；再次单击就可以恢复这个窗口。

3.3.1.5 资源管理器的历史记录状态

单击资源管理器窗口的“历史记录”按钮，资源管理器窗口将被一分为二，如图 3.45 所示。左侧的“历史记录”窗格显示用户以前浏览过的文件或 Web 网页，打开“查看”下拉列表框时，可以按“时间”、“名称”、“访问次数”等对浏览的内容进行排序。

双击“历史记录”窗格的文件或 We b 网页，便可重新浏览该文件或网页，如果所选的文件或网页的位置已经发生变化， Windows 2000 将提示用户本次操作无效。

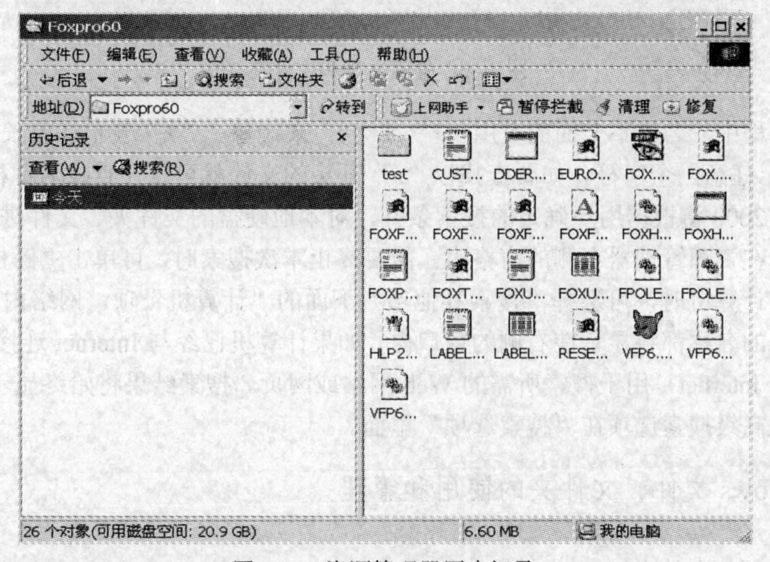

图 3.45 资源管理器历史记录

3.3.1.6 资源管理器的搜索状态

单击资源管理器窗口的“搜索”按钮，或者单击“开始”→“搜索”→“文件和文件夹”，可以打开如图 3.46 所示的窗口形态。

“搜索”窗口用于设置搜索条件，右侧的窗口用于显示搜索的结果。

搜索本地计算机的文件或文件夹的操作步骤如下:

(1) 在“搜索其他项”内选择“文件或文件夹”。

(2) 在“要搜索的文件或文件夹名为”文本框内输入搜索的文件或文件夹名称信息。

(3) 在“包含文字”文本框内输入搜索文件或文件夹内包括的文字信息。

(4) 打开“搜索范围”下拉列表框，确定在本地计算机上搜索文件或文件夹的范围。

(5) 单击“立即搜索”按钮。

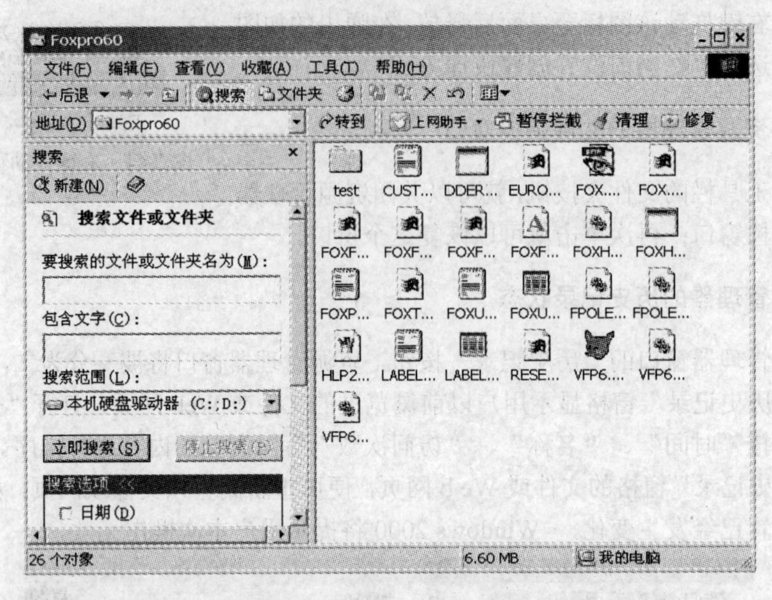

图 3.46 搜索文件和文件夹

在搜索过程中，名称不全面的可用“*”或“?”来代替。“*”表示任意长度的一串字符串。“?”表示任意一个字符。如要查找以“a”开头的文件就可以在查找名称框中输入 a*.*

Windows 2000 将根据用户确定的搜索条件，对本地硬盘的文件夹、文件进行搜索，并将搜索结果显示在资源管理器右侧的窗格内。需要终止本次搜索时，可单击“停止搜索”按钮。

需要搜索计算机时，可选择“搜索其他项”下面的“计算机”项，网络内凡是符合搜索条件的计算机的名称都将显示在右侧的窗口内。如果计算机已经与 Internet 连接，可选择“搜索其他项”的 Internet，用于搜索所需的 Web 网站或网页。搜索结果将始终显示在该窗口中。

还有一些高级搜索选项在“搜索选项”里面。

3.3.2 Windows 文件、文件夹的使用和管理

3.3.2.1 创建新的文件夹

我们可以在资源管理器中文件夹树的任意一个位置上建立一个新的文件夹，方法是：选定要新建的文件夹所在的位置，然后单击菜单“文件”→“新建”→“文件夹”，再输入文件夹的名字。

选定要新建的文件夹所在的位置，然后在空白处右击，在弹出式菜单中选择“新建”→“文件夹”，再输入文件夹的名字。

3.3.2.2 选择文件和文件夹

选择文件和文件夹是很多操作的前提，需要注意的是，由于鼠标拖动在 Windows 2000 操作中有另外的含义，所以不要用类似文字编辑的方式的鼠标拖动来选中一批文件和文件夹。如果要鼠标拖动选中一批文件和文件夹，可以按住鼠标左键在对象区的左上角拖到右下角放开；但不能“点”中一个文件再拖动。

3.3.2.3　对象的移动和复制

当用户选定了要移动或者要复制的对象以后，就可以对该对象进行移动或者复制操作。

对象移动或复制的方法很多，除了利用剪贴板的原理，采用菜单命令(“编辑”菜单里的剪切、复制、粘贴命令)和热键方式(Ctrl＋X、Ctrl＋C. Ctrl＋V)进行对象移动或复制以外，还可以利用鼠标的拖动进行对象的移动或复制。

(1) 鼠标左键的拖动。直接用鼠标左键把选中的对象拖放到目的地。如果目的地和对象原来所处的位置在同一磁盘上，则该拖放操作表示对象的移动命令；如果目的地和对象原来所处的位置在不同磁盘上，则该拖放操作表示对象的复制命令。

(2) 按住 Shift 键的同时，用鼠标左键拖动。无论目的地和对象原来所处的位置关系如何，均表示对象的移动。

(3) 按住 Ctrl 键的同时，用鼠标左键拖动。无论目的地和对象原来所处的位置关系如何，均表示对象的复制。

(4) 鼠标右键拖动。直接用鼠标右键把选中的对象拖放到目的地，这时出现如图 3.44 所示的弹出式菜单。你可以选择移动、复制或者创建快捷方式。注意，当选择创建快捷方式时，实际上会为你选中的对象中的每一个成员建立一个快捷方式图标，而不是只建立一个快捷方式图标。

3.3.2.4　删除文件或文件夹

要删除文件或文件夹，首先也是要选中准备删除的对象，然后选择下面方法之一删除对象：

(1) 选择菜单“文件”→“删除”。

(2) 右击鼠标，在弹出式菜单中选择“删除”。

(3) 鼠标左键拖动对象至桌面上的“回收站”图标。

以上无论选择哪种方式，文件都会被删除并放置在“回收站”里面(除非“回收站”空间已满)。如果你希望直接、彻底地删除对象，可以在做上述 3 种操作时按住“Shift”键，则对象不会被放入“回收站”。

3.3.2.5　回收站

回收站是初始状态桌面上就有的图标之一，也是唯一不能重命名的图标。它的主要作用就是暂时存放被“删除”的文件和文件夹的，也就是在删除操作中没有按住“shift”键的正常情况下都会被放到“回收站”里来。那么，“回收站”到底有什么用呢？我们来看看它的一些主要功能。

(1) 还原文件。有时候我们希望恢复被删除的文件，这时我们可以双击打开“回收站”，我们将看到如图 3.47 所示的“回收站”窗口，窗口中列出了被放入“回收站”的文件名和文件夹名。我们可以在窗口中选定要恢复的文件和文件夹，然后，选择“文件”→“还原”命令。或者右击鼠标，在如图 3.48 所示的弹出式菜单中选择“还原”命令，或者干脆用鼠标左键拖动到你想存放该文件和文件夹的任何位置。另外，用户还可以利用“资源管理器”或者“我的电脑”、“我的文档”等文件夹窗口的菜单命令——“编辑”→“撤销删除”，来恢复刚刚被删除的对象。

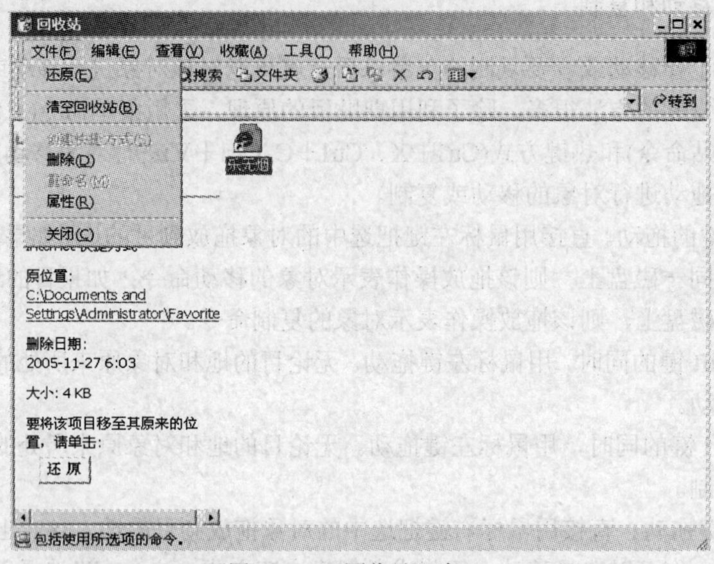

图 3.47 “回收站”窗口

(2) 清空回收站。被删除的文件和文件夹放在“回收站”里，实际上还是占据着存储空间。要彻底删除这些文件和文件夹，就要清空回收站里的内容。

① 选择“文件”→“清空回收站”命令，将所有回收站中的文件和文件夹彻底删除。

② 在桌面上鼠标右击“回收站”图标，打开如图 3.49 所示的弹出式菜单，选择“清空回收站”命令，可以清空回收站里的所有内容。

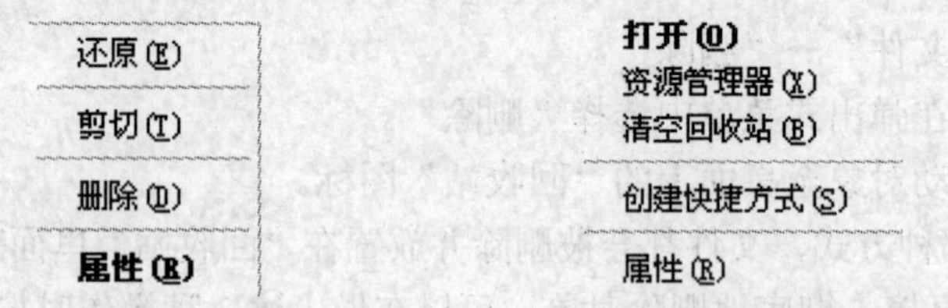

图 3.48 回收站中的弹出式菜单 图 3.49 右击回收站弹出式菜单

③ 选定某些文件和文件夹，鼠标右击，在弹出式菜单里选择“删除”命令，这样可以有选择地彻底删除被选定的内容。

从回收站被清除的内容是永久性的删除，并释放存储空间。

(3) 调整“回收站”的属性设置。在桌面上鼠标右击“回收站”图标，并在弹出式菜单里选择“属性”，打开如图 3.50 所示的属性窗口。

在默认方式下，回收站的最大存储容量为每个驱动器的 10%，用户可以根据自己的需要用鼠标拖动滑块的位置，以设置最大容量。如果选中了“删除时不将文件移入回收站，而是彻底删除”复选框，或者当前驱动器的最大存储容量被设置成 0%，那么即便用户在删除文件和文件夹时没有按住“Shift”键，那些文件和文件夹也将被彻底删除。此外，还可以通过两个单选框选择到底是所有驱动器都统一设置，还是每个驱动器需要单独设置(此时，图 3.50 中的另两个选项卡变得可用)。

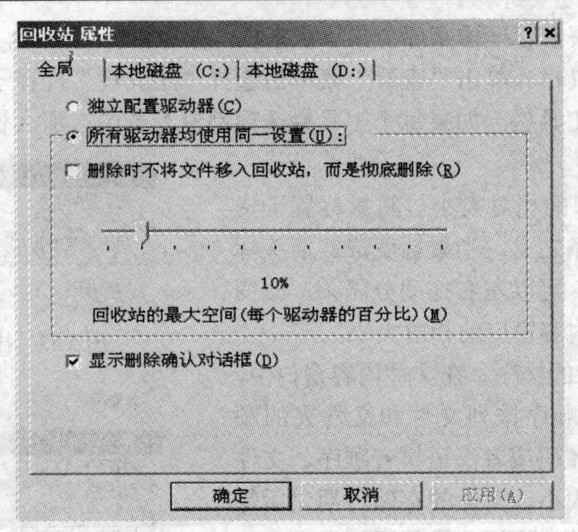

图 3.50　回收站的属性对话框

3.3.2.6　文件和文件夹的重命名

(1) 单击选中要更名的文件或文件夹，然后再次对被选中的对象单击。

(2) 或者右击要更名的文件或文件夹，在弹出式菜单中选择“重命名”。

(3) 或者鼠标在改名对象上多按一会放开。

图 3.51　文件重命名

以上 3 种方式都会出现如图 3.51 的状态。被选中的要更名的文件或文件夹的名字被加上了矩形框并呈现反显状态，用户可以在这个矩形框中键入新的名字，然后按回车键或者鼠标单击框外任何地方，确认修改完成。

3.3.2.7　调整显示环境

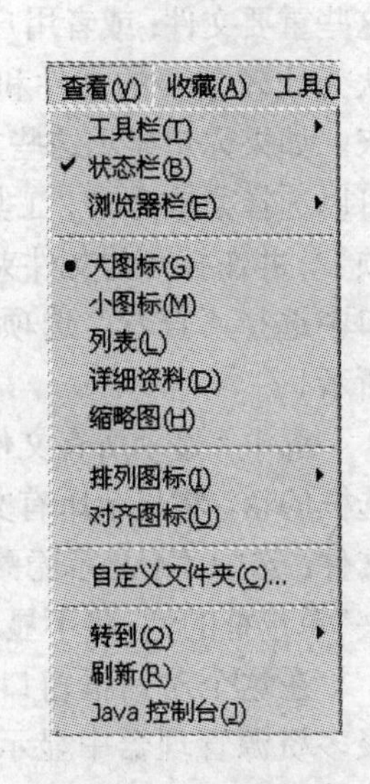

图 3.52　“查看”菜单

在资源管理器中，右边的文件内容窗口中显示的是被选中的文件夹中的内容，包括子文件夹和文件。作为用户，我们可以决定它的显示方式。此外，资源管理器的状态栏、工具栏用户也可以决定是否出现。这些设置基本上都在如图 3.52 的“查看”菜单中进行。

(1) 调整对象的显示形式。单击打开菜单“查看”，选择其中的“大图标”、“小图标”、“列表”、“详细资料”4 种基本显示方式之一。这 4 种显示方式本质上是单选框，只能选择其中一个，被选中的在菜单命令之前会出现黑点“●”。当用户选定显示方式之后，右边文件夹内容窗口中的文件和文件夹将以选定的方式显示，其中详细资料表示除了显示文件和文件夹名以外，还要显示文件大小(文件夹不显示大小)、类型及修改(建立)时间。

(2) 打开/关闭状态栏。单击“查看”菜单后选择“状态栏”。如果该命令选项之前出现

“√”标记，表示在资源管理器底部会显示状态栏；如果该标记消失，表示状态栏关闭。

(3) 打开/关闭工具栏。单击“查看”菜单后选择“工具栏”，在子菜单的几个工具栏选项中，选择要显示的工具栏。如果每个工具栏选项都没有选中，那么资源管理器的工具栏条将消失。

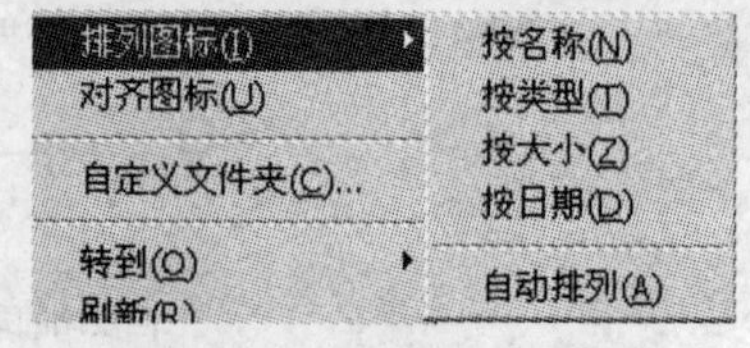

图 3.53 排列图标子菜单

(4) 调整左右窗口的相对大小。将鼠标置于资源管理器窗口的分隔条之上，当鼠标变成双箭头标记时，按住鼠标左键，可以左右拖动分隔条，改变文件夹树窗口和文件内容窗口的相对大小。

(5) 文件夹和文件的排序。在文件内容窗口中，我们可以按照一定的顺序排列文件和文件夹的顺序，如文件名的 ASCII 码或者汉语拼音顺序、文件类型、文件存储容量大小、文件的存储日期先后等等。单击“查看”菜单，选择“排列图标”命令，展开子菜单(如图 3.53 所示)；或者在文件夹内容窗口的空白区右击鼠标，就会出现如图 3.54 的弹出式菜单。在这些菜单中选择按“名称”或者“大小”或者“类型”或者“日期”来排列当前文件内容窗口中的图标；也可以选择“自动排列”。不管是选择哪种排列方式，文件夹总是排列在文件的前面。

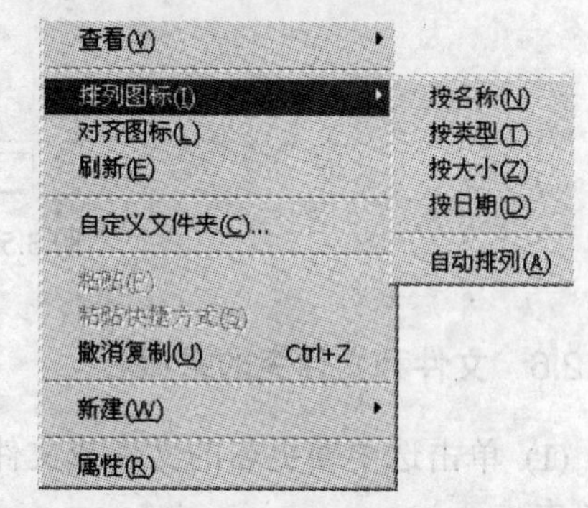

图 3.54 弹出式菜单中的排列图标子菜单

(6) 显示/隐藏文件。在 Window 2000 操作系统中的有些文件是比较重要的，操作系统将这些文件隐藏了起来，以防止用户误删这些重要文件；或者用户也可以把自己认为比较重要的文件和文件夹隐藏起来。如果你想显示这些文件或文件夹，可以选择菜单命名“工具”“文件夹选项”，并在打开的文件夹选项对话框窗口中选择“查看”选项卡，如图 3.55 所示。

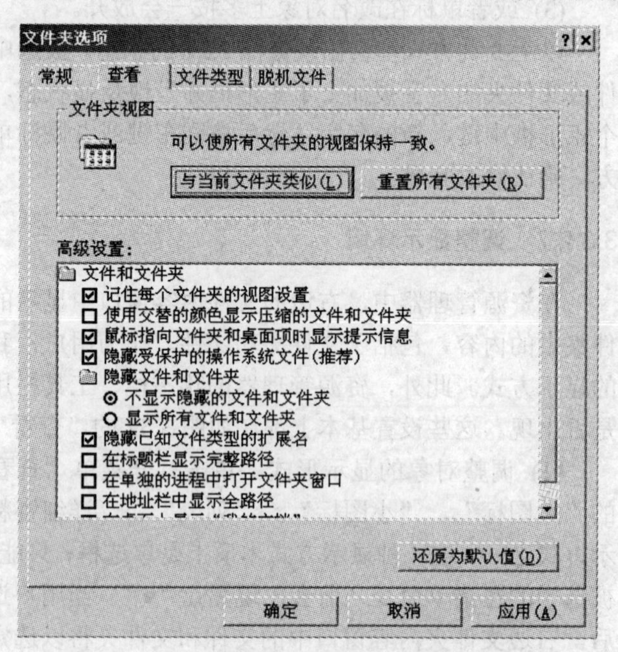

图 3.55 “文件夹”对话框“查看”选项卡

选中“显示所有文件和文件夹”单选框的话，将显示所有文件，包括隐藏文件；选中“不显示隐藏的文件和文件夹”单选框的话，将不显示隐藏的文件。

在这个对话框窗口中还可以设置很多资源管理器中显示文件和文件夹的设置，如是否现实熟悉的文件的扩展名等等。

(7) 刷新操作。当前资源管理器中需要显示的内容如果被改变了，用户往往需要刷新之后才能看到改变之后的状况。这时用户可以选择菜单命令“查看”→“刷新”；或者右击鼠标并在弹出式菜单中选择“刷新”命令；

或者直接按热键“F5”。

3.3.2.8　查看对象属性

当你选中某个对象之后，可以选用菜单命令“文件”→“属性”；或者单击鼠标右键，在弹出式菜单中选择“属性”命令，就可以打开对象的属性窗口，查看了解对象的情况并且对它做一些相应的设置。

根据你所选择的对象的不同，打开的属性窗口也是不一样的。下面我们来介绍几个属性窗口。

(1) 查看计算机系统的属性。鼠标右击桌面上的“我的电脑”图标，在弹出式菜单中选择“属性”命令；或者在资源管理器中选定“我的电脑”(既可以在左边的文件夹树窗口中选定，也可以在右边的文件内容窗口中选定)，然后选择菜单命令“文件”→“属性”。此时就可以打开如图 3.56 所示的“系统特性”属性窗口。

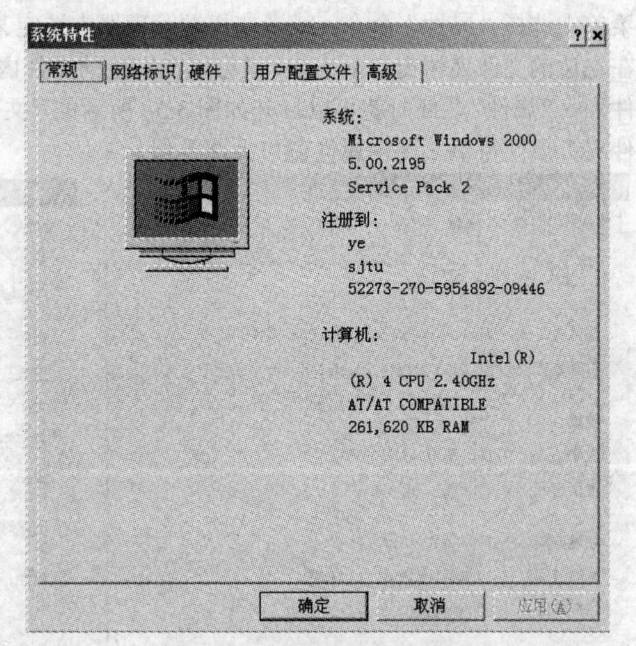

图 3.56　“系统性能”属性窗口

该属性窗口包括“常规”、“网络标识”、“硬件”、“用户配置文件”、“高级”5 个选项卡，用户可以查看这台计算机的性能、计算机的名字、属于哪个工作组或域等等，并且可以改变一些设置，如计算机的名字。

(2) 查看逻辑盘的详细情况。鼠标右击资源管理器中某个逻辑盘图标，在弹出式菜单中选择“属性”命令；或者在资源管理器中选定某个逻辑盘(既可以在左边的文件夹树窗口中选定，也可以在右边的文件内容窗口中选定)，然后，选择菜单命令“文件”→“属性”。此时就可以打开如图 3.57 所示的“本地磁盘属性”属性窗口。

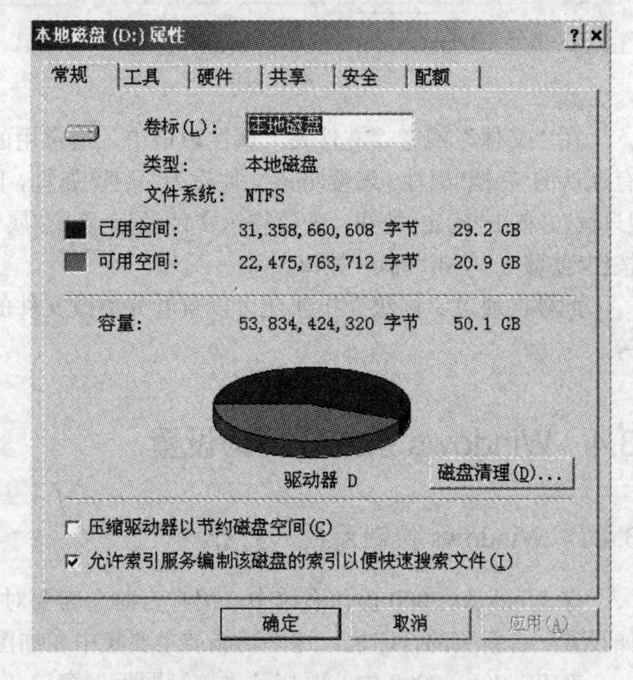

图 3.57　“本地磁盘属性”窗口

该属性窗口中可以显示当前逻辑盘的使用状况、共享情况、安全设置和一些系统工具等。如，在常规选项卡中，可以显示当前逻辑盘的卷标、文件系统的格式、存储空间的使用情况等；在工具选项卡中可以使用磁盘管理的 3 个工具，即差错、备份和碎片整理。

(3) 查看文件和文件夹的情况。鼠标右击资源管理器中某个文件或文件夹图标，在弹出式菜单中选择“属性”命令；或者在资源管理器中选定某个文件或文件夹(对于文件夹，既可以在左边的文件夹树窗口中选定，也可以在右边的文件内容窗口中选定)，然后选择菜单命令“文件”→“属性”。此时就可以打开如图 3.58 所示的“文件”属性窗口或者如图 3.59 所示的“文件夹”属性窗口。两种属性窗口大体类似。

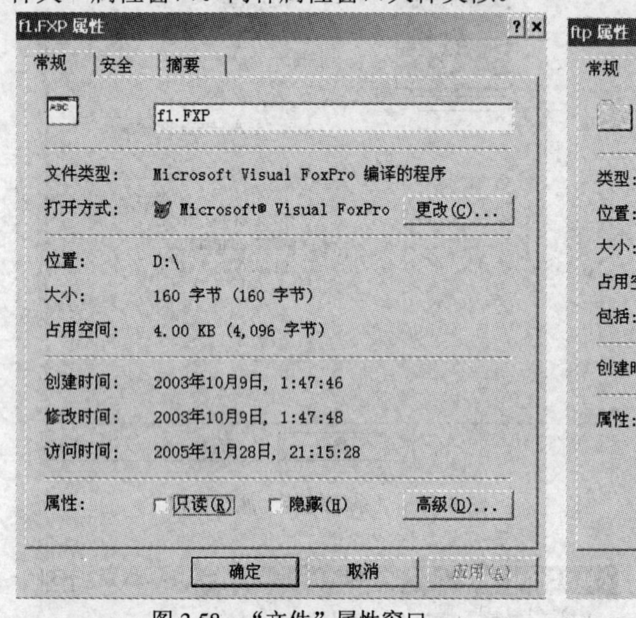

图 3.58 “文件”属性窗口　　　　图 3.59 “文件夹”属性窗口

在“文件”或者“文件夹”属性窗口中，最常用的作用是设置属性。用户建立的文件具有默认的“存档”属性。若要将该文件设为“只读”属性，则在打开的“属性”窗口中选中复选按钮“只读”，单击“确定”按钮；若要将该文件设为“隐藏”属性，则在打开的“属性”窗口中选中复选按钮“隐藏”，单击“确定”按钮。

此外，通过“高级”按钮还可以查看并更改文件的一些其他属性，如文件创建者的名字等。

3.4 Windows 系统环境的设置

3.4.1 Windows 控制面板的打开

在 Windows 2000 操作系统中，用户有时会需要对系统环境中的某些参数设置进行调整，如设置一台新买的打印机。这些功能被主要集中在如图 3.60 所示的“控制面板”窗口中。

在 Windows 2000 中，要打开“控制面板”窗口，用户可以选用下列几种方法：

(1) 选择菜单“开始”→“设置”→“控制面板”。

(2) 在“资源管理器”的文件夹树窗口中，单击“控制面板”图标。

(3) 在“我的电脑”等文件夹窗口中，双击“控制面板”图标。

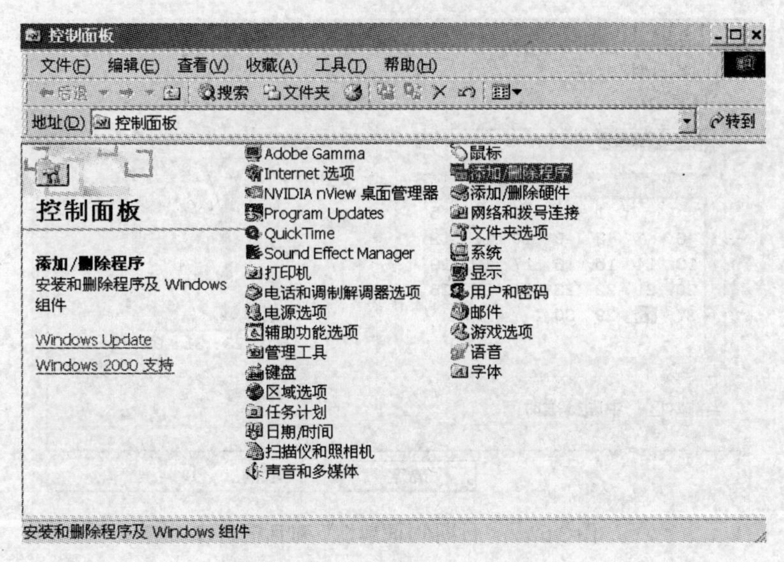

图 3.60 “控制面板”窗口

3.4.2 Windows 中程序的添加和删除

在控制面板中双击“添加/删除程序”，就会打开如图 3.61 所示的对话框窗口。在这个窗口中，用户可以添加新的程序，也可以更改、删除已经安装的程序，或者重新安装 Windows 2000 操作系统的各个组件。

图 3.61 “添加/删除程序”对话框窗口

3.4.3 Windows 中时间和日期的调整

在“控制面板”中双击“时间和日期”，或者在任务栏上双击时间指示器，就可以打开如图 3.62 所示的“时间/日期属性”对话框。在这个对话框里，用户可以调整当前的年、月、日、小时、分、秒等数据；重新设定所在的时区。

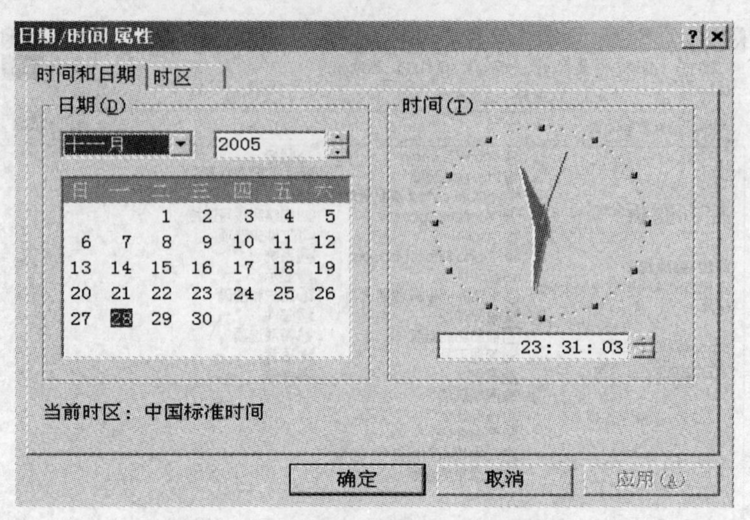

图 3.62 “日期/时间属性”对话框窗口

3.4.4 Windows 中显示器环境的设置

在“控制面板”中双击“显示器”图标，或者在桌面上右击鼠标，并在弹出式菜单中选择“属性”，就可以进入如图 3.63 所示的“显示属性”对话框。在此对话框中用户可以对显示器的环境进行各种设置。

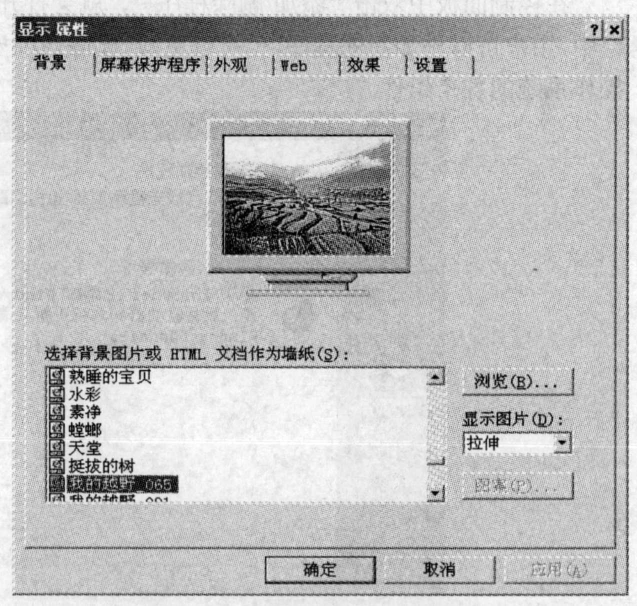

图 3.63 “显示属性”对话框窗口

由于系统桌面是计算机用户每次使用计算机时都必须见到的，因此，根据自己的喜好和需要进行个性化桌面设置，不仅有利于增加用户的美感，而且还有利于保护用户的眼睛。Windows 2000 增强了桌面自定义功能，使用户对桌面的定义更加轻松，更加体现个性。

3.4.4.1 自定义背景

背景是指 Windows 2000 桌面上的图案与墙纸。第一次启动时，用户在桌面上看到的图案背景与墙纸是系统的默认设置。为了使桌面的外观更个性化，可以在系统提供的多种方案中选择自己满意的背景，也可以使用自己的 bmp 文件取代 Windows 2000 的预定方案。需要更改桌面墙纸的用户，可按下列步骤进行操作：

(1) 在“背景”选项卡中，从“选择背景图片或 html 文档作为墙纸”列表框中选择墙纸文件或单击“浏览”按钮，查找硬盘上的位图文件。

(2) 在“显示图片”下拉列表框中选择图片显示方式。如果选择“居中”选项，则桌面上的位图墙纸以原文件大小处在屏幕的中间；如果选择“平铺”选项，则桌面上的位图墙纸以原文件大小铺满屏幕；如果选择“拉伸”选项，则桌面上的位图墙纸拉伸到整个屏幕。

(3) 选择墙纸位图文件、设置显示方式之后，在背景设置对话框的屏幕上可以浏览到设置效果。如果不满意，可继续修改设置。

(4) 对设置满意之后，单击“确定”按钮完成设置。

如果用户按照上面介绍的操作，即可为 Windows 2000 的桌面重新设置墙纸。不过，这些墙纸实际上是类似于平铺在工作台上的桌布。如果用户希望在 Windows 2000 桌面上再装饰一些图案，可按下列步骤进行操作：

(1) 在“背景”选项卡中的“选择背景图片或 html 文档作为墙纸”列表框内选择“无”选项，或者选择一个墙纸文件并从“显示图片”下拉列表框中选择“居中”选项，然后单击“图案”按钮，打开“图案”对话框，如图 3.64 所示。

(2) 在“图案”列表框内选择所采用的桌面图案。

(3) 如果用户要编辑图案，单击“编辑图案”按钮，打开“图案编辑器”对话框，如图 2.65 所示。用户可以对 Windows 2000 提供的图案方案进行修改，修改方法是用鼠标单击“图案”图文框；在修改的过程中，可在“示例”图文框中看到修改效果。修改的图案方案完成后，单击“完成”按钮应用修改，并返回到“图案”对话框，然后单击“确定”按钮返回到“显示属性”对话框。

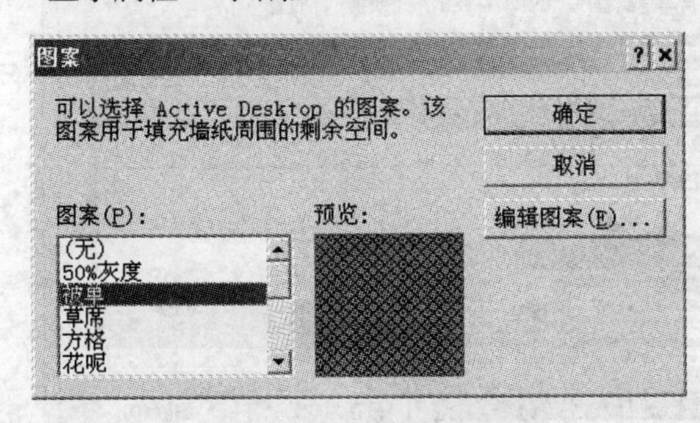

图 3.64　“图案”对话框

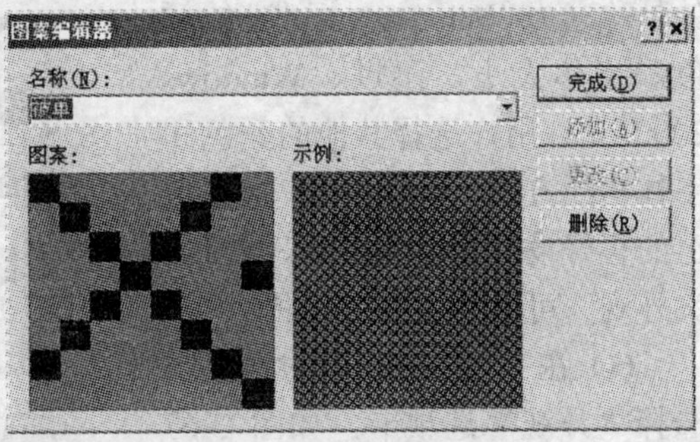

图 3.65　“图案编辑器”对话框

(4) 在“背景”选项卡中，单击“确定”按钮，保存设置。

3.4.4.2　设置屏幕保护程序

屏幕保护程序可在用户暂时不工作时屏蔽用户计算机的屏幕，这不但有利于保护计算机的屏幕和节约用电，而且还可以防止用户屏幕上的数据被他人查看到。要设置屏幕保护程序，可参照下面的步骤：

(1) 选择“屏幕保护程序”选项卡，如图 3.66 所示。

(2) 在“屏幕保护程序”选项区域的下拉式列表中选择一种自己喜欢的屏幕保护程序。

(3) 如果要预览屏幕保护程序的效果，单击“预览”按钮。

(4) 如果要对选定的屏幕保护程序进行参数设置，单击“设置”按钮，打开屏幕保护程序设置对话框进行设置。注意，在单击“设置”按钮对选定的屏幕保护程序进行参数设置时，随着屏幕保护程序的不同可设定的参数选项也不相同。

(5) 调整“等待”微调器的值，可设定在系统空闲多长时间后运行屏幕保护程序。

(6) 如果要为屏幕保护程序加上密码，启用“密码保护”复选框。这样，则在运行屏幕保护程序后，如想恢复工作状态，系统将要求用户输入密码。

(7) 设置完成之后，单击“确定”即可。

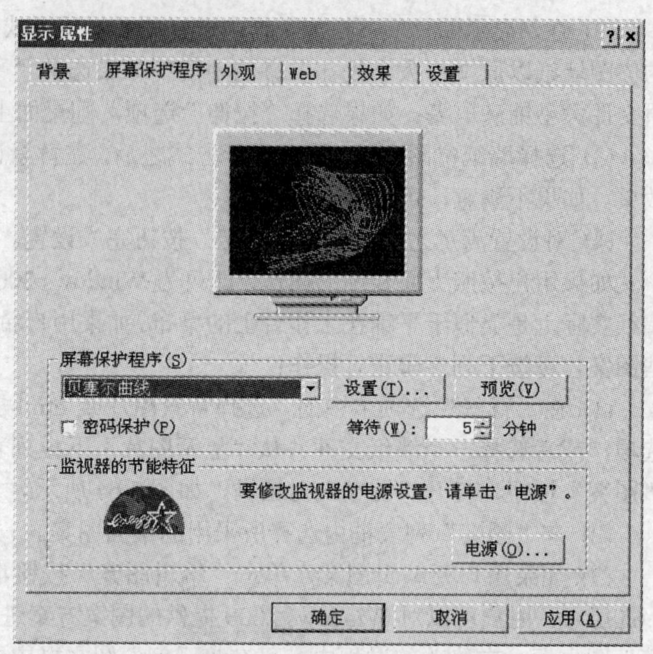

图 3.66 “屏幕保护程序”选项卡

3.4.4.3 自定义外观

设置屏幕外观是指设置 Windows 2000 在显示字体、图标和对话框时所使用的颜色和字体大小。在默认的情况下，系统使用的是称之为“Windows 标准”的颜色和字体大小。不过，Windows 2000 允许用户选择其他的颜色和字体搭配方案，并允许用户根据自己的喜好设计自己的方案。要自定义外观，可参照下面的步骤：

(1) 在“显示属性”对话框中选择“外观”选项卡，如图 3.67 所示。

(2) 从“方案”下拉式列表框中，选择自己喜欢的预定外观方案。

(3) 从“项目”下拉式列表框中，选择桌面或窗口内的项目，例如“图标”、“标题栏”、“桌面外观”等。

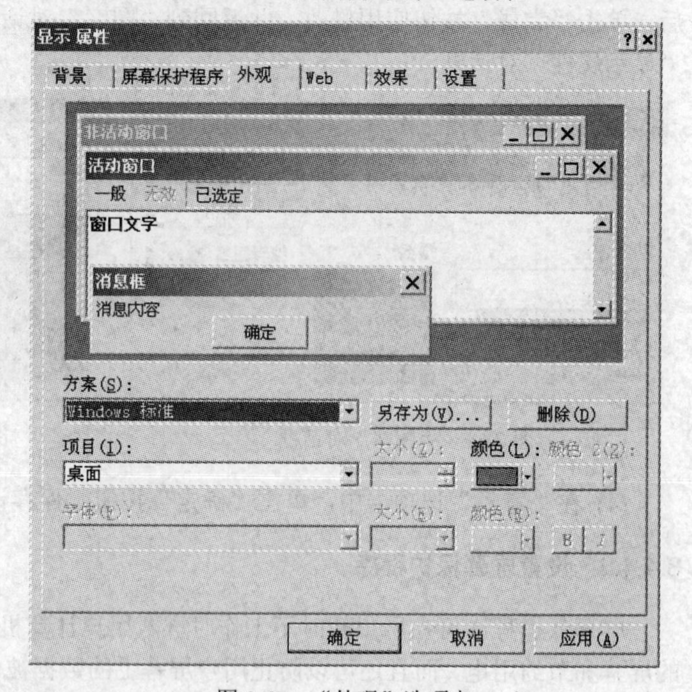

图 3.67 “外观”选项卡

(4) 在“项目”右侧的“大小”数字框中选择项目的大小，如果该项目包含两种颜色，可在“颜色”与“颜色 2”下拉列表框中选择它们的颜色类型。

(5) 从“字体”下拉列表框中选择所选项目采用的字体。

(6) 在“字体”右侧的“大小”数字框内设置文字的大小。用户也可以通过“颜色”下拉式列表框改变文字的颜色。设置项目的字体属性时，还可以通过单击 B (粗体)与 I (斜体)按钮改变文字的显示效果。

(7) 单击“确定”按钮，保存设置。

3.4.4.4　自定义显示效果

在 Windows 2000 中，用户选择一种桌面主题之后，它所采用的图标也确定了。如果用户希望使用大图标，并且以动画方式显示窗口、菜单与列表时，则必须进行 Windows 2000 的效果设置，具体的操作步骤如下：

(1) 在“显示属性”对话框中，选择“效果”选项卡，如图 3.68 所示。

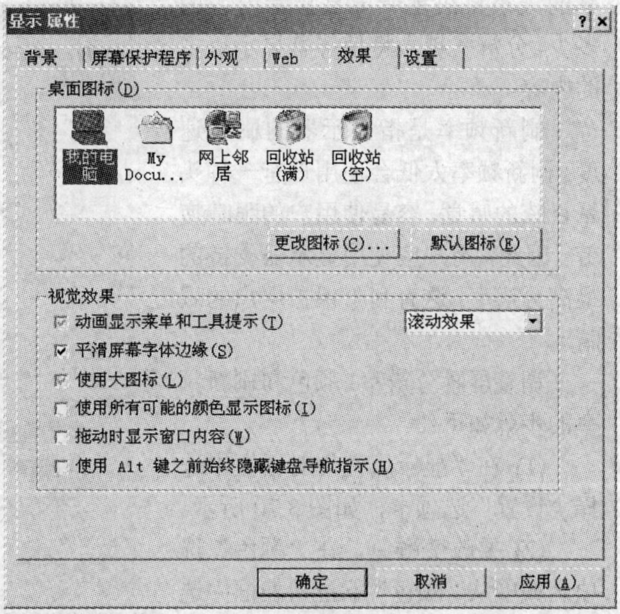

图 3.68　“效果”选项卡

(2) 在“桌面图标”列表框中，选择希望更改的图标。

(3) 单击“更改图标”按钮之后，打开“更改图标”对话框，如图 3.69 所示。在“当前图标”列表框中选择所需的图标样式，或者单击“浏览”按钮，打开“更改图标”对话框，选择一个图标文件。单击“确定”按钮，返回至“效果”选项卡。

图 3.69　“更改图标”对话框

(4) 在“视觉效果”选项区域中，包括“动画显示菜单和工具提示”、“使用大图标”、“拖动时显示窗口内容”、“使用所有可能的颜色显示图标”等复选框，用户可选择所需的选项。

(5) 单击“确定”按钮。

经过上述步骤的操作之后，用户即可完成 Windows 2000 桌面、窗口的图标、视觉效果的设置。另外，用户还可以先创建新的位图文件，然后再选择该位图文件作为自己的图标样式，从而使 Windows 2000 桌面、窗口的图标更具个性。

3.4.4.5　调整颜色、分辨率和刷新频率

在 Windows 2000 中，用户可以选择系统和屏幕同时能够支持的颜色数目，更多的颜色数目意味着在屏幕上有更多的色彩可供选择，有利于美化桌面。

屏幕分辨率是指屏幕所支持的像素的多少。例如，600×800 像素或 1024×768 像素。现在的监视器多数支持多种分辨率，使用户的选择更加方便。在屏幕大小不变的情况下，分辨

率的大小将决定着屏幕显示内容的多少，分辨率越大将使屏幕显示更多的内容。

刷新频率是指显示器的刷新速度。刷新频率太低会使用户有一种头晕目眩的感觉，容易使用户的眼睛疲劳。因此，用户应使用显示器支持的最高分辨率，这有利于保护用户的眼睛。

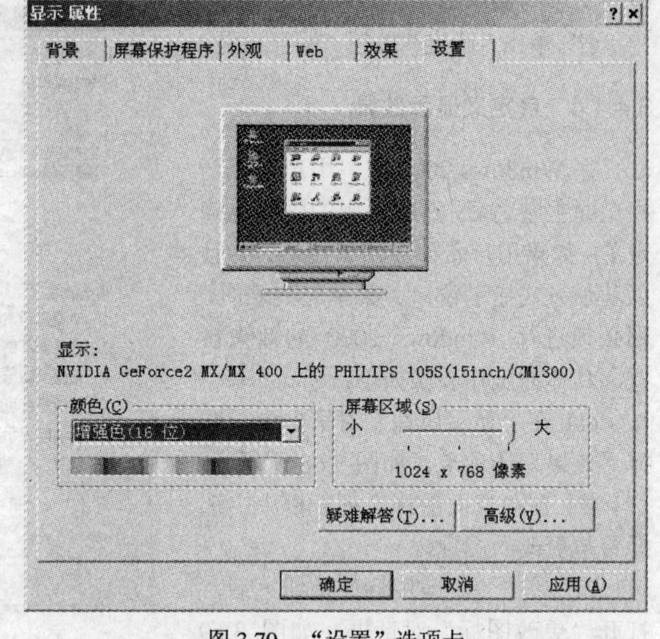

图 3.70 “设置”选项卡

调整屏幕分辨率、颜色和刷新频率的步骤如下：

(1) 在“显示属性”对话框中选择“设置”选项卡，如图 3.70 所示。

(2) 要改变颜色，在“颜色”选项区域中从“颜色”下拉列表框中选择所需要的颜色数目。

(3) 在“屏幕区域”选项区域中，拖动滑块可改变屏幕的分辨率。

(4) 要改变屏幕的刷新频率，单击“高级”按钮，在打开的如图 3.71 所示的对话框窗口中单击“监视器”选项卡。在“监视器设置”选项区域中，从“刷新频率”下拉列表框中选择合适的刷新频率。

(5) 单击“确定”按钮，返回到“设置”选项卡。

(6) 单击“确定”按钮，保存设置。

经过以上操作之后，屏幕显示将更利于用户工作，同时也有利于保护用户的眼睛。

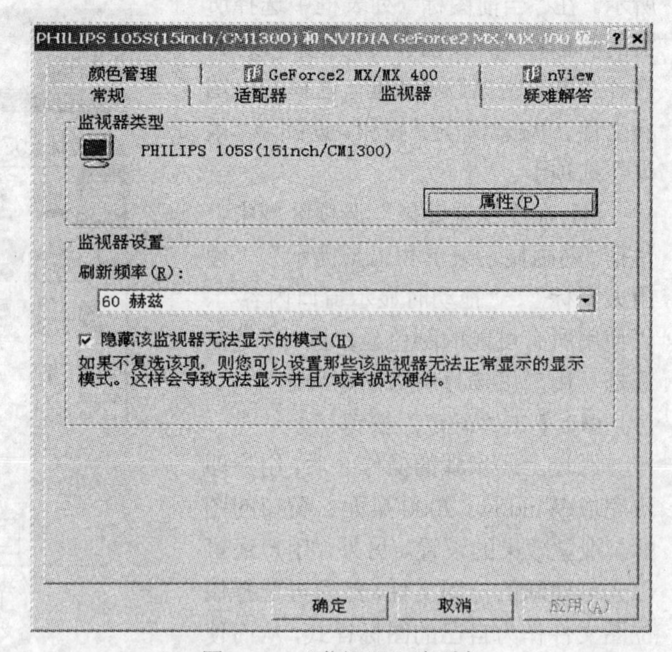

图 3.71 “监视器”选项卡

3.4.5 Windows 中鼠标的设置

在现在的计算机应用中，不管是操作系统还是应用程序，几乎都是基于视窗的用户界面，即支持鼠标操作。这样一来，鼠标便成了广大用户使用最频繁的设备之一。因此，用户根据自己的个人习惯、性格和喜好来设置鼠标是非常重要的，这不但有利于自己的视觉需要，而且还可帮助自己快速地完成工作。基于用户设置鼠标键的需要，Windows 2000 提供了方便、快捷的鼠标键设置方法。

选择“开始”→“设置”→“控制面板”命令，打开“控制面板”窗口，双击“鼠标”

图标，打开“鼠标属性”对话框，如图3.72所示。在该窗口中可以对鼠标进行各种设置。

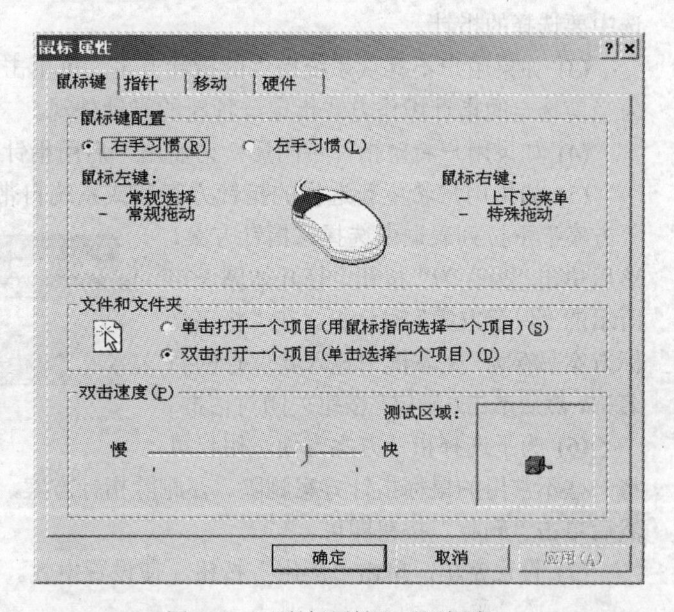

图3.72　“鼠标属性”对话框窗口

3.4.5.1　设置鼠标键

鼠标键是指鼠标上的左右按键。用户可通过设置鼠标适合于右手操纵，也可把鼠标设置成适合左手操作，这主要取决于用户的个人习惯。另外，用户还可以通过设置来决定鼠标是通过单击来打开一个项目还是双击来打开一个项目。设置鼠标键的具体操作步骤如下：

(1) 在“鼠标键”选项卡中，用户可以设置鼠标键的使用。在默认情况下，鼠标是按右手使用的习惯来配置按键的。如果用户习惯于左手操作鼠标，可以在“鼠标键配置”框中选择“左手习惯”单选按钮，鼠标左键和右键的作用将会交换。

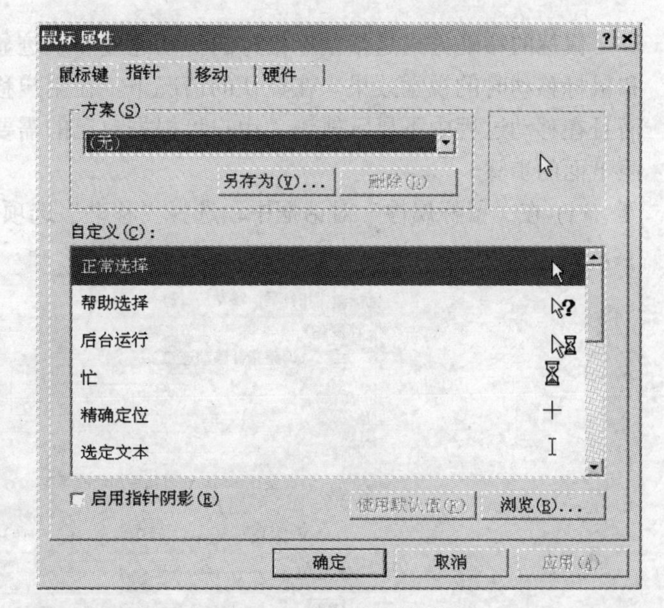

图3.73　“指针”选项卡

(2) 在“文件和文件夹”框中，用户可以设定是通过鼠标单击来打开一个项目还是通过双击来打开项目。

(3) 在“双击速度”框中，用户可设定系统对鼠标键双击的反应灵敏程度。如果用户是一个计算机高手，那么可将滑块向右拖动，增加鼠标键双击的反应灵敏程度；对于一个计算机初学者，则应将滑块向左拖动，减少鼠标键双击的反应灵敏程度。

(4) 鼠标键设置完毕，单击“应用”按钮，使设置生效。

3.4.5.2　设置鼠标指针

设置鼠标指针是指设置鼠标指针的外观显示。Windows 2000为广大用户提供了许多指针外观方案，用户可以通过设置使鼠标指针的外观能够满足自己的视觉喜好。要设置鼠标指针的外观，可参照下面的具体操作步骤：

(1) 在“鼠标属性”对话框中，选择“指针”选项卡，如图3.73所示。

(2) 从“方案”下拉列表框中选择一种系统自带的指针方案，然后在“自定义”列表框中，选中要选择的指针。

(3) 如果用户不喜欢系统提供的指针方案，可单击“浏览”按钮，打开“浏览”对话框，为当前选定的指针操作方式指定一种新的指针外观。

(4) 如果用户希望指针带阴影，请启用“启用指针阴影”复选框。

(5) 如果用户希望新选择的指针方案和或系统自带的方案以自己喜欢的名称保存，可在“方案”下拉列表框中选择该指针方案，然后单击“另存为”按钮，打开如图3.74所示的“保存方案”对话框，在“将该光标方案另存为”文本框中输入要保存的新名称，然后单击“确定”按钮关闭对话框。

图3.74　“保存方案”对话框

(6) 为了选择指针方案方便，用户可将一些不常用的鼠标指针方案删除。要删除指针方案，在“方案”下拉列表框中选择该方案，然后单击“删除”按钮即可。

(7) 设置完毕，单击“应用”按钮，使设置生效。

3.4.5.3　设置鼠标移动方式

鼠标的移动方式是指鼠标指针的移动速度和轨迹显示，它会影响到鼠标移动的灵活程度和鼠标移动时的视觉效果。在默认的情况下，在用户移动鼠标时鼠标指针以中等速度移动，而且在移动过程中不显示轨迹。用户可根据自己的需要调整鼠标的移动速度，具体操作可参照下面的步骤:

(1) 在“鼠标属性”对话框中，选择“移动”选项卡，如图3.75所示。

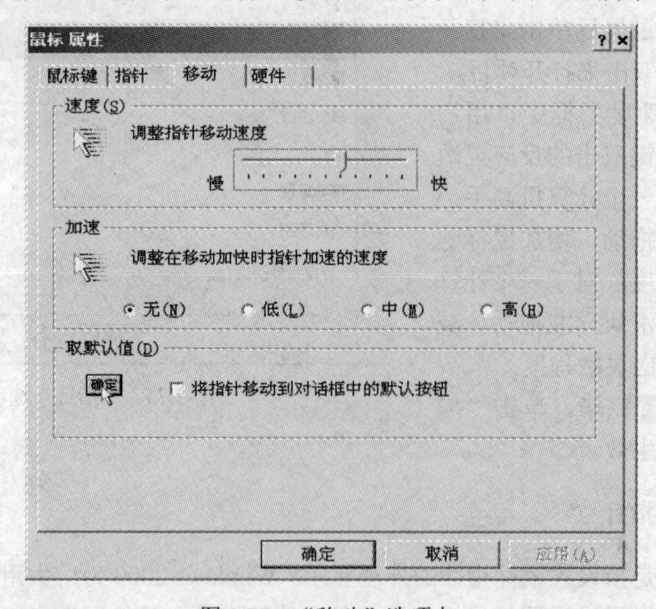

图3.75　“移动”选项卡

(2) 在“速度”选项区域中，用鼠标拖动滑块，可调整鼠标指针移动速度的快慢。如果您是一个高级用户，可适当调快指针移动速度。如果您是一个初级用户，最好将指针移动速度调慢一些。

(3) 在“加速”选项区域中，用户可调整在鼠标移动加速时指针加速的速度。如果不希望在移动加速时指针加速，可选择“无”单选按钮。如果希望在移动加速时指针加速，可根据自己的需要选择“低”、“中”或者“高”单选按钮。

(4) 如果用户希望鼠标指针在对话框中会自动移动到默认的按钮上，应启用“取默认值”选项区域中的“将指针移动到对话框中的默认按钮”复选框。

(5) 设置完毕，单击“应用”按钮，使设置生效。

此外，在最后一个“硬件”选项卡中，还可以设置鼠标的驱动、起用或停用这个设备。

3.4.6 Windows 中打印机、输入法设置

在控制面板中还有很多设置，我们简单介绍一下打印机和输入法的设置。

3.4.6.1 打印机的设置

进入打印机的设置窗口有以下几种方式：

(1) 在“控制面板”中双击“打印机”图标。

(2) 在“资源管理器”中双击“打印机”。

(3) 选择菜单命令“开始”→“设置”→“打印机”。

(4) 在如图 3.76 所示的窗口中双击“添加打印机”，然后按“向导”的指示一步步执行。

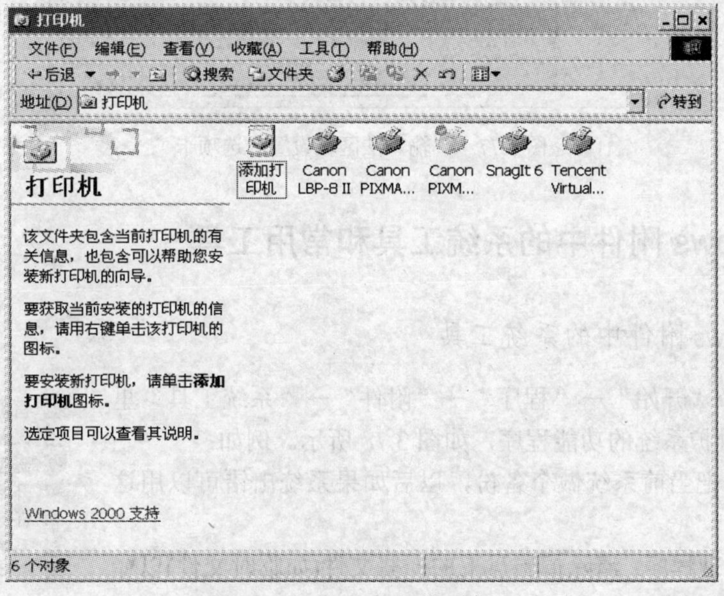

图 3.76 “打印机”设置窗口

3.4.6.2 输入法的设置

进入输入法设置窗口有以下几种方法：

(1) 在“控制面板”中双击“区域选项”，选择“输入法区域设置”选项卡。

(2) 在任务栏中右击输入法标志，选择“属性”。

(3) 在如图 3.77 所示的“输入法区域设置”选项卡中常见的几种设置为：

① 添加输入法：单击“添加”按钮→在输入法下拉列表中选择输入法→单击“确定”按钮。

② 删除输入法：在“输入语言”中选中输入法→单击“删除”按钮 →单击“确定”按钮。

③ 任务栏上输入法标志的显示与隐藏：是否选中“启用任务栏上的显示器”复选框。

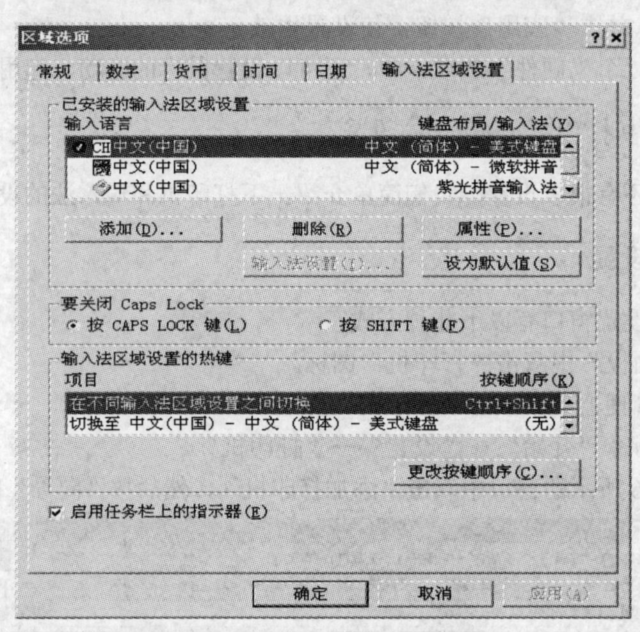

图 3.77 “输入法区域设置”选项卡

3.5 Windows 附件中的系统工具和常用工具

3.5.1 Windows 附件中的系统工具

在菜单命令“开始”→“程序”→“附件”→“系统工具”里面，包含多个维护系统的功能程序，如图 3.78 所示。例如：

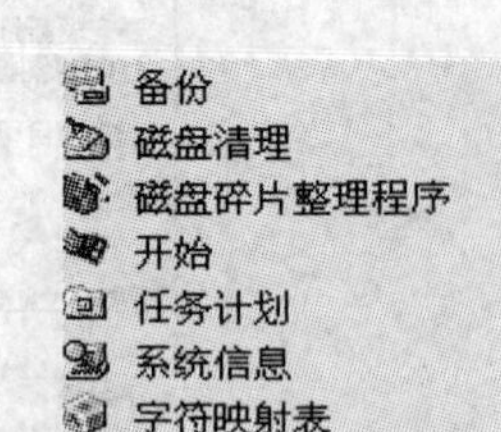

图 3.78 系统工具菜单

(1) 备份：把当前系统做个备份，以后如果系统出错可以用这个备份恢复。

(2) 磁盘清理程序：清除掉磁盘上的一些文件(如临时文件)以释放存储空间。

(3) 磁盘碎片整理程序：由于磁盘操作的反复使用，磁盘上会出现一些空间很小的可用存储区域，磁盘碎片整理程序可以把这些碎片整理成一块大的可用区域，方便用户使用。

(4) 任务计划：设置一些定时完成的任务。

(5) 系统信息：查看当前使用的系统的版本、资源等情况。

3.5.2　Windows 附件中的常用工具

3.5.2.1　记事本

“记事本”是 Windows 中常用的一种简单的文本文件的编辑器，用户经常用来编辑一些格式要求不高的文本文件，如图 3.79 所示。

(1) “记事本”程序的打开。单击菜单命令“开始”→“程序”→“附件”→“记事本”，就会进入记事本程序并新建一个名为“无标题”的文档。

(2) 记事本的文档说明。用记事本所写的文章是一个纯文本文件(.txt)，即只有文字及标点符号，没有格式。

(3) 记事本的简单文档操作。

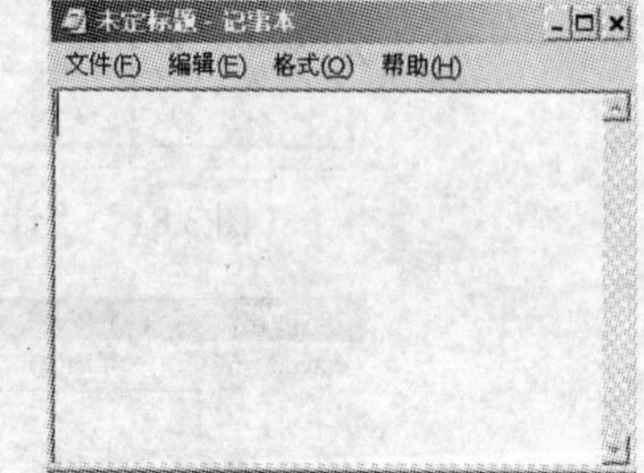

图 3.79　“记事本”窗口

① 新建文档：单击菜单“文件”→“新建”。

② 打开文档：单击菜单“文件”→“打开”，会出现“打开”对话框，选择要打开文档的路径即文件保存在计算机里的位置，找到并选中此文档，单击“打开”按钮。

③ 保存文档：单击菜单“文件”→“保存”即可。如果是第一次保存，会出现“另存为”对话框，选择要文档保存的路径，在文件名一栏中输入文档的名称，单击“保存”。

④ 另存为：单击菜单“文件”→“另存为”，操作跟第一次保存操作相同，另存为操作是把原文档更换文档名称或文档路径后重新存储。

3.5.2.2　写字板

“写字板”是 Windows 中一个功能比“记事本”更强的字处理程序，它不但可以对文字进行编辑处理，还可以设置文字的一些格式，如字体、段落、样式等等，如图 3.80 所示。

“写字板”与“记事本”相比最大的不同是它的文档是有格式的。单击菜单命令“开始”→“程序”→“附件”→“写字板”就可以打开写字板程序，对于写字板程序中“文件”菜单的操作则与“记事本”类似。

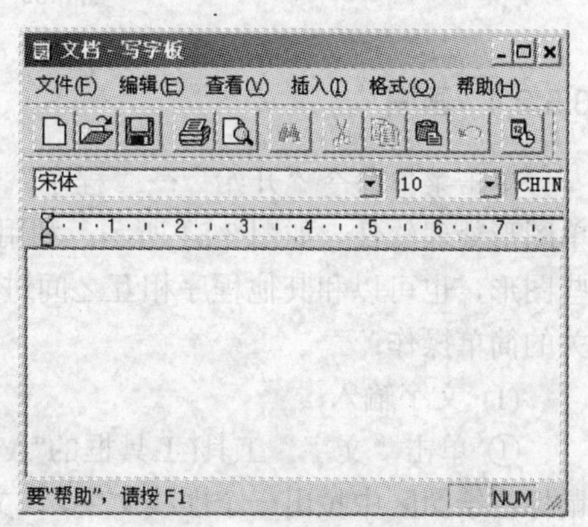

图 3.80　“写字板”窗口

3.5.2.3　计算器

单击菜单命令“开始”→“程序”→“附件”→“计算器”可以启动计算器程序，然后可以利用鼠标或键盘使用“计算器”进行一些科学计算操作，如图 3.81 所示。

计算器有两种基本类型选择。单击菜单“查看”(如图 3.82 所示)，选择“标准型”或是“科学型”。标准型是默认情况，比较简单，而且不考虑运算的优先级；“科学型”则要考虑运算的优先级，即所谓的先乘除、后加减，同时提供了一些复杂的运算按钮(如图 3.83 所示)。

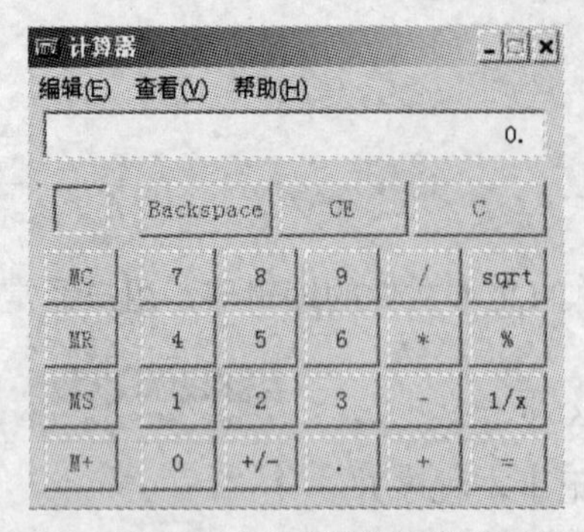

图 3.81 “计算器”窗口

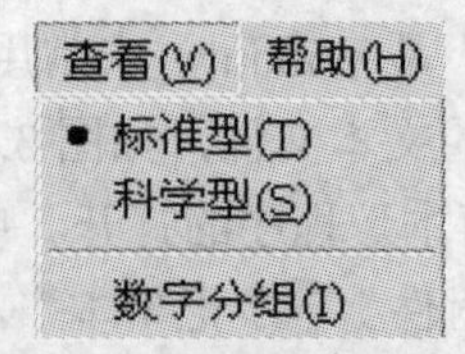

图 3.82 计算器“查看”菜单

图 3.83 “计算器”科学型方式

3.5.2.4 画图

单击菜单命令“开始”→“程序”→“附件”→“画图”，可以启动 Windows 自带的简单图形处理软件，如图 3.84 所示。利用“画图”软件的一些工具，可以建立、编辑、打印一些图形，也可以和其他程序相互之间进行图形的复制、粘贴等等。下面介绍一些与绘图栏有关的简单操作：

(1) 文字输入：

① 单击“文字”工具(工具框的“A”处)，用鼠标在绘图区中拉出一个虚线文字，在文字框光标位置输入汉字或西文字符。

② 利用字体工具栏改变输入的字体、大小、加粗、倾斜、下划线、竖排等

③ 左击颜料盒的对应颜色以改变字的颜色。

注意：鼠标在文字框外面点一下，文字框消失，这次文字输入过程结束。字体大小及颜色都不能改变了。

(2) 画各种线条和图形：

① 单击工具箱的相应图标(铅笔、刷子、直

图 3.84 “图画”窗口

线、矩形、椭圆、多边形)。

② 单击工具箱下面的选择栏可改变线条粗细或图形形状设置。

③ 左击颜料盒的对应颜色可改变图形的颜色。

④ 按下左键并拖动鼠标，使线条或图形足够大小，松开左键即可。

(3) 喷枪和颜料罐：

① 喷枪：用喷枪在绘图区中点一下，该处就会出现一簇彩色细点，其大小和颜色由工具箱下面的选择栏和颜料盒设定。

② 颜料罐(用颜色填充)：用颜料罐在一个封闭图形中点一下，该图形就被颜料盒设定的颜色填充。若点在不封闭图形上，整个绘图区就会被颜色填充。

(4) 图形擦除：利用工具框的橡皮，可擦除绘图区中的图像，橡皮的大小可用鼠标在工具箱下面的选择栏内选择。橡皮擦除以后的颜色即“背景颜色”。

如果要全部擦除，可以选择菜单命令“编辑”→“全选”，然后按“Delete”键；或者选择菜单命令“图像”→“清除图像”。

(5) 对图形的细微处进行修正：利用放大镜放大图像后再用铅笔修正(可将前景色设成背景颜色后再修正)。

(6) 取色：此工具可将现有图像中的某一点颜色设成前景色。

● 小结

Windows 2000 是目前流行的操作系统，它丰富的图形用户界面、即插即用的硬件识别、多任务多进程的工作方式、较强的多媒体功能、方便的键盘、鼠标操作方法、所见即所得的效果，给用户带来了极大方便。

窗口技术、菜单技术是 Windows 2000 采用的方便用户操作的主要技术。Windows 2000 采用了多窗口技术，所以在使用 Windows 操作系统时，我们可以看到各种窗口，对这些窗口的理解、操作是学习 Windows 2000 最基本的要求。这些窗口是：应用程序窗口、文档窗口、文件夹窗口和对话框窗口。

Windows 2000 菜单主要可以分为下拉式菜单和弹出式菜单两种。

剪贴板是 Windows 在内存开辟的一块特殊的临时区域，用来在 Windows 程序之间、文件之间传送信息。剪贴板的引入为用户文件和文件夹的复制以及文档的操作带来了方便，用户可以通过剪切和复制向剪贴板存放任何数据、文件、文件夹、图片、文字、图形等。系统也可以将剪贴板上的内容单独保存为文件。

Windows 2000 的基本操作包括：启动和退出，汉字输入，鼠标的使用，窗口的操作，菜单的操作，对话框的操作，工具栏的操作和任务栏的使用，开始菜单的定制，剪切、复制与粘贴操作，命令行方式等。

资源管理器是 Windows 2000 使用计算机软件资源的管理程序，用户使用资源管理器可以进行文件和文件夹的操作，可以建立文件夹，进行文件和文件夹的查看、移动、复制、删除、重命名等一系列操作。

控制面板是系统对硬件和软件系统进行设置的有力工具。它包括了用户使用的所有的硬件以及重要的设置。Windows 系统环境的设置主要包括：程序的添加和删除，时间和日期的调整，显示器环境的设置，鼠标的设置，打印机和输入法设置，以及硬件的添加和删除等等。

Windows 2000 的附件提供了许多实用软件，系统工具、记事本、写字板、计算器、画图、游戏、通信等都是 Windows 2000 常用的应用程序。例如，系统工具是用户对系统进行设置、管理的重要工具，如进行磁盘整理、磁盘维护、磁盘扫描等多种操作；写字板是文本文件的编写工具，利用写字板可以进行简单的文字处理，编写文本文件；利用画图可以使用系统提供的各种绘图工具，绘制各种规则和不规则的图形，也可以从系统中打开图形进行修改，并将这些图形保存。

通过本章的学习，应该达到下列要求：

(1) 了解 Windows 2000 的功能和持点。

(2) 熟悉 Windows 2000 的工作环境，掌握 Windows 2000 的启动和退出过程。

(3) 掌握桌面、窗口、图标、菜单、工具栏和对话框等基本概念。

(4) 掌握鼠标和键盘的基本操作。

(5) 熟练掌握资源管理器中的基本操作(文件和文件夹的操作)。

(6) 掌握附件中的图画、写字板、记事本、计算器、系统工具的使用。

(7) 掌握基本的系统环境设置方法，包括：添加/删除应用程序、时间和日期的调整、显示器环境的设置、鼠标的设置、打印机和输入法等。

● 习题

1) 选择题

(1) Windows 2000 中，“回收站”是(　　)。

A. 内存中的一块区域　　B. 硬盘中的特殊文件夹

C. 软盘上的文件夹　　D. 高速缓存中的一块区域

(2) 在 Windows2000 中，多个窗口之间进行切换，可使用快捷键(　　)。

A. Alt＋TAB　　B. Alt＋Ctrl　　C. Alt＋Shift　　D. Ctrl＋TAB

(3) 在 Windows2000 中删除硬盘上的文件或文件夹时，如果用户不希望将它移至回收站而直接彻底删除，则可在选中后按(　　)键和 Delete 键。

A. Ctrl　　B. 空格　　C. Shift　　D. Alt

(4) Windows2000 中，设置计算机硬件配置的程序是(　　)。

A. 控制面板　　B. 资源管理器　　C. Word　　D. Excel

(5) 在 “资源管理器”左边窗口中，若显示的文件夹图标前带有加号(＋)，意味着该文件夹(　　)。

A. 含有下级文件夹　　B. 仅含文件

C. 是空文件夹　　D. 不含下级文件夹

(6) 在 Windows2000 中，如果要把 C 盘某个文件夹中的一些文件复制到 C 盘另外的一个文件夹中，若采用鼠标操作，在选定文件后(　　)鼠标至目标文件夹。

A. 直接拖曳　　B. <Ctrl>＋拖曳

C. <ALT>＋拖曳　　D. 单击

(7) 从文件列表中同时选择多个不相邻文件的正确操作是(　　)。

A. 按住 Alt 键，用鼠标单击每一个文件名

B. 按住 Ctrl 键，用鼠标单击每一个文件名

C. 按住 Ctrl＋Shift 键，用鼠标单击每一个文件名

D. 按住 Shift 键，用鼠标单击每一个文件名

(8) 下列有关 Windows 剪贴板的说法正确的是(　　)

A. 剪贴板是一个在程序或窗口之间传递信息的临时存储区

B. 没有剪贴板查看程序，剪贴板不能工作

C. 剪贴板内容不能保留

D. 剪贴板每次可以存储多个信息

(9) 下面哪一组功能组合键用于输入法之间的切换(　　)

A. SHIFT＋ALT　　B. CTRL＋ALT

C. ALT＋TAB　　D. CTRL＋SHIFT

(10) 在 Windows2000 窗口菜单命令项中，若选项呈浅淡色，这意味着(　　)。

A. 该命令项当前暂不可使用

B. 命令选项出了差错

C. 该命令项可以使用，变浅淡色是由于显示故障所致

D. 该命令项实际上并不存在，以后也无法使用

(11) 在 Windows2000 界面中，当一个窗口最小化后，其图标位于(　　)。

A. 标题栏　　B. 工具栏　　C. 任务栏　　D. 菜单栏

(12) 在 Windows2000 中，设置屏幕保护最简单的方法是在桌面上单击右键，在快捷菜单中选择(　　)，然后进入对话框选择“屏幕保护程序”标签即可。

A. 属性　　B. 活动桌面　　C. 新建　　D. 刷新

(13) “画图”中，选择“编辑”→“复制”菜单命令，选定的对象将被复制到(　　)中。

A. 我的文档　　B. 桌面　　C. 剪贴板　　D. 其他的图画

(14) Windows 2000 下，凡菜单命令名后带有“…”的表示为(　　)。

A. 本命令有子菜单　　B. 本命令有对话框

C. 本命令可激活　　D. 本命令不可激活

(15) 当一个应用程序窗口被最小化后，该应用程序将(　　)。

A. 终止运行　　B. 继续运行　　C. 暂停运行　　D. 以上三者都有可能

(16) 在 Windows2000 中，控制菜单图标位于窗口的(　　)。

A. 左上角　　B. 左下角　　C. 右下角　　D. 右下角

(17) 在 Windows2000 中，标题行通常为窗口(　　)的横条。

A. 最底端　　B. 最顶端　　C. 第二条　　D. 次底端

(18) 在 Windows2000 中，如果想同时改变窗口的高度或宽度，可以通过拖放(　　)来实现。

A. 窗口边框　　B. 窗口角　　C. 滚动条　　D. 菜单栏

(19) Windows2000 资源管理器“编辑”菜单中的“复制”命令含义是(　　)。

A. 将文件或文件夹从一个文件夹拷贝到另一个文件夹

B. 将文件或文件夹从一个文件夹移到另一个文件夹

C. 将文件或文件夹从一个磁盘拷贝到另一个磁盘

D. 将文件或文件夹送入剪贴板

(20) 在 Windows2000 中，可以由用户设置的文件属性为(　　)。

A. 存档、系统和隐藏　　B. 只读、系统和隐藏

C. 只读、存档和隐藏　　D. 系统、只读和存档

(21) Windows2000 的任务栏可用于(　　)。

A. 启动应用程序　　B. 切换当前应用程序

C. 修改程序项的属性　　D. 修改程序组的属性

(22) 下列关于 Windows2000“回收站”的叙述中，错误的是(　　)。

A. “回收站”可以暂时或永久存放硬盘上被删除的信息

B. 放入“回收站”的信息可以恢复

C. “回收站”所占据的空间是可以调整的

D. “回收站”可以存放软盘上被删除的信息

(23) 在 Windows 2000 中，当一个窗口已经最大化后，下列叙述中错误的是(　　)。

A. 该窗口可以被关闭　　B. 该窗口可以移动

C. 该窗口可以最小化　　D. 该窗口可以还原

(24) 在资源管理器中选定了文件或文件夹后，若要将它们移动到另一驱动器的文件夹中，其操作为(　　)。

A. 按下 Shift 键，拖动鼠标　　B. 按下 Ctrl 键，拖动鼠标

C. 直接拖动鼠标　　D. 按下 Alt 键，拖动鼠标

(25) 图标是 Windows 操作系统中的一个重要概念，它表示 WINDOWS 的对象。它可以指(　　)。

A. 文档或文件夹　　B. 应用程序

C. 备或其他的计算机　　D. 以上都正确

(26) 在 Windows 环境中，每个窗口最上面有一个“标题栏”，把鼠标光标指向该处，然后“拖放”，则可以(　　)。

A. 变动该窗口上边缘，从而改变窗口大小

B. 移动该窗口

C. 放大该窗口

D. 缩小该窗口

(27) 在 Windows 2000 "资源管理"窗口中，左部显示的内容是(　　)。

A. 所有未打开的文件夹

B. 系统的树形文件夹结构

C. 打开的文件夹下的子文件夹及文件

D. 所有已打开的文件夹

(28) 在 Windows 2000 中有两个管理文件的程序组，它们是(　　)。

A. “我的电脑”和“控制面板”　　B. “资源管理器”和“控制面板”

C. “我的电脑”和“资源管理器”　　D. “控制面板”和“开始”菜单

(29) 窗口的名称显示在窗口的(　　)上。

A. 状态栏 B. 标题栏 C. 工作区 D. 菜单栏

(30) 在Windows 2000 中，用户同时打开的多个窗口，可以层叠式或平铺式排列，要想改变窗口的排列方式，应进行的操作是(　　)。

A. 用鼠标右键单击"任务栏"空白处，然后在弹出的快捷菜单中选取要排列的方式

B. 用鼠标右键单击桌面空白处，然后在弹出的快捷菜单中选取要排列的方式

C. 先打开"资源管理器"窗口，选择其中的"查看"菜单下的"排列图标"项

D. 先打开"我的电脑"窗口，选择其中的"查看"菜单下的"排列图标"项

(31) 表示文件ABC.Bmp存放在F盘的T文件夹中的G子文件夹的正确路径是(　　)。

A. F:\T\G\ABC　　B. T:\ABC.Bmp

C. F:\T\G\ABC.Bmp　　D. F:\T:\ABC.Bmp

(32) 在查找文件时，通配符*与？的含义是(　　)。

A. *表示任意多个字符，？表示任意一个字符。

B. ？表示任意多个字符，*表示任意一个字符。

C. *和？表示乘号和问号。

D. 查找*.?与?.*的文件是一致的。

(33) 关于快捷方式的说法，正确的是(　　)。

A. 它就是应用程序本身。

B. 是指向并打开应用程序的一个命令。

C. 其大小与应用程序相同。

D. 如果应用程序被移动，快捷方式仍然有效。

(34) 桌面上的图标(　　)。

A. 只有图形标志可以更改　　B. 只有文字标志可以更改

C. 图形标志和文字标志均能更改　　D. 图形标志和文字标志可以任改一个

(35) 下面是关于Windows 2000文件名的叙述，错误的是(　　)。

A. 文件名中允许使用汉字　　B. 文件名中允许使用多个圆点分隔符

C. 文件名中允许使用空格　　D. 文件名中允许使用竖线“|”

(36) 计算机正常启动后，我们在屏幕上首先看到的是(　　)。

A. Windows的桌面　　B. 关闭Windows的对话框

C. 有关帮助的信息　　D. 出错信息

(37) 开始菜单右边的三角符号表示(　　)。

A. 选择此项将出现对话框　　B. 不能使用

C. 选择此项将出现其子菜单　　D. 正在起作用

(38) 单击资源管理器的文件夹左边的“＋”，将出现(　　)。

A. 显示该文件夹的内容　　B. 隐藏该文件夹下的内容

C. 收缩该文件夹　　D. 删除该文件夹

(39) 在资源管理器中，复制文件命令的快捷键是(　　)。

A. Ctrl＋S　　B. Ctrl＋z　　C. Ctrl＋C　　D. Ctrl＋D

(40) 下面关闭资源管理器的方法错误的是(　　)。

A. 双击标题栏

B. 单击标题栏控制菜单图标，再单击下拉菜单中的“关闭”命令

C. 双击标题栏上的控制菜单图标

D. 单击标题栏上的"关闭"按钮

2) 操作题

(1) 在桌面上为“控制面板”中的“打印机”创建快捷方式，名为“print”

(2) 在本地驱动器中查找文件主名为 5 个字母、大小不超过 100KB，2005 年建立的扩展名为.doc 的文件

(3) 在桌面外观设置时，选用“红砖”方案，并使“选定的项目”为大红色；把桌面的图标大小设置为 40，把桌面图标的说明文字设置为 16

(4) 启动屏幕保护程序，设置屏幕保护程序的等待时间为 2 分钟

(5) 使资源管理器窗口在下次以最大化形式启动。

第 4 章　文字处理软件 Word 2000

计算机的出现，标志着信息时代的来临，与此同时，通信技术及其他软科学的进步，使得人类社会对信息的处理、传递以及组织能力达到了前所未有的高度。据估计，近 20 年处理的各类办公信息，超过了人类有史以来的办公信息的总和。办公的技术水平、设备的发明创造以及生产能力等方面，超过了人类几千年的成就，办公方式发生了真正意义上的巨大变化，人类自身对工作的观念也正发生着变化。

本章将首先简要介绍办公信息处理的概念、设备和软件，然后着重介绍典型的文字处理软件 Word 2000 的操作。

4.1　办公信息系统概述

办公信息系统(Office Information System)是可以执行各种办公职能以提高办公效益和效能为目的的人机信息系统。它的职能包括文字处理、情报、检索、电子邮递、电子日志、电子文件柜，电子会议和通信等。办公设备一般包括计算机(硬件、软件)、通信、文字处理和印刷等设备，计算机是核心。

办公信息系统涉及行为科学、系统科学、计算技术和通信技术等学科。它的设备和资源(包括数据和软件)是重要条件，但人是办公的决定因素。它所处理的数据已从单一的文本数据发展到包括文本、语音、图形、图像、动画、视频等的多媒体数据。

4.1.1　办公信息和办公信息处理的概念

办公信息是指涉及办公业务的各种活动的属性和特征。办公信息往往通过数值、数字、文字、声音、图形、图像、语音、视频等多种形式来表现。例如，机关办公室的公文用其格式和内容来表现，格式一般包括标题、主送机关、正文、附件、机关印章、发文日期、抄送单位、公文编号、机密等级和缓急程度等；内容有政策、法规、命令、指示、务虚、通报等，构成了公文的属性和特征。

办公信息处理是对办公原始数据的再加工，办公原始数据也可能本来就是一种信息，因为数据是信息的表现形式，而信息是数据的价值体现。例如公文的拟稿、审核、发文过程就是对原始数据再加工而生成公文信息的过程。办公信息处理的过程是指在计算机的硬软件和网络的支持下，对现代办公所涉及的信息，进行获取、存储、分析、加工、转换、传输、交流和应用。例如，对公文处理往往包括：接受、登记、印刷、分办、交换、催办、传阅、执行、统计、归档、销毁等环节。办公信息处理是整个办公活动的主要业务特征，经过处理后，可以提高信息的利用价值，提供较多的决策方案，提高决策的质量。

4.1.2　办公信息系统的目标和服务对象

办公信息系统通过数据的收集、存储、传递、管理和处理等手段，为办公人员提供信息服务，以提高办公效率和办公质量，从而获得经济效益和社会效益。

办公信息系统的推广应用，导致办公组织机构和工作方式以及办公流程等方面的变革，对原有办公人员的素质提出了新的要求，同时也提供了许多新的就业机会。办公信息系统的服务对象包括各级领导、一般管理人员、业务人员、秘书、操作员等。单位的高层领导主要用于进行战略决策，他们关心的是宏观信息。部门领导在其部门的战术决策上起关键作用，所关心的是本部门的管理信息。一般管理人员和业务人员分工处理各自的业务，进行业务操作和管理。秘书和操作员主要从事事务操作。

4.1.3 办公信息系统的类型

按照办公信息系统所能支持的最高层次，办公信息系统可划分为事务处理型、信息管理型和决策支持型 3 种。

办公信息系统也可以按其所服务的组织机构划分为若干层次，如政府办公信息系统有中央部委、省市、地、县等办公信息系统之分；企业有总公司、分公司、工厂、车间等层次的办公信息系统。各层次还可按功能划分为若干子系统。

办公信息系统还可按行业的特点划分为以下类型：

(1) 事务型：以文字处理和事务处理为主的办公信息系统。如行文系统、订单处理、民航订票、编辑出版、图书管理等。

(2) 专业型：服务对象为种专业机构，如律师、会计、审计事务所，设计院等。

(3) 案例型：以案例为主的办公信息系统，如用于法院、公安、医院等的办公信息系统。

(4) 生产型：以生产管理为主，主要涉及生产的计划、组织、指挥、控制等，而以经营管理为辅，或称生产经营型办公信息系统。

(5) 经营型：以经营管理为主，主要涉及市场需求、供销流通、预测决策、用户服务等。如用于银行、公司、商店等的办公信息系统。

(6) 政府型：如各级政府的办公系统及其信息中心等。

4.1.4 办公信息处理设备

办公信息处理的设备除了传统意义上的现代办公设备，如传真机、复印机、打字机、程控电话机、摄像机、照相机、录音机、录像机、速印机、粉碎机等外，最主要的标志是计算机和网络。

计算机包括了计算机本身及其必备或选备的设备，如打印机、扫描仪、投影机、话筒、音响、刻录机等。

网络是由计算机、通信线路和通信设备等组成。即包括了配备网卡或调制解调器的用于连网的计算机，使用电话线路或有线电视线路或专线的通信线路，以及支持网络通信的专用的交换器、集线器、路由器、服务器等设备。

4.1.5 办公信息处理软件

除了设备，还必须有软件的支持。办公信息处理的软件大致有 3 大类：用于常用的办公事务处理的办公集成软件，包括文字处理、表格处理、图形图像处理等工具软件；用于数据处理的数据库技术工具软件，如数据库管理系统(SBMS)；用于数据通信的通信软件，如电子邮件、视频会议、网络电话(Internet Phone，IP)等。

目前，国内最常用的办公信息处理软件有 Microsoft Office 和 WPS。

4.1.5.1 Microsoft Office

Microsoft Office 是微软公司开发的办公处理套装软件，本书重点介绍的 Office 2000 是第三代办公处理软件的代表产品，可以作为办公和管理的平台，以提高使用者的工作效率和决策能力。

“工欲善其事，必先利其器”，Office 2000 是一个庞大的办公软件和工具软件的集合体，它包括文字处理软件 Word 2000、图表处理软件 Excel 2000、图形演示文稿软件 Powerpoint 2000、数据库处理软件 Access 2000、电子邮件处理软件 Outlook 2000 等。为适应全球网络化需要，它融合了最先进的 Internet 技术，具有更强大的网络功能。Office 2000 中文版针对汉语的特点，增加了许多中文方面的新功能，如中文断词、添加汉语拼音、中文校对、简繁体转换等。Office 2000 不仅是办公人员日常工作的重要工具，也是日常生活中电脑作业不可缺少的得力助手。

为了满足不同用户的要求，Office 2000 中文版有 4 种不同的版本：标准版、中小企业版、中文专业版和企业版。

4.1.5.2 WPS

WPS(Word Processing System)中文意为文字编辑系统，是一种办公软件。WPS 曾经是国内最流行的汉字处理软件，接触计算机比较早的用户大概没有不知道它的。20 世纪 90 年代初，当时的操作系统还是 DOS，那时几乎国内的每一台电脑都装了 WPS，以至于有很多用户都以为，计算机就等于 WPS。

然而好景不长，由于 WPS 不支持 Windows，所以随着 Windows 操作系统逐步取代 DOS，WPS 也和 DOS 一起渐渐地退出了计算机的历史舞台，微软的 Word 和其他办公软件也就乘机占领了中国市场。

开发 WPS 的金山公司也不甘心就这样放弃市场，所以他们又开发了支持 Windows 95 和 Windows 98 的新版 WPS，现在市场上最新的版本是 WPS Office 2005。金山公司认为“WPS 2000 是最适合中国人使用的办公软件”。

4.2 文字处理

4.2.1 文字处理的概念

文字处理是办公信息处理中最主要的工作之一，办公信息处理中涉及的信函、文件、报告、指示、简报、报道、总结、通知、告示、简历、论文乃至小说、报纸、专著等传统意义上依靠笔和纸撰写完成的文字材料，现在完全可以由计算机通过文字处理软件来完成。

文字处理能够方便地录入文档，完善内容，规范格式，随意编排。避免了修改时费时耗力的反复誊写，对于相同文字的重复引用极为便捷，文档外观清晰，表现效果非常好。

目前，最流行的文字处理软件有 Word、金山 WPS 等。

4.2.2 汉字编码

4.2.2.1 GB 2312 方案

汉字是字符，在计算机内以代码形式表示。1981 年以国家标准形式发布了编码——《信息交换用汉字编码字符集·基本集》，简称为 GB 2312 方案，俗称国标码：收录了 7445 个汉字、字母、图形等，其中汉字 6763 个(一级汉字 3755 个，按拼音排序；二级汉字 3008 个，按部首排序)，字母、图形 682 个。

1) 区位码

在 GB 2312 方案中，规定了汉字、字母、图形等字符的代码由 2 个字节组成，第 1 字节指明所在区，分成 81 个区(01～09，16～87)；第 2 字节指明所在区中的位，每个区分成 94 个位(01～94)。其分布见表 4.1。

表 4.1 汉字、字母、图形等字符的分布

区号	字符	数量	区号	字符	数量
1 区	常用符号	94	8 区	汉语拼音字母、注音符号	63
2 区	序号、数字	72	9 区	制表符号	76
3 区	图形字符	94	10～15 区	空白	
4 区	日文平假名	83	16～55 区	一级汉字	3755
5 区	日文片假名	86	56～87 区	二级汉字	3008
6 区	希腊字母	48	88～94 区	空白	
7 区	俄文字母	66			

2) 国标码

ASCII 码中的 34 个控制符，在汉字编码中仍为控制符。1 区对应的编码为 21H，2 区对应的编码为 22H，依此类推。由此以十进制表示的区位码与以十六进制国标码之间的换算方法为：将区、位号分别化为十六进制数后加上 20H，即为国标码。

3) 机内码

汉字的国际代码与 ASCII 码一样。在一个字节中只用了 7 个位(Bit)，但由此也产生了代码的两义性(例如："啊"的代码为 48，33；而 48，33 同时也是西文字符"0"和"!"的代码)。为了与 ASCII 码有个明显的区别，并与国标码转换方便，一个简单的方法就是：把国际代码 2 个字节中两个闲置的高位置为 1(即把原有 2 个字节的代码各加上 80H，相当于在区位码上各加 A0H)，这就是目前占据主导地位的一种机内码，简称为 GB 内码。

4.2.2.2 国家标准 GB 13000

1) UCS 字符集

1993 年，国际标准化组织公布了"通用多八位编码字符集"的国际标准(ISO/IEC 10646)，简称 UCS。这一标准为世界范围内正在使用的各种文字(包括汉字)规定了统一的编码方案，为多文种的信息交换和信息处理创造了基本的条件。这一编码由组、平面、行和字位组成，

整个字符集包括了 128 个组，每组包括 256 个平面，每个平面有 256 行，每行有 256 个字位；每一个字符可用 4 个字节唯一表示。

UCS 字符集的最前面一部分(0 号组的 0 号平面)被规定为“基本多文种平面”(BMP)，其中又分成 A、I、O、R 四个区。A 区有 19968 个位置，用于字母文字、音节文字和包括控制符在内的各种符号；I 区有 20902 个位置用于中日韩文字；另两个区留作其他用途。

2) ISO/IEC 10646

以我国(内地、香港和台湾地区)为主，联合日本、韩国等国家，对各自使用的字符集进行相互认同与合并后，确定了 20902 个中日韩统一汉字，作为 ISO/IEC 10646 中的汉字字符集，简称 CJK 码，具体数值为连续十六进制数 4E00～9FA5。

3) GBK 码

CJK 码与原有的国标码不兼容，因此在中文 Windows 95 始，采用了与国标码兼容的 GBK 内码来对应 UCS 字符集中的 20902 个汉字。其取值范围为：区号 81～F7，位号 40～FE(注：原 GB 内码的区号仍为 A1～F7，位号为 A1～FE)。

4) 国家标准 GB 13000 码

我国标准化管理机构发布了与 ISO/IEC 10646 一致的国家标准 GB 13000，并正在稳步地进行以原有国家标准为基础的扩充工作，以符合国际统一的编码标准。

5) Unicode 码

Unicode 码是工业编码标准。在 UCS 字符集的 BMP 中，由于前 2 个字节为 0，所以只采用后 2 个字节作为代码的 Unicode 码，基本能统一地表示世界上的主要文字。

4.2.2.3 字库

汉字在显示和打印输出时，是以汉字字形信息表示的。汉字信息处理系统中产生汉字字形的方式大多数是数字式的，即以点阵的方式形成，并实现汉字的显示和打印。在一个 16×16 点阵的汉字字形码中，一个汉字字符需要 32 个字节表示(为该汉字字符的字形码)，GB 2312 方案的字符将需要 280KB 左右的字节，这就构成了字模库，简称为字库。通常的显示字库是 16×16 点阵的字模库，常用的针打字库是 24×24 点阵的字模库。

4.2.2.4 输入方法

1) 键盘输入

汉字的输入基本上在键盘上进行，即用键盘上的字母、数字等按一定的规律进行编码来完成汉字的输入。各种输入法都有其自身的特点，适合于不同的需要和不同的使用者。对这些输入法进行归类，大致可分为 4 类：

(1) 数字编码法。将汉字字符按一定规律排序，并赋予一个唯一的数字编号。这种编码无重码，但难于记忆，适合于专业人员使用。代表的编码有国标/区位码。

(2) 字音编码法。字音编码法是将汉字拼音作为编码基础。这种输入法对有拼音基础的人简单易学，只是字的重码率高，影响输入速度。字音编码法常用的有全拼拼音、压缩拼音、双拼拼音、标准拼音(又称智能 ABC)和微软拼音等编码法。

(3) 字形编码法。字形编码法是将汉字的字形信息分解归类而给出的编码。常用的有表形码、郑码、五笔字型码、二笔字型码等。

(4) 形音编码法。形音编码法是混合编码法中的一种，它利用了部首、笔画、拼音、笔顺、声调等汉字信息而编制的输入法。代表性的有台湾学者王尧世先生发明的形声码。

2) 语音输入

语音输入需要有与声卡系统兼容的话筒，如一个带耳机的话筒。第一次使用语音输入前，需要训练，令语音识别软件能识别使用者的声音。训练一般由向导引导，整个过程需要花费15～20分钟时间，收听并录制声音特征的数据。当然训练越多，语音识别软件工作越好。

初始的语音识别训练过程完成后，有"声音命令模式"和"听写模式"的选择。

"声音命令模式"可以发布口头命令，界面上的菜单命令都可以用语音控制完成。可以使用一些特殊的声音命令代替特殊的击键或鼠标的操作。如，麦克风为关闭麦克风，Enter为按回车键，Tab为按Tab键，Delete为按Delete键，空格为按空格键，Escape或cancel为按Escape键或单击cancel按钮，右击为打开所选项的快捷菜单，End、Home为分别按End、Home键，Up、Down、Left或Right为按相应的方向键，Page Up、Page Down为分别按Page Up、Page Down键等。

打开麦克风(没有口头命令)，选择"听写模式"(可发布口头命令的"听写模式")，即可进行口头文本的输入。只要经过更多的训练后，识别软件会更精确。在听写模式下可以口头输入标点，有使用英语，也有直接使用中文的。英语单词与相应标点的对应见表4.2。

表4.2 口头输入标点时单词与相应标点的对应

单词	标点	单词	标点	单词	标点
period 或 dot	句点	equals	等号	great than	大于
comma	逗号	plus sign	加号	less than	小于
colon	冒号	percent sign	百分号	caret	^符号
semicolon	分号	dollar sign	美元符号	at sign	@符号
question mark	问号	underscore	下划线	ellipsis	省略号
exclamation point	叹号	pound sign	英磅符号	left bracket	左中括号
ampersand	&符号	tilde	代字号	right bracket	右中括号
asterisk	星号	open quote	开始引导	left brace	左花括号
backslash	反斜线	close quote	结束引导	right brace	右花括号
slash	斜线	open single quote	开始单引号	left paren	左圆括号
vertical bar	竖线	close single quote	结束单引号	right paren	右圆括号
Hyphen 或 dash	连字符	double dash	双斜线	one-half 为 1/2	简单分数

3) 手写输入

在简体中文、繁体中文、英语、日语和朝鲜语版本中都能使用手写识别功能，就像通常在纸张表面上使用草书、印刷体或二者兼而有之地进行书写一样。书写英文时，不必每写完一个字母后作停顿，可输入整个单词并在单词之间留出空格。

有"框式输入"和任意位置书写两种方式。手写输入法的打开和"框式输入"的选择在"语言栏"中进行。可以拖动"框式输入"框的边缘以增加或减小其大小。书写时，将插入点移动到"框式输入"框中成为笔状，使用手写输入设备或移动鼠标形成文字。

在屏幕上的任意位置书写也是在“语言栏”中选择。通过拖动将“任意位置书写”工具栏移动到屏幕上的其他区域。选择“手写体”以手写形式书写；选择“文字”以像键入文本一样书写。手写内容将自动被识别并且输入到程序中的插入点处。还可以为以手写形式插入的文本设置格式。例如，更改字号和颜色，或应用其他类型的格式，例如加粗。还可以在手写形式的文本中查找和替换文字。

若要即时将手写内容输入到程序中而不必等待识别延迟，则选择“框式输入”或“任意位置书写”工具栏上的“立即识别”功能。可以打开或关闭自动识别功能。可以选择诸如更改手写识别的速率或笔的颜色或宽度之类的选项。

4) 扫描输入

文字的扫描输入是通过扫描仪将纸质上的字符以图形的方式输入到计算机中，再由光学字符识别(Optical Character Recognition，OCR)软件对图形进行判断，转换成文字信息，即字符的机内码。

4.2.3　文字处理软件

目前最常用的文字处理软件有 Microsoft 公司的 Word 和金山公司的 WPS Office。

Word 文字处理软件是由微软公司于 1997 年推出的一个强有力的字处理软件。Word 是微软公司的 Office 系列办公组件之一，是目前世界上最流行的文字编辑软件。使用它可以编排出精美的文档，方便地编辑和发送电子邮件，编辑和处理网页等等。

Word 文字处理软件经历了 Word 5.0、Word 6.0、Word 7.0、Word 97、Word 2000、Word 2002，直到现在的 Word 2003 等。

WPS Office 是金山公司开发的办公处理软件，在国内办公领域具有一定的影响力。

最新的 WPS Office 增强了服务器端的控制和支持能力，其功能包括用于企业内部的即时通信工具金山即时通、局域网内智能检测自动升级等。

金山即时通是金山首次推出的商用即时通信软件，定位于帮助企业提高员工办公效率，加速企业内部、企业与客户之间的信息流通。金山即时通的主要功能包括即时通信、多方网络会议、手机短信(群发)等。金山即时通包括服务器端和客户端软件，全部安装后，可在企业本地自建服务器，迅速搭建企业的内部即时通信平台。金山即时通作为办公工具的概念很容易被人们所接受。

另一方面，在 WPS Office 中还附带企业即时通信工具，这将大大增强 WPS 在企业协同办公中的重要性，使 WPS 更加便于在企业内部推广。

本书将以 Windows 2000 下的应用软件 Word 2000 为软件环境，介绍文字处理软件的功能和基本使用方法。

4.3　Word 2000 概述

Word 2000 中文版是 Microsoft 公司的 Office 2000 中文版套装软件的一个组成部分。Word 2000 强大的功能使其成为最优秀的文字处理软件之一

4.3.1 Word 2000 的功能

Word 2000 充分利用 Windows 的图形界面，具有丰富的文字处理功能，图形、文字、表格并茂，提供了菜单、工具栏的操作方式，受到越来越多的用户欢迎。

Word 2000 主要功能有：

(1) 所见即所得的界面。Word 2000 采用了 TrueType 字体，文字格式丰富、美观，字体可以无级放大且不出现锯齿边。“所见即所得”使编辑生动、直观，屏幕上看到的就是用户得到的，改变了以往软件不直观的排版形式。

(2) 多文件管理功能。Word 可以向时打开多个文件，并对这些文件同时进行编辑、打印、删除等，并且将最近使用过的 4 个文件记忆在文件菜单中。

(3) 图形处理和表格制作。利用 Word 可以方便地插入图形、图片、制作艺术字，对图形放大、缩小、移动、复制，对表格进行编辑、修改、排序、计算等操作。

(4) 版面设计。使用“所见即所得”的模式，可以完整地显示字体、字号、图表、图形、文字，并可以进行分栏编辑。

(5) 即时帮助。Office 2000 小助手可以在任何时候对用户进行即时有效的帮助。

(6) 制作 web 主页。利用 Word 2000 可以制作主页，将文件存为 HTML 格式，并可以将编辑好的 Word 文件直接通过 Internet 网发送到世界各地。

(7) 多人协同工作。Word 2000 允许多个人对同一篇文档进行编辑处理、批注意见，再将众多的修改意见合并到文档中，可以保留各个不同时期的版本并进行维护，提高工作效率。

4.3.2 Word 2000 的运行环境

Word 2000 可以在 Windows 95、Window98、Windows NT、Windows2000 或 Windows XP、Windows 2003 上运行。

Word 2000 运行的硬件要求如下：CPU 要求 80486 以上；内存 RAM 需要 20～32MB 以上(不同操作系统有所不同)；VGA 或更高级的显卡器；硬盘空间与 Office 97 大体相当，标准版需要 190M，而企业版完全安装大约需要 540M 的空间，最好保留 1GB 的空间；CD 驱动器或 DVD 驱动器。

4.3.3 Word 2000 的安装

在 Windows 2000 环境下，Word 2000 的安装主要是通过安装向导来进行，操作步骤如下：

(1) 启动 Windows2000，如果 Windows2000 已经启动，则应退出所有正在运行的应用程序。

(2) 将 Office 2000 系统盘插入光驱，运行光盘上的 Setup.exe 安装文件。

(3) 此时会出现 Office 安装向导，根据向导出现相应的版权信息、接受协议条款，此时要选择接受协议。

(4) 根据屏幕提示，输入用户姓名和单位信息，并在安装画面中输入 CD-Key 的内容。

(5) 在安装方式选项中，选择“典型安装”，然后根据向导的提示，计算机系统会自动完成安装。

在每一个安装界面中，输入完相应信息后，要使用“确定”或者“继续”来进行下一步的操作。由于安装是在向导下完成的，在此不再详细介绍。

4.3.4　Word 2000 的启动和退出

4.3.4.1　启动 Word 2000

Word 2000 的启动方法和其他应用程序相似，可以使用下列方法：

(1)利用菜单：单击任务栏中的“开始”按钮，在弹出的菜单中选择“程序”，在“程序”级联菜单中选择“Microsoft Word”。

(2)用快捷方式：如果 Word 已经安装或者创建了快捷方式，可以直接双击“Microsoft Word”快捷方式图标将其打开。

4.3.4.2　退出 Word 2000

如果不需要在 Word 2000 的编辑环境中继续编辑文档，或者要关闭计算机，则必须退出 Word 2000 窗口。

退出 Word 2000 的方法有多种：

(1) 单击 Word 2000 窗口右上角的“关闭窗口”按钮。

(2) 双击 Word 2000 窗口左上角的控制菜单图标。

(3) 单击“文件”菜单中的“退出”命令。

(4) 使用键盘上的“Alt ＋ F4”组合键。

退出 Word 2000 时，如果有的文档没有保存，系统会出现图 4.1 所示的提示保存文档对话框。

图 4.1　提示保存文档对话框

在对话框中，若选择“是”，系统保存文档后，退出 Word。如果选择“否”系统不保存文档的修改，退出 Word 。如果选择“取消”，系统取消退出操作，回到原来的操作位置。

4.3.5　Word 2000 的窗口

Word 2000 启动后，打开的窗口界面如图 4.2 所示。

Word 2000 的工作界面包括了标题栏、菜单栏、工具栏、编辑栏、状态栏、文档窗口等。

4.3.5.1　标题栏

标题栏位于窗口的顶部，主要用来显示程序的名字或文档的名字，如图 4.2 所示，显示的“Microsoft Word”是窗口标题的名字，“文档 1”是打开的文档的名字(本窗口打开的是一个空文档，系统默认的文档名为文档 1)。标题栏的左边是应用程序文档的图标标记，右边是 3 个常用的按钮“最小化”、“最大化/还原”、“关闭”按钮。

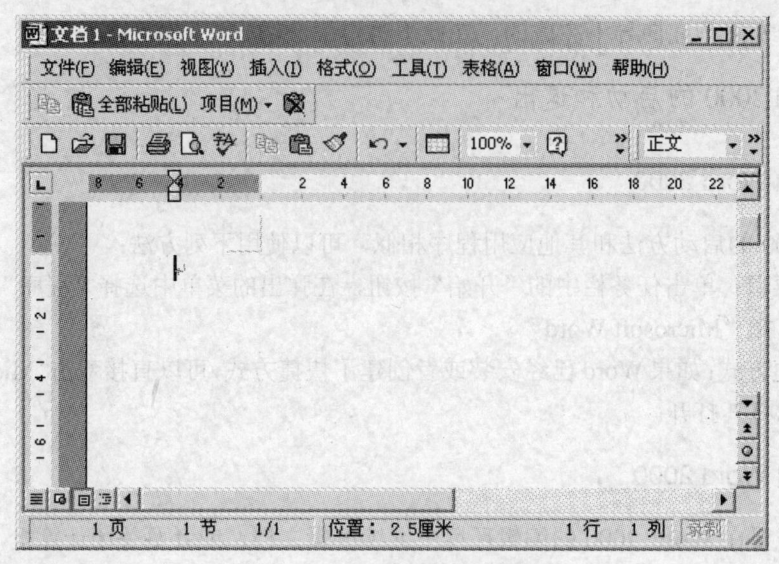

图 4.2 Word 2000 窗口的组成

4.3.5.2 菜单栏

菜单栏位于标题栏的下方，菜单栏由 9 个菜单项组成，单击某个菜单项就可以打开相应的菜单，菜单为用户提供了各种操作的手段，包括了 Word 操作的大部分功能。单击菜单栏最右边的“×”号. 可以关闭当前正在使用的文档。

4.3.5.3 工具栏

工具栏包括常用的工具和格式工具。工具栏操作简单、方便，用户只要单击工具栏中的工具就可以完成相应的操作。许多工具栏只在使用时才打开，根据需要用户可以改变工具栏中显示的工具。打开和关闭工具栏是在“视图”菜单的“工具栏”中选择或取消。

4.3.5.4 文档窗口

文档窗口是用户编辑文档的工作窗口，激活的文档窗口有闪烁的插入点。每个文档都有各自的窗口，而且可以同时打开多个文档窗口。窗口之间可以进行切换，便于文档之间的交流。文档窗口中包含：标题栏、标尺、滚动条、窗口分隔器、视图方式等，分别介绍如下：

(1) 标题栏：每个文档都有自己的文档名称。文档窗口最大化时，共享应用程序窗口的标题。

(2) 标尺：标尺有水平和垂直之分。标尺的显示与否在“视图”菜单中选择。利用标尺可以精确地判断出所操作对象的位置，进行设定制表位、缩进选定段落、调整上下边界等操作。标尺有水平和垂直之分。标尺的显示与否在“视图”菜单中选择。利用标尺可以精确地判断出所操作对象的位置。

(3) 滚动条：当文档在一个窗口内容纳不下时，会出现滚动条。滚动条有水平和垂直之分，垂直滚动条更常用些。利用滚动条可以调整文稿需要显示的某部分内容。

(4) 窗口分隔器：当文档很大时，为了方便同一文档的不同部分信息交流，需要将文档所在窗口分为两个，分别显示文档的不同部分。在垂直滚动条的向上箭头上方有一短横，双击之或拖动之，可将文档窗口一分为二，如图 4.3 所示。双击两窗口的分界线，将恢复为一个窗口界面。

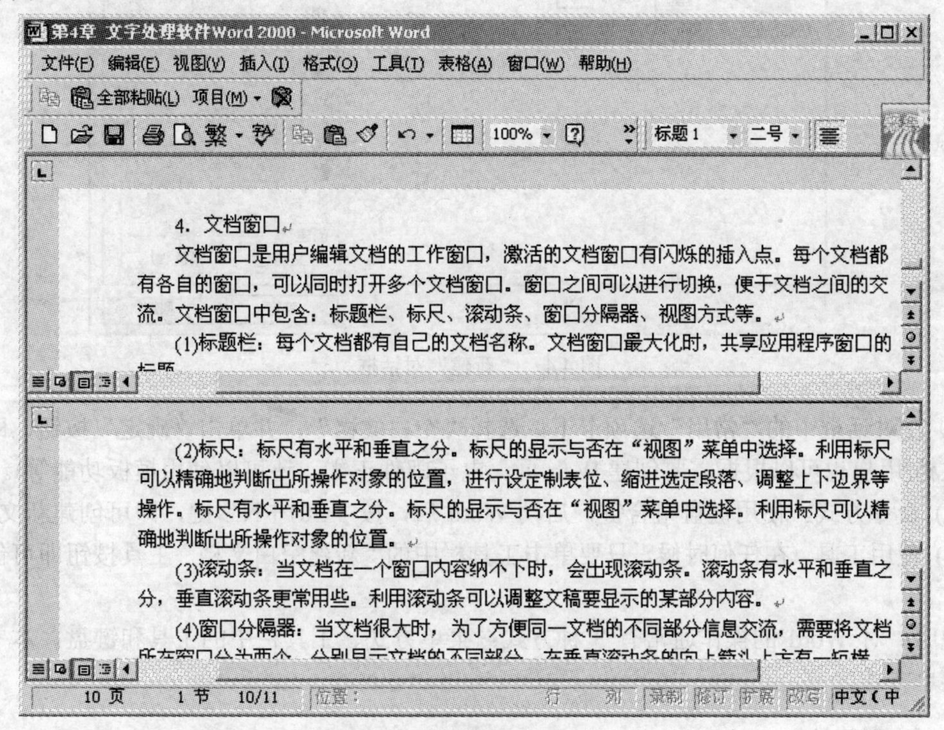

图 4.3　将文档窗口一分为二

(5) 视图方式：Word 为了方便用户对文档的编辑，提供了不同的文档显示方式，我们称为视图。选择视图方式的方法是单击水平滚动条的左边各按钮，或在“视图”菜单中选择。常用的视图有普通视图、Web 版式视图、页面视图和大纲视图，详见 4.7 节。

4.3.5.5　状态栏

在编辑文档的不同阶段，状态栏会显示不同的信息，如：插入点的位置(行、列)、页码和节数、总页数、行列编号、使用模式、使用语言、输入状态等。

4.4　文档的基本操作

4.4.1　创建新文档

在启动 Word 时，系统会自动新建一个空文档，并暂时命名为“文档 1”，用户可以在空文档上输入文本内容，当保存文档时再给文档重新命名。用户可以采用下列方法创建新文档：

(1) 菜单方式

① 打开“文件”菜单，在“文件”菜单中选择“新建”命令，出现图 4.5 所示的“新建”对话框。

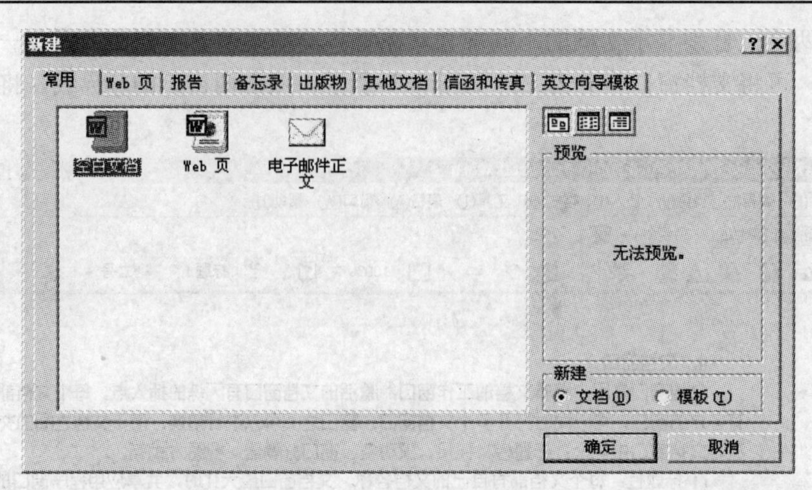

图 4.4 “新建”对话框

② 在对话框中的“常用”选项卡下，选择“空白文档”，并单击“确定”按钮，即可以创建文档(用户也可以根据需要创建 Web 页、电子邮件正文，还可以使用模板功能等)。

(2) 命令方式。使用键盘组合键，启动 Word 后，按“Ctrl＋N”键，即可创建新文档。

(3) 使用工具。在任何时候，只要单击工具栏中的“新建空白文档”工具按钮即可创建新文档。

说明：对 Word 的操作通常有 3 种方式：菜单方式、工具栏中的工具和键盘，本书主要介绍菜单方式。

4.4.2 打开文档

对于已经存在于磁盘上的文档，用户可以将其打开，并重新对其编辑、修改、打印。利用菜单打开文档的操作步骤如下：

(1) 单击“文件”菜单，在菜单中选择“打开”命令，出现图 4.5 所示的“打开”对话框。

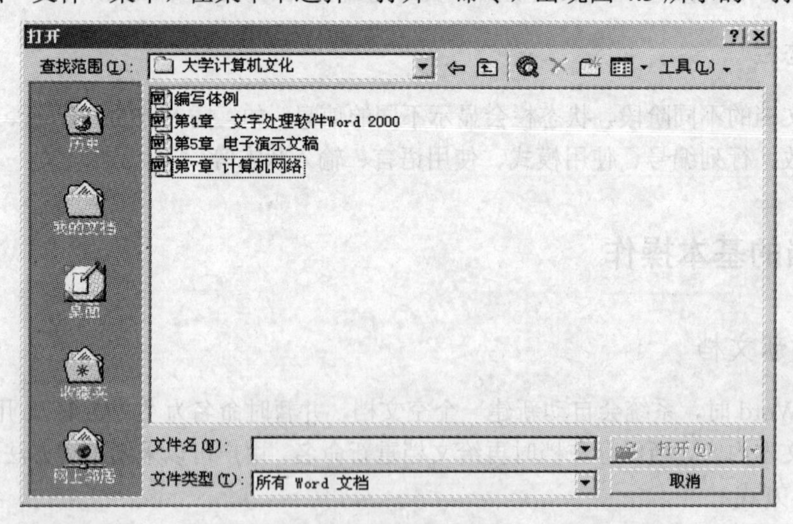

图 4.5 “打开”对话框

(2) 在“打开”对话框中选择“查找范围”，即文档所在的驱动器和文件夹。在“文件类型”中选择所有文件或 Word 文档，于是在列表窗口中列出该“查找范围”文件夹下含有的指定“文件类型”的所有文件夹和文件。单击要打开的文件名，然后单击“打开”按钮，该文档文件便被打开(或者找到所需文件后双击该文件名，文档文件便被打开)。

文件的打开同样可以使用键盘组合键和工具栏。由于 Word 本身有记忆功能，将最近使用过的 4 个文件在“文件”菜单中记忆，如果打开最近使用过的 4 个文件，可以直接在“文件”下拉菜单中选择文件。Word 中也可以同时打开多个文档，这些打开的文档在任务栏中以最小化图标的形式显示。在这些打开的文档中，只有一个文档是活动文档，在任务栏中以亮度显示。如果要编辑其他打开的文档(使其变为活动文档)，只要单击任务栏中的文档图标即可。

4.4.3　文档的输入

4.4.3.1　普通文档的输入

在 Word 2000 中，文档的输入和 Windows 中写字板中文档的输入类似。当启动 Word 后，用户可以在插入点位置进行文字输入、表格的创建和图形的嵌入。当进行文字输入时，插入点会随着文字的录入自动向后移动，当到达右边界时，插入点自动换行，移到下一行的开头，当输入一屏幕时，插入点自动移到下一屏的开始。

在某一位置插入文档内容时，只需要将鼠标指向插入点并单击后，插入点会移到相应的位置。在插入状态下，当在插入点处输入文档时，文字会在插入点处显示并将原来的文字向后移动。如果在改写状态下输入文档时，文字会覆盖插入点后的内容，插入/改写状态的转换可以用鼠标双击状态栏中的“改写”按钮，“改写”二字出现灰度显示说明处于插入状态，出现亮度显示说明处于改写状态。

4.4.3.2　插入特殊符号和字符

Word 2000 中提供了丰富的符号(如标点符号、数字符号、希腊字母等)，在插入这些符号时，由于不能由键盘直接输入，必须用插入的方式进行。以插入求和符号“Σ”为例，介绍插入符号的操作步骤：

(1) 用鼠标指针移到要插入字符的位置，单击鼠标。

(2) 打开“插入”菜单，选择“符号”命令，出现图 4.6 所示的“符号”对话框。

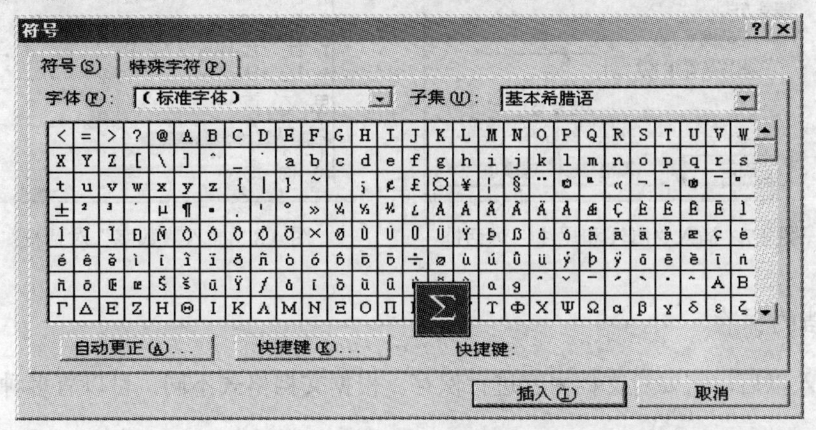

图 4.6　插入“符号”对话框

(3) 在对话框中，选择要插入的字符，本例中为“Σ”符号，单击“插入”按钮，即可将字符插入到指定位置。如果不想插入，可以单击“取消”按钮。

4.4.3.3 插入脚注和尾注

脚注和尾注是对文档内容的解释和注释，可以提供文档的参考资料，脚注一般放在一页的末尾，尾注一般放在文档的末尾。

插入脚注和尾注的步骤如下：

(1) 将插入点移到要插入脚注和尾注的位置。

(2) 单击“插入”菜单中的“脚注和尾注”命令，出现图 4.7 所示的“脚注和尾注”对话框。

(3) 在对话框中，选择“脚注”或“尾注”选项按钮，然后单击“确定”按钮，出现输入窗格。

(4) 在输入窗格中输入注释内容，然后单击文档中任意位置即可继续处理文档正文。

对特殊数字的输入、日期的插入、批注的输入、格式与脚注和尾注的输入完全类似，由于篇幅所限在此不再介绍。

4.4.3.4 插入数字

在 Word 中，有些数字可以从键盘上直接录入，但有些特殊数字必须通过插入的方式才能够录入。插入数字的操作步骤如下：

(1) 将插入点移到要插入数字的位置。

(2) 单击“插入”菜单中的“数字”命令，出现图 4.8 所示的“数字”对话框。

(3) 在“数字”中，输入要插入的数字(本例中为 2)，在“数字类型”中选择要插入数字的类型。

(4) 单击“确定”按钮。

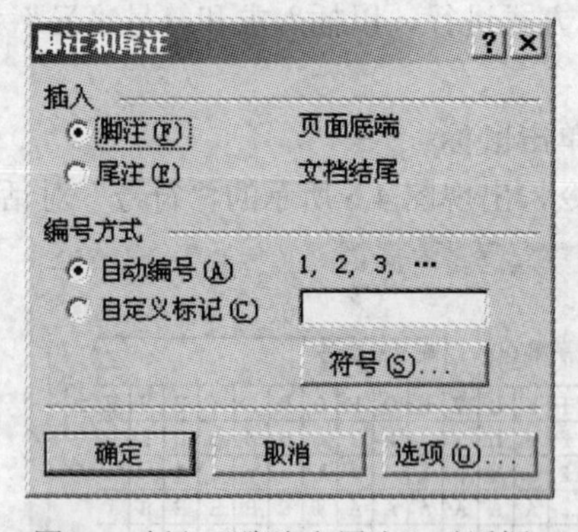

图 4.7 插入“脚注和尾注”对话框

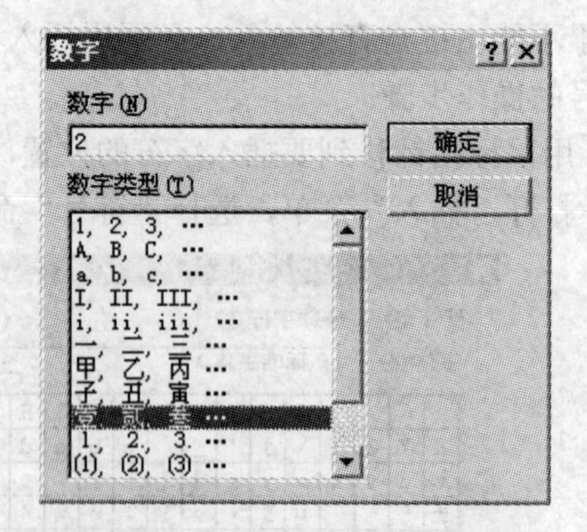

图 4.8 插入“数字”对话框

4.4.4 文档的保存

文档输入以后，需要对文档内容进行保存。根据文档格式不同，可以有多种方式保存文档。

4.4.4.1　保存未命名的文档

首次保存文档时需要给文档起一个名字，并选定文件的保存位置。其操作步骤如下：

(1) 打开“文件”菜单，选择“保存”或者“另存为”命令，出现图 4.9 所示的“另存为”对话框。

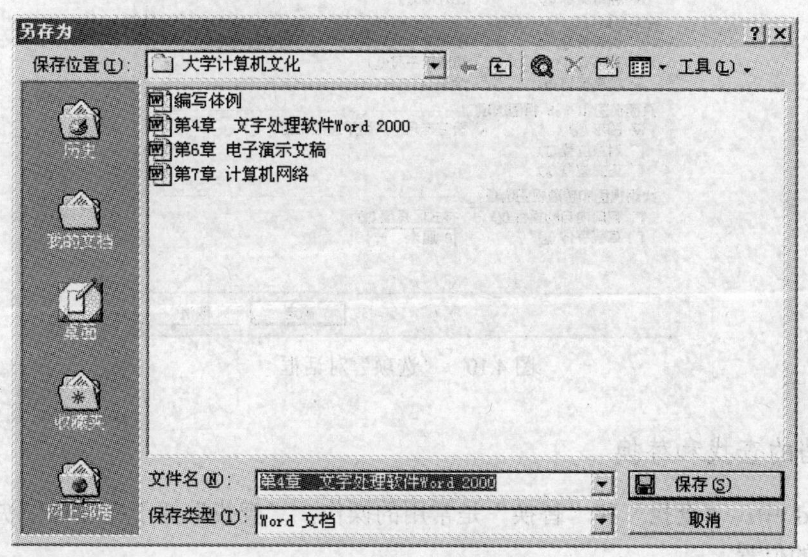

图 4.9　“另存为”对话框

(2) 在对话框的“保存位置”中输入文件要保存的文件夹或者驱动器，在“文件类型”中选择要保存的文件类型(在 Word 中默认的文件类型为．DOC，用户也可以将文件保存为其他类型)，在文件名中，输入要存储的文件名。

(3) 单击“确定”按钮，即可将文件保存。

4.4.4.2　保存已经命名的文件

当文档已经保存后，如果用户对文件又进行了修改，在修改结束后需要再对其进行保存。可以直接用工具栏中的“保存”按钮或者用“文件”菜单下的“保存”命令，也可以使用键盘组合键“Ctrl＋S”对文件进行保存，保存后仍然在编辑操作状态下。如果用户要将已经存在的文件保存为另外的文件，可以选择“文件”菜单中的“另存为”命令，在图 4.9 所示的“另存为”对话框中，完成文件的保存。

4.4.4.3　自动保存文档

为了防止事故或突然停电造成的破坏，Word 2000 提供了在指定的时间间隔内自动为用户保存文档的功能。其设置的操作步骤如下：

(1) 在“工具”菜单下，选择“选项”命令，出现图 4.10 所示的“选项”对话框。

(2) 在对话框的“保存”选项卡中，设置“保存选项”中的“自动保存时间间隔”并在其中输入间隔时间(系统默认的时间间隔为 10 分钟，同时也可以设置其他选项)。

(3) 单击“确定”按钮。

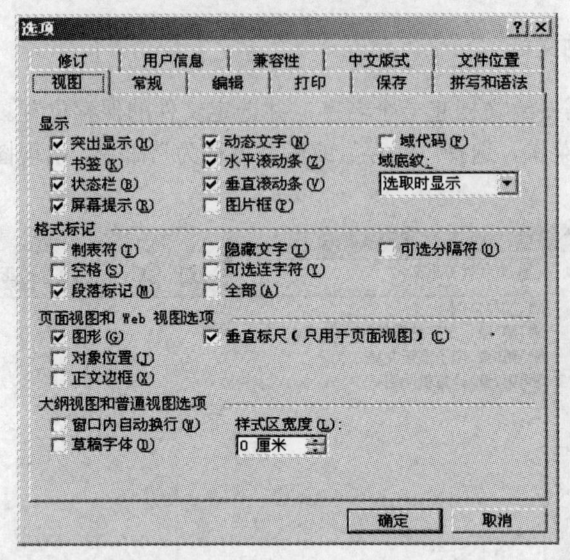

图 4.10 “选项”对话框

4.4.5 文档的查找和替换

在 Word 中，“查找”和“替换”是常用的操作，“查找”便于在文档中快速将插入点定位到指定的位置。

4.4.5.1 查找

查找功能便于将插入点移动到文档中的指定位置，操作过程如下：

(1) 在“编辑”菜单下，选择“查找”命令，出现图 4.11 所示的“查找和替换”对话框。

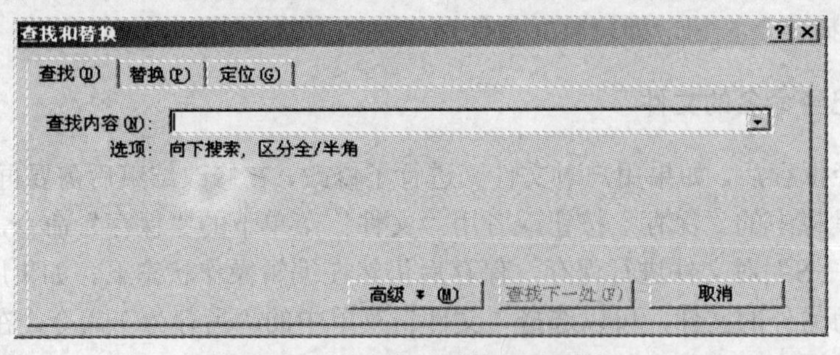

图 4.11 “查找和替换”对话框

(2) 在对话框的“查找内容”选项中，输入要查找的内容。

(3) 单击“查找下一处”按钮，开始查找，当找到后呈现反相显示，再单击“查找下一处”继续往下查找。

(4) 单击“定位”选项卡，可以将插入点定位到指定的行、节、页、脚注、尾注等位置。

利用查找功能也可以查找特定的字符和符号，如在图 4.11 中单击“高级”按钮，出现图 4.12 所示的“查找和替换”高级选项对话框。在对话框中，各选项的含义如下：

搜索范围：选择搜索的方向(向上、向下、全部)。

区分大小写：对于英文是否区分大写和小写字符。

查找和替换
查找(D)　替换(P)　定位(G)
查找内容(N):
选项: 区分全/半角
常规 ± (L)　查找下一处(F)　取消
搜索选项
搜索范围: 全部
区分大小写(H)
全字匹配(Y)
使用通配符(U)
同音(K)
查找单词的各种形式(M)
区分全/半角(B)
查找
格式(O)　特殊字符(E)　不限定格式(T)

图 4.12　“查找和替换”的高级选项对话框

全字匹配：查找整个单词，而不是较长单词的一部分。

使用通配符：在查找内容中使用通配符，通配符可以在“特殊字符”菜单中显示。

区分全角/半角：查找全角、半角完全匹配的字符。

不限定格式：取消“查找内容”框下指定的所有格式。

4.4.5.2　替换

替换功能和查找功能相似，区别是查找到指定的内容后，替换功能可以用新文本的内容更新原内容。替换操作的具体步骤如下：

(1) 打开“编辑”菜单，选择“替换”命令，或者在图 4.11 中单击“替换”选项卡，出现图 4.13 所示的对话框。

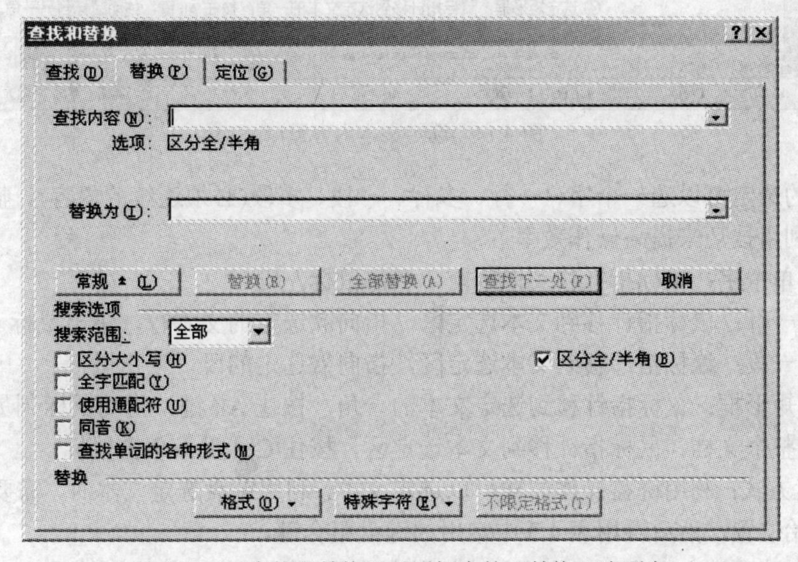

图 4.13　“查找和替换”对话框中的“替换”选项卡

(2) 在“查找内容”框中输入要查找的内容，在“替换为”框中输入要替换的内容；

(3) 选择“搜索范围”，并选择替换方式：选择“替换”仅替换当前一个，如果选择“全部替换”，则满足条件的文档全部替换，“查找下一处”继续查找。

4.4.6 文档的编辑

文档的编辑主要指选定文本、删除文本、移动文本、复制文本等基本操作。

4.4.6.1 选定文本

选定文本的基本作用是对欲实施操作的文本选中对象，当文本被选定后，被选中的部分呈现反相显示(黑底白字)。

文本的选定通常可以用键盘方式和鼠标方式：

(1) 鼠标方式：将鼠标指针移到欲选定文本的一端，按住鼠标左键拖动鼠标到欲选定文本的另一端，释放鼠标，此时选中的文本出现图 4.14 所示的选定文本内容窗口。

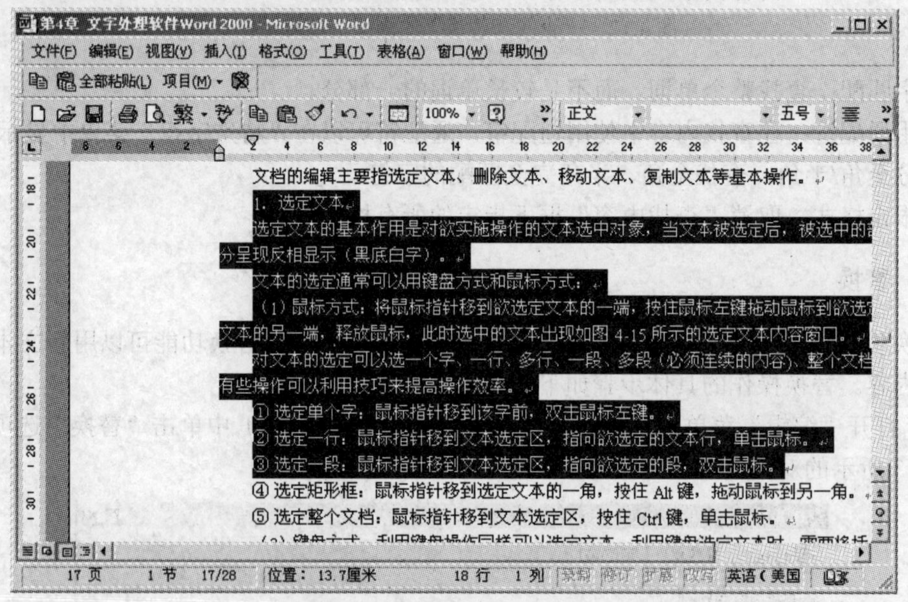

图 4.14 选定文本内容窗口

对文本的选定可以选一个字、一行、多行、一段、多段(必须连续的内容)、整个文档。有些操作可以利用技巧来提高操作效率。

① 选定单个字：鼠标指针移到该字前，双击鼠标左键。

② 选定一行：鼠标指针移到文本选定区，指向欲选定的文本行，单击鼠标。

③ 选定一段：鼠标指针移到文本选定区，指向欲选定的段，双击鼠标。

④ 选定矩形框：鼠标指针移到选定文本的一角，按住 Alt 键，拖动鼠标到另一角。

⑤ 选定整个文档：鼠标指针移到文本选定区，按住 Ctrl 键，单击鼠标。

(2) 键盘方式：利用键盘操作同样可以选定文本，利用键盘选定文本时，需要将插入点移到文本的开始位置，然后再用表 4.3 中常用的键盘组合键。

如果要取消选定文本，可以在文档窗口的任意位置单击鼠标左键。

表 4.3　常用的键盘组合键

组合键	作　用
Shift＋↑	选择到上一行同一位置之间的所有字符
Shift＋↓	选择到下一行同一位置之间的所有字符
Shift＋PageUp	选择到上一屏之间的所有字符
Shift＋PageDown	选择到下一屏之间的所有字符
Ctrl＋A	整个文档

4.4.6.2　删除文本

删除文本的操作步骤如下：

(1) 选中欲删除的文本。

(2) 选择工具栏中的“剪切”按钮或选择“编辑”菜单下的“剪切”命令，也可以按键盘上的 Del 或 Delete 键。

如果删除一个字符，也可以直接用键盘上的 Del 键或者 Backspace 键。如果属于误删除，要想恢复删除文本，可以使用工具栏中的“撤消”按钮，或者使用“编辑”菜单中的“撤消”命令。

4.4.6.3　移动文本

移动文本是将一个文本从一个位置移动到另一个位置，通常采用下列方法移动：

(1) 使用剪贴板移动。使用剪贴板移动文本的操作步骤如下：

① 选中要移动的文本。

② 单击常用工具栏中的“剪切”按钮或者用“编辑”菜单中的“剪切”命令，将选中的文本剪切到“剪贴板”。

③ 将插入点移动到目标位置，单击常用工具栏中的“粘贴”按钮或者用“编辑”菜单中的“粘贴”命令。

(2) 直接用鼠标拖动。选定文本后，用鼠标拖动选定文本到目标位置后释放。这种情况适用于移动距离比较近的情况。如果不在同一个屏幕上，用此方法较麻烦。

4.4.6.4　文本复制

在文档中，有时多处的内容相同或者相似，用户可以只输入一次，将相同的或者相似的内容进行复制。复制文本常用下列方法。

(1) 菜单方式：

① 选中要复制的文本。

② 用“编辑”菜单中的“复制”命令，将选中的文本复制到“剪贴板”。

③ 将插入点移动到目标位置，用“编辑”菜单中的“粘贴”命令。

(2) 工具栏方式：

① 选中要复制的文本。

② 单击常用工具栏中的“复制”按钮，将选中的文本复制到“剪贴板”上。

③ 将插入点移动到目标位置，单击常用工具栏中的“粘贴”按钮。

(3) 鼠标拖动方式：

① 选中要复制的文本。

② 按住键盘上的Ctrl键，拖动鼠标到目标位置释放。

4.4.6.5 还原与恢复操作

在 Word 中，有时可能会出现误操作，需要将原来的操作恢复。在工具栏中，有两个按钮，一个显示向左的箭头是“撤消”按钮，使用“撤消”按钮能够使文档的操作恢复到撤消前的状态。另一个向右的箭头是“还原”按钮，使用“还原”按钮能够恢复被撤消的操作。

每按一次“撤消”按钮，撤消前面一步的一次操作，每按一次“还原”按钮，恢复前一步的一次操作。

4.5 文档的排版

文档的排版是对编辑好的文档进行字体格式化、段落格式化、设置项目符号和编号、分栏等各种操作，使输出的界面更加美观，便于阅读。由于 Word 是一个“所见即所得”文字表格处理软件，在屏幕上的显示格式和实际输入的格式完全一样，给用户带来了很大的方便。

4.5.1 字符格式化

在 Word 输入文本内容时，字符是按默认的字体、字号格式显示的。为了以更加美观、醒目的方式显示文档，需要对文档进行格式化。字符格式化是对文档设置不同的字体、字号、字形、修饰、颜色、字间距等。

4.5.1.1 设置字体

字体的设置包括中文字体、英文字体、字形、字号、字体颜色、下划线以及修饰等。字体的设置可以通过格式工具、菜单两种方式实现。

(1) 菜单方式。利用菜单方式设置字体的操作步骤如下：

① 选中要设置字体的文本。

② 打开“格式”菜单下的“字体”命令，出现图4.15所示的“字体”对话框。

③ 在对话框中，单击“中文字体”下拉按钮，可以设置中文字体，单击“英文字体”下拉按钮可以设置英文字体，同时可以选择字形、字号。

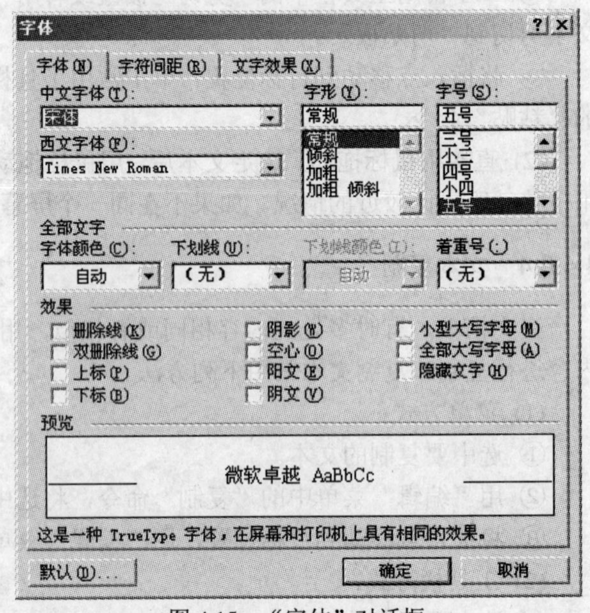

图4.15 “字体”对话框

④ 在对话框中，利用“效果”复选框可以设置选定文本的效果，用“全部文字”选择项可以设置选定文本的颜色、下划线、下划线颜色、着重号等，设置后在预览中会显示设置的实际效果。

⑤ 最后，单击“确定”按钮，即完成了文本的各种设置。

(2) 使用工具栏。利用“格式”工具栏也可以方便地对字符进行格式化。

在“格式”工具栏中，显示了“字体”、“字号”、“字形”、“字体颜色”格式工具，选定文本后用户可以单击这些工具选择需要的字体、字号、字形、字体颜色。

4.5.1.2　设置字符间距

字间距是字和字之间的距离，字间距的设置步骤如下：

(1) 选中设置字间距的文本；

(2) 在图 4.15 中，单击“字符间距”选项卡，出现图 4.16 所示的“字体”中的“字符间距”设置对话框。

(3) 在对话框中，选择或者输入字体间距及其他参数，此时在预览中显示效果。

(4) 最后，单击“确定”按钮。

4.5.1.3　文字效果

文字效果是对选定的文字设置动态效果，可以使生硬的文字动态化，使效果更加美观。设置文字效果的具体步骤如下：

(1) 选定要设置文字效果的文本。

(2) 在“字体”对话框中，单击“文字效果”选项卡，出现图 4.17 所示的“字体”中的“文字效果”对话框。

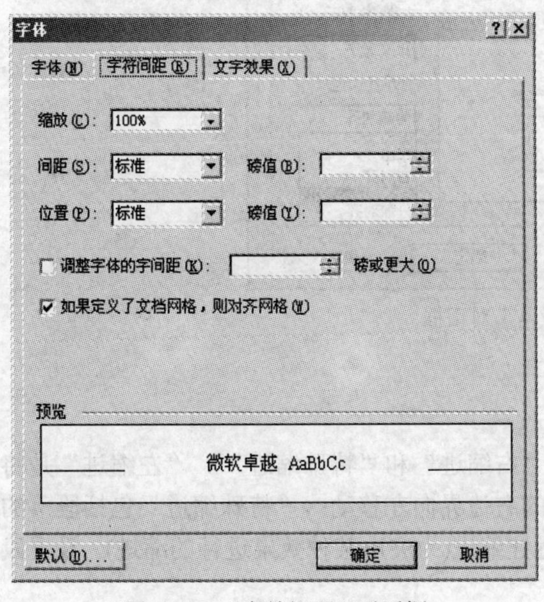

图 4.16　“字符间距”对话框

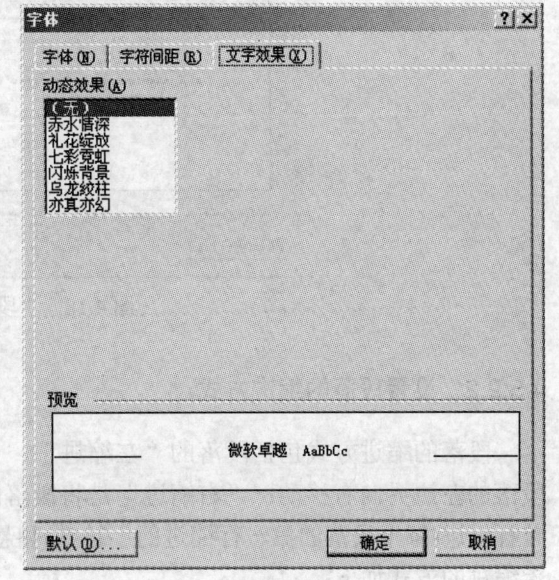

图 4.17　“文字效果”对话框

(3) 选定动态效果中的选项，在“预览”中显示实际的效果，单击“确定”按钮即可。

4.5.2 段落格式化

Word中的段落是指以回车键结束的一段文字，段落的结束标记是一个弯曲的箭头，段落内可以是一张表、一幅画、一段不定长的文字，甚至没有任何文字。段落格式化的作用是改变段落的外观，主要包括段落的对齐方式、行间距、段间距、自动编号、添加边框和底纹等。

4.5.2.1 设置缩进和间距

在Word中，用户可以设置段落的对齐方式、段落的缩进、段前间距和段后间距。

(1) 设置段落对齐方式。在Word中，对齐方式有5种，即两端对齐、居中、左对齐、右对齐和分散对齐。设置对齐方式的操作如下：

① 将插入点移到要设置的段落上。

② 打开“格式”菜单，选择“段落”命令，出现图4.18所示的“段落”对话框。

③ 在“缩进和间距”选项卡下，打开“对齐方式”选项按钮，出现5种方式，选择所需要的方式，设置后在预览中显示设置的效果。

④ 设置完毕，单击“确定”按钮。

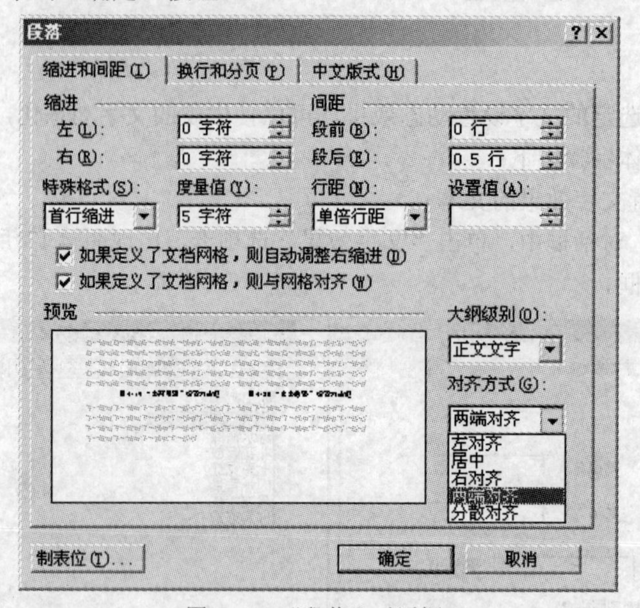

图4.18 “段落”对话框

4.5.2.2 设置段落的缩进方式

段落的缩进方式包括段落的“左缩进”、“右缩进”和“特殊缩进”。“左缩进”是将段落的左边界向右移动；“右缩进”是将段落的右边界向左移动；“特殊缩进”包括段落的首行缩进(每个段落的第一行缩进的字符数)和悬挂缩进(为突出某种效果进行的缩进)。设置段落缩进的方式如下：

(1) 将插入点移到要设置的段落上。

(2) 在图4.18中，按“缩进”区中调节“左”、“右”缩进值。

(3) 打开“特殊格式”选项按钮，在弹出的下拉选项框中，选择“首行缩进”或“悬挂缩进”并设置缩进值，设置后在预览中显示设置的效果。

(4) 设置完毕，单击“确定”按钮。

4.5.2.3　设置间距

间距包括段间距和行间距，段间距是设置段与段之间的距离，行间距是设置段内的行与行之间的距离。常用的段间距有段前间距(与前一段之间的距离)和段后间距(与后一段之间的距离)；行距有“单倍行距”、“1.5 倍行距”、“2 倍行距”、“最小值”、“固定值”和“多倍行距”。设置间距的步骤如下：

(1) 将插入点移到要设置的段落上。

(2) 在图 4.18 中，在“间距”选项区选择段前或段后选择项，并分别设置或调节选项值。

(3) 在“行距”下拉选项中，选择行距或者选择调节行距值，设置后在预览中显示设置的效果。

(4) 设置完毕，单击“确定”按钮。

4.5.3　项目符号和编号

为了便于文档的阅读和醒目，往往需要对文档设置项目符号、编号和多级符号。项目符号和编号的设置可以使用工具栏中的工具，也可以通过菜单方式，为了节省篇幅，这里只介绍菜单的操作，工具栏的操作只要在工具栏中单击工具按钮即可完成。

4.5.3.1　设置项目符号

设置项目符号的具体步骤如下：

(1) 选中要设置项目符号的文本段落。

(2) 打开“格式”菜单，选择“项目符号和编号”命令，出现图 4.19 所示的“项目符号和编号”对话框。

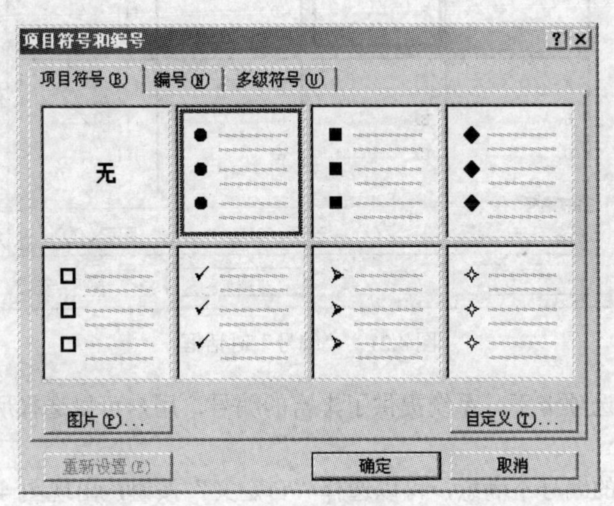

图 4.19　“项目符号和编号”对话框

(3) 在“项目符号”选项卡下，系统提供了丰富的项目符号、用户可以选择所需要的项目符号(系统默认无项目符号)。

(4) 如果对列出的项目符号不满意，可以选择“自定义”按钮，出现图 4.20 所示的“自定义项目符号列表”对话框，用户可以自己设置项目符号的字体、项目符号的位置和文字位置等信息，自定义结束单击“确定”按钮，系统返回到“项目符号和编号”对话框。

(5) 全部设置完毕，单击“确定”按钮。

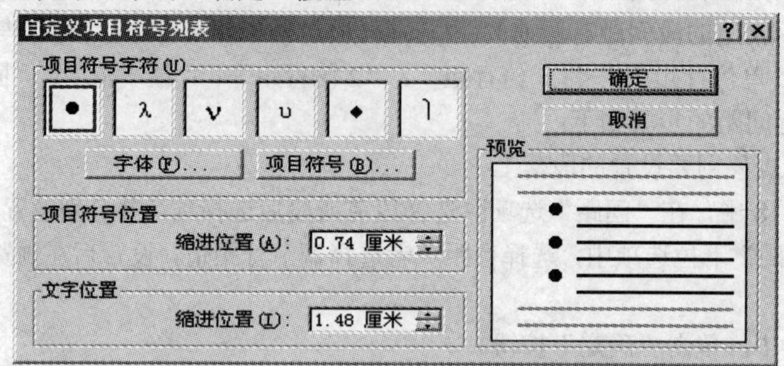

图 4.20 “自定义项目符号列表”对话框

4.5.3.2 设置编号

(1) 选中要设置编号的对象。

(2) 在图 4.19 对话框中，单击“编号”选项卡，出现图 4.21 所示的“项目符号和编号”中的“编号”对话框。

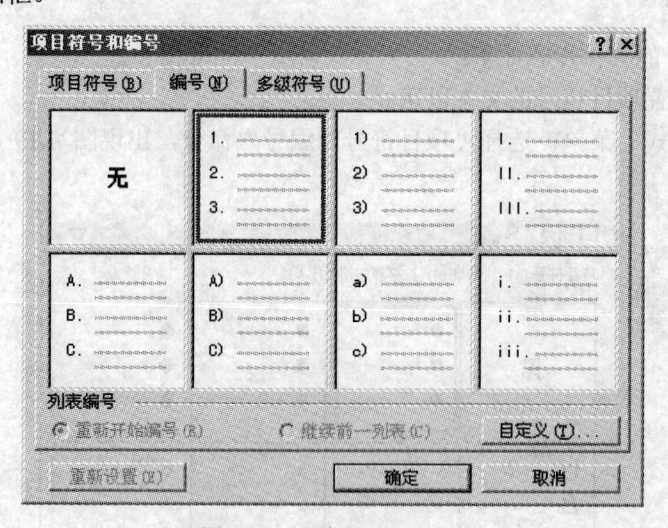

图 4.21 “编号”对话框

(3) 在“编号”选项卡下，系统提供了丰富的编号，用户可以选择所需要的编号符号(系统默认无编号)。

(4) 如果对列出的编号不满意，可以选择“自定义”按钮，出现图 4.22 所示的“自定义编号列表”对话框，用户可以自己设置编号的字体、编号的位置和文字位置等信息，自定义结束，单击“确定”按钮，系统返回到“项目符号和编号”中的“编号”对话框。

(5) 全部设置完毕，单击“确定”按钮。

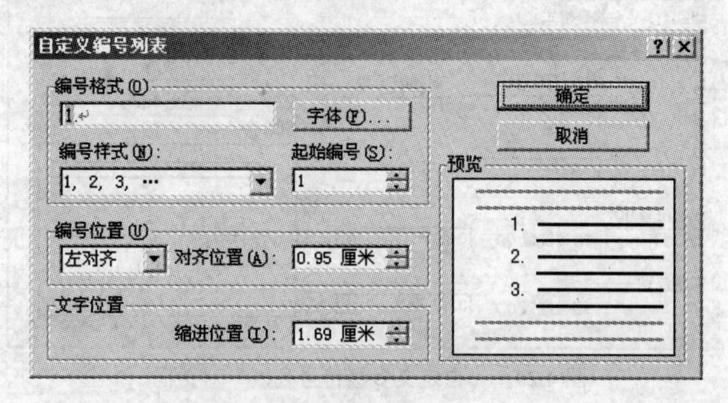

图 4.22　“自定义编号列表”对话框

4.5.3.3　设置多级符号

多级符号的设置和项目符号、编号的设置类似，操作步骤如下：

(1) 选中要设置编号的对象。

(2) 在图 4.19 对话框中，单击“多级符号”选项卡，出现图 4.23 所示的“项目符号和编号”中的“多级符号”对话框。

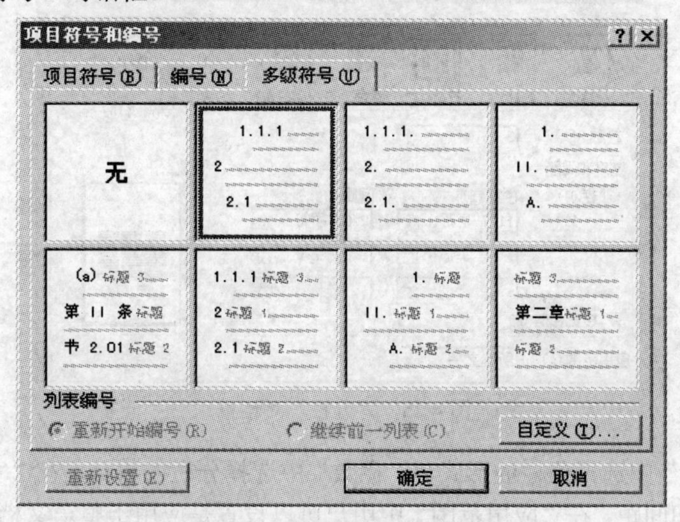

图 4.23　“多级符号”对话框

(3) 系统提供了丰富的多级符号，在“多级符号”选项卡下，用户可以选择所需要的多级编号(系统默认无多级符号)。

(4) 如果对列出的多级符号不满意，可以选择“自定义”按钮，出现图 4.24 所示的“自定义多级符号列表”对话框。用户可以自己设置多级符号字体、编号的位置和文字位置等信息，定义后系统会在“预览”中显示实际的效果，自定义结束单击“确定”按钮，系统返回到“多级符号”对话框。

(5) 全部设置完毕，单击“确定”按钮。

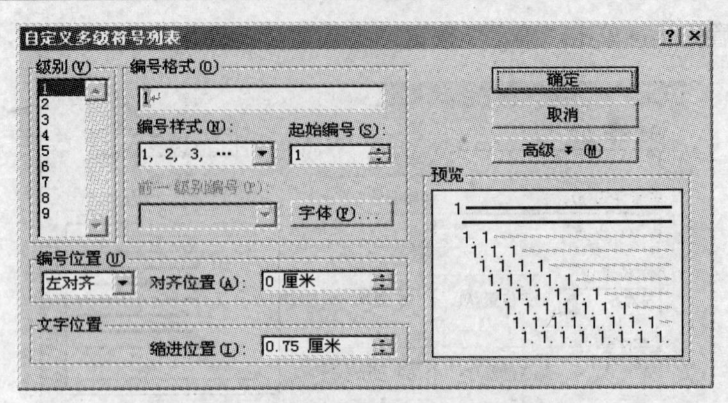

图 4.24 “自定义多级符号列表”对话框

4.5.4 设置分栏

在报纸、杂志的编写中，有时为了方便，需要将文档分栏排版，以便于阅读。设置分栏的操作步骤如下：

(1) 选中分栏的文本。

(2) 单击“格式”菜单，选择“分栏”命令，出现图 4.25 所示的“分栏”对话框。

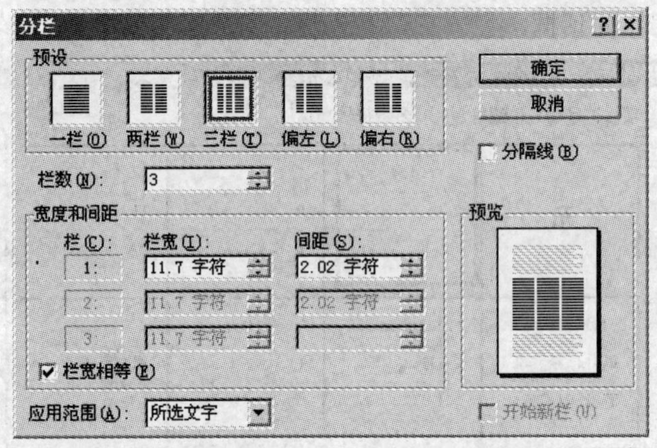

图 4.25 “分栏”对话框

(3) 在“预设”中选择分栏的形式，“栏数”中选择分栏的数目，在“宽度和间距”中用户可以设置栏宽和间距，在“应用范围”中用户可以设置是应用于整篇文档还是插入点之后。

(4) 全部设置完毕，单击“确定”按钮。

在一篇文档中，用户可以设置多种分栏形式。

4.5.5 设置边框和底纹

为了突出文本(包括文本框、段落、某些文字、表格、图片或整个页面)的显示内容，可以为其添加边框(即在选定文本的四周增加边框)和底纹。

4.5.5.1 设置边框

设置边框的操作步骤如下：

(1) 选中要设置边框的文本内容。

(2) 单击“格式”菜单，选择“边框和底纹”命令，出现图 4.26 所示的“边框和底纹”对话框。

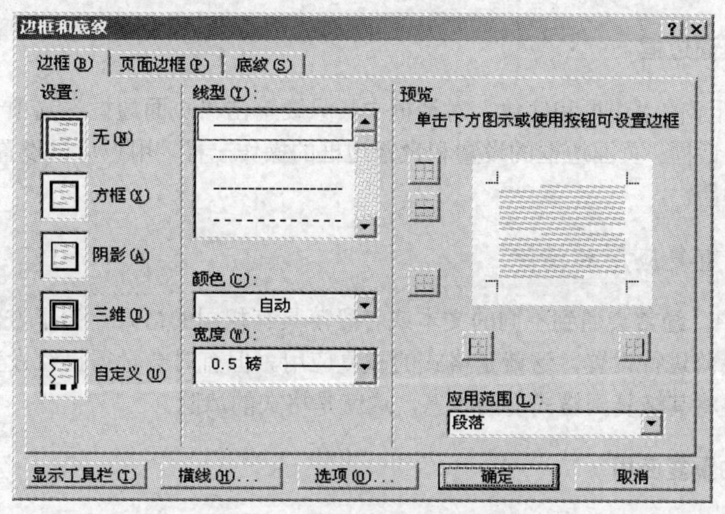

图 4.26　“边框和底纹”对话框

(3) 在对话框中，在“设置”下选择边框的形式，选择“线型”、“颜色”、“宽度”以及“应用范围”，此时在“预览”中显示边框的设置效果。

(4) 全部设置完毕，单击“确定”按钮。

4.5.5.2　设置底纹

设置底纹的操作步骤如下：

(1) 选中要设置边框的文本内容。

(2) 在图 4.26 中，单击“底纹”选项卡，出现图 4.27 所示的“边框和底纹”对话框中的“底纹”选项卡。

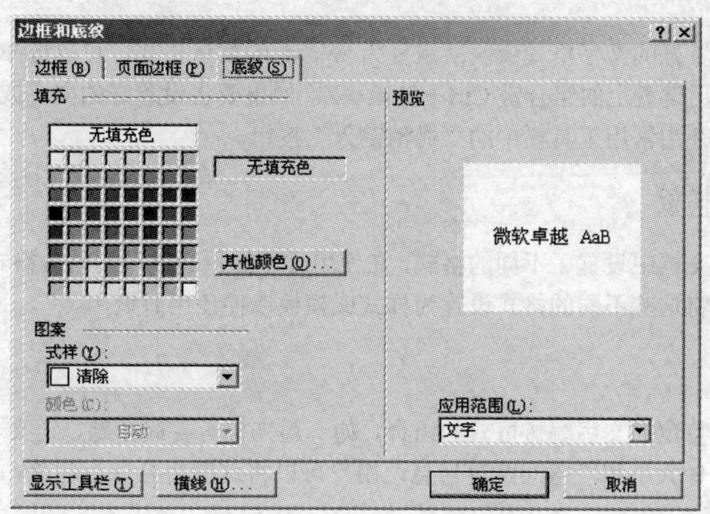

图 4.27　“底纹”选项卡

(3) 在对话框中，选择底纹的填充颜色、“图案”和“应用范围”，此时在“预览”中显示底纹的设置效果。

(4) 全部设置完毕，单击“确定”按钮。

4.5.5.3 设置页面边框

在图 4.26 所示的“边框和底纹”对话框中，只要单击“页面边框”选项卡，就可以打开“页面边框”对话框。页面边框的设置和设置边框的操作一样，用户可以设置艺术型的边框，改变边框的页边距。

4.5.6 格式的重复应用和清除

在 Word 中，经常会遇到不同的文本或者段落具有相同的格式，为了方便，往往不重新对这些文本或段落进行设置，这就是格式的重复应用。但有时会觉得已经设置的文本或段落不太合适，需要将其恢复到格式前的状态，这就是格式的清除。

4.5.6.1 格式的重复应用

格式的重复应用就是将已经设置好的文字或者段落格式复制到其他位置，使其他位置的文字和段落具有相同的格式或者称为格式的复制。格式复制的操作步骤如下：

(1) 选中已经设置好的段落和格式。

(2) 单击或双击常用工具栏中的“格式刷”按钮，此时鼠标的插入点变为格式刷形状。

(3) 将格式刷移动到目标位置的开始处，按下鼠标左键并拖动鼠标至格式复制的结束处，松开鼠标，鼠标选中部分的格式被复制。

(4) 如果是单击选中的格式刷，则格式刷状态被清除；如果是双击选中的格式刷，则格式刷仍然存在(工具栏中的格式刷仍以亮度显示)，可以继续使用。当不再使用时，可以再单击格式刷或者按 Esc 键。

4.5.6.2 格式的清除

如果要将设置好的文字格式或段落恢复为 Word 的默认格式，可以选中要恢复的格式的文字或段落，使用键盘上的组合键 Ctrl＋Shift＋Z。如果要将设置好的文字或段落恢复到设置前的状态，可以使用常用工具栏中的“撤消键入”按钮。

4.5.7 样式与模板

有时在一篇文档中设置了不同的格式，在使用时可能不断地调用这些格式来格式化文本，为了方便，可以将这些不同的格式设置为样式或模板以便使用时调用。

4.5.7.1 样式

样式是一种特定的文字编排格式的组合，如一篇文档有各级标题、正文、页眉、页脚等，并且各自都有字体大小和段落间距等信息，用户可以将这些组合保存起来，以便在需要时随时调用。

样式可以分为两种：段落样式和字符样式。段落样式是保存了字符和段落的格式，如字体大小、对齐方式、边框和底纹、行间距和段间距等。字符样式保存了对字符的格式化，如文本中字体的大小、粗体和斜体以及效果等。

(1) 定义样式。定义样式的操作如下：

① 单击“格式”菜单，选择“样式”命令，出现图 4.28 所示的“样式”对话框。

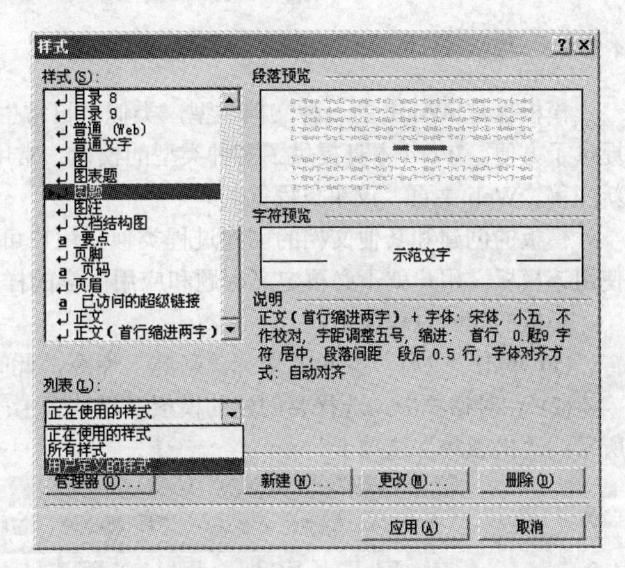

图 4.28　“样式”对话框

② 在“样式”列表中选择“用户定义的样式”，单击“新建”按钮，出现图 4.29 所示的“新建样式”对话框。

③ 在对话框的“名称”中输入要定义的样式名称，在“样式类型”中选择是段落还是字符，也可以在“基准样式”和“后续段落样式”中选择相应的选项。

④ 单击“格式”选项，可以设置新定义样式的字体、段落、边框、语言、图文框、编号等内容，此时在“预览”中显示新定义样式的效果，如果想让定义的样式不但在本文本中使用，也可以在其他文档中使用时，可以选择“添至模板”复选框。

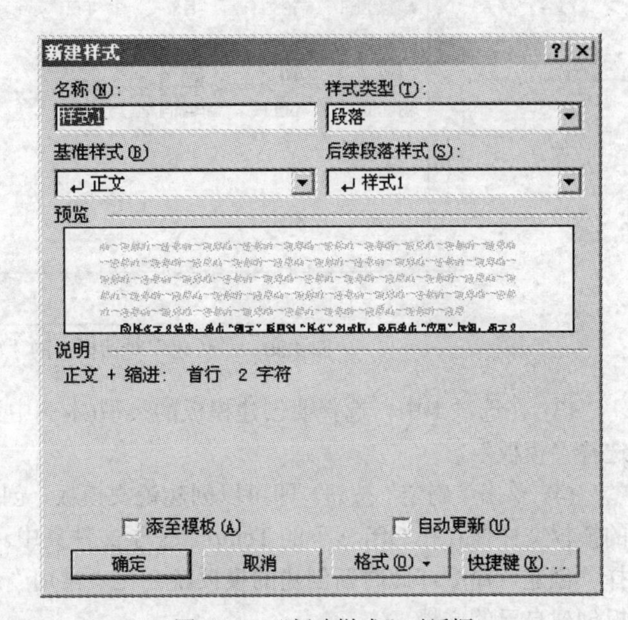

图 4.29　“新建样式”对话框

⑤ 样式定义结束，单击“确定”，返回到“样式”对话框，最后单击“应用”按钮，新定义的样式即被保存，并在“格式”工具栏的列表中显示。用户以后就可以使用该样式。

(2) 样式的使用。样式使用最简单的方法是利用工具栏中的“格式”工具，操作步骤如下：

① 选中要使用样式的段落或文字。

② 单击工具栏中的“样式”下拉按钮，选择要使用的样式即可。

(3) 样式的删除。如果用户要删除样式，可以在图 4.28 所示的“样式”对话框中选择要删除的样式，单击“删除”按钮。

如果要更改样式，在图 4.28 所示的“样式”对话框中，选择要更改的样式，单击“更改”按钮，此时出现与图 4.29 类似的“更改样式”对话框，在其中重新定义样式，修改完毕并将其保存。

4.5.7.2 模板

模板也是 Word 的一种文档类型，类似于日常生活中使用的模具，它为不同文档的建立提供了方便。Word 本身提供了多种类型的模板：常用、报告、信函与传真、简历、备忘录、新闻稿、Web 主页、议事日程等。

模板的创建和其他文档的创建过程类似，用户可以利用已经存在的文档创建模板，只要使用该模板，用户就不必再定义标题和应用同样的样式，只要使用这些模板元素即可。

模板的创建过程如下：

(1) 单击“文件”菜单，选择“新建”命令，此时出现图 4.4 所示的“新建”对话框。

(2) 在对话框中，选择要创建的模板类型选项卡(如本例中的“出版物”)，出现如图 4.30 所示的“出版物”选项卡。

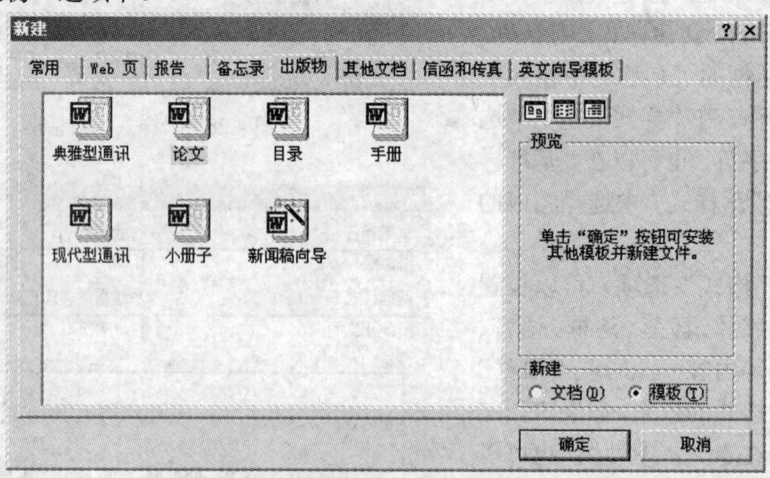

图 4.30 “新建”对话框中的“出版物”选项卡

(3) 在选项卡中，选择要创建模板的类型(本例中为“论文”)，并在“新建”选项按钮下选择“模板”。

(4) 单击“确定”按钮，即可以创建论文模板，创建结束将模板保存。通常情况下，Word 的模板文件保存在 Office 下的 Templates 子文件夹中。使用模板时只需要在“文件”菜单下选择“创建”命令，此时新创建的模板就会在“常用”选项卡下显示，用户可以选择需要的模板创建自己的文档。

4.6 表格操作

在文档的操作中经常需要编制一些统计表、工资表，利用表格可以更加简明、直观地表达一些数据。Word 提供了丰富而方便的表格功能，除了进行表格的创建、编辑之外，还提供了表格的排序、计算等功能。

4.6.1 表格的创建

Word 中的表格有行和列组成，表格中的每一格称为单元格，在单元格中用户可以输入内容。表格的创建可以使用工具栏和菜单方式。下面以表4.4为例来介绍表格的创建过程。

表4.4　学生成绩统计表

姓　名	数　学	物　理	语　文	化　学	合　计
李　平	80	76	54	78	
王大力	76	87	89	67	
赵亚男	76	66	34	87	
高　远	98	87	98	67	

4.6.1.1　利用菜单创建表格

创建表格首先要确定表格的行数和列数，生成一个空表，然后再输入单元格的内容。利用菜单创建表格的操作步骤如下：

(1) 将插入点移到要插入表格的位置。

(2) 单击“表格”菜单，选择“插入”命令并在级联菜单选择“表格”，出现图4.31所示的“插入表格”对话框。

(3) 在对话框的“表格尺寸”中，选择表格的“列数”和“行数”，并可以调整表格的宽度或者选择“设为新表格的默认值”。

(4) 设置结束，单击“确定”按钮，出现表4.5所示的创建的新空表。

新表创建后，按整个行宽等分各列。

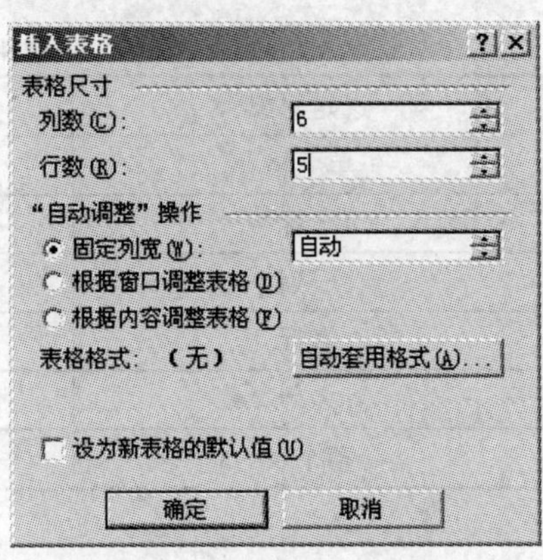

图4.31　“插入表格”对话框

4.6.1.2　利用工具栏

利用工具栏创建表格比较方便，使用工具栏中的“插入表格”按钮，按下鼠标左键拖动鼠标直到拖动到指定的行、列数，松开鼠标即出现表4.5所示的空表。

通常情况下，如果不对表格作特殊设置，往往可以使用工具栏来创建表格。

表4.5　创建的新空表

4.6.2　表格的编辑

表格创建后，由于是一张空表，用户需要对表格进行编辑。编辑表格通常包括表格中单元格内容的输入、添加/删除表格的行和列、单元格的一些操作(合并、拆分)等。

4.6.2.1 编辑文本内容

在表格中编辑文本内容，只要将插入点移到相应的单元格中直接输入即可。移动插入点的基本方法是将鼠标指针指向相应单元格，单击鼠标即可。单元格中插入点的移动也可以通过方向键来进行。用户可以在插入点处输入文本的内容(数字、文字、符号)。若要在表格的最后添加一行时，可以将插入点移到最后一个单元格中，按 Tab 键，或者将插入点移到最后一个单元格的后边，按 Enter 键。

4.6.2.2 选定表格

对表格的选定包括选定单元格、选定一行、选定一列、选定多行或多列、选定整个表格等多种情况，表 4.6 给出了选定表格的一些操作方法。当然，选定表格还有其他方式，在此不再介绍。

表 4.6 给出选定表格操作方法

选定对象	操作方法
单元格	在单元格的左边界单击
一行	单击该行的左边
一列	单击该列顶端的边框或虚框
多行	用鼠标拖动选择
多列	用鼠标拖动选择
整个表	单击表格右上角的“＋”字方框标记

4.6.2.3 改变表格的列宽和行高

如要改变单元格的宽度和高度，可以用鼠标指向要改变表格的行或列的位置，当鼠标指针变为双向箭头时(在行上为水平方向的双向箭头，在列上为垂直方向的双向箭头)，拖动鼠标，即可以改变行宽和列高。如果要精确地改变行高和列宽，可以用下列方法。

(1) 改变表格的行高。改变表格行高的操作步骤如下：

① 选定要改变行高的行。

② 单击“表格”菜单，选择“表格属性”对话框，在对话框中单击“行”选项卡，出现图 4.32 所示“表格属性”中的“行”对话框。

③ 在对话框中，选择“指定高度”复选框，通过下拉按钮设定或用键盘输入行高值，并选择是否“允许跨页断行”。

④ 设置结束，单击“确定”按钮，选定行的高度即可改变。

(2) 改变表格的列宽。其操作步骤如下：

① 选定要改变宽度的列。

② 单击“表格”菜单，选择“表格属性”对话框，在对话框中单击“列”选项卡，出现图 4.33 所示“表格属性”中的“列”对话框。

③ 在对话框中，选择“指定宽度”复选框，通过下拉按钮设定或用键盘输入列宽度值，

并可以选择“前一列”或“后一列”按钮改变列。

④ 设置结束，单击“确定”按钮，选定列的高度即可改变。

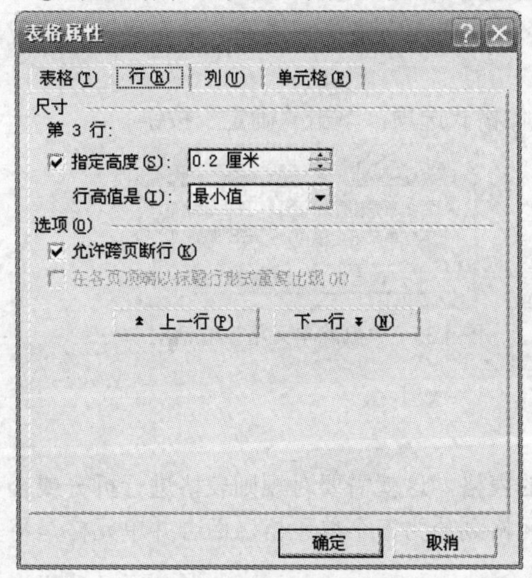

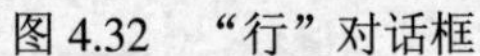
图 4.32　“行”对话框

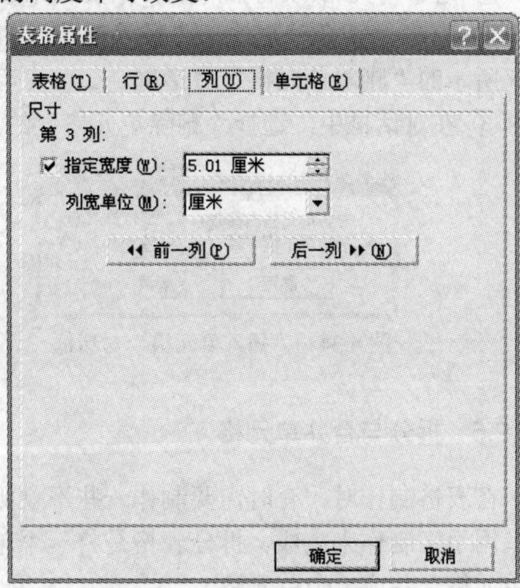

图 4.33　“列”对话框

4.6.2.4　添加或删除表格的行、列

添加或删除行、列是表格操作中经常用到的，通常包括插入行、列，删除行、列。

如果要插入行，首先选中要插入处的行(或将插入点移到要插入行的某个单元格中)，单击“表格”菜单，选择“插入”命令，在级联菜单中选择“行(在上方)”或“行(在下方)”，用户可以在指定行的上方或下方插入行。如果用户要删除行，选中要删除的行(或将插入点移到要删除的行的某个单元格中)，单击“表格”菜单，选择“删除”命令并在级联菜单中选择“行”。

如果用户要插入列，首先选中要插入处的列(或将插入点移到要插入列的某个单元格中)，单击“表格”菜单，选择“插入”命令，并在级联菜单中选择“列(在左侧)”或“列(在右侧)”，用户可以在选定列的左侧或右侧插入一列。如果用户要删除列，首先选中要删除的列(或将插入点移到要删除列行的某个单元格中)，单击“表格”菜单，选择“删除”命令并在级联菜单中选择“列”即可。

4.6.2.5　添加或删除单元格

用户对行、列的操作也可以用单元格操作来实现，用户可以插入或删除一个单元格。插入单元格是将一个单元格、整行或者整列插入到表格的指定位置；删除单元格是将选定的一个单元格、整行或者整列单元格从表格中删除。

(1) 添加单元格。添加单元格的操作步骤如下：

① 选中单元格(或将插入点移到要添加单元格处)。

② 单击“表格”菜单，选择“插入”命令，并在级联菜单下选择“单元格”，出现图 4.34 所示的“插入单元格”对话框。

③ 在对话框中，选择“插入单元格”的格式选项，单击“确定”按钮。

(2) 删除单元格。删除单元格的操作步骤如下：

① 选中单元格(或将插入点移到要删除的单元格处)。

② 单击“表格”菜单，选择“删除”命令，并在级联菜单下选择“单元格”，出现图4.35所示的“删除单元格”对话框。

③ 在对话框中，选择“删除单元格”的具体格式选项，单击“确定”按钮。

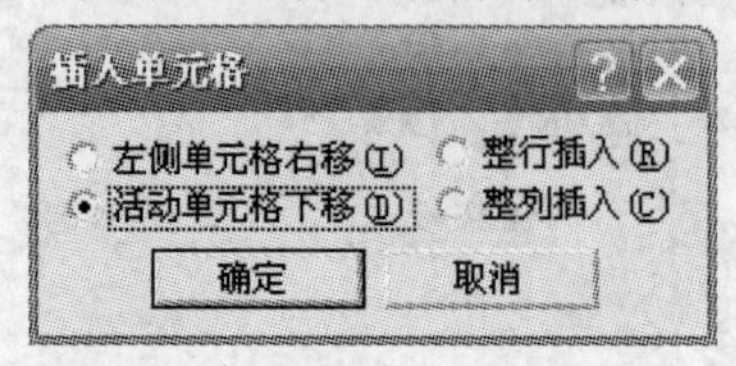

图 4.34 “插入单元格”对话框

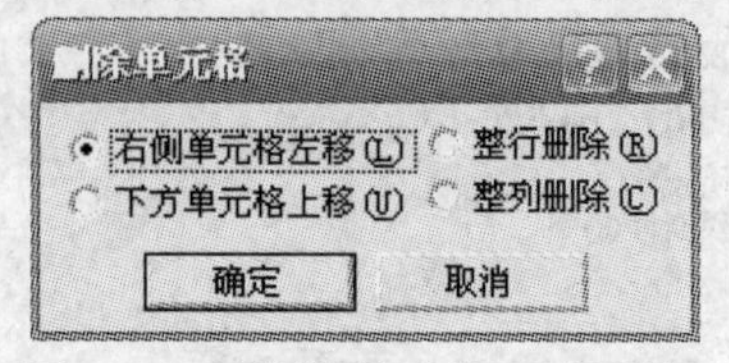

图 4.35 “删除单元格”对话框

4.6.2.6 拆分与合并单元格

在表格制作时，有时需要制作一些不规则的表格，这就需要对规则表格进行拆分或合并以及用手工制作来完成。拆分表格是将一个单元格划分为多个单元格，而合并单元格是将多个单元格合并成一个单元格。

(1) 拆分单元格。拆分单元格具体步骤如下：

① 选中需要拆分的单元格(一个或多个)，如果是拆分一个单元格，也可将插入点移到要拆分的单元格处。

② 单击“表格”菜单，选择“拆分单元格”命令，出现图4.36所示的“拆分单元格”对话框。

③ 在对话框中，选择要拆分的行数、列数，如果拆分前要将几个单元格合并，则选中“拆分前合并单元格”复选框。

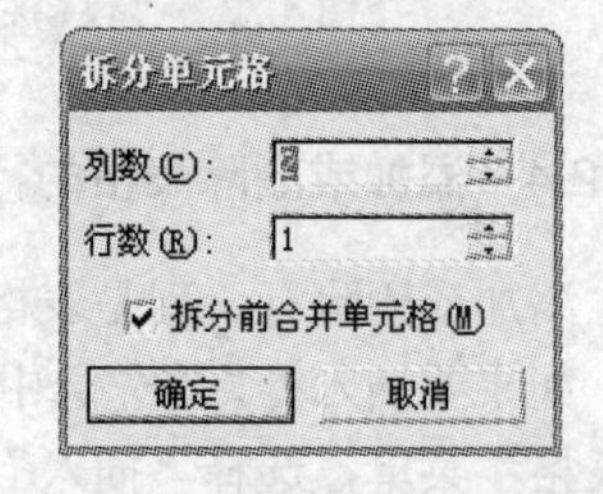

图 4.36 “拆分单元格”对话框

④ 单击“确定”按钮。

(2) 合并单元格。合并单元格的操作比较简单，只要选中要合并的单格(多个单元格)，单击“表格”菜单，选择“合并单元格”命令，即将选中单元格合并(将单元格中的线去掉)。

4.6.2.7 绘制斜线

在表格制作时，有时需要在表格中画斜线，此时可以利用“表格和边框”工具栏中的“绘制表格”工具，将鼠标从一端拖动到另一端释放，即可以绘制斜线。

4.6.3 格式化表格

格式化表格可以改变表格的外观，美化表格。格式化就是设置文本在表格中的内容，主要包括表格边框和底纹效果。

4.6.3.1 设置表格中文本内容的位置

文本内容在单元格中可以是水平居中、居右、垂直居中、靠下和靠上等多种格式。

(1) 设置文本内容水平位置。选中要设置的单元格(或将插入点移到该单元格中)，单击格式栏中的“居中”、“两端对齐”、“右对齐”或“分散对齐”按钮，文本内容将随之调整。

(2) 设置文本内容垂直对齐。在 Word 2000 中，对文本内容垂直对齐定义了 9 种格式，分别是：靠上两端对齐、中部两端对齐、靠下两端对齐、靠上居中、中部居中、靠下居中、靠上右对齐、中部右对齐和靠下右对齐。

设置文本内容垂直对齐的方法：选中要设置对齐方式的单元格，单击鼠标右键，在弹出的快捷菜单中选择“单元格对齐方式”选项，在弹出的子菜单中选择需要的对齐方式。

4.6.3.2　表格的边框和底纹

在 Word 中有时为了突出表格的某些部分，可对表格进行修饰，如对表格设置不同类型的边框和底纹。在表格中，对边框和底纹的设置和文档中完全类似，可以用工具栏中的“表格和边框”按钮设置，也可以用格式菜单中的“边框和底纹”命令进行设置。为了方便，本文主要介绍菜单方式。

(1) 设置表格的边框。设置表格边框的操作步骤如下：

① 选中要设置表格的全部或部分单元格。

② 单击“格式”菜单，选择“边框和底纹”命令，出现图 4.37 所示的“边框和底纹”对话框(与图 4.26 相似)。

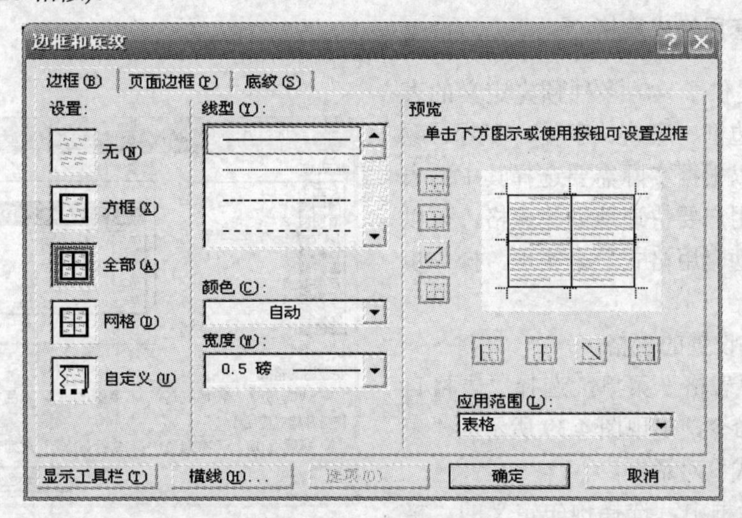

图 4.37　用于表格的“边框和底纹”对话框

③ 在对话框的“边框”选项卡下，“设置”边框形式，选择“线型”、“颜色”、“宽度”，并选择“应用范围”(文字、表格、单元格、段落)，在“预览”中显示实际设置的形式。

④ 设置完毕，单击“确定”按钮。

(2) 设置表格的底纹。设置表格底纹的操作和边框的操作过程类似，具体步骤如下：

① 选中要设置表格的全部或部分单元格。

② 在图 4.37 中单击“底纹”选项卡，出现图 4.38 所示的“底纹”对话框(与图 4.27 相似)。

③ 在对话框中，选择“填充”的颜色、“图案样式”、“应用范围”等，同时在“预览”中显示实际效果。

④ 设置完毕，单击“确定”按钮。

页面边框的设计和文档边框设置完全类似，在此不再介绍。

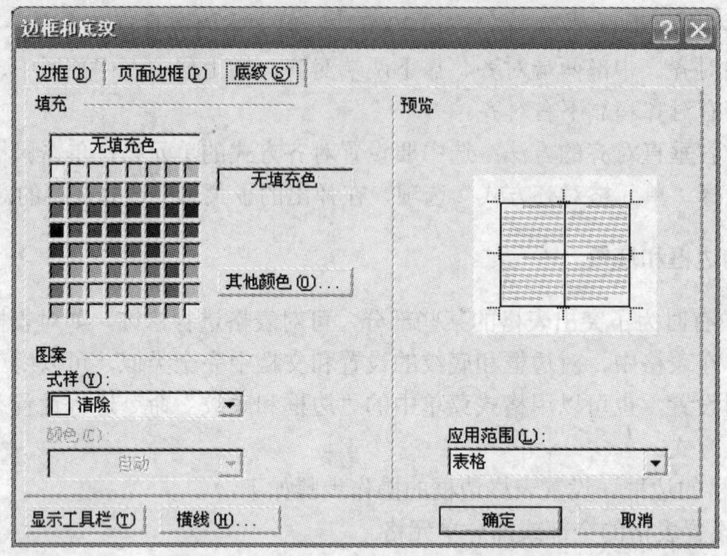

图 4.38 用于表格的“底纹”对话框

4.6.3.3 自动套用格式表格

Word 中提供了 40 多种预先定义的表格格式，包括边框、底纹、字体、字号、颜色等，用户可以根据实际需要选择其中的表格格式。如果用户要快速地创建表格，可以采用“表格自动套用格式”来实现，操作步骤如下：

(1) 选中要设置的表格。

(2) 单击“表格”菜单，选择“表格自动套用格式”命令，出现图 4.39 所示的“表格自动套用格式”对话框。

(3) 在对话框中，选择预先定义的“格式”选项，并在复选框中选择“字体”、“边框”、“底纹”以及其他选项。

(4) 最后单击“确定”按钮。

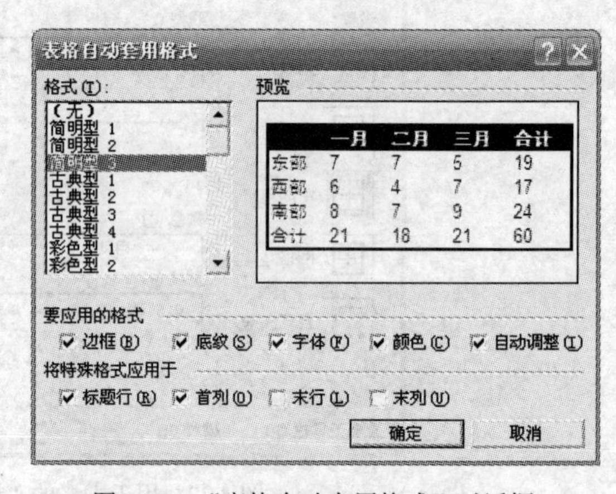

图 4.39 “表格自动套用格式”对话框

4.6.4 表格的计算与排序

Word 中提供了表格的加、减、乘、除、求平均值以及函数计算等多种计算和对数据的排序功能。

4.6.4.1 表格的计算

表格中有些数据可以通过计算得到，从而简化了表格数据的输入、减少了错误。对于简单数据的求和，可以将插入点移到存放求和数据的单元格中，单击表格和边框工具栏中的求和“Σ”按钮即可。

表格数据的计算通常是用公式来实现的，下面以表 4.7 学生成绩表为例，计算每个同学各门课程成绩的“合计”值。

Word 规定，每一个表格的行用数字序号表示，列用英文字母标记，并且标记位置时用“列号”+“行号”的形式表示。例如，数学所在的位置是 B 列 1 行，写为 B1，连续的行或列可以中间用冒号分隔，如从 B 列到 E 列的第 2 行，写为 B2:E2(表示方式与 Excel 相同)。

表 4.7　学生成绩表(1)

姓　名	数　学	物　理	语　文	化　学	合　计
李　平	80	76	54	78	
王大力	76	87	89	67	
赵亚男	76	66	34	87	
高　远	98	87	98	67	

利用公式进行表格计算的操作步骤如下：

(1) 将插入点移到存放计算结果的单元格中，如计算“李平”合计成绩，将插入点移到李平所在行的合计单元中。

(2) 单击“表格”菜单，选择“公式”命令，出现图 4.40 所示的“公式”对话框。

(3) 在对话框中，输入计算公式，如果对公式比较熟悉可以将函数直接输入，如果记不准函数，可以用“粘贴函数”从下拉列表框中选择，此时会在公式中显示函数。如果对数字格式有限制，可以选择“数字格式”。本例是计算从 B 列到 E 列第 2 行的成绩合计，故公式可以写为“= SUM(B1:E1)”。

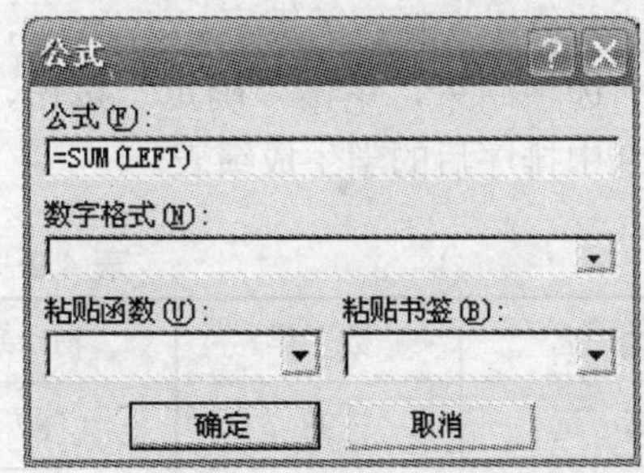

图 4.40　“公式”对话框

(4) 单击“确定”按钮，计算结果显示在 F1 中，如表 4.8 所示。

表 4.8　学生成绩表(2)

姓　名	数　学	物　理	语　文	化　学	合　计
李　平	80	76	54	78	288
王大力	76	87	89	67	
赵亚男	76	66	34	87	
高　远	98	87	98	67	

通过上述操作，得到表 4.8，即计算了“李平”的成绩合计。如果要计算“王大力”的成

绩合计，则公式应该修改为“=SUM(B2:E2)”。

这里需要说明的是，当表格中的数据改变时，结果中的数据不会自动更新。如果选定的单元格位于表格某列的最右端可以用公式“=SUM(Left)”；如果选定的单元格位于某行的最底端，可以用公式“=SUM(Above)”计算。公式前边必须先写“=”符号，再写公式。公式一次只能计算一个单元格中的内容，如果要进行多个数据的计算，可以重复上述的操作。

4.6.4.2 表格中数据的排序

排序是按照某一列或多列内容对字母、数字或者日期按照升序或者降序进行重新排列。当对多列进行排序时，可以先按一个列称为主关键字进行排列，当主关键字相同时，再按另一列(称为次关键字)进行排序。

以表 4.8 为例，按数学成绩的降序和物理成绩的升序进行排序。其操作步骤如下：

(1) 将插入点移到表格中。

(2) 单击“表格”菜单，选择“排序”命令，出现图 4.41 所示的“排序”对话框。

(3) 在对话框中，选择“排序依据”(本例中为“数学”)，并选择“类型”(排序关键字的类型)以及按“递增”(升序)或“递减”(降序)，并可以选择次关键字。

(4) 选项结束，单击“确定”按钮，出现表 4.9 中排序后的学生成绩表。

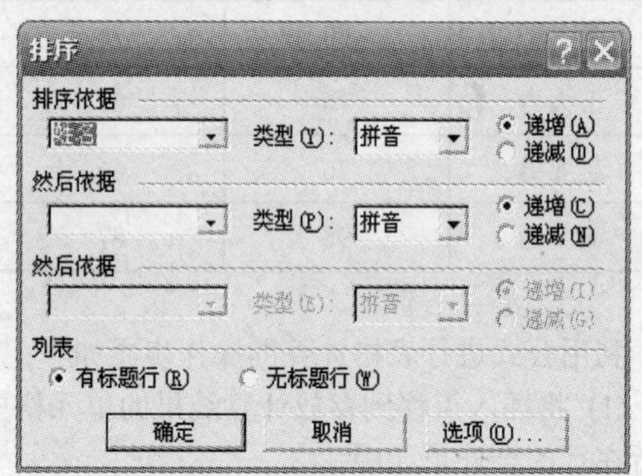

图 4.41 “排序”对话框

表 4.9 排序后的学生成绩表

姓 名	数 学	物 理	语 文	化 学	合 计
高 远	98	87	98	67	
李 平	80	76	54	78	288
王大力	76	87	89	67	
赵亚男	76	66	34	87	

从表中可以看出，数学是主关键字，排序以数学的降序为主排列，当数学成绩相同时，再按次关键字物理成绩的升序(根据选定的要求)排列。排序也可以用“表格和边框” 工具栏中的“升序”和“降序”按钮实现。

4.7 图形操作

Word 除了提供文字、表格操作外，还提供了图片操作，使文字、表格、图形共存，实现了图文混排。它可以方便地插入图形文件，剪贴库中的图片，通过绘制工具绘制图片、艺术字以及数学公式。

4.7.1　插入图形

4.7.1.1　插入剪贴画

Word 的剪贴库提供了大量的剪贴画、图片、声音和图像。在文档中插入剪贴画的操作步骤如下：

(1) 将插入点移到要插入文档的目标位置。

(2) 单击“插入”菜单，选择“图片”命令并在“图片”子菜单下选择“剪贴画”,出现图 4.42 所示的“插入剪贴画”窗口。

图 4.42　“插入剪贴画”窗口

(3) 在对话框中，选择插入图片的“类别”，单击选择的剪贴画的类别图标，如“办公室”，则出现该类别的剪贴画，如图 4.43 所示的“办公室类别”窗口。

图 4.43　“办公室类别”窗口

(4) 单击要插入的剪贴画，在弹出的菜单中选择“插入剪辑”命令，此时选中的剪贴画就出现在目标位置上，将“插入剪贴画”窗口关闭即可。

在 Word 中插入“动画编辑”和“声音”的过程完全一样，只是在“插入剪贴画”窗口中选择相应的标签即可，在此不再介绍。

4.7.1.2 插入图形文件

在 Word 中也可以插入其他图形文件，通常可以插入的图形文件有画图文件(.bmp)、图片文件(.pic)、多媒体图片文件(. jpg)等。在文档中插入图形文件的操作步骤如下：

(1) 将插入点移到要插入文档的目标位置。

(2) 单击“插入”菜单，选择“图片”命令并在“图片”子菜单下选择“来自文件”,出现图 4.44 所示的“插入图片”对话框。

图 4.44 “插入图片”对话框

(3) 在对话框中，选择“查找范围”(图片文件所在的文件夹)、“文件类型”，则指定范围的文件(满足指定类型)和文件夹将在屏幕的左窗口中显示，当选中图片文件时，图片文件的内容将在屏幕的右窗口中显示。

(4) 单击“插入”按钮，则选中的图片将插入到目标位置。

4.7.1.3 图形的复制

复制图形是将已经存在且打开的图形复制到目标位置，复制图形直接用菜单或工具栏中的“复制”、“粘贴”命令即可。复制图形的操作步骤如下：

(1) 打开要复制的图形文件。

(2) 选中图形(用鼠标在图片上单击，此时图片四周形成 8 个小方框)，执行“复制”命令(用工具栏或菜单)。

(3) 将插入点移到目标位置，执行“粘贴”命令即可。

4.7.2　设置图形的格式

对于图形可以进行格式设置，包括缩放、移动、文字环绕方式、删除、改变图片的颜色和亮度等各种操作。

4.7.2.1　图片移动

图片可以从一个位置移动到另外一个位置，操作过程和文本的操作类似，可以用鼠标拖动，用工具栏或者菜单中的“剪切”→“粘贴”。其操作过程如下：

(1) 选中图片。

(2) 用鼠标指向图片，此时鼠标指针出现 4 个方向的剪头，拖动鼠标到目标位置释放，也可以先将图片“剪切”到目标位置后“粘贴”。

4.7.2.2　图片缩放

图片缩放最简单的方法是选中图片后，用鼠标指向图片四周的小方框，此时鼠标变为双向箭头。当在水平方向时，鼠标指针变为水平双向箭头；当在垂直方向时，鼠标指针为垂直双向箭头；当在 4 个角时，鼠标指针变为斜向的双向箭头。拖动鼠标可以任意地放大、缩小图片。对于图片大小的精确设置可以采用下列方法：

(1) 选中图片。

(2) 将鼠标指针指向图片，单击鼠标右键，在弹出的快捷菜单中选择“设置图片格式”命令，出现图 4.45 所示的“设置图片格式”对话框(也可以用工具栏中的“设置图片格式”按钮)。

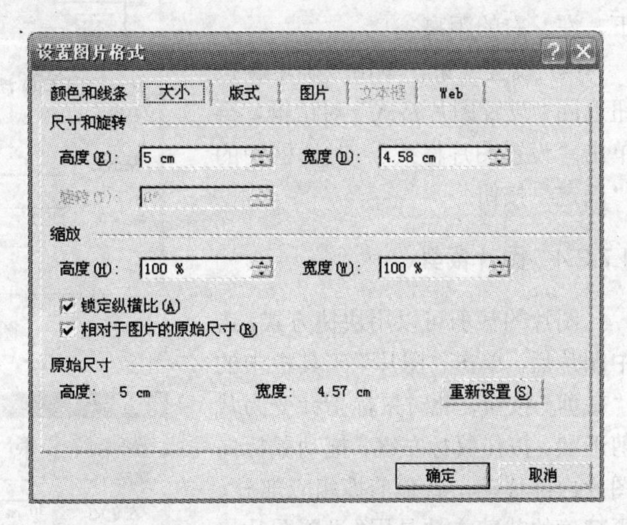

图 4.45　“设置图片格式”对话框

(3) 在对话框中，单击“大小”选项卡，如图 4.45 所示，在“尺寸和旋转”中输入或选择图形的“高度”和“宽度”值，在“缩放”中输入高度和宽度的缩放比例。

(4) 设置结束，单击“确定”按钮。

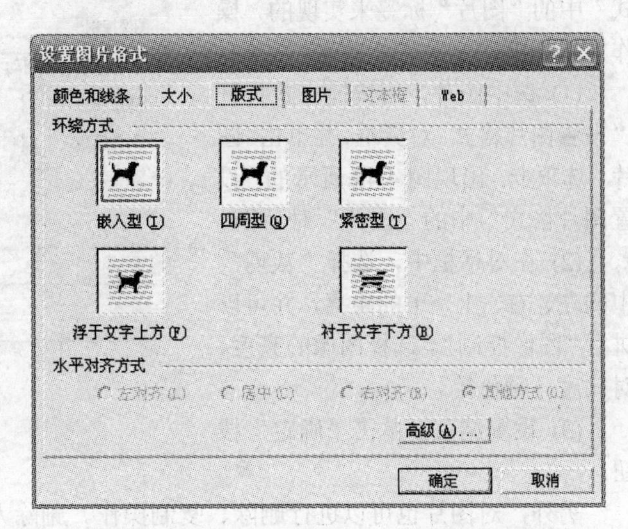

图 4.46　“设置图片格式”中的“版式”对话框

4.7.2.3　设置文字的环绕方式

在 Word 中，根据不同的需要可以设置文字和图形的环绕方式。常用的环绕方式有：四周型、嵌入型、紧密型、浮于文字上方、浮于文字下方、上下型、穿越型。设置文字环绕方式的操作步骤如下：

(1) 选中图片，在图 4.45 所示的“设置图片格式”对话框中，单击“版式”选项卡，出现图 4.46 所示的“设置图片格式”中的“版式”对话框。

(2) 在对话框中，单击选中的环绕方式，再单击“确定”按钮。

(3) 用户也可以单击“高级”按钮，出现图 4.47 所示的“高级版式”对话框，在高级版式中可以单击“图片位置”和“文字环绕”选项卡，在“文字环绕”中，可以选择“环绕方式”，“环绕文字”，“距正文”上、下、左、右的距离。

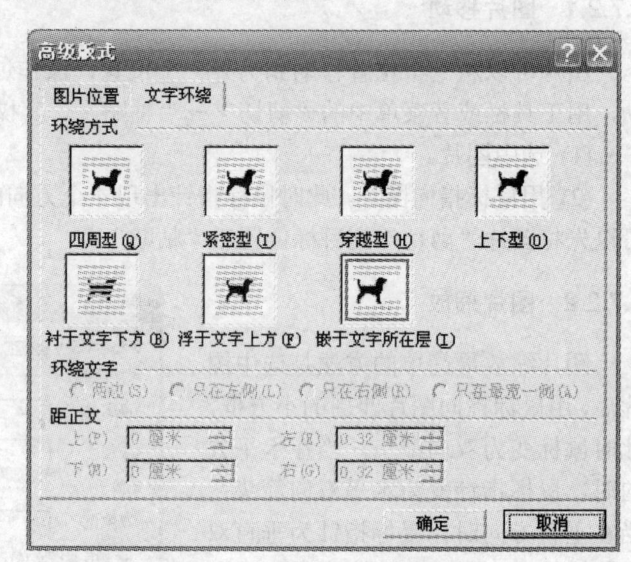

图 4.47 “高级版式”对话框

(4) 设置结束，单击“确定”按钮返回“设置图片格式”对话框，再单击“设置图片格式” 对话框中的“确定”按钮。

4.7.2.4 图片裁剪

图片的裁剪可以用快捷方式，选中图片后，单击“图片”工具栏中的“裁剪”按钮，此时鼠标指针变为裁剪形状。按住鼠标左键，拖动鼠标向图片内部移动，就裁剪掉相应部分。更精确的裁剪方法是用“设置图片格式”中的“图片”标签来实现的，操作方法如下：

(1) 选中图片，用快捷方式打开“设置图片格式”对话框，并单击“图片”选项卡，出现图 4.48 所示的“设置图片格式”中的“图片”对话框。

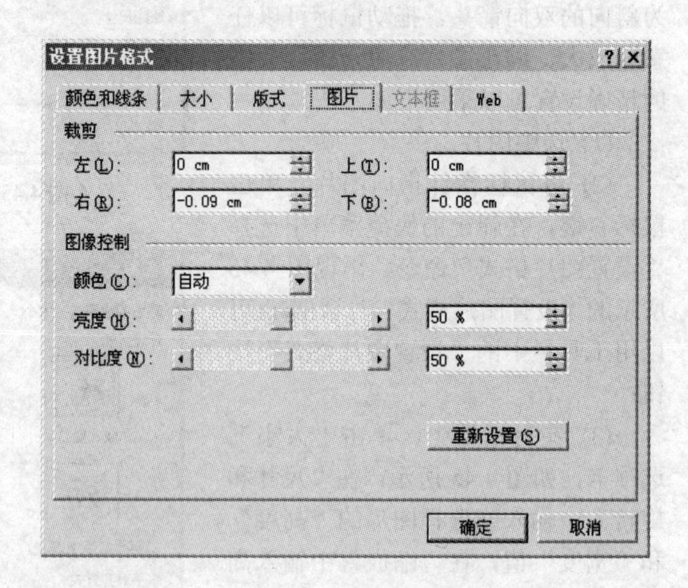

图 4.48 “图片”对话框

(2) 在对话框中，选择“裁剪”中的左、右、上、下的距离，并可以进行“图像控制”，选择图像的亮度、对比度、颜色等。

(3) 设置结束，单击“确定”按钮。

另外，对图片也可以进行删除、复制操作。删除方法和文字类似，即选中图片后用“剪切”工具或者用“编辑”菜单下的“剪切”命令。复制时，选中图片后先 “复制”，后“粘贴”，即完成了图片的复制。

4.7.3　艺术字的使用

Word 中提供了大量的艺术字，利用艺术字功能我们可以方便地建立图形效果和立体的文字效果。

4.7.3.1　插入艺术字

在文档中插入艺术字可以用工具栏中的插入“艺术字”按钮来实现，也可以用菜单方式来实现。使用菜单方式建立艺术字的操作步骤如下：

(1) 将插入点定位到要插入艺术字的文本位置。

(2) 单击“插入”菜单，选择“图片”命令，并在“图片”命令弹出的子菜单中选择“插入艺术字”，出现图 4.49 所示的“‘艺术字’库”对话框。

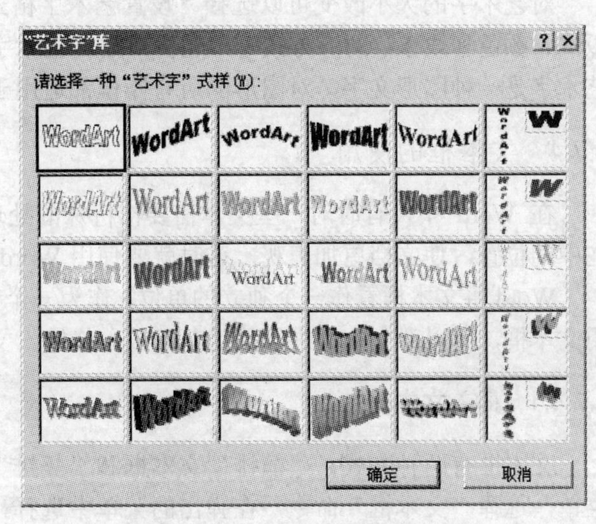

图 4.49　“‘艺术字’库”对话框

(3) 在对话框中，选择要插入的艺术字样式，单击“确定”按钮，出现图 4.50 所示的“编辑‘艺术字’文字”对话框。

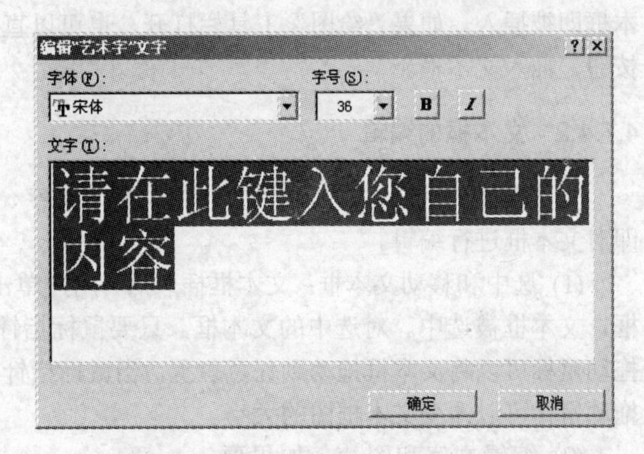

图 4.50　“编辑‘艺术字’文字”对话框

(4) 在对话框中，选择艺术字的“字体”、“字号”，并可以对文字“加粗”和使用“斜体”，在“文字”中输入要插入的艺术字。

(5) 完成上述操作后，单击“确定”按钮，此时输入的艺术字就在文档中显示。

4.7.3.2　艺术字的编辑

对艺术字的处理和图片类似，用户可以对艺术字进行编辑、缩放、移动、设置颜色。艺术字的编辑主要通过艺术字工具栏中的工具：设置艺术字格式、艺术字形状、编辑文字、自由旋转等。

(1) 选中艺术字：只要将鼠标指针移到艺术字上，单击鼠标左键，此时艺术字周围就显示了 8 个控制方框，表示艺术字被选中。当鼠标插入点在选中的“艺术字”上时，鼠标指针呈现“十”字箭头标记，这时拖动鼠标，可将艺术字移动到任意位置释放。

(2) 修改艺术字：选中艺术字后，单击艺术字工具栏中“编辑文字”按钮，在“编辑‘艺术字’文字”对话框中，修改已经输入的艺术字，单击“确定”按钮。如果要修改艺术字的样式，在选中艺术字后，单击艺术字工具栏中“‘艺术字’库”按钮，在“‘艺术字’库”对话框中，重新选择一种艺术字样式，单击“确定”按钮。

对艺术字的大小改变可以选择“设置艺术字格式”按钮，对话框中设置有艺术字大小、版式、颜色和线条、对齐方式等，也可以通过艺术字工具栏设置艺术字的旋转。在 Word 中，艺术字是一种图形文字，对图形的所有操作都适用于艺术字。

4.7.4 文本框的使用

在 Word 中，有时对一些文本需要作特殊的处理，如对文档标题希望横排、竖排或者排在中间位置，使文档更加美观，这时就要使用 Word 中的文本框了。

Word 将文本框看作一个独立的单位，作为一个整体来处理。用户可以像使用图片一样使用文本框，可以对文本框进行移动、缩放、修饰。文本框的使用非常灵活。

4.7.4.1 插入文本框

文本框有两种方式：“横排”文本框和“竖排”文本框。插入文本框可以单击“插入”菜单，选择“文本框”命令，在弹出的菜单中选择“横排”或“竖排”。在文档窗口中，鼠标指针变为“十”字箭头标记，在要插入文本框的位置，拖动鼠标直到需要的大小释放，文本框即被插入。如果“绘图”工具栏打开，也可以直接单击“文本框”(“横排”或“竖排”)按钮，插入文本框。

4.7.4.2 文本框的编辑

文本框插入后，用户可以在文本框中输入文字、插入图片和表格、格式化文本框内容，即对文本框进行编辑。

(1) 选中和移动文本框：文本框插入后，用户单击文本框，此时文本框四周出现 8 个小方框，文本框被选中。对选中的文本框，只要鼠标指针在文本框上呈现“十”字箭头标记时，拖动鼠标可以将文本框拖动到任意位置。当鼠标指针在文本框边框上时，鼠标呈现双向箭头，拖动鼠标可以改变文本框图的大小。

(2) 编辑文字和图片：如果要在文本框中录入文本，选中文本框后，文本框中显示插入点，此时用户可以录入文本。插入图片的方法和在文本中插入完全一样，单击“插入”菜单，选择“图片”二级菜单下具体的图片类型，选中图片即可将其插入到文本框中。

(3) 设置文本框格式：文本框插入后，可以像图片一样对文本框进行格式设置，操作步骤如下：

① 选中文本框。

② 将鼠标指针移到文本框上时，单击鼠标右键，在弹出菜单中，选择“设置文本框格式”命令，出现图 4.51 所示的“设置文本框格式”对话框。

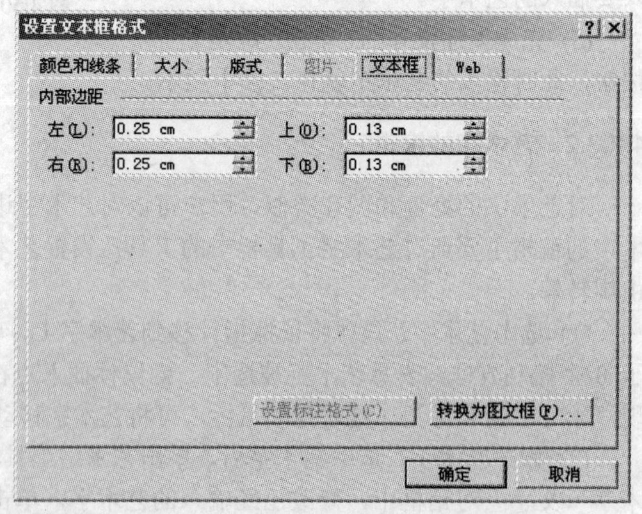

图 4.51 “设置文本框格式”对话框

③ 在对话框中，可以单击“颜色和线条”、“大小”、“版式”、“图片”、“文本框”、“Web”等选项卡，进行具体的设置。

④ 设置结束，单击“确定”按钮。

对于文本框，可以在页面上设置叠放次序。叠放形式有置于文字的上方或下方，有置于顶层或底层，有上移一层或下移一层等；方法是在选中的文本框上用鼠标右键的快捷方式，在弹出的菜单中选择“叠放次序”，在二级菜单中再进一步选择具体的叠放形式即可。

4.7.5　图形绘制

Word 提供了图形的绘制功能，利用绘图工具可以直接在 Word 文档中绘制各种各样的图形，并可以设置文字的环绕方式。

利用绘图工具绘制图形的基本步骤如下：

(1) 单击“绘图”工具栏中的绘图工具(直线、圆、矩形、图形箭头)或者单击“自选图形”下拉按钮，并选择类别和级联菜单下的绘图工具；

(2) 将鼠标指针指向要绘制的图形的位置，此时鼠标指针呈现“＋”字箭头标记，按下鼠标左键拖动鼠标，出现选择的基本图形，然后释放鼠标即可。

图形的设置和图片的设置完全类似，读者可以一试。

4.8　页面排版和打印

文档输入以后，可以对文档的页面进行美化，即设定纸张的大小、页面的格式、打印方向、页边距、页眉和页脚等。

4.8.1　页眉、页脚和页码

页眉和页脚是指在每一页的顶部和底部加入的信息。这些信息可以是文字或图形，内容可以是文件名、标题名、日期和页码等信息。

4.8.1.1　添加或修改页眉和页脚

添加或修改页眉和页脚的操作步骤如下：

(1) 单击“视图”菜单中的“页眉和页脚”命令，在屏幕上出现页眉和页脚编辑界面，并同时出现“页眉和页脚”工具栏。

(2) 在工具栏中，要进行页眉和页脚的创建可以选择“在页眉和页脚间切换”按钮，此时可以改变进行页眉和页脚的创建。

(3) 对建立的页眉和页脚可以利用“格式”工具栏或“格式”菜单进行格式设置。只要选中页眉和页脚，按 Del 键可以删除页眉和页脚；要退出页眉和页脚的编辑，可以单击工具栏中的“关闭”按钮。

4.8.1.2　插入页码

插入页码的操作步骤如下：

(1) 单击“插入”菜单，选择“页码”命令，出现图 4.52 所示的“页码”对话框。

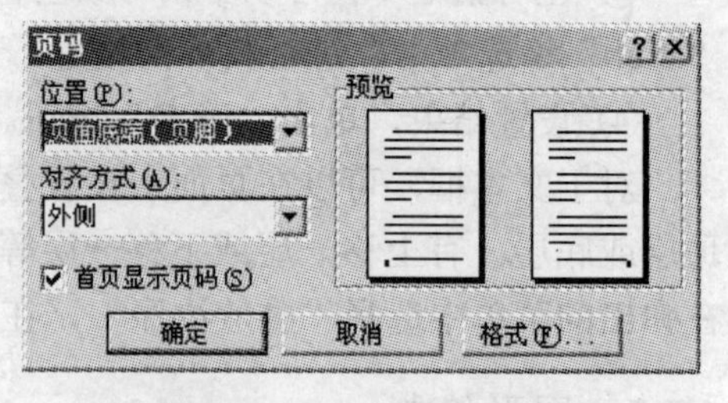

图 4.52 “页码”对话框

(2) 在对话框中，可以设置页码的位置、对齐方式、首页是否显示页码，设置后再在“预览”中显示实际效果。

(3) 如果要设置页码的格式，单击“格式”按钮，出现图 4.53 所示的“页码格式”对话框。

(4) 在“页码格式”中，可以设置页码的数字格式、章节起始样式、使用什么分隔符、页码的编排等信息。

(5) 设置结束，单击“确定”按钮，返回“页码”对话框，再单击“确定”按钮，即进行了页面的设置。

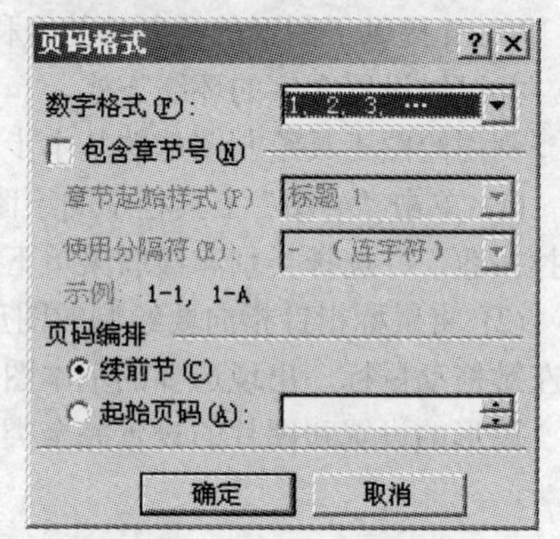

图 4.53 “页码格式”对话框

4.8.2 页面设置

文档建立后，用户可以设置文档的页面格式，通常包括纸张大小、页边距、版面、每行字符数、每页行数等数据。

4.8.2.1 设置页边距

页边距是文本距离纸张各边的距离，页边距与选用纸张的大小有关，Word 将页眉/页脚、页号在页边距上显示，文本内容在页边距内显示。设置页边距的操作步骤如下：

(1) 单击“文件”菜单，选择“页面设置”命令，出现图 4.54 所示的“页面设置”对话框。

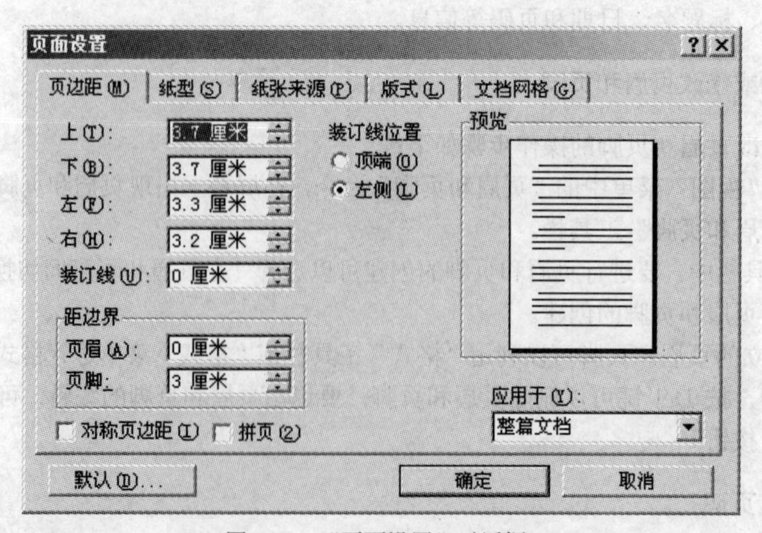

图 4.54 “页面设置”对话框

(2) 在对话框的“页边距”选项卡下，选择上、下、左、右边距的距离，装订线的距离及位置，页眉、页脚所在的位置，并可以为两面打印的文档设置对称页边距，同时设置页边距的应用范围(整篇文档或者插入点之后)。

(3) 设置结束，单击“确定”按钮。

4.8.2.2　设置纸型和纸张来源

在“纸型”选项卡下，可以对纸张进行下列设置：

(1) 纸张大小：选择使用的纸张，同时出现纸张的高度和宽度。

(2) 纸张方向：可以选择纵向或横向。

(3) 应用范围：整篇文档、本节或者插入点之后。

设置结束，只要单击“确定”按钮即可。在“纸张来源”选项卡下，可以选择纸张来源的纸盒。

4.8.2.3　设置页面字数和行数

word 会根据纸张的大小、字号来自动改变行数和字符数，但有时为了页面更加美观，往往用户要对每页的行数、每行的字符数进行设置，步骤如下：

(1) 在图 4.54 中，单击“文档网格”选项卡，出现图 4.55 所示的“文档网络”设置对话框。

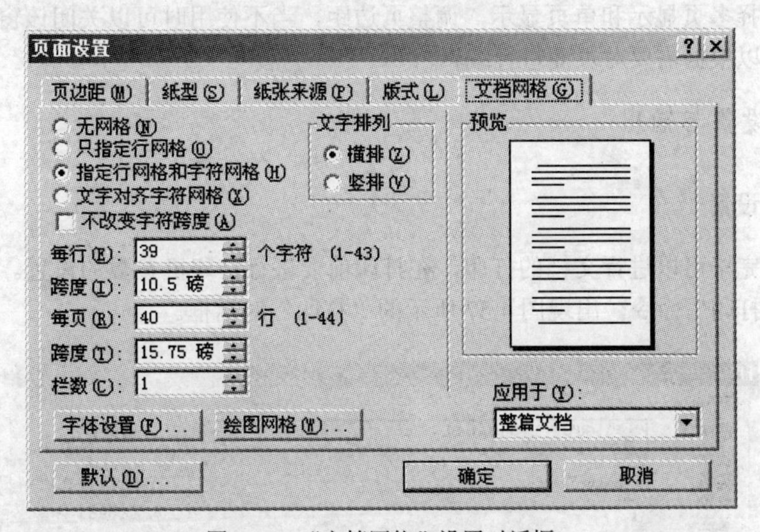

图 4.55　“文档网络”设置对话框

(2) 在对话框中，选择“指定行网格和字符网格”选项，可以选择每行的字符数、每页的行数、行/列跨度、栏数、文字排列(横排、竖排)以及应用范围，同时在预览中显示效果。

(3) 在“文档网格”中可以设置不改变字符跨度，设置结束，单击“确定”按钮。

4.8.3　打印预览

当文档设置结束，要看到实际打印效果，用户不一定在打印机上直接打印，可以使用打印预览来显示实际效果。

单击“文件”菜单，选择“打印预览”命令，或者单击工具栏中的“打印预览”按钮，出现图 4.56 所示的文档“预览”窗口。

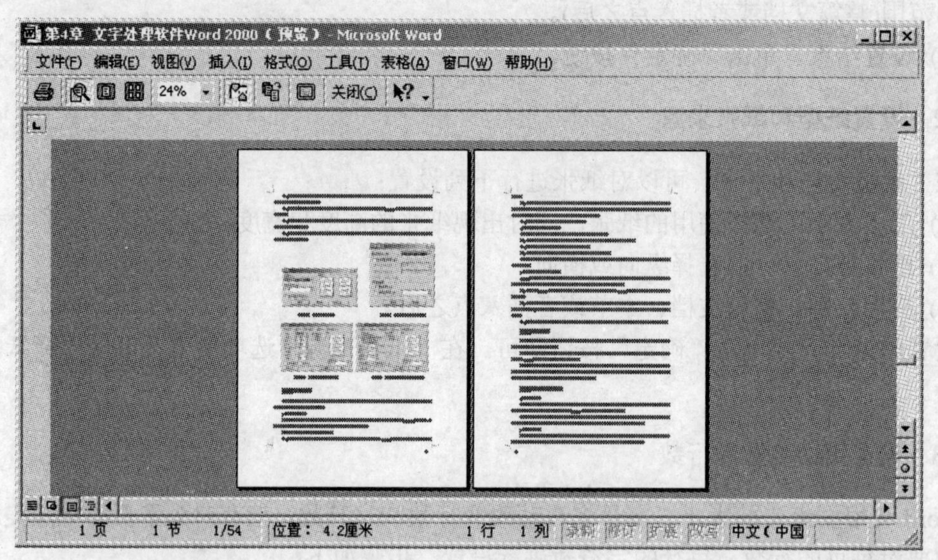

图 4.56 文档“预览”窗口

在预览窗口中，用户可以看到缩小了的整个页面的布局，利用打印预览工具可以改变显示的比例，选择多页显示和单页显示，调整页边距，当不使用时可以关闭该窗口。在文档预览过程中，可以根据需要对页面进行编辑。

4.8.4 打印设置与输出

4.8.4.1 打印设置

文档设置完毕可以进行文档的打印，在打印前要进行打印机参数的设置。单击“文件”菜单，选择“打印”命令，出现图 4.57 所示的“打印”对话框。

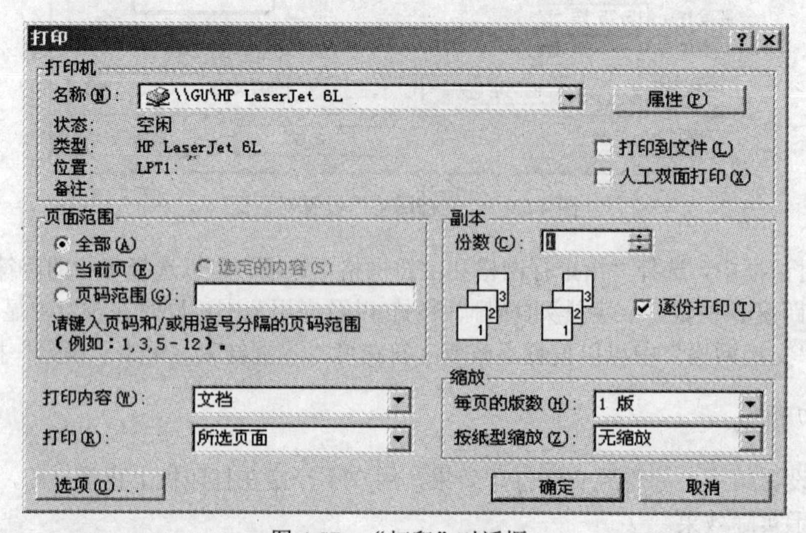

图 4.57 “打印”对话框

在对话框中，可以选择打印机(在对文档进行打印时一定要正确选择打印机型号)、页面范围、打印份数、打印内容、缩放内容等。

4.8.4.2　打印输出

当打印设置结束后，单击“确定”，打印机就开始工作，输出文档。打印输出的第 2 种方法是单击常用工具栏中的“打印”按钮。

4.9　视图

视图的选择可以使用工具按钮或 “视图”菜单。使用文档窗口左下角的视图按钮，可以打开普通视图、Web 版式视图、页面视图和大纲视图。使用 “视图” 菜单，除前述视图外，还可打开文档结构视图、全屏显示视图。

4.9.1　普通视图

这是一种常用的视图格式，是 Word 默认的一种视图形式，这种视图主要是为了突出文档中文本内容和文本格式。单击“视图”菜单，选择“普通视图”，图 4.58 是普通视图的显示方式。在普通视图方式下，用户可以编辑文本、排版，但不能显示页码、图片、图文框，分页是以虚线分隔。这种方式下，文档区会显示更多的文本内容。

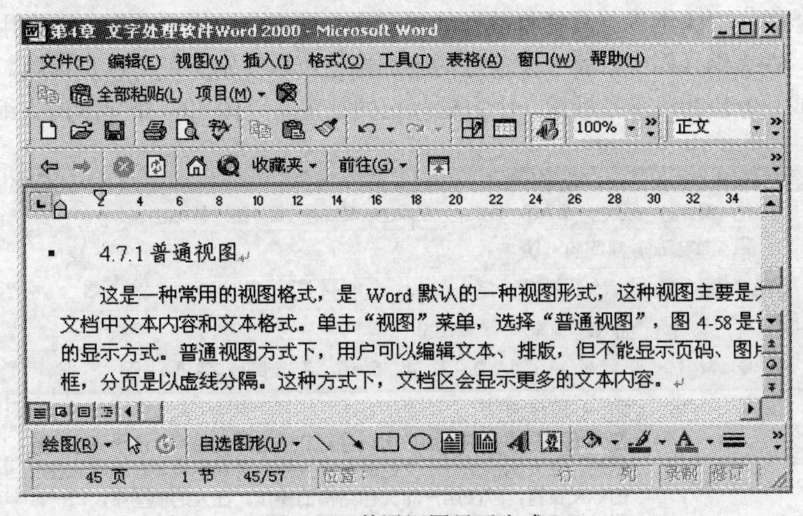

图 4.58　普通视图显示方式

4.9.2　页面视图

页面视图方式下，显示方式是图形方式，用户可以看到与实际打印效果完全一致的文档格式。在页面视图下可以方便地查看文本的格式、版面效果(页眉、页脚、页边距)，它适用于用户对文档的编辑。图 4.59 是页面视图显示方式。

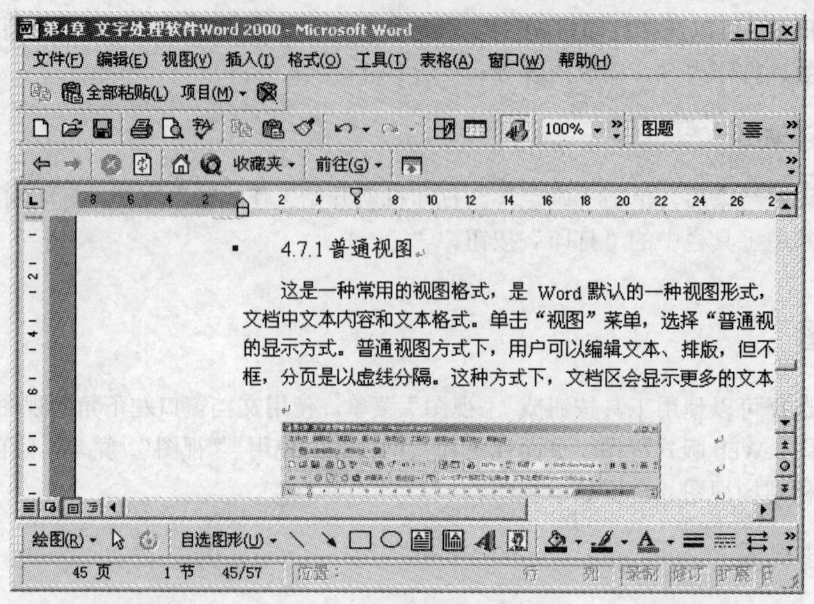

图 4.59 页面视图显示方式

4.9.3 大纲视图

在大纲视图方式中，用户可以看到文档的层次结构，便于突出文档的主干结构。在大纲视图显示文档时，“大纲”工具栏将被自动显示在文档窗口的标尺位置，以便用户对文档结构进行操作。在大纲视图中，每一段前边的附加标记可以区别是正文还是标题，在标记中，前边是加号或长方块的段落是标题，小方框标记的是正文。图 4.60 是显示的大纲视图。

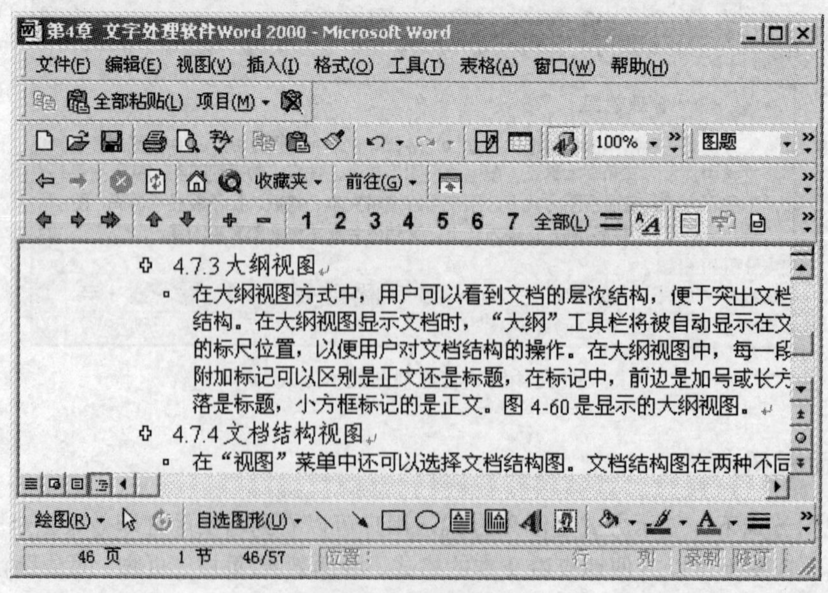

图 4.60 大纲视图

4.9.4　文档结构视图

在“视图”菜单中还可以选择文档结构图。文档结构图在两种不同的框架内显示文档，左边的文档标题可以为文本提供导航服务，通过查看标题和相应的节，可以快速查找文档内容，如图 4.61 所示。

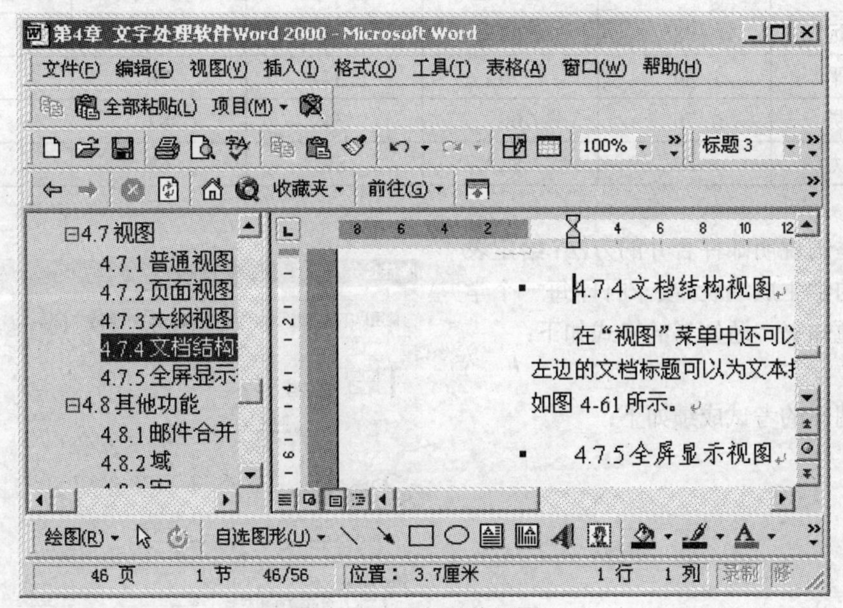

图 4.61　文档结构视图

4.9.5　全屏显示视图

全屏显示视图可以让用户获得更大的编辑空间。在全屏显示视图下，除“关闭全屏显示”浮动工具栏，所有的其他工具栏、状态栏都被隐蔽，整个屏幕用来显示文档。

另外，还有 Wed 版式视图，在此不再介绍。

4.10　其他功能

4.10.1　邮件合并

在实际工作中，经常遇到大量的报表或信函格式非常类似，内容完全一样，只是具体数据不一样。为了方便用户，用户可以定义信函的格式，对于变化的数据只输入数据页，使用具体的通用模式，提高工作效率，为此可以使用邮件合并功能。

在邮件合并时，需要创建两个文档：主文档和数据源。主文档用来存放报表或信函公有的部分，数据源存放需要变化的信息。利用 Word 提供的邮件合并功能可以将主文档需要变化的地方用数据源中的数据插入。

邮件合并需要 4 个步骤：

(1) 创建主文档，输入内容不变的共有文本。

(2) 创建数据源。

(3) 在主文档所需要的位置插入合并域名(特殊指令)。

(4) 执行合并操作，生成一个合并文档并可以打印输出。

表 4.10 学生成绩表

姓 名	数 学	物 理	语 文	化 学	合 计
高 远	98	87	98	67	350
李 平	80	76	54	78	288
赵亚男	76	66	34	87	263
王大力	76	87	89	67	319

下面举例说明邮件合并的方法：给定表4.10所示的学生成绩表，要求打印每一个学生的成绩通知书。通知书的格式如下：

同学：

本学期你的考试成绩如下：

数学：

物理：

语文：

化学：

合计：

本例中，学生成绩通知书的格式固定，最前面显示学生姓名，在各门课名称下是学生该门课程的成绩，主文档是姓名、数学、物理、语文、化学、合计的结构，数据源是各门课程的具体成绩和学生名单。

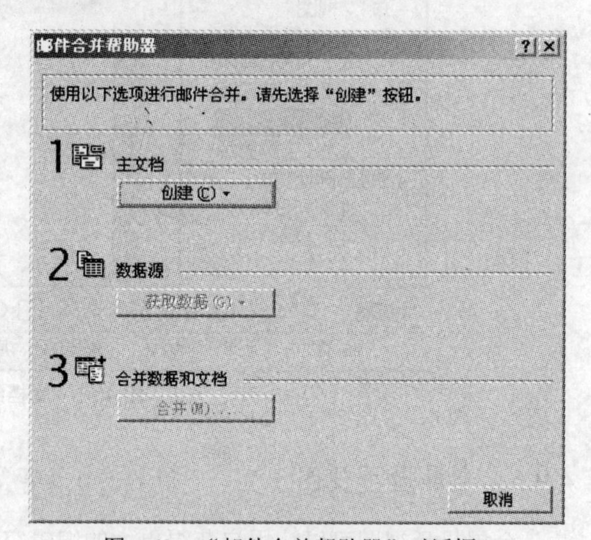

图 4.62 “邮件合并帮助器”对话框

(1) 创建主文档。创建主文档的步骤如下：

① 新建或打开一个现有文档。

② 单击“工具”菜单，选择“邮件”合并命令，出现图4.62所示的“邮件合并帮助器”对话框。

③ 在对话框中，单击“创建”按钮，显示用户可以选择的主文档选项列表，在列表中选择“套用信函”(根据具体情况选项)，此时出现图4.63所示的“Microsoft Word”套用信函创建对话框。

图 4.63 套用信函创建对话框

④ 单击对话框中的“活动窗口”按钮，在当前活动窗口中建立一个主文档。为了方便，可以输入不变的主文档内容，也可以在插入合并域中输入(为了方便本例在插入合并域中输入)。

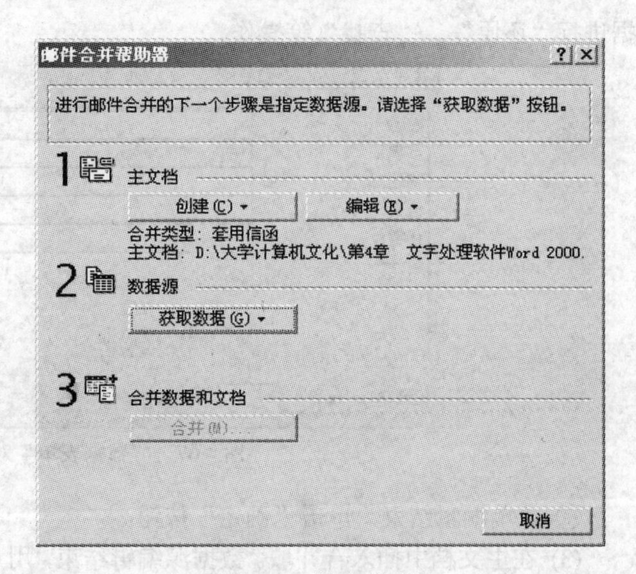

图 4.64　创建对话框

主文档创建后，出现图 4.64 所示的创建对话框，此时在“创建”下，出现合并类型和主文档显示。

(2) 创建数据源。主文档创建后，可以创建数据源中的记录，操作步骤如下：

① 在图 4.64 中，单击“数据源”下的“获取数据”按钮，出现供用户选择的选项列表，从列表中选择“建立数据源”，出现图 4.65 所示的“创建数据源”对话框。

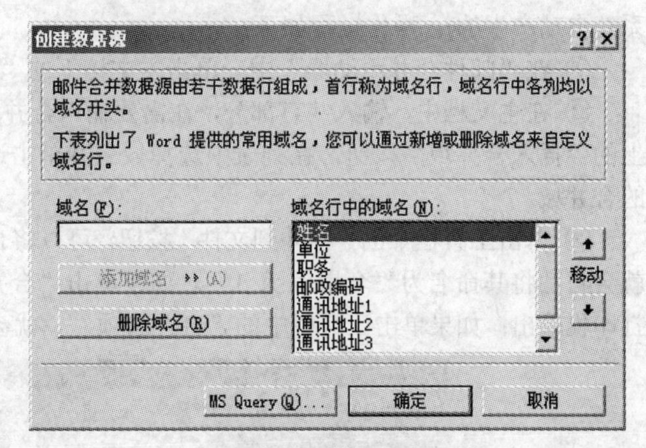

图 4.65　“创建数据源”对话框

② 在对话框中，“域名行中的域名”框已经提供了很多可供选择的域名。用户可以选择不需要的域名，单击“删除域名”按钮将其删除。对于需要添加的域名，用户可以在“域名”中输入，单击“添加域名”按钮，添加自己所需要的域名。本例中保留的域名为姓名，需要添加的域名为数学、物理、语文、化学、合计。

③ 域建立后，单击“确定”按钮，系统提示用户输入保存数据源，用户应该输入文件名，将文件保存。

④ 保存后，出现图 4.66 所示的提示编辑数据源对话框。

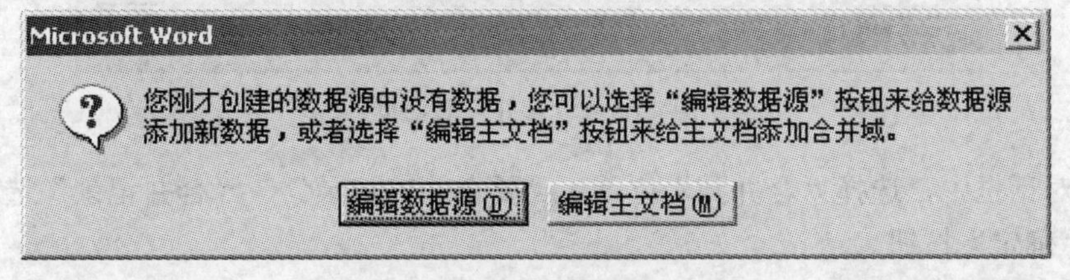

图 4.66　提示编辑数据源对话框

⑤ 在对话框中，单击“编辑数据源”按钮，出现图 4.67 所示的“数据表单”对话框。

⑥ 在“数据表单”对话框中，用户可以编辑表单数据，每输入完一名同学的信息，按“新增”按钮，如果要将一条记录删除，选中记录后，按“删除”按钮，用户可以对表单中的数

据进行“还原”、“查找”等操作。

图 4.67 “数据表单”对话框

⑦ 表单编辑结束，单击“确定”按钮。

(3) 在主文档中插入合并域。数据源编辑结束，用户可以利用在主文档中输入不变的主文档内容，插入合并域名，每个合并域名用书名号“《》”括住(书名号不是用户输入的，而是系统自动产生的)，操作过程如下：

① 在“邮件合并帮助器”中，单击主文档下的“编辑”按钮，出现文档编辑窗口。

② 在主文档中，输入共有部分，在需要输入合并域名的地方，单击“邮件合并”工具条上的“插入合并域”按钮，在列表中选择域名并单击选择的域名，在主文档中出现带有括号的合并域。

③ 单击工具栏中的“合并到文件”按钮，可以将合并的结果保存到一个新文件中，Word 就会自动将其命名为“套用信函 1”。如果单击“合并到打印机”按钮，则合并结果立即从打印机输出；如果单击工具栏中的“合并选项”，就会出现图 4.68 所示的“合并”对话框。

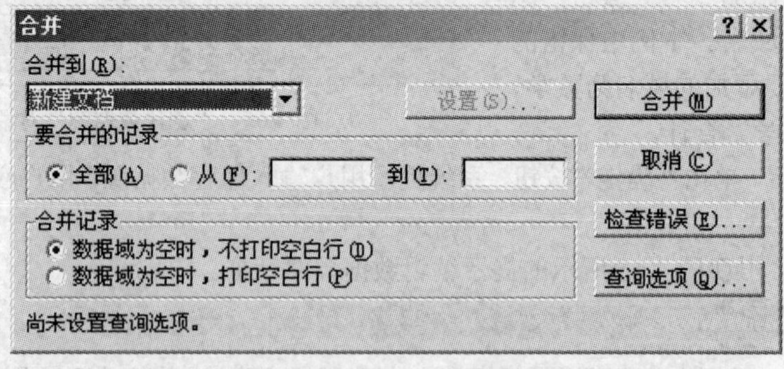

图 4.68 “合并”对话框

④ 在对话框中，选择“合并到”位置、“要合并的记录”、“合并记录”选项，选项结束，单击“确定”按钮。

在邮件合并中，信封的创建和信函完全类似，在此不再介绍。

4.10.2 域

Word 中，域存放可能发生的变化的量，如时间、日期，使用域可以增加文档的适应性。在文档中，域有两种表现形式：域代码和域内容。域代码用来反映变化的因素，如公式；域内容是某时刻域的具体结果。

4.10.2.1　插入域

插入域就是插入域代码，操作过程如下：

(1) 将插入点移到要插入域代码的位置。

(2) 单击“插入”菜单，选择“域”命令，出现图 4.69 所示的“域”对话框。

(3) 在“类别”中选择要插入的域类别(如“日期和时间”)，在“域名”中选择要插入的域代码(如“Date”)。

(4) 单击“选项”按钮，出现图 4.70 所示的“域选项”对话框。

(5) 在“域选项”对话框中，选择具体的域格式，单击“确定”按钮，返回图 4.69“域”对话框。

(6) 域设置完毕，单击“确定”按钮。

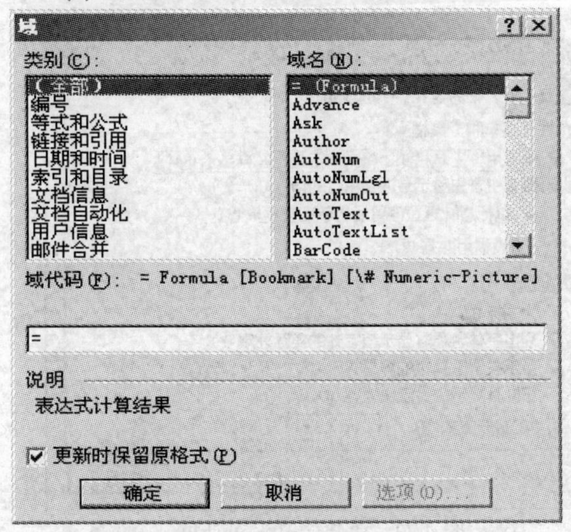

图 4.69　“域”对话框

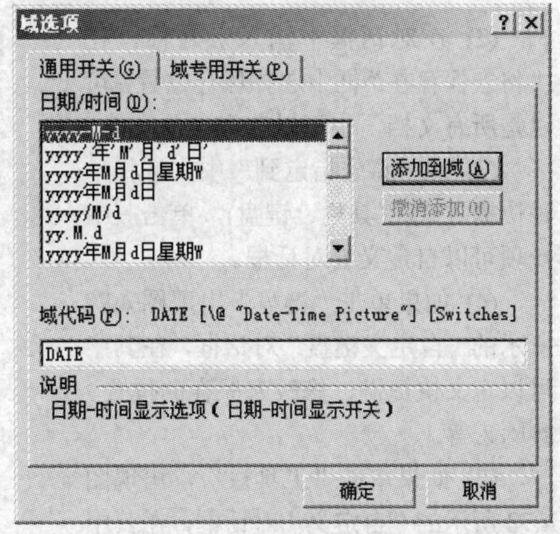

图 4.70　“域选项”对话框

4.10.2.2　查看域

查看域主要是在域代码和域值之间切换，只要将插入点移到域中，用键盘组合键 Shift＋F9 可以显示域代码和域值。

域也可以修改和删除，将插入点移到域中，或者选中域后，单击鼠标的右键在弹出的快捷菜单中选择“更新域”即可。删除域和文档删除完全类似。

4.10.3　宏

宏是 Word 中的一个重要的概念，有点像 DOS 中的批处理，将经常重复使用的命令组织到一个批处理文件中，作为一个命令使用，实现操作过程的自动化。

4.10.3.1　创建宏

创建宏可以使用宏录制器，操作步骤如下：

(1) 单击“工具”菜单，选择“宏”命令，在宏子菜单下选择“录制新宏”命令，出现图4.71所示的“录制宏”对话框。

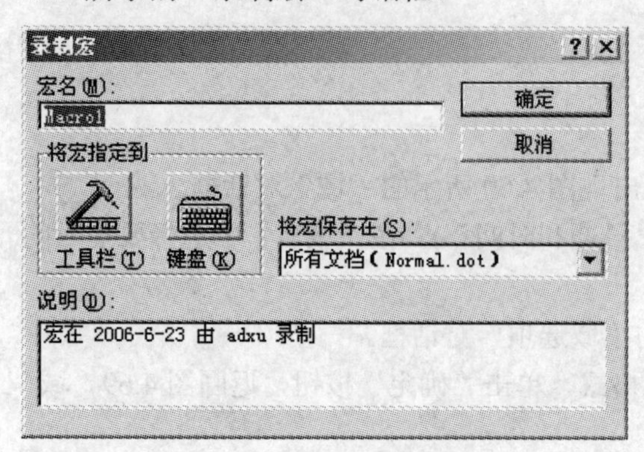

图4.71 “录制宏”对话框

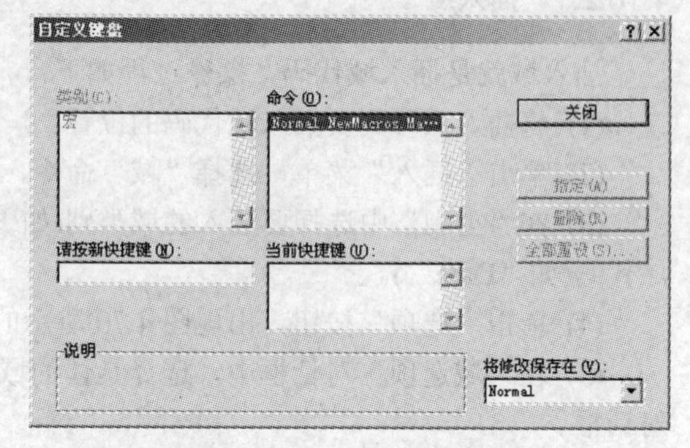

图4.72 “自定义键盘”对话框

(2) 在对话框中输入宏名称，在“将宏保存在”框中选择保存位置，可以是所有文档，也可以选择当前文档。

(3) 在“将宏指定到”中，选择一种快捷方式(工具栏、键盘)，单击其中一项可以自定义宏对话框。

(4) 如果单击“键盘”出现图4.72所示的“自定义键盘”对话框，在其中可以定义快捷键、修改宏保存的位置、删除宏等。

(5) 如果单击“工具栏”，出现图4.73所示的“自定义”对话框，在其中可以对“工具栏”、“命令”、“选项”进行设置。

(6) 设置结束，单击“关闭”按钮，开始录制宏，“停止”按钮自动显示在屏幕上。

(7) 录制结束，按“停止”工具栏中的“停止录制”按钮或者使用“工具/宏/停止录制”命令。

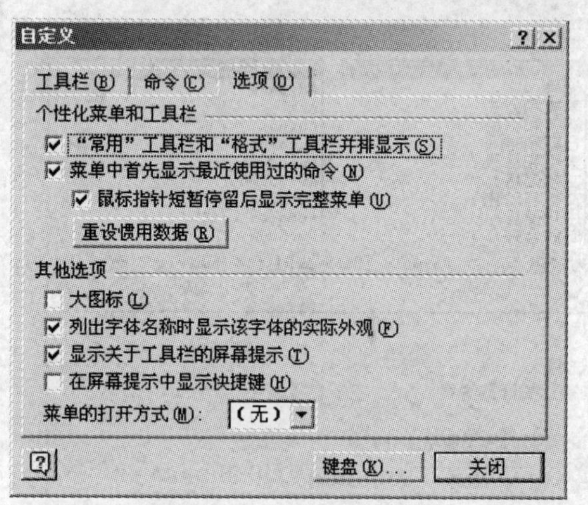

图4.73 “自定义”对话框

4.10.3.2 执行宏

如果在创建宏时已经指定了快捷方式，可以直接单击使其直接运行。如果没有指定快捷方式，可以单击“工具”按钮，选择“宏”命令，并在宏子菜单中选择“宏”，此时出现图4.74所示的“宏”对话框，

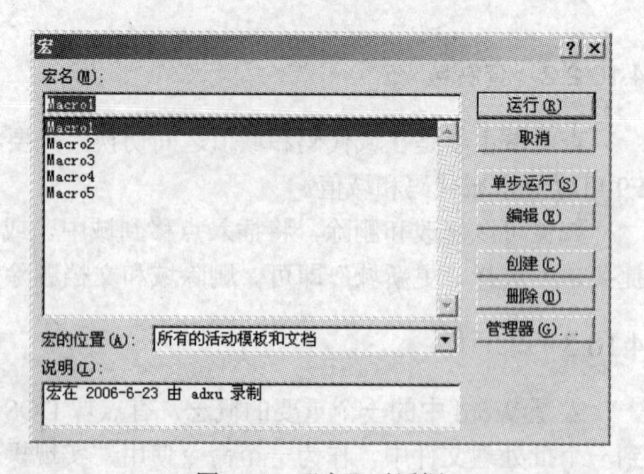

图4.74 “宏”对话框

从中选择要运行的宏，单击“运行”命令。

4.10.4　超级链接

4.10.4.1　创建 Web 页

Word 提供了网络功能，用户可以根据自己的需要建立 Web 页。Web 页的建立可以通过两种方法：利用“Web 页向导”和将文档存为 HTML 格式。

(1) 利用 Web 页向导。利用 Web 页向导创建 Web 页的步骤如下：

① 单击“文件”菜单，选择“新建”命令，出现“新建”对话框。

② 在“新建”对话框中，单击“Web 页”选项卡，出现图 4.75 所示的“Web 页”对话框。

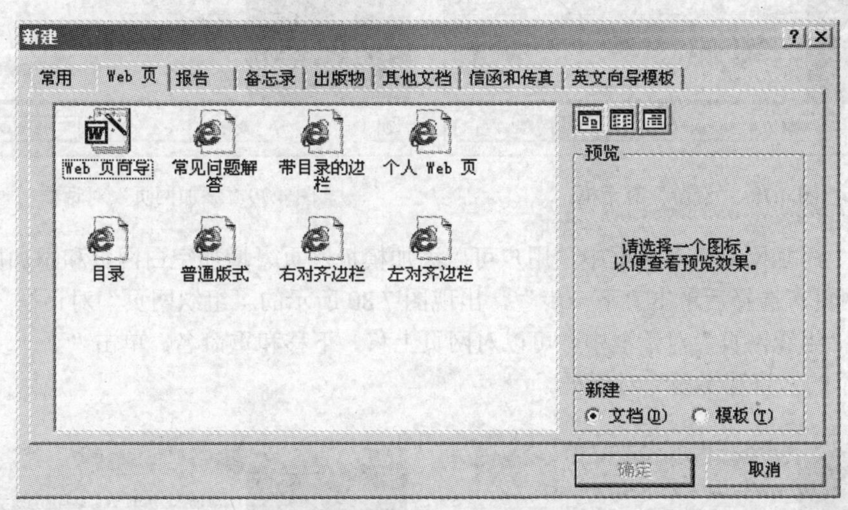

图 4.75　“Web 页”对话框

③ 在对话框中，选择“Web 页向导”选项，单击“确定”按钮，出现图 4.76 所示的“Web 页向导”对话框。

④ 单击“下一步”按钮，出现图 4.77 所示的“标题和位置”对话框。

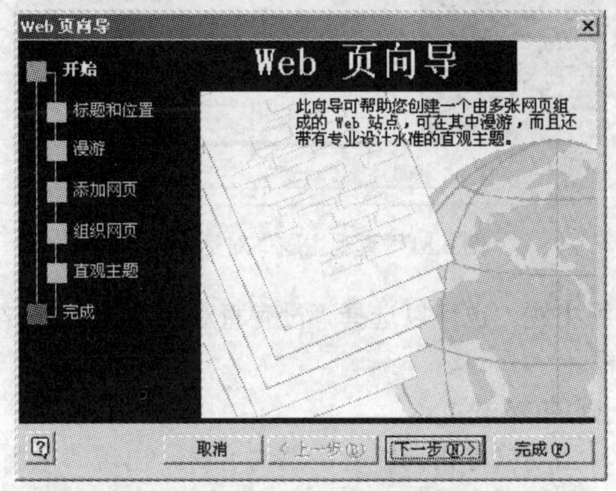

图 4.76 “Web 页向导”对话框

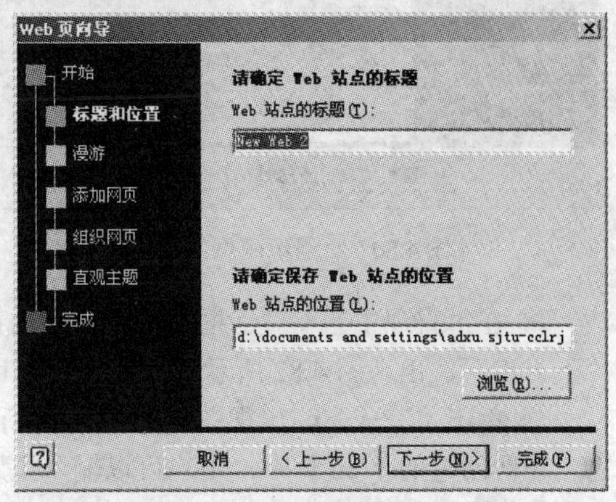

图 4.77 “标题和位置”对话框

⑤ 在“标题和位置”对话框中，输入 Web 站点的标题，并确定 Web 页要保存的位置，然后单击“下一步”按钮，出现图 4.78 所示的“漫游”对话框。

⑥ 在“漫游”对话框中，选择框架方式或分隔页面方式，单击“下一步”按钮，出现图 4.79 所示的“添加网页”对话框。

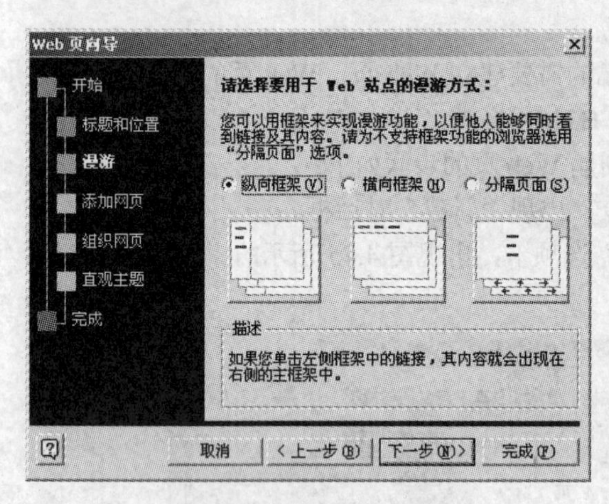

图 4.78 “漫游”对话框

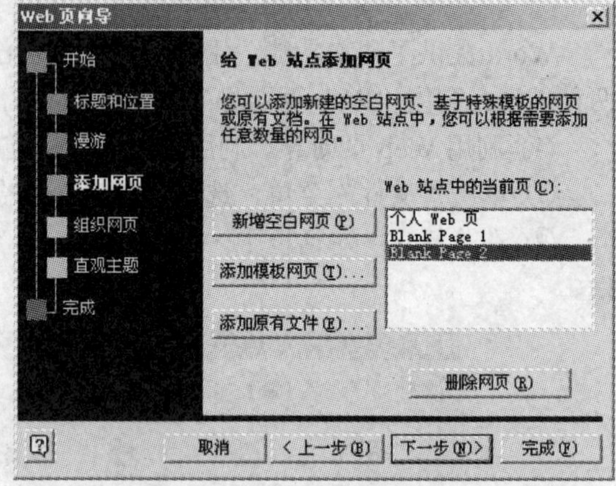

图 4.79“添加网页”对话框

⑦ 在“添加网页”对话框中，用户可以添加模板网页、增加空白网页和添加原有文件，以及删除网页，选择后单击“下一步”，出现图 7.80 所示的“组织网页”对话框。

⑧ 在“组织网页”对话框中，可以对网页上移、下移和重命名，单击“下一步”，出现图 4.81 所示的“直观主题”对话框。

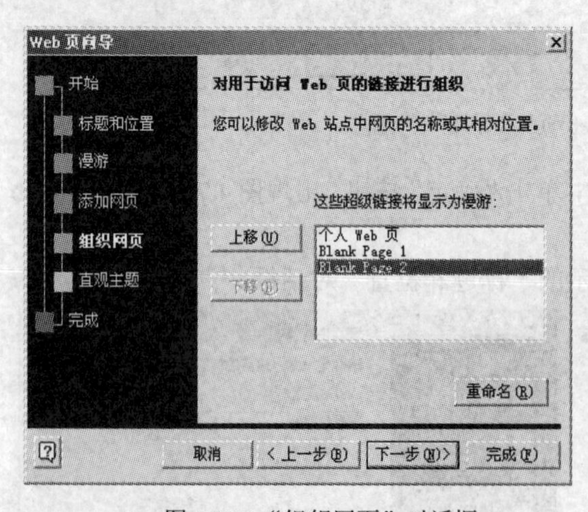

图 4.80 “组织网页”对话框

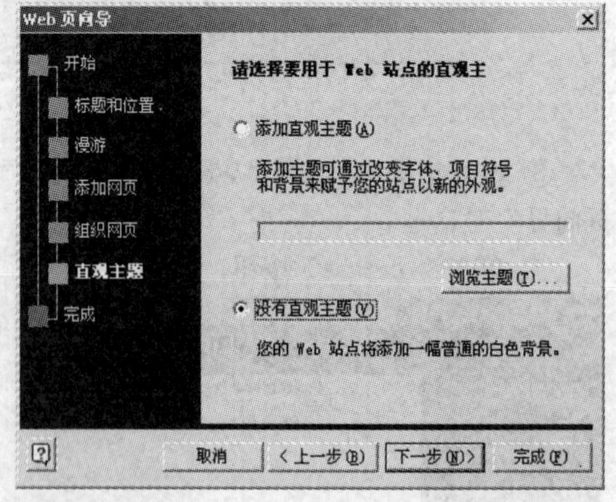

图 4.81“直观主题”对话框

⑨ 在“直观主题”对话框中，可以添加直观主题，也可以选择“没有直观主题”，单击“下一步”，出现图 4.82 所示的“完成”对话框。

⑩ 单击“完成”，出现图 4.83 所示的新创建的 Web 页。

在新创建的 Web 页中，用户可以输入主题，当用鼠标指向目标中的内容时，出现“手”的形状，即为超级链接。

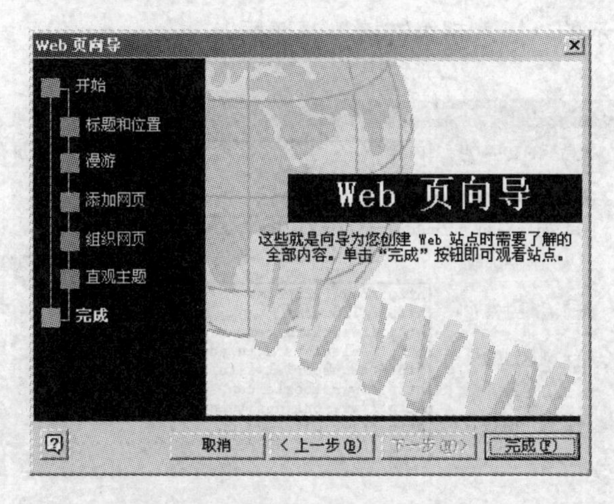

图 4.82　“完成”对话框

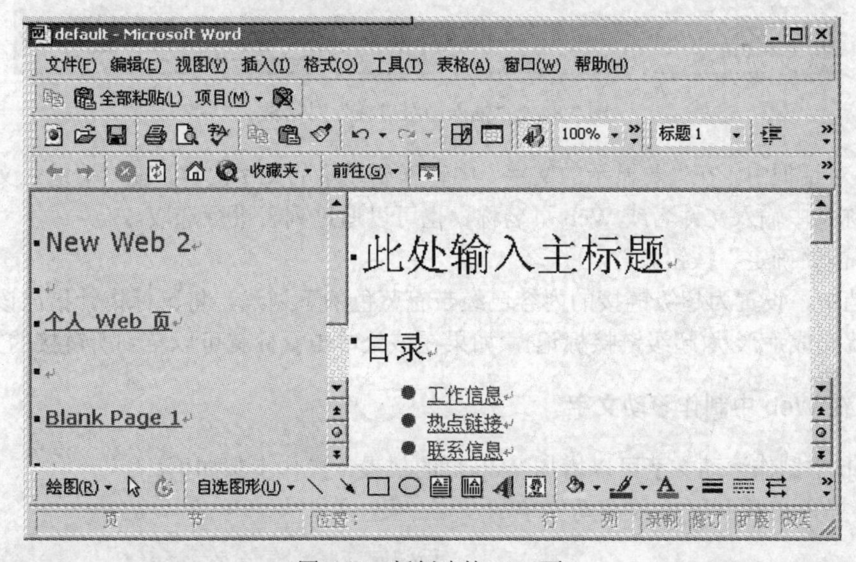

图 4.83　新创建的 Web 页

(2) 将文件存为 HTML 格式。在 Word 中，可以用两种方法将文件存为 HTML 格式。

方法一：如果是新建文件，在图 4.75“新建”对话框的“常用”选项卡中，选择“Web 页”，单击“确定”按钮，在 Word 中直接编辑 Web 页，然后保存。

方法二：如果 Web 页的内容已经编辑好并作为 Word 文档保存了，可以用下列方法将其存为 HTML 格式：打开已经创建的文档，再单击“文件”菜单，选择“另存为 Web 页”命令，在“保存”对话框中，输入文件名，单击“保存”按钮即可。

4.10.4.2　插入超级链接

Web 页创建后，可以选中输入内容，然后对超级链接进行处理。其中主要是插入超级链接，操作步骤如下：

(1) 选中要插入超级链接的内容(文字或图形)。

(2) 单击“插入”菜单，选择“超级链接”命令(或用常用工具栏中的“插入超级链接”

按钮)，出现图 4.84 所示的“插入超级链接”对话框。

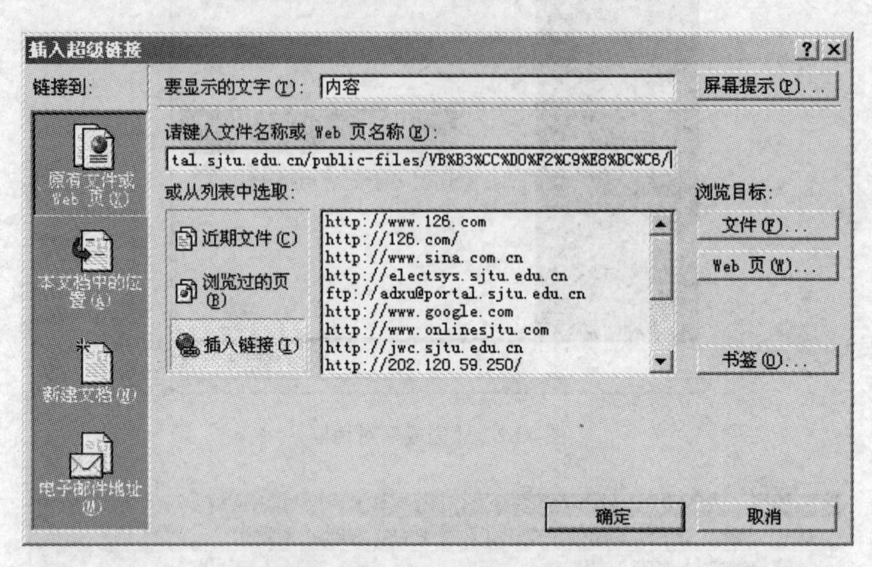

图 4.84 “插入超级链接”对话框

(3) 在对话框中，在“要显示的文字”中输入要显示的文字内容，在“请键入文件名称或 Web 页名称”中输入文件名或 Web 页名称，也可以通过列表进行选取。

(4) 单击“确定”按钮。

在文档中，设置为超级链接的内容已经带有蓝色的下划线，将鼠标指针指向该位置时，鼠标指针就变成手形状(超级链接标记)，如果在该处单击鼠标就可以转到所链接的文档中。

4.10.4.3 在 Web 中制作滚动文字

在 Web 中制作滚动文字可以增加 Web 页的效果，操作步骤如下：

(1) 将插入点移到要插入滚动文字的位置。

(2) 单击工具栏中的“滚动文字”(在“Web 工具”的工具栏中)按钮，出现图 4.85 所示的“滚动文字”对话框。

(3) 在对话框中，用户可以选择文字滚动的“方式”、“背景颜色”，文字的滚动“方向”、“循环次数”以及设置文字的滚动“速度”，在“请在此键入滚动文字”框中，输入滚动文字，在“预览”中显示实际设置的效果。

(4) 单击“确定”按钮。

在 Word 中，用户也可以发送文档，浏览 Internet 网页，由于篇幅所限，在此不再介绍。

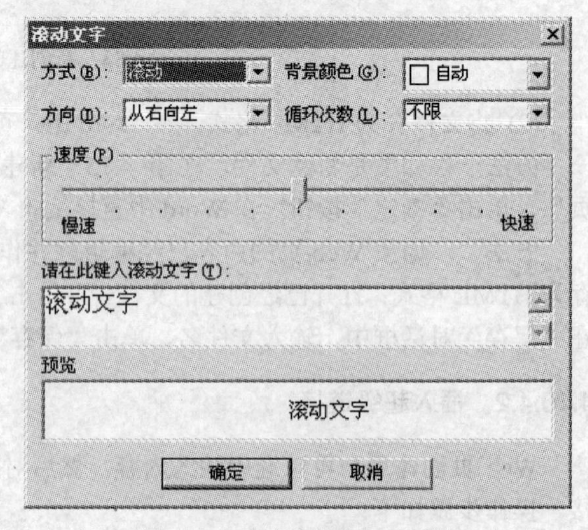

图 4.85 “滚动文字”对话框

● 小结

Word 2000 是基于 Windows 环境的文字处理软件，是 Office2000 的套件之一。

启动 Word，通过单击“开始”菜单，在弹出菜单中选择“程序”，在程序下选择“Microsoft Word”，如果建立了桌面快捷方式，可以直接双击桌面快捷方式图标。

Word 2000 的工作窗口和其他窗口类似，由标题栏、菜单栏、工具栏、标尺、文档窗口口和状态栏等组成。

关闭 Word 可以使用 4 种方法：打开“文件”菜单，在文件中选择“退出”命令；双击标题栏左边的“W”图标；单击标题栏右边的关闭按钮；用“Ctrl＋Alt＋Del”组合键强行终止应用程序。

利用 Word 可以进行文字的处理，创建、打开、输入、编辑、保存文档以及查看和替换文档。文档的排版可以对文档进行字符格式化、段落格式化、设置分栏、设置边框和底纹。

Word 除了可以进行文字处理之外．还可以进行表格操作。用户可以使用 Word 创建、编辑、格式化表格并可以对表格的数据进行计算，按指定的关键字进行数据排序。

Word 提供了丰富的图形功能，可以对图形进行编辑，插入剪贴画，也可以自己绘制图形。艺术字的使用给文字增加了活力，对艺术字的处理和图形的处理完全类似，并设置其效果。

根据实际需要用户可以对文档进行页面设置，选择纸张大小、设定网格数以及纸张来源，对设置好的页面可以进行打印预览和实际打印输出。

Word 为了显示文档的方便，系统提供了普通视图、页面视图、大纲视图、全屏显示视图等，在不同的编辑和显示方式下，用户可以选择不同的视图。为了避免重复输入相同的数据，Word 提供邮件全新功能，并提供了域和宏操作。

Word 可以创建 Web 页，并将 Word 文档保存为 HTML 格式。建立超级链接是 Word 的一项特殊功能，利用超级链接用户可以方便地调用其他功能。

通过学习．应该达到下列要求：

(1) 了解 Word 的特点、功能和运行环境。

(2) 熟悉 Word 的窗口。

(3) 熟练掌握文档的创建、编辑、打开、关闭、输入、保存等基本操作。

(4) 掌握文档的字符格式化、段落格式化、分栏等操作。

(5) 掌握表格的创建、编辑以及表格中数据的计算等操作。

(6) 掌握图形的基本操作。

(7) 会对页面进行设置，能够将文档打印输出。

(8) 熟悉几种常用的视图。

(9) 掌握邮件的合并功能，了解域和宏操作。

(10) 掌握 Web 页和超级链接的创建。

● 习题

1) 填空题

(1) Word 是办公软件套件(　　　　)的一个组件。

(2) Word 文档的默认路径是(　　　　)，默认扩展名是(　　　　)。

(3) Word 中，剪切、复制、粘贴对应的快捷键分别是(　　　　)、(　　　　)、(　　　　)。

(4) Word 中，可以同时打开多个窗门，在同一时刻最多有(　　　　)个活动窗口。

(5) 文字的格式主要是指文字的字体、(　　　　)、(　　　　)以及字间距。

(6) 段落对齐方式有 5 种，分别是左对齐、(　　　　)、(　　　　)、(　　　　)、(　　　　)。

(7) 表格的创建有两种方法，一是通过(　　　　)菜单中的插入表格，二是通过工具栏中的(　　　　)按钮。

(8) Word 中的段落标记，既表示(　　　　)结束，又记载了(　　　　)信息。

(9) 打印 Word 文档之前，最好先进行(　　　　)，以确保取得满意的打印效果。

(10) Word 提供了许多方便的工具栏，可以从(　　　　)菜单中，选择(　　　　)命令来显示或隐藏这些工具栏。

(11) 若要设置每页的行数和每行的字符数，可以选择菜单栏上的(　　　　)命令。

(12) Word 中的图文混排是指将(　　　　)和(　　　　)排列融为一体，恰到好处。

(13) 在 Word 中，创建 Web 页有两种方法：(　　　　)和(　　　　)。

(14) 在 Word 中，滚动文字的插入方法是用工具栏中的(　　　　)按钮。

(15) 页码编号通常可以放在(　　　　)和(　　　　)位置。

(16) 如果编辑的文件是新建文件，则不论是用“文件”菜单的“保存”命令，还是用“另存为”命令都会出现(　　　　)对话框。

(17) 如果输入在键盘上不存在的符号，则要使用(　　　　)菜单中的(　　　　)命令，然后在符号屏幕中选择要插入的符号，单击(　　　　)按钮，即可将字符插入。

(18) 若编辑的文档是纯文字的，则用(　　　　)视图更方便。

2) 选择题

(1) 支持 Word 运行的操作系统是(　　)。

A. DOS　　　　B. Office2000

C. Windows 2000　　　　D. Windows 3.1

(2) 下列哪种方法中(　　)不能关闭 Word。

A. 单击“文件”菜单，选择“退出”命令

B. 双击标题栏左边的控制菜单

C. 单击标题栏右边的“关闭”按钮

D. 单击“文件”菜单，选择“关闭”命令

(3) 在 Word 中，当前输入的文字被显示在(　　)。

A. 鼠标指针位置　　　　B. 插入点位置

C. 当前行的行首　　　　D. 当前行的行号

(4) Word 中的段落是指以(　　)结束的一段文字，

A. 句号　　　　B. 回车键

C. 空格　　　　D. 分号

(5) Word 默认的对齐方式是(　　)。

A. 两端对齐　　B. 左对齐

C. 右对齐　　D. 居中对齐

(6) 选定行最方便的快捷方法是(　　)。

A. 在行首拖动鼠标至行尾　　B. 在行首双击鼠标左键

C. 在该行位置单击鼠标左键　　D. 在该行位置单击鼠标右键

(7) 若要对文档中的图片和表格进行处理. 应该选择(　　)。

A. 普通视图标　　B. 页面视图

C. 全屏视图　　D. 预览视图

(8) 如果要重新设置艺术字的字体，单击(　　)按钮，打开编辑“艺术字”文字对话框。

A. 编辑文字　　B. 艺术字格式

C. “艺术字”库　　D. 艺术字形状

(9) Word 中，对于误操作纠正的方法是(　　)。

A. 单击“恢复”按钮　　B. 单击“撤消”按钮

C. 单击 ESC 键　　D. 不存盘退出重新打开文档

(10) Word 创建一个空表格时，可以使用的操作是(　　)。

A. 不能使用常用工具栏中的工具　　B. 可以使用格式工具栏中的工具

C. 不能使用快捷菜单　　D. 可以使用菜单中的菜单命令

(11) 对于新建的 Word 文档，执行保存命令并插入新文档名，如插入“LETTER”后，文档窗口的标题显示(　　)。

A. LETTER　　B. LETTER.DOC

C. DOC　　D. 文档 1

(12) 要将选定的格式应用于不同位置的文档内容，应选择(　　)。

A. 复制　　B. 粘贴

C. 格式刷　　D. 格式菜单

(13) 在 Word 编辑状态下，如果要调整行距，应单击段落对话框中的(　　)标签。

A. 缩进和间距　　B. 换行和分段

C. 其他　　D. 度量值

(14) 在 Word 中，调整段落左右边界以及行首缩进格式的最方便、最直观、最快捷的方法是(　　)。

A. 菜单命令　　B. 工具栏

C. 格式栏　　D. 标尺

(15) 在 Word 文档中. 选定表格的一栏，再执行“编辑/剪切”命令，则(　　)。

A. 将该栏单元格中的内容删除，变成白色

B. 将该栏删除，表格减少一栏

C. 移动窗口

D. 以上答案都不正确

(16) Word 中的“格式刷”可以用于复制文本或段落的格式，若要将选中的文本或段落格式重复应用. 应(　　)。

A. 单击格式刷　　　　B. 双击格式刷
C. 右击格式刷　　　　D. 拖动格式刷

(17) Word 定时保存功能是(　　)。
A. 定时自动为用户保存文档，使用户可以避免反复存盘
B. 为防意外保存的文档备份，以供 Word 恢复系统时使用
C. 为防意外保存的文档备份，以供用户恢复文档时使用
D. 为用户保存备份文档，以供用户恢复备份时用

(18) Word 默认的显示模式是(　　)视图。
A. 普通　　　　B. 页面
C. 全屏　　　　D. 大纲

(19) 在编辑 Word 文档时，要设置字间距，应执行(　　)命令。
A. 格式→字体→字符间距　　　　B. 格式→段落→字符间距
C. 格式→字符间距　　　　D. 格式→段落→缩进与间距

(20) Word 具有分栏功能，下面关于分栏说法正确的是(　　)。
A. 最多可以分四栏　　　　B. 各栏的宽度必须相同
C. 各栏的宽度可以不同　　　　D. 各栏之间的间距是固定的

3) 简答题

(1) 列出 Word 的主要功能。
(2) 给出退出 Word 文档的 4 种方法。
(3) Word 窗口有几部分组成?标题栏的主要作用是什么?
(4) Word 中，如何仅用鼠标选定一行、一个段落、整个文件?给出 2 种方法。
(5) 简述设置段落对齐方式的几种方法。
(6) Word 中，宏的主要作用是什么?
(7) 写出插入超级键接的过程。
(8) 叙述样式和模板的作用。
(9) Word 中，宏主要用来解决什么问题?

4) 操作题

(1) 输入下列文字并按要求进行操作：

计算机的发明是人类科学史上最伟大的科学成就之一。自 1946 年世界上第一台电子计算机诞生到现在半个多世纪的时间里，计算机得到了飞速的发展。计算机的发展，也使世界发生了翻天覆地的变化，人们已经无法离开这一智能的工具。有人说机器(蒸汽机、起重机等)的发明延伸了人类的臂膀，使人们能够举起几吨甚至几十吨的物品；而计算机的发明则延伸了人们的大脑，使人们需要几年甚至几十年才能解决的计算问题，用计算机在数小时甚至数秒之内就可完成。计算机这个名词在几百年前就已经诞生了，当时人们为了进行科学计算，提高计算速度，试图制造一种“自动化”的机器来进行运算．人们将这种“自动化”运算的机器称为计算机。1642 年，法国数学家布莱斯·帕斯卡(Blaise Pascal)发明了一种手摇式机械计算机，这台计算机虽然简单，只能进行加减法运算，却标志着人类的计算工具向自动化迈进。后来．人们又研制了各种各样的机械计算机，最快的机械计算机的运算速度可以达到每秒 5 次运算。

操作要求：

① 给文字增加标题“计算机的发展”，并将标题设置为黑体、二号字。

② 将文字在“计算机这个名词在几百年前就已经诞生了”处分为二段，并将计算机加上引号。

③ 将“计算机的发明是人类科学史上最伟大的科学成就之一”加上引号，并设置为楷体，并加上下划线。

④ 将正文设置为仿宋、小四号字。

⑤ 在“计算机得到了飞速的发展。”后加上“计算机在工业、农业、军事、科技、商业、金融、卫生乃至家庭生活等领域的应用，正在改变着人们的生活，改变着人们的观念。”

⑥ 将“布莱斯·帕斯卡(Blaise Pascal)”加粗。

⑦ 按 A4 纸每页 39 行每行 38 字设置页面。

(2) 输入下列文字并按要求进行操作：

文字处理概述

人们几乎天天都要和文字打交道，如起草各种文件、书信、通知、报告；撰写、编辑、修改讲义、论文、专著；制作各种账目、报表；编写程序；登录数据等等。文字处理就是指对这些文字内容进行编写、修改、编辑等工作。

文字处理工作的基本要求是快速、正确，所谓又快又好。但传统方式进行手工文字处理时，既耗时又费力。机械式或电动式打字机虽然速度稍快，但还有诸多不便。使用计算机进行各种文档处理能较好地完成文字的编写、修改、编辑、页面调整、保存等工作，并能按要求实现反复打印输出。目前已广泛地被用于各个领域的事务处理中，成为办公自动化的重要手段。

纯文本文件也称非文书文件，如计算机源程序文件、原始数据文件等属于文本文件，注重的是字母符号的内在含义，一般不需要编辑排版。在文本文件内除回车符外，没有其他不可打印或显示的控制符。因此，在各种文字处理系统间可以相互通用。

带格式文本文件通称文档文件，也称文书文件，例如文章、报告、书信、通知等都属于文档文件。它注重文字表现形式，成文时需要对字符、段落和页面格式进行编辑排版。在文档文件中，由于不同的文字处理系统设计的格式控制符有所不同，因此，文档文件在不同的文字处理系统间需要格式转换，不能直接相互通用。此外，文档文件内除文本外，还可插入图形、表格，甚至声像等非文本资料。

操作要求：

① 将正文中所有段落首行缩进 0.75 厘米，段后间距为 6 磅，并删除全文中所有相邻文字间的空格。

② 设置无边框竖排文本框标题“文字处理概述”：字间距 10 磅、居中，“文字处理”为黑体一号、“概述”为隶书初号；文本框高 7 厘米宽 4 厘米，分别上对齐和右对齐页边距。

③ 在正文第二段开始插入图片 Money.wmf，高度和宽度都缩小到原图片的 50%，加 0.5 磅实心双实线边框，水平与页边距齐。

④ 将最后一段分为三栏，第一栏宽为 3 厘米，第二栏宽为 4 厘米，栏间距为 0.75 厘米，栏间加分隔线。

⑤ 按图 4.86 所示样张，设置相应段落，填充灰－15%底纹。

文字处理概述

人们几乎天天都要和文字打交道，如起草各种文件、书信、通知、报告；撰写、编辑、修改讲义、论文、专著；制作各种帐目、报表；编写程序；登录数据等等。文字处理就是指对这些文字内容进行编写、修改、编辑等工作。

文字处理工作的基本要求是快速、正确，所谓又快又好。但传统方式进行手工文字处理时，既耗时又费力。机械式或电动式打字机虽然速度稍快，但还有诸多不便。使用计算机进行各种文档处理能较好地完成文字的编写、修改、编辑、页面调整、保存等工作，并能按要求实现反复打印输出。目前已广泛地被用于各个领域的事务处理中，成为办公自动化的重要手段。

纯文本文件也称非文书文件，如计算机源程序文件、原始数据文件等属于文本文件，注重的是字母符号的内在含义，一般不需要编辑排版。在文本文件内除回车符外，没有其他不可打印或显示的控制符。因此，在各种文字处理系统间可以相互通用。

带格式文本文件通称文档文件，也称文书文件，例如文章、报告、书信、通知等都属于文档文件。它注重文字表现形式，成文时需要对字符、段落和页面格式进行编辑排版。在文档文件中，由于不同的文字处理系统设计的格式控制符有所不同，因此，文档文件在不同的文字处理系统间需要格式转换，不能直接相互通用。此外，文档文件内除文本外，还可插入图形、表格，甚至声像等非文本资料。

图 4.86 操作题(2)样张

(3) 制作下列表格并按要求进行下列操作。

基本情况统计表

姓名	性别	出生年月		编号	出生地
		年份	月份		
王小平	男	1970	12	A8326890	河南省
李中华	男	1981	01	B5674399	河北省
杨华丽	女	1974	10	A8769065	河南省
江　颖	女	1978	03	B6758549	河北省

操作要求：

① 将表中的内容设置为宋体小五号字；

② 将表格按编号升序排序；

③ 将所有文字和标题居中对齐。

第 5 章　电子表格处理软件 Excel 2000

Excel 2000 是一个功能强大的电子表格软件，是 Microsoft 公司的 Office 2000 套装软件的一个组成部分。Excel 2000 具有强大的数据计算与分析功能，可以把数据用各种统计图的形式形象地表示出来，被广泛用于财务、金融、审计和统计等众多领域。本章介绍 Excel 2000 的基本操作。

5.1　Excel 2000 概述

Excel 2000 主要用来处理各种电子表格，具有计算、统计、分析数据的能力，以及图表转换等功能。

5.1.1　Excel 2000 的功能

Excel 2000 是一个电子表格处理软件，可以方便地管理各种销售表、档案表、工资表和课程表。概括起来，Excel 2000 具有下列功能。

(1) 建立电子表格：可以建立二维和复杂的三维表格。

(2) 编辑电子表格：向电子表格输入数据、编辑数据、添加数据、修改数据等。

(3) 建立工作簿：将若干张工作表装订在一起形成工作簿，可以编辑和处理工作簿。

(4) 格式设置：将电子表格中的数据进行美化、修饰和其他设置。

(5) 统计计算：将电子表格中的数据求和、求平均值、计数、汇总、排序等统计处理。

(6) 图表处理：具有将数据生成多种图表的能力，并且可以将电子表格显示、预览、打印输出。

(7) 打印输出：对编辑好的电子表格进行页面设置，在打印机上打印输出，设置打印参数，实现“所见即所得”功能。

Excel 2000 除了具有上述功能之外，还有下列特点：用户界面直观，易于操作，函数功能强，表格容量大，提供大量的图表，可以方便地和其他软件交换数据，共享性好，提供了 Web 功能，便于网络应用。

5.1.2　启动和退出 Excel 2000

5.1.2.1　启动

Excel 是基于 Windows 操作系统的软件，所以启动 Excel 前应该先启动 Windows。在 Windows 启动后，单击“开始”按钮，在弹出的菜单中，选择“程序”并在程序子菜单中单击“Microsoft Excel”，出现图 5.1 所示的“Microsoft Excel”窗口。

如果桌面上有 Excel 快捷方式图标，也可以双击图标将 Excel 启动，或者直接找到 Excel 执行文件，双击执行文件即可将 Excel 2000 启动。

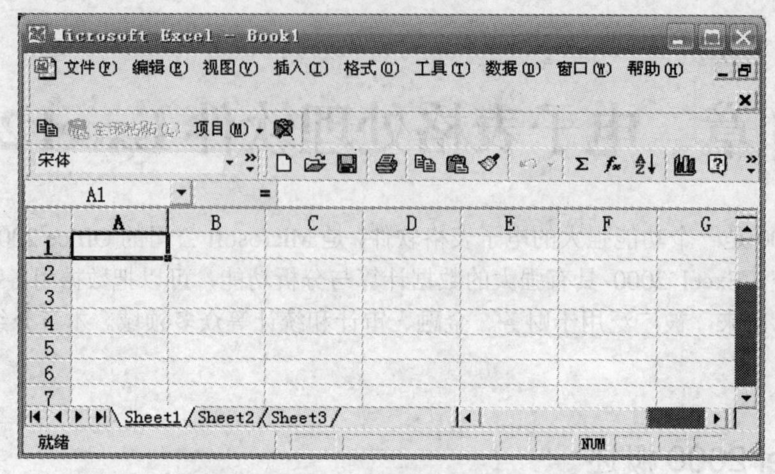

图 5.1 “Microsodt Excel 2000”窗口

5.1.2.2 关闭

下列 4 种方法都可以关闭 Excel：

(1) 单击“文件”菜单下的“退出”命令

(2) 双击窗口标题栏最左边的控制菜单图标

(3) 双击窗口标题栏右边的关闭按钮

(4) 使用键盘上的“ALT+F4”组合键

5.1.3 Excel 2000 的工作界面

Excel 2000 启动后，系统自动建立一个名为“Book1”的空工作簿，如图 5.1 所示。一个 Excel 2000 工作簿就是一个文件，其默认文件扩展名为 xls。

Excel 2000 的工作界面包含两个窗口，一个是 Excel 应用程序窗口，另一个是文档窗口。

5.1.3.1 应用程序窗口

Excel 2000 的应用程序窗口和 Word 2000 应用程序窗口类似，由标题栏、菜单栏、工具栏、状态栏、编辑栏组成。

(1) 菜单栏。菜单中的命令默认首先显示最近使用过的几个，其余的命令要展开后才能显示。对初学者可以设置菜单显示所有包含的命令，方法是在“视图”菜单的“工具栏”中选择“自定义”，在“自定义”对话框中打开“选项”页，将“菜单中首先显示最近使用过的命令”复选框的选择撤消即可。

(2) 工具栏。Excel 2000 的工具栏默认打开的是“常用工具栏”(上排)和“格式工具栏”(下排)，并且是分两排显示，很符合初学者的使用需要。如不小心将两工具栏并排显示时，可在“视图”菜单的“工具栏”中选择“自定义”，在“自定义”对话框中打开“选项”页，将“‘常用’工具栏和‘格式’工具栏并排显示”前的复选框的选择撤消即可。

(3) 状态栏。状态栏显示了当前工作区的状态、自动运算的结果和键盘模式。状态栏的打开与否，由“视图”菜单中对“状态栏”的选择与否确定。

(4) 编辑栏。编辑栏是表格处理所特有的，提供了数据编辑的场所。编辑栏是位于格式工具栏下方和工作窗口上方的一个长条空白区域。编辑栏由三部分组成：左边的活动单元格名称框、中间编辑按钮(取消、输入、插入函数)和右边的活动单元格编辑框。表格中任一个单元格或区域名称的命名都在活动单元格名称框中进行，方法是选择一个单元格或选择一个区域，然后在单元格名称框中直接输入西文或中文名。单元格数据的添加、修改、删除，数据的处理和数据的格式化，都在编辑栏的编辑框中进行。

当选定单元格或数据区域时，其名称显示在编辑栏左边的名称框中。在编辑单元格数据时，编辑栏右边的编辑框中，显示活动单元格中常用的数据和公式。

5.1.3.2　文档窗口

Excel 2000 的文档窗口是工作簿窗口，工作簿由工作表组成，工作表由单元格组成，单元格由行和列的位置确定。工作簿文档窗口由下列几个部分组成。

(1) 标题栏。标题栏位于窗口的最顶部，显示当前工作簿的名字，当工作簿窗口不是最大化时，工作簿窗口的标题栏就与应用程序窗口的标题栏合并显示，如图 5.1 所示。

(2) 工作表标签。工作表标签在文档左下部，Sheet1、Sheet2、…分别表示工作表 1、工作表 2、…。单击表标签可以选择工作表，选中的工作表称为活动工作表，其表标签高亮显示(如图 5.1 中的 Sheet1)。双击表标签，可以直接输入西文或中文对工作表命名，以方便使用。默认打开的工作表只有 3 张，即 Sheet1、Sheet2、Sheet3，可以通过多种方法打开更多的工作表，最多可达 255 张。表标签的左边有 4 个小按钮，当工作表很多时，通过这 4 个小按钮，可以方便地选择第一张、最后一张、上一张、下一张工作表。

(3) 单元格。工作表中的每一格称为一个单元格，选定的单元格称为活动单元格。单元格选定后，用一个方框将其标记，单元格区域变为高亮显示，说明被激活。活动单元格右下角总有一个小方块，称为“填充柄”。单元格用列标加上行号进行表示。例如，C2 代表第 C 列第 2 行的一个单元格。单元格的选取可以用鼠标拖动的方法。

(4) 列标。位于各列上方的灰度字母区，列标用字母 A、B、C、D、E、…表示，最大列数为 IV，文档最多有 256 列。单击列标可以选定单元格。

(5) 行号。位于各行左边的灰度数字区，行号用 1、2、3、4、5、6、…表示，最大行号为 65536 行。单击行标可以选定整行单元格。

(6) 滚动条。滚动条分为水平滚动条和垂直滚动条，分别位于工作表的右下方和右下侧。工作表内容在屏幕上显示不下时，可以拖动滚动条以方便查看。滚动条是快速移动工具。

(7) 窗口分隔器。窗口分隔器有垂直和水平两个，当文档很大时，为了方便同一工作表的不同部分数据交流，需要将文档所在窗口分为 2 个或 4 个，分别显示文档的不同部分，如图 5.2 所示。在垂直滚动条的向上箭头上方有一短横，双击之或拖动之，可将文档窗口分为上下两个；双击两窗口的分界线，将恢复为一个窗口界面。在水平滚动条的向右箭头右方有一短竖，双击之或拖动之，可将文档窗口分为左右两个；双击两窗口的分界线，将恢复为一个窗口界面。

Excel 2000 的文档窗口可以打开多个，各窗口之间可以进行切换，便于文档间各表格的数据进行交流。

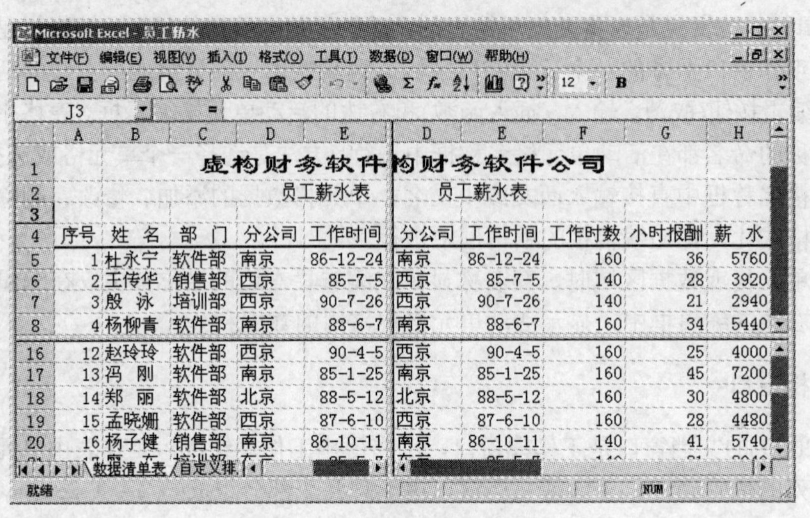

图 5.2 将窗口分割成 4 个部分

5.2 Excel 2000 的基本操作

Excel 的操作主要是对工作簿和工作表的操作，包括工作簿的创建、打开和保存，工作表的编辑、管理和美化等操作。

5.2.1 工作簿的管理

5.2.1.1 建立工作簿

Excel 启动后，自动建立了一个工作簿(Book1)，并同时创建了三张工作表。工作簿是 Excel 的一个文件，包括一张或多张工作表。工作簿相当于一个文件夹，将相关的图表、表格存放在一起。在编辑过程中，用户可以使用系统提供的模板，以建立新的工作簿，操作步骤如下：

(1) 单击“文件”菜单，选择“新建”命令，出现图 5.3 所示的“新建”对话框。

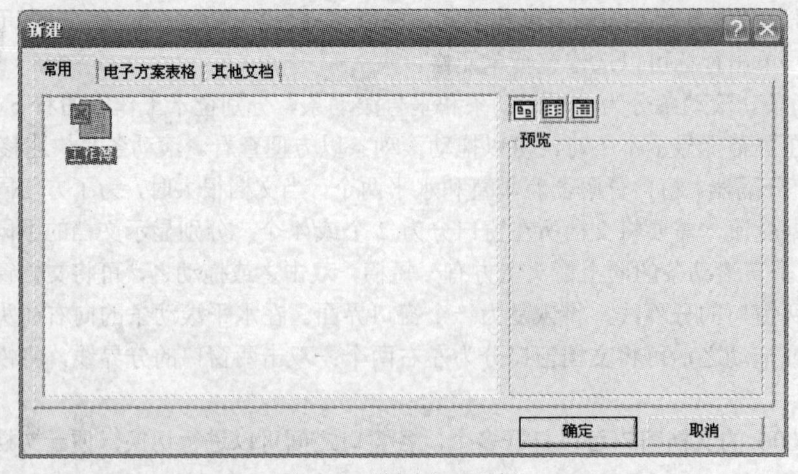

图 5.3 “新建”对话框

(2) 在“新建”对话框中，选择要创建工作簿的选项卡类型，并选择相应类型的工作簿。

(3) 在预览中，显示选定的工作簿的形式，选项结束，单击“确定”按钮。

5.2.1.2 保存工作簿

工作簿编辑后，需要将其保存到磁盘上。保存工作簿可以使用下列方式：

(1) 单击工具栏中的“保存”按钮或单击“文件”菜单，选择“保存”命令。

(2) 如果是保存新文件，还可单击“文件”菜单，选择“另存为”命令。

对于保存新文件，无论使用哪种方式，都会出现“另存为”对话框，在对话框中选择文件的“保存位置”、输入文件名、选择文件类型，然后单击“保存”按钮。

5.2.1.3 打开工作簿

当用户要编辑或使用一个已经存在的工作簿文件时，需要将其打开，步骤如下：

(1) 单击“文件”菜单，选择“打开”命令，或者单击工具栏中的“打开”按钮，出现图 5.4 所示的“打开”对话框。

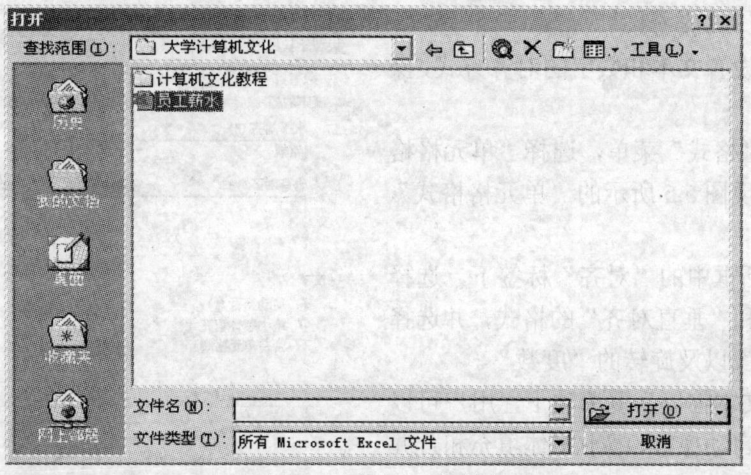

图 5.4　“打开”对话框

(2) 在对话框中，选择“查找范围”(文件所在的磁盘和文件夹)、“文件类型”，并在文件显示区域选中文件名，或者在“文件名”中输入文件名。

(3) 单击“打开”按钮，即可。

5.2.2 工作表中的数据输入

在 Excel 中，工作簿打开或者创建后，会自动创建三张工作表，每张工作表由若干个单元格组成，选中单元格后可以向单元格输入数据。工作表可以接受文本数据、数值数据、日期和时间数据、批注等数据。

5.2.2.1 数字的输入

数字可以是整数、小数和分数。在数字中出现正号、负号、指数负号、分数负号(/)、百分号、美元符号($)等。在单元格中输入的步骤是：

(1) 选中要输入数字的单元格。

(2) 键入数字，此时输入的数字在单元格中和编辑栏中显示。

(3) 按回车键或用方向键改变活动单元格，或者用鼠标单击编辑栏中的“√”按钮即可将数值输入到单元格中。

(4) 在输入过程中，要想取消输入的所有数据，可以按编辑栏中的“×”按钮，也可以按“Esc”键。要想删除部分数据，可以用键盘上的Del键或者退格键。

在 Excel 中，数字的默认对齐方式是右对齐。当输入的数字位数过长时，在单元格中将以科学计数法显示，但在编辑栏显示的是数字原样。

5.2.2.2 文本格式的数据输入

文本数据由文字、数字、字母、空格和其他键盘字符组成。文本数据的输入和数字完全类似，文本数据默认的对齐方式是左对齐。当在单元格中输入数字字符时，为了和数字区别，要在数字字符的前边用西文单引号(')或者用等号前导用双引号括住。例如输入数字字符“365”，应键入'365'或者="365"，此时单元格显示 365，但为左对齐(说明是字符)，并且此数字不再具备计算能力。

用户可以设置文本和数字的对齐方式，操作步骤如下：

(1) 单击“格式”菜单，选择“单元格格式”命令，出现图 5.5 所示的“单元格格式”对话框。

(2) 在对话框中的“对齐”标签下，选择“水平对齐”和“垂直对齐”的格式，并选择文本的“方向”以及旋转的“度数”。

(3) 在“文本控制”复选项下，用户可以根据需要选择自动换行、缩小字体填充和合并单元格。

(4) 全部选项结束，单击“确定”按钮。

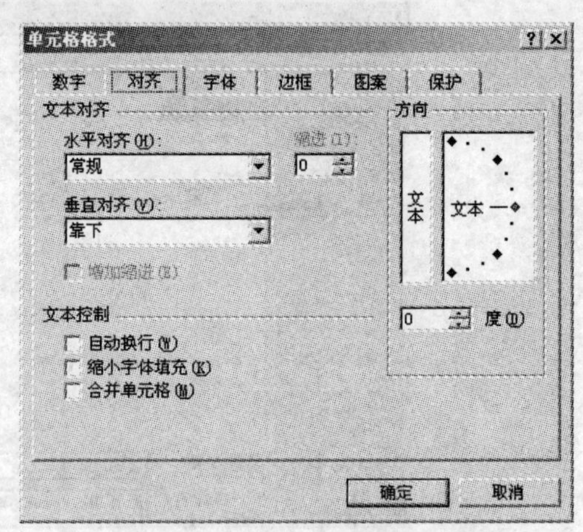

图 5.5 “单元格格式”对话框

5.2.2.3 日期和时间的输入

在 Excel 中，当向单元格输入日期和时间时，应该和系统提供的日期时间格式相匹配。Excel 提供的数字形式的日期，年月日之间用分隔符(-)或者用斜杠(/)分隔。例如，“1989 年 12 月 20 日”记为 12/20/1989。时间采用 24 小时或者用 AM/PM 方式计时，例如，下午 4 点 10 分，记为 16:40 或者 4:10PM

在同一单元格中输入日期和时间时，必须在它们之间加上空格。Excel 设置了内置的日期时间格式，用户也可以根据需要定义格式。

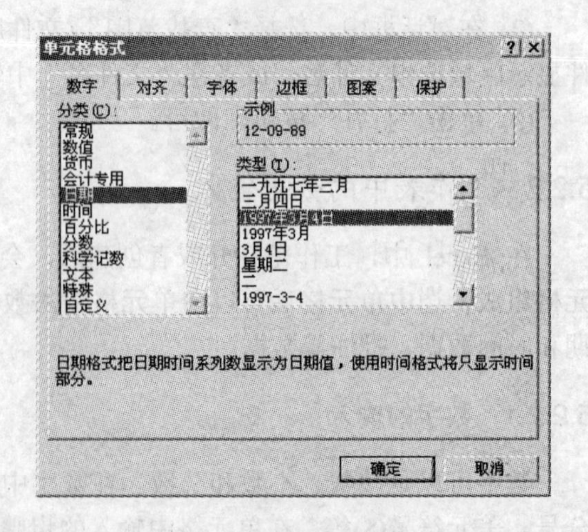

图 5.6 “数字”对话框

设置日期和时间的操作如下：

(1) 在图 5.5 中，单击“数字“选项卡，出现图 5.6 所示的“数字”对话框。

(2) 在对话框的“分类”下拉列表框中，选择“日期”，在右窗口中显示所有的日期示例，选中具体的“日期”格式。

(3) 对话框的“分类”下拉列表框中，选择“时间”，在右窗口中显示所有的时间示例，选中具体的“时间”格式。

(4) 单击“确定”按钮，设置的日期和时间生效。

5.2.2.4　输入批注

有时为了解释和备注单元格中的内容，可以为单元格添加批注，步骤如下：

(1) 选中要添加批注的单元格。

(2) 单击“插入”菜单，选中“批注”命令，出现图 5.7 所示的添加批注文本框。

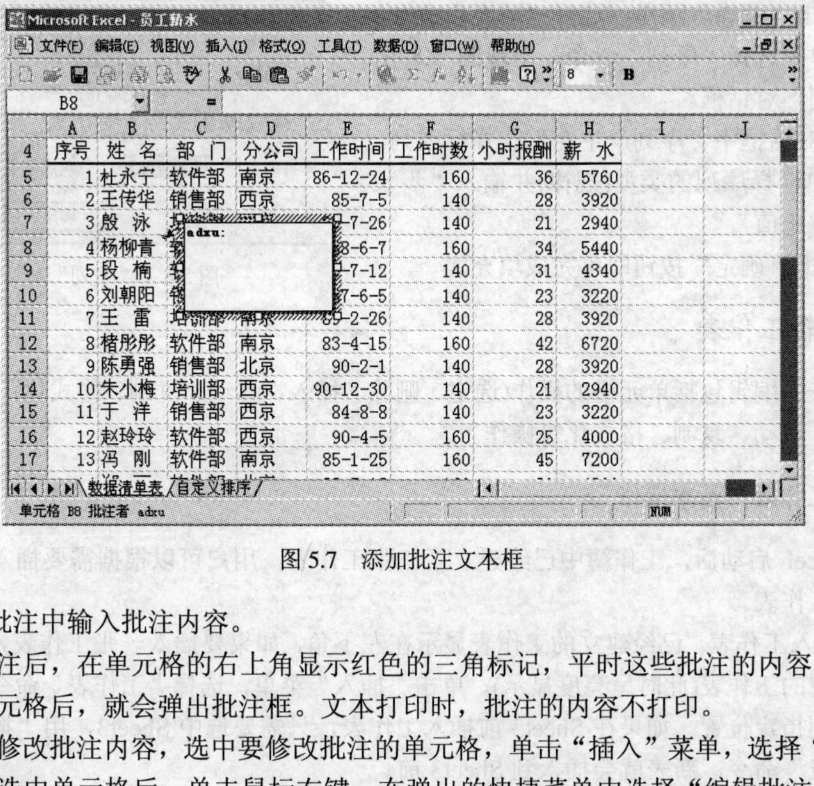

图 5.7　添加批注文本框

(3) 在批注中输入批注内容。

加入批注后，在单元格的右上角显示红色的三角标记，平时这些批注的内容不显示，当鼠标指向单元格后，就会弹出批注框。文本打印时，批注的内容不打印。

如果要修改批注内容，选中要修改批注的单元格，单击“插入”菜单，选择“编辑批注”命令，或者选中单元格后，单击鼠标右键，在弹出的快捷菜单中选择“编辑批注”命令，即可对批注进行修改；如果要删除批注，选中要删除批注的单元格，单击鼠标右键，在弹出的快捷菜单中选择“删除批注”；如果要让批注一直显示，可以选中要显示批注的单元格，单击鼠标右键，在弹出的快捷菜单中选择“显示批注”，此时批注就会一直显示；如果不需要它一直显示，可以选中单元格，用鼠标右键在弹出的快捷菜单中选择“隐藏批注”。

5.2.2.5　自动输入数据

如果输入的数据有规律，如等差、等比或者自动数据序列，可以使用 Excel 的数据自动输入功能。

(1) 自动填充。自动填充是根据初始值决定以后的填充项值，自动填充时只要输入序列的第一项或者前两项，然后拖动填充柄即可完成序列的其余项的输入。数据填充有数字序列和文字序列。使用自动填充功能的步骤如下：

① 在相邻两个单元格中输入数据的第一项和第二项(同一行或者同一列均可)。

② 选取两个单元格组成的区域，此时两个单元格就组成了一个序列。

③ 当鼠标指针移到选中区域的右下角的填充柄处时，鼠标变成“十”字小方框。

④ 向下或者向右拖动鼠标到输入序列的尾端，释放鼠标后数据就会自动被填充。

如果第一项和第二项在同一行，则产生一个行序列；如果第一项和第二项在同一列，则产生一个列序列。

(2) 产生一个序列。利用菜单可以生成一个填充序列，操作步骤如下：

① 在单元格中输入初始值，并单击回车。

② 单击“编辑”菜单，选择“填充”命令，在二级菜单中选择“序列”命令，出现图 5.8 所示的“序列”对话框。

③ 在对话框中“序列产生在”选择行或列，“类型”中选择序列的类型(规律)并输入“步长值”和“中止值”

④ 单击“确定”按钮即可完成填充。

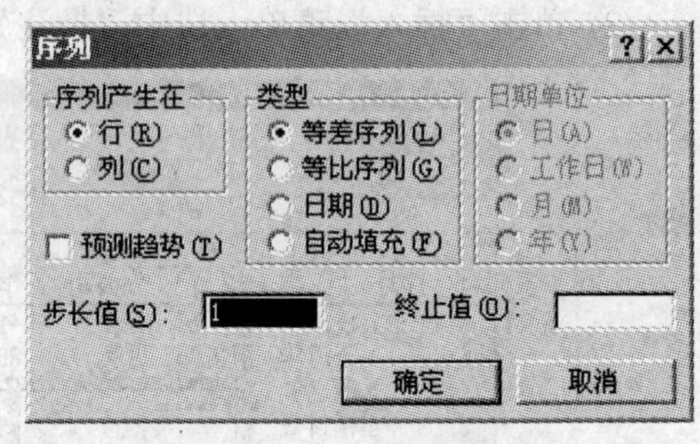

图 5.8 “序列”对话框

5.2.3 编辑工作表

工作表的编辑包括单元格的操作(选定、删除、插入、移动、复制、格式化)、工作表的删除、插入、移动、复制、格式化等操作。

5.2.3.1 工作表的基本操作

在 Excel 启动后，工作簿中已经建立了三张工作表，用户可以根据需要插入、删除、移动、复制工作表。

(1) 插入工作表。已经建立的工作表显示在左下角，如果要插入一张工作表，只需要选中要插入位置的工作表(此时呈亮度显示)，单击“插入”菜单，选择“工作表”命令，新工作表就会插入到指定位置。如果在 Sheet3 前插入工作表，只需要选中 Sheet3，用“插入”菜单下的“工作表”命令，新表就会插入到 Sheet3 前。

(2) 调整工作表的行高和列宽。

① 调整行高是将鼠标的插入点移到表格的行高位置，定位到要调整的行高的下边线上，此时鼠标的指针变成上下箭头的“十”字形，拖动鼠标即可改变行高。

② 调整列宽是将鼠标的插入点移到表格的列宽位置，定位到要调整的列宽的右边线上，此时鼠标的指针变成上下箭头的“十”字形，拖动鼠标即可改变列宽。

图 5.9 “行高”对话框

如果要精确改变行高时，可以单击“格式”菜单，选择“行”命令下的子菜单中的“行高”，出现图 5.9 所示的“行高”对话框，设置“行高”后，单击“确定”按钮即可。

如果要精确改变列宽时，可以单击“格式”菜单，选择“列”命令下的子菜单中的“列宽”，出现图 5.10 所示的“列宽”对话框，设置“列宽”后，单击“确定”按钮即可。

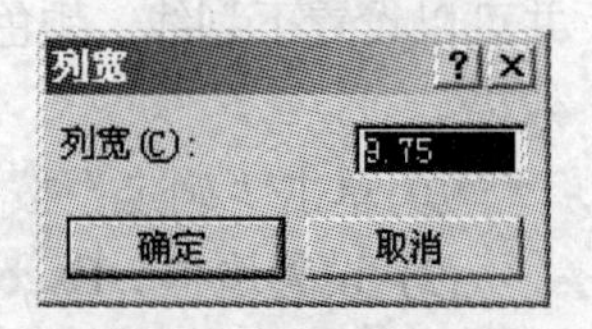

图 5.10　“列宽”对话框

(3) 删除工作表。选中要删除的工作表，此时表标签被激活。单击“编辑”菜单中的“删除工作表”命令(或者在工作表标签中单击鼠标右键，在弹出的快捷菜单元中选择“删除”)，出现图 5.11 所示的删除提示对话标签。如果要永久性地删除工作表，单击“确定”按钮；若要取消删除，则单击“取消”按钮。

(4) 复制和移动工作表。复制或移动工作表可以用菜单方式也可以用鼠标方式。通常在同一个工作簿内移动，用鼠标方式更方便。

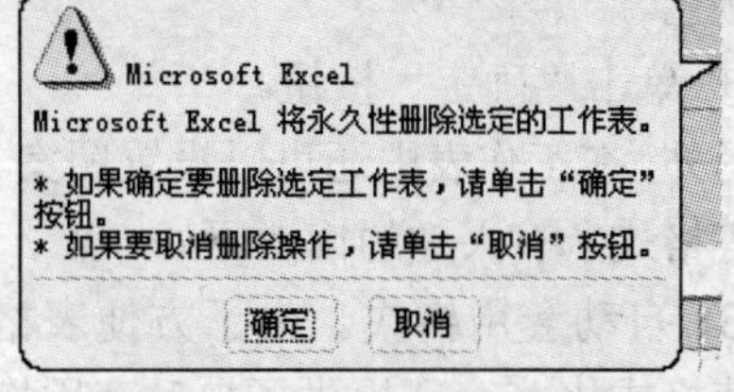

图 5.11　删除提示对话标签

① 用鼠标拖动。选中要移动的工作表，用鼠标拖动，此时鼠标指针变成一个带加号的小表格，指针有一个小三角，指示表的复制位置，拖动到目标位置释放，工作表就被移动。如果要复制工作表，按住键盘上的 Ctrl 键，用鼠标左键拖动即可。

② 用菜单方式。选中要复制或移动的工作表，单击“编辑”菜单，选择“移动或复制工作表”命令，出现图 5.12 所示的“移动或复制工作表”对话框。

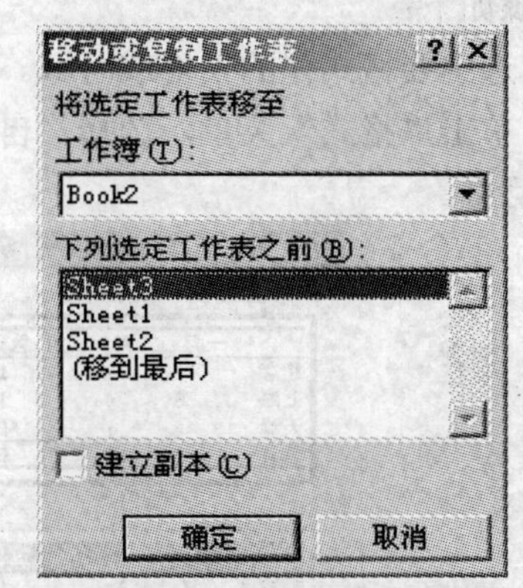

图 5.12　“移动或复制工作表”对话框

在对话框中选择“将选定工作表移至”的工作簿名称，可以在同一个工作簿，也可以移至其他工作簿。在“下列选定工作表之前”中选择要移动的位置，如果要复制这个工作表，则选中“建立副本”复选框，单击“确定”按钮。

(5) 工作表的更名。选中要更名的工作表，单击鼠标右键，在弹出的快捷菜单中选择“重命名”命令(或者双击要更名的工作表名称)，此时工作表名称出现黑色显示，输入新的工作表名称，按回车键即可。

5.2.3.2　格式化工作表

格式化工作表就是使工作表更加美观，通常包括对齐方式、字体、数值格式等操作。

(1) 设置字体。设置工作表字体的步骤如下：

① 在图 5.5 所示的对话框中，单击“字体”选项卡，出现图 5.13 所示的“字体”对话框。

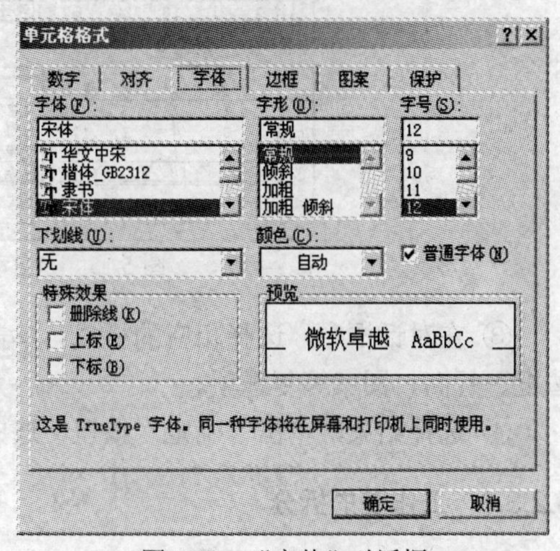

图 4.13　“字体”对话框

② 在对话框中，选择字体、字形、字号，

并可以设置下划线、颜色以及特殊效果(上标、下标和删除线)，在“预览”中显示选择的实际效果。

③ 单击“确定”按钮。

(2) 设置边框。Excel 中，默认无表格线，用户可以设置边框，操作如下：

① 在图 5.5 所示的对话框中，单击“边框”选项卡，出现图 5.14 所示的“边框”对话框。

② 在对话框中，选择边框、线条样式、颜色。

③ 单击“确定”按钮。

另外，在工作表中还可以设置图案、保护等格式，有兴趣的读者不妨一试。

图 5.14 “边框”对话框

(3) 自动套用格式。为了方便表格的快速格式化，Excel 提供了自动套用格式，步骤如下：

① 选中要格式化的表格或区域。

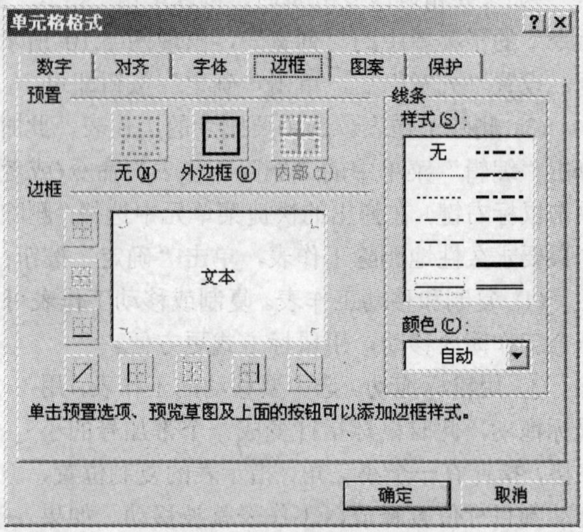

② 单击“格式”菜单，选择“自动套用格式”命令，出现图 5.15 所示的“自动套用格式”对话框。

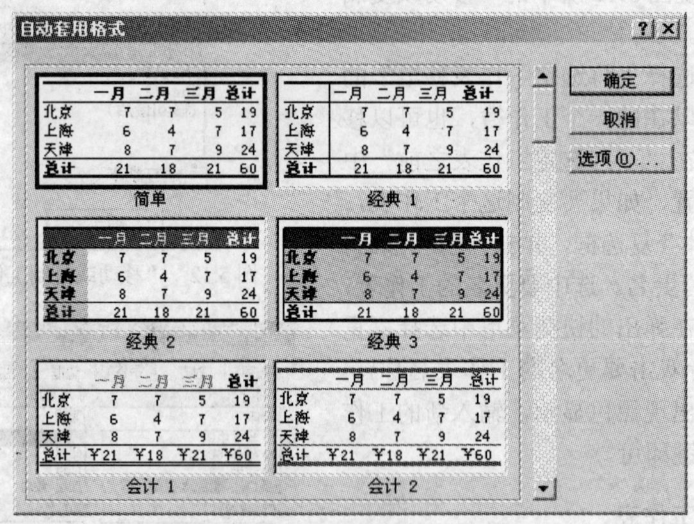

图 5.15 “自动套用格式” 对话框

③ 在对话框中，选择相应的格式，单击“选项”按钮，出现格式的对齐、数字、字体、边框、行高、图案等复选项。

④ 选择结束，单击“确定”按钮，选中的表格就变为相应的格式。

5.2.3.3 工作表的拆分

在 Excel 中，有时工作表比较大，往往只能显示工作表的部分数据，如果想比较工作表相距较远的数据，常需要将工作表拆分。

工作表有 3 种拆分方式：垂直拆分、水平拆分和水平垂直同时拆分。

(1) 工作表水平拆分。工作表水平拆分的步骤如下：

① 单击水平拆分线的下一行的行号或者下一行最左边的单元格。

② 单击“窗口”菜单，选择“拆分”命令，此时所选行的下方出现一条水平拆分线；利用窗口中的滚动条可以使上下窗口分别显示工作表中距离最远的数据。利用鼠标也可以实现窗口的水平拆分，只要拖动垂直滚动条上方的窗口分隔器，到目标位置释放，即可实现水平拆分。

(2) 工作表垂直拆分。垂直拆分和水平拆分类似，只要单击工作表右一列的列号或者最上面的单元格，单击“窗口”菜单，选择“拆分”命令，此时在所选行的列左边出现一条垂直划分线。

(3) 水平垂直同时拆分：选中单元格后，单击“窗口”菜单，选择“拆分”命令，此时在所选单元格的上方出现一条水平拆分线和选定单元格的左边出现一条垂直拆分线。

要改变拆分窗口的位置可以拖动拆分线；撤消窗口的拆分可以单击“窗口”菜单，选择“撤消拆分”命令即可。

5.2.3.4　工作表窗口的冻结

窗口拆分后，可以利用滚动条来显示窗口外的部分，但是随着滚动条的移动，所有数据都随着滚动条的移动而消失。如果要固定窗口的上部和左部，可以利用窗口的冻结来实现。冻结窗口也分为 3 种：垂直冻结、水平冻结和水平垂直同时冻结。

冻结和拆分完全类似，单击“窗口”菜单，选择“冻结拆分窗口”命令，冻结线为一条黑线。如果要撤消冻结，可以在“窗口”菜单中，选择“撤消冻结窗口”。

5.2.4　单元格的操作

工作表由单元格组成，利用单元格的操作可以方便地进行工作表编辑。

5.2.4.1　选中单元格

(1) 选中单个单元格。单击相应的单元格，或用箭头键移动到相应的单元格，该单元格即被选中，成为活动单元格。

(2) 选取一片矩形连续区域(如 A1:B5)。鼠标指向矩形区的左上边角的单元格(如 A1)，按住鼠标左键，拖动鼠标至矩形区的右下边角的单元格，释放鼠标，矩形区域即被选中。

(3) 选取一组不相邻的区域(如 A1:B5 和 A4:D5)。首先选中第一个区域(如 A1:B5)；在按下 Ctrl 键的同时，用鼠标拖动选取第二个区域(如 A4:D5)。

(4) 选取整行或整列。选择某一行，只需将鼠标指针移动至该行的行号上，然后单击左键；选择某一列，只需将鼠标指针移动至该列的列标上，然后单击左键即可。

(5) 选择整个工作表。鼠标单击工作簿窗口左上角的“全选”按钮(列标 A 左侧、行号 1 上方)即可。

(6) 选取区域的其他操作。选定单元格中的文本、工作表中的所有单元格、相邻的行或列、不相邻的行或列等。

5.2.4.2 区域的命名

在选择了某个单元格或单元格范围后，可以为该范围设定一个名称。这样做的好处在于：可以实现在工作表中快速定位，使一些特殊的单元格更容易记忆，在编写公式时使用名字更容易理解。下面举例说明区域的命名方法。

(1) 选择活动工作表：单击工作表标签“Sheet2”，使其成为活动工作表。

(2) 在活动工作表中按图 5.16 输入两列数据。

(3) 选择区域：单击 A4 单元格，按 Ctrl 键不放，单击 A8 和 A11 单元格，释放 Ctrl 键。

(4) 区域的命名：单击“编辑栏”的“名称框”，在其中输入区域的名称“名师”，按回车。

(5) 使用命名的区域：单击“名称框”右端的下拉按钮，在出现的下拉列表框中选中“名师”项，该命名区域被选中。

(6) 区域名称的删除：选择“插入”菜单中的“名称”，打开“定义”对话框，选择要删除的区域名称“名师”，单击“删除”按钮，单击“确定”按钮。

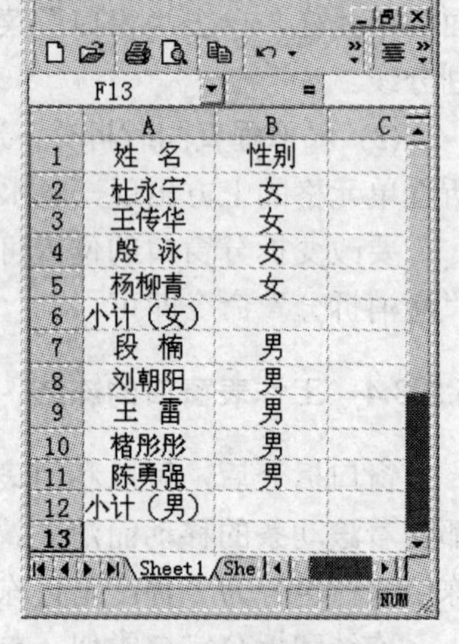

图 5.16 区域命名

5.2.4.3 删除单元格

删除单元格的步骤如下：

(1) 选中要删除的单元格。

(2) 单击“编辑”菜单，选择“删除”命令，也可以单击鼠标右键，在弹出的快捷方式下，选择“删除”命令，此时出现图 5.17 的“删除”对话框。

(3) 在对话框中，选择“删除”单选项下的删除方式。

(4) 单击“确定”按钮。

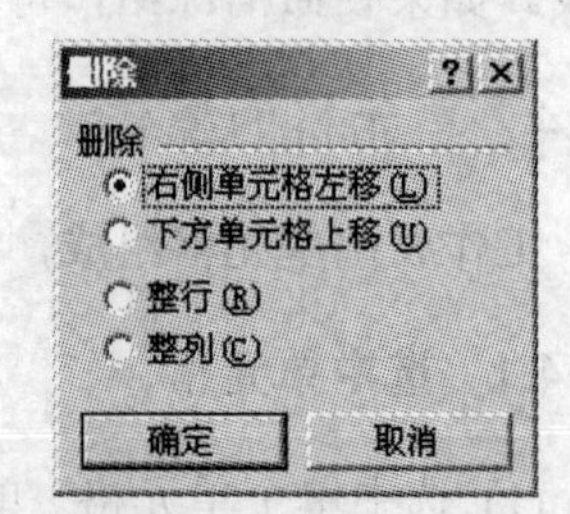

图 5.17 “删除”对话框

5.2.4.4 插入单元格

在工作表中，根据需要可以插入单元格，对单元格可以整行、整列或者插入单个的单元格。整行或整列只需要选中插入行或列的位置，单击“插入”命令，选择“整行”或“整列”命令即可。插入单个单元格的操作步骤如下：

(1) 选中要插入位置的单元格。

(2) 单击鼠标右键，在弹出的快捷方式中选择“插入”命令，此时出现图 5.18 所示的“插入”对话框。

(3) 在对话框中选择插入方式。

(4) 最后单击“确定”。

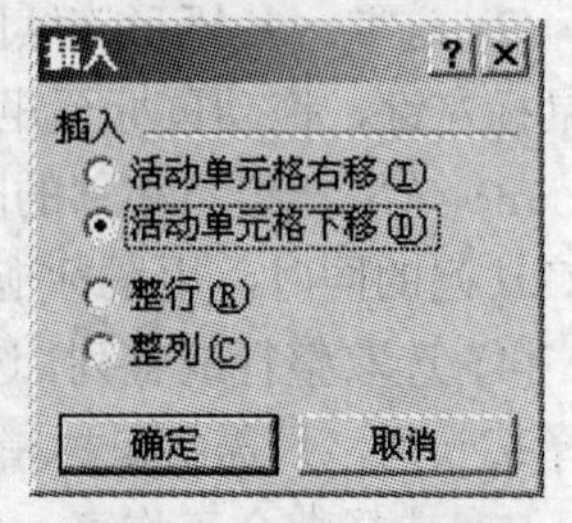

图 5.18 “插入”对话框

5.2.4.5 修改或清除单元格内容

(1) 修改单元格的内容。只要将鼠标指针移到要修改的单元格中，直接输入要修改的内容。

如果要清除单元格中的内容只需要选中单元格，用 Del 键或者单击鼠标右键选择“清除内容”命令。

(2) 清除批注、格式或全部。选中单元格后，单击“编辑”菜单，在下拉菜单中选择“清除”菜单项下的选项(全部、内容、批注、格式)即可。

5.2.4.6　移动单元格数据

移动单元格数据使用“剪切”和“粘贴”命令，操作步骤如下：

(1) 选中要移动数据的单元格。

(2) 单击“编辑”菜单，选择“剪切”命令，或者单击工具栏中的“剪切”按钮，这时选中的单元格出现闪动的虚线。

(3) 选中要移动的目标位置的单元格。

(4) 单击“编辑”菜单，选择“粘贴”命令，或者单击工具栏中的“粘贴”按钮。

5.2.4.7　复制单元格数据

复制单元格数据使用“复制”和“粘贴”命令，操作步骤如下：

(1) 选中要复制数据的单元格。

(2) 单击“编辑”菜单，选择“复制”命令，或者单击工具栏中“复制”按钮，这时选中的单元格出现闪动的虚线。

(3) 选中要复制的目标位置的单元格。

(4) 单击“编辑”菜单，选择“粘贴”命令，或者单击工具栏中的“粘贴”按钮。

5.2.4.8　单元格数据的查找

“查找”操作是在表中查找指定的内容，操作步骤如下：

(1) 单击“编辑”菜单，选择“查找”命令，出现图 5.19 所示的“查找”对话框。

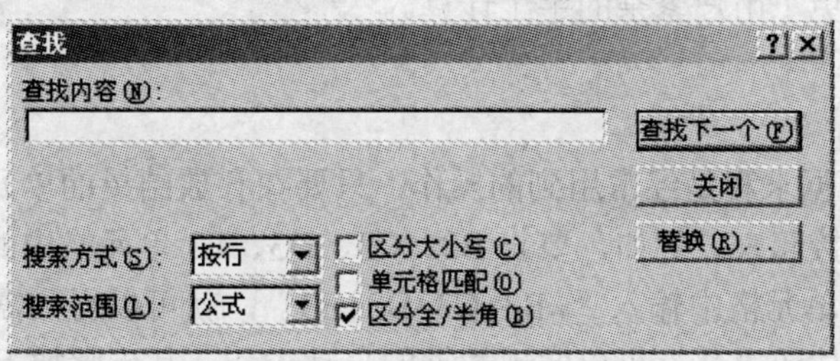

图 5.19　“查找”对话框

(2) 在“查找内容”中输入要查找的内容，在“搜索方式”中选择按行或按列搜索，在“搜索范围”中选择值、公式或批注。

(3) 在复选框中，选择是否区分大小写、是否单元格匹配、是否区分全/半角。

(4) 单击“查找下一个”按钮，找到后插入点停在相应的单元格位置，要继续查找，再单击“查找下一个”按钮。

(5) 查找结束，单击“关闭”按钮。

5.2.4.9 单元格数据的替换

替换是查找到指定的内容后，替换为新内容。其操作步骤如下:

(1) 单击“编辑”菜单，选择“替换”命令，显示图5.20所示的“替换”对话框。

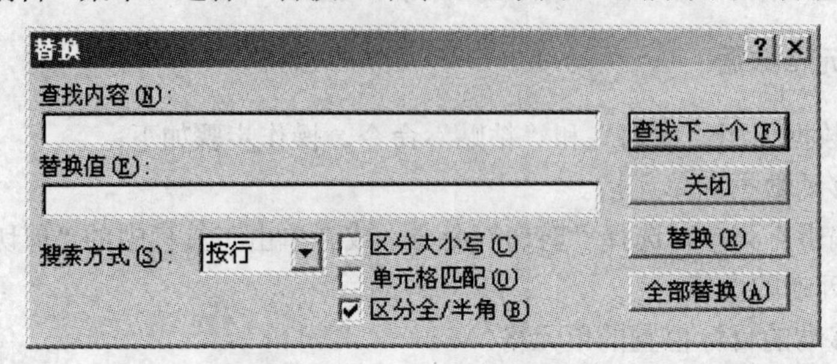

图5.20 “替换”对话框

(2) 在“查找内容”中输入要查找的内容，在“替换值”中输入替换的值，在“搜索方式”中选择按行或按列搜索。

(3) 在复选框中，选择是否区分大小写、是否单元格匹配、是否区分全/半角。

(4) 单击“查找下一个”按钮，找到后插入点停在相应的单元格位置，单击“替换”按钮，将查找到的值替换，如果单击“全部替换”按钮，则所有的相应内容将被替换。

(5) 替换结束，单击“关闭”按钮。

5.3 数据计算

Excel是一个电子表格处理软件，它提供了对表格中数据的计算功能。通过在单元格中输入公式和函数，可以对表中的数据进行求和、汇总、求平均值、求最大值以及其他更为复杂的数据运算，从而避免了用户繁杂的手工计算。

5.3.1 数据求和

在Excel中，数据求和是经常用到的操作，只要在存放结果的单元格中输入求和的单元格并用加号将它们连接起来。例如，要将B3、C3、D3、E3单元格中的数据求和后放在单元格F3中，只要在F3单元格中输入“=B3+C3+D3+E3”，就可以得到需要的结果。

使用工具栏中的按钮“Σ”可以实现数据的自动求和，其步骤如下:

(1) 选定参加求和的单元格区域及存放结果的单元格(在上例中选定B3到F3，结果放入F3)。

(2) 单击工具栏中的自动求和按钮“Σ”，结果就会显示在F3中。

如果一次要计算多个求和结果，可以选择要计算求和的区域和存放结果的区域(与单个完全类似)，单击工具栏中的自动求和按钮“Σ”即可。

5.3.2 运算符和优先级

进行复杂的计算，常常需要采用公式。在公式中可以实施各种运算，包括引用运算、算术运算、字符运算、比较运算等。

5.3.2.1　运算符

为实现某种运算的符号称为运算符。公式中可以使用的运算符有如下几种类型：

(1) 算术运算符：+(加号)、-(减号)、*(乘号)、/(除号)、%(百分号)、^(乘方)。

(2) 比较运算符：=(等于)、<(小于)、<=(小于等于)、>(大于)、>=(大于等于)、<>(不等于)。

(3) 字符运算符：&(连接符)，可以将两个或两个以上的文本连接起来，其操作数可以是带引号的文字，也可以是单元格地址。

(4)引用运算符：：(冒号)、，(逗号)、 (空格)、－(负号)。

5.3.2.2　运算符的优先级

需要注意，当多个运算符同时出现在公式中时，Excel 对运算符的优先级别作了严格规定，由高到低各运算符的优先级如表 5.1 所示。

表 5.1　常用运算符的优先级

优先顺序	类别	运 算 符
最高	引用运算	：(冒号)　，(逗号)　(空格)　－(负号)
次之	算术运算	%(百分号)　^(乘方)　*(乘号)　/(除号)　+(加号)　-(减号
较低	字符运算	&(连接符)
最低	比较运算	=(等于)　<(小于)　<=(小于等于)　>(大于)　>=(大于等于)　<>(不等于)

表 5.1 中，冒号用来分隔连续的单元格区域，例如 B3:E3 表示从 B3 到 E3 的连续区域，即 B3,C3,D3,E3。逗号用来分隔不连续的单元格区域，如 B3,E3 表示 B3、E3 两个单元格。

例如，-3^2 的运算结果为 9，因为负号的运算级别高于乘方。(4+5)*3/3^2 的运算顺序为先运算括号中的 4、5 累加得 9，再运算 3 的 2 次幂，然后按照乘除的先后顺序先运算 9 乘 3 最后再除 9，结果为 3。

5.3.3　函数

函数是 Excel 定义的内置公式，Excel 提供了十几种类型几百种函数。函数的使用与公式类似，只要在单元格中输入要计算的函数公式，结果就会在目标单元格中显示。

5.3.3.1　函数的类别

(1) 常用函数：在函数运算中经常使用的函数，如求和 SUM、求平均值 AVERAGE、取整 INT、最大值 MAX、正弦函数 SIN 等。

(2) 财务函数：对数值进行各种统计运算，例如计算资产折旧、计算利息等。

(3) 日期和时间函数：用来处理日期和时间。

(4) 数学和三角函数：求绝对值、余弦、反正切等。

(5) 统计函数：用于对数据进行统计和分析。

(6) 查找和引用函数：对指定的单元格区域返回各项信息或运算。

(7) 数据库：对数据进行分析，看是否满足要求。

(8) 文本函数：对字符串进行各种运算。

(9) 逻辑函数：用于进行逻辑判断和检验。

(10) 信息函数：用于确定保存在单元格中的数据。

5.3.3.2 函数的输入

函数输入有两种方法：直接输入函数和粘贴函数。

直接输入函数和公式的使用完全一样。

粘贴函数的使用方法如下：

(1) 选择需要输入函数的单元格。

(2) 单击常用工具栏的“粘贴函数”按钮，或者单击“插入”函数，选择“函数”命令，出现图 5.21 所示的“粘贴函数”对话框。

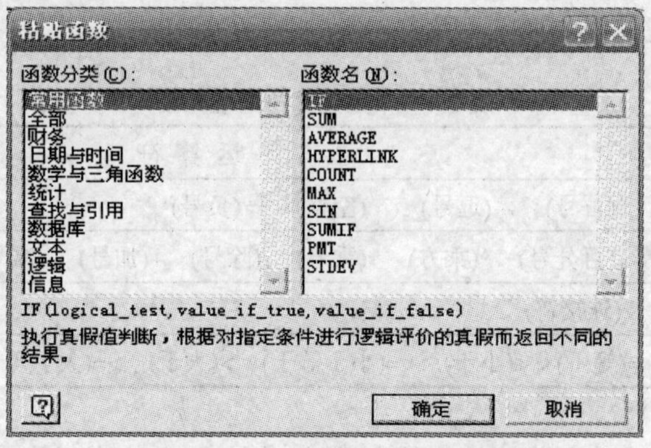

图 5.21 “粘贴函数”对话框

(3) 在“函数分类”列表中，选择函数类别，在“函数名”列表中选择所使用的函数名。

(4) 单击“确定”按钮，出现图 5.22 所示的输入参数对话框。

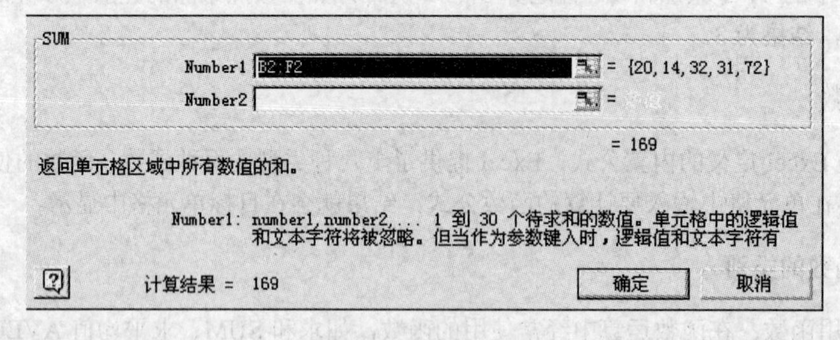

图 5.22 输入参数对话框

(5) 在对话框中，输入参数，单击“确定”按钮，在单元格中显示计算结果。

5.3.3.3 单元格的引用

单元格有 3 种引用方式：相对引用、绝对引用和混合引用。

(1) 相对引用：相对引用就是在公式复制和移动时，系统会自动调整公式中引用单元格的地址，Excel 中默认的单元格引用方式为相对引用。例如，单元格 D3 中的计算公式为“=B3＋C3”，如果选中单元格 D3，单击工具栏中的“复制”按钮，此时公式变为“=B4＋C4”。

(2) 绝对引用：绝对引用是在公式复制和移动时，公式不随着单元格位置改变而调整引用公式。绝对引用要在行号和列号上加上“$”符号。例如，绝对引用公式“=B3＋C3”，要将公式改为“=B3＋C3”，复制的结果不变。

(3) 混合引用：混合引用是在单元格的行号和列号前加上“$”符号，当公式复制或插入单元格时，公式的相对地址部分会随着位置的改变而改变，但绝对地址不变。如$B3，$C3 就是混合引用格式。

如果要使用不同工作表的数据运算，可以在单元格前加上工作表名，并在表名和单元格之间加上“！”符号。如公式“Sheet1!C1＋Sheet2!B2”，表示将 Sheet1 中的 C1 单元格的数据和 Sheet2 中的 B2 单元格的数据相加。

5.4　数据管理

表格处理软件通常兼有数据库管理的部分功能，Excel 也不例外，它通过“数据列表(Data List)”实现数据管理功能。

数据列表是 Excel 对数据库表格的约定称呼，其实它也是一张工作表，但须满足以下条件：

(1) 表格上方有字符串表示的列名，通常占据 1~2 行，相当于关系数据库的字段名。

(2) 列相当于关系数据库的字段，每列应包含同一类型(如数值型、字符型)的数据。

(3) 每行相当于数据库的一个记录。

(4) 表中不存在全空的行或列，单元格的值不能用无意义的“空格”开头。

(5) 如果列表有标题行，应与其他行(例如字段名行)至少隔开一个空行。

对于符合上述条件的工作表，Excel 把它识别为数据列表，并支持对它实施编辑、排序、筛选、分类汇总、数据透视表等操作。

Excel 的数据管理功能集中在菜单命令“数据”中，某些简单的操作也可以通过常用工具栏的按钮实现。通过这些可视化操作，Excel 就能完成数据库管理系统中用命令或程序才能实现的操作。

5.4.1　数据排序

实际应用过程中，用户往往要求对数据进行排序，即按一定次序对数据重新排列。

5.4.1.1　数据排列准则

在 Excel 中，可以按一列、两列或者三列对数据进行排序。数据排序遵循下列准则：

(1) 数字从 0～9 依次增大，即按数值的大小进行排列。

(2) 字母从 A~Z 依次增大，即按字典顺序从小到大进行排列。

(3) 在逻辑值中，True 排在 False 后。

(4) 空格排在最后。

5.4.1.2 数据的排列方式

排序可以对单列和多列进行，对单列排序比较省事，单击排序名选中列，单击工具栏的“升序”或“降序”按钮即可。

对多列排序的操作如下：

(1) 选中数据列表的任一单元格。

(2) 单击“数据”菜单，选择“排序”命令，出现图 5.23 所示的“排序”对话框。

(3) 在“排序”中，选择排序主要关键字、次要关键字、第三关键字，并选择升序(递增)和降序(递减)，在“当前数据清单”中选择有无标题。

(4) 单击“选项”按钮，出现图 5.24 所示的“排序选项”对话框，在对话框中选择“自定义排序次序”、“方向”、“方法”，选项结束，单击“确定”按钮，返回图 5.24“排序”对话框。

(5) 全部选项结束，单击“确定”按钮。

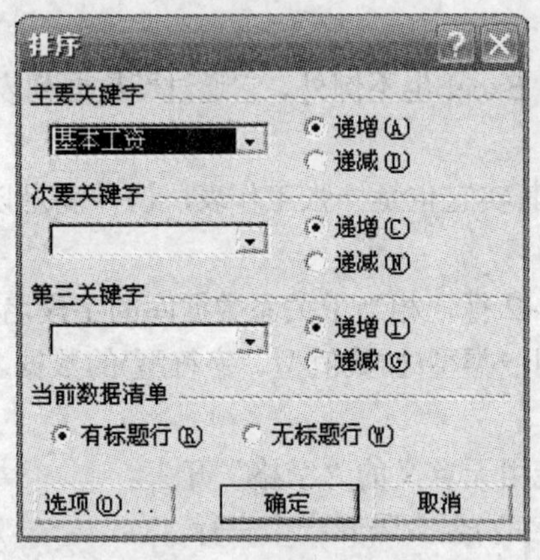

图 5.23 “排序”对话框

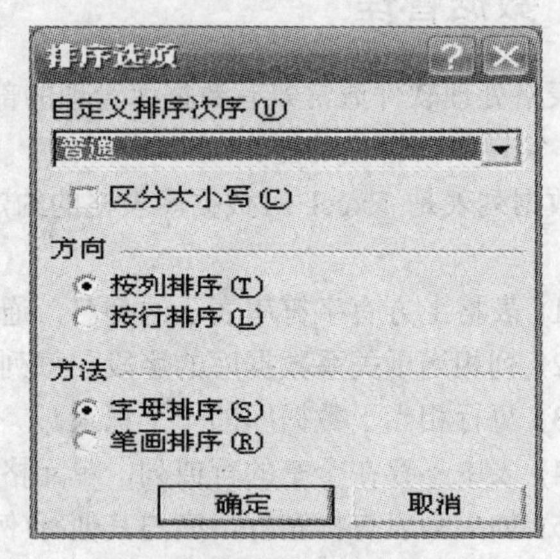

图 5.24“排序选项”对话框

5.4.2 数据筛选

数据筛选是从表中选择满足条件的记录，而其他记录将被隐藏。Excel 对数据筛选有两种方式：自动筛选和高级筛选。

5.4.2.1 自动筛选

自动筛选是按指定条件对字段值进行筛选。选择数据列表中的任意单元格，单击“数据”菜单，选择“筛选”命令，在其子菜单中选择“自动筛选”命令，在每个列的标题的右侧出现一个下拉按钮。

单击用作筛选条件的下拉按钮，弹出所有选择条件列表(全部、自定义、前 10 个、空白、非空白等)。列表中各选择项的含义如下：

(1) 全部：显示全部记录。

(2) 空白：只显示此列只含有空白的记录。

(3) 前 10 个：显示该列中最大或最小的 10 条(或指定个数)记录。

(4) 非空白：只显示该列中包含数据的记录。

(5) 自定义：用户自己定义筛选条件。

当用户选择“自定义”时，出现图 5.25 所示的“自定义自动筛选方式”对话框，用户可以自己定义筛选条件。

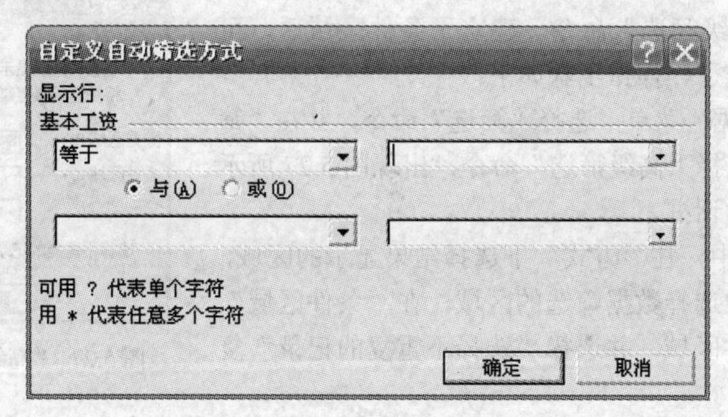

图 5.25　“自定义自动筛选方式”对话框

在列表中用户选择所需要的项目，在屏幕上就会显示满足筛选条件的记录。如果用户要显示全部记录，可以在“数据”菜单的“筛选”菜单下的子菜单中选择“全部显示”。

如果要撤消筛选，应选择“数据”菜单的“筛选”命令，再单击“自动筛选”子命令或“高级筛选”子命令。

5.4.2.2　高级筛选

自动筛选使用方便，但是只能用于较为简单的条件，而实际工作中会遇到大量复杂的条件，必须使用“高级筛选”命令进行数据筛选。

(1) 设定筛选条件。使用高级筛选之前，首先要在数据列表外建立一个条件区域，用于输入筛选的条件。该条件区域与数据列表之间必须用空行和空列分隔开来。例如，在对“职工工资表”筛选时建立的条件区域如图 5.26 所示，这些条件是：

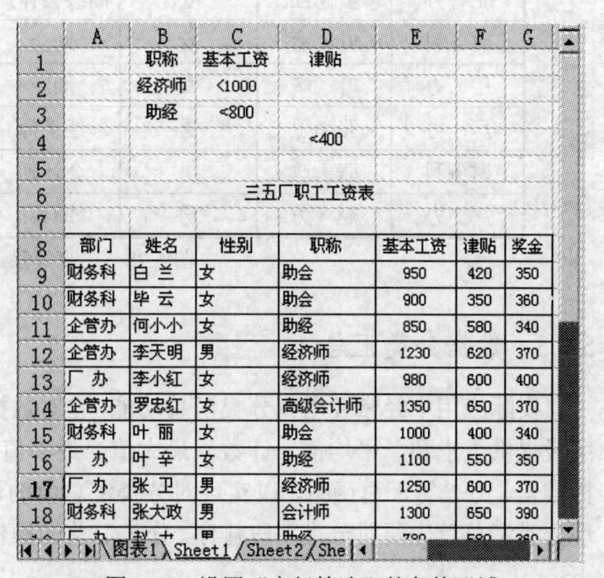

	A	B	C	D	E	F	G
1		职称	基本工资	津贴			
2		经济师	<1000				
3		助经	<800				
4				<400			
5							
6				三五厂职工工资表			
7							
8	部门	姓名	性别	职称	基本工资	津贴	奖金
9	财务科	白 兰	女	助会	950	420	350
10	财务科	毕 云	女	助会	900	350	360
11	企管办	何小小	女	助经	850	580	340
12	企管办	李天明	男	经济师	1230	620	370
13	厂 办	李小红	女	经济师	980	600	400
14	企管办	罗忠红	女	高级会计师	1350	650	370
15	财务科	叶 丽	女	助会	1000	400	340
16	厂 办	叶 辛	女	助经	1100	550	350
17	厂 办	张 卫	男	经济师	1250	600	370
18	财务科	张大政	男	会计师	1300	650	390

图 5.26　设置“高级筛选”的条件区域

① “基本工资”小于 1000 元的“经济师”。

② “基本工资”小于 800 元的“助会”。

③ “津贴”小于 400 元的职工。

条件的输入应遵循下列规则：

① 在条件区域的首行输入的是条件标志，它们是数据列表中相应的字段名。

② 在条件区域的第二行起，输入筛选条件。多重条件输入应在同一行上，这些条件之间的关系是“与”的关系，即要求显示的记录必须完全满足这些条件。

③ 当两个条件输入在不同行上时，这两个条件之间的关系是“或”的关系，显示的记录只要满足其中一行的条件就行。

(2) 使用“高级筛选”命令。建立了条件区域后，可以对数据进行筛选了，操作步骤如下：

① 单击“数据”菜单，选择“筛选”命令，并在“筛选”子菜单下，选择“高级筛选”命令，出现图 5.27 所示的“高级筛选”对话框。

② 在对话框中，在“方式”下选择结果显示的区域，在“数据区域”中选择数据筛选的区域，在“条件区域”中输入选择的条件区域，并选择“选择不重复的记录”复选项。

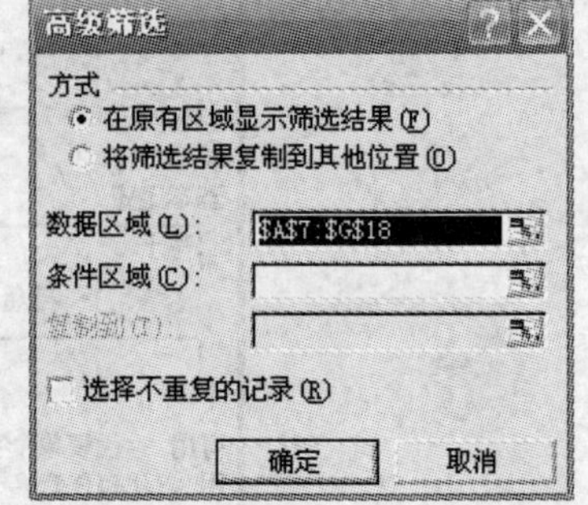

图 5.27 “高级筛选”对话框

③ 选择结束，单击“确定”按钮，此时在指定位置显示出如图 5.28 所示的筛选结果。

部门	姓名	性别	职称	基本工资	津贴	奖金
财务科	白　兰	女	助会	950	420	350
财务科	毕　云	女	助会	900	350	360
企管办	何小小	女	助经	850	580	340
企管办	李天明	男	经济师	1230	620	370
厂　办	李小红	女	经济师	980	600	400
企管办	罗忠红	女	高级会计师	1350	650	370
财务科	叶　丽	女	助会	1000	400	340
厂　办	叶　辛	女	助经	1100	550	350
厂　办	张　卫	男	经济师	1250	600	370
财务科	张大政	男	会计师	1300	650	390
厂　办	赵　力	男	助经	780	580	360

图 5.28 “高级筛选”结果

5.4.3 数据分类汇总

实际应用中经常要用到分类汇总功能，它对数据列表的字段提供了求和、平均值、计数、最大值、最小值、乘积、标准差、方差等汇总函数，以实现对分类汇总值的计算。实现分类汇总首先要对分类字段排序。分类汇总的操作步骤如下：

(1) 对要分类汇总的字段排序。

(2) 单击“数据”菜单，选择“分类汇总”命令，出现图 5.29 所示的“分类汇总”对话框。

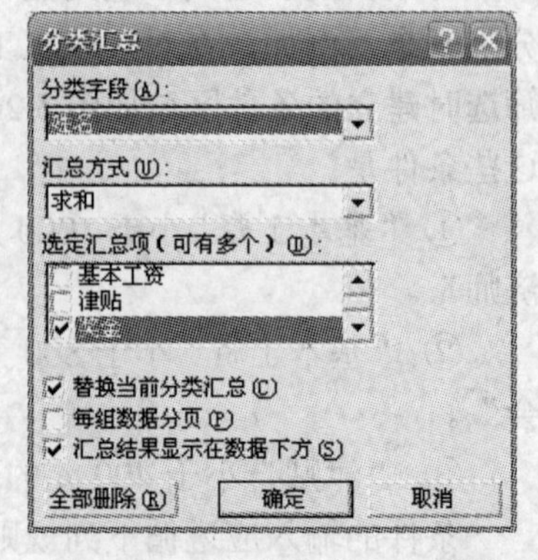

图 5.29 “分类汇总”对话框

(3) 单击“分类字段”的下拉按钮，选择字段名(与排序的字段名相同)，在“汇总方式”下，选择汇总函数，在“选定汇总项”下，选择需要对其汇总的字段名，并可以根据需要选择其他复选框。

(4) 选择结束，单击“确定”按钮。

如果要将汇总结果删除，可以在图 5.29 中单击“全部删除”按钮。

5.4.4　数据透视表

数据工作表的记录规模越大，要做的统计工作就会越复杂，单纯用“分类汇总”功能可能无法满足要求。这时，借助于数据透视表功能，会收到事半功倍的效果。

下面以“职工工资表”(参见图 5.26)为例，建立一个透视表以显示各部门、各类职称人员的基本工资的总额，操作步骤如下：

(1) 选择数据源，即选择单元格区域 A7:G18(也可以选择数据区域内的任一单元格)。

(2) 选择“数据”菜单中的“数据透视表和图表报告”子命令，屏幕显示图 5.30 所示的“数据透视表和数据透视图向导–3 步骤之 1”对话框。

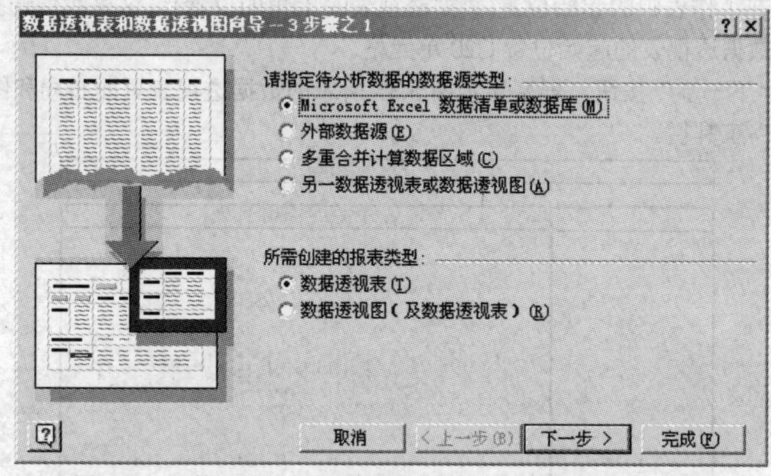

图 5.30　“数据透视表和数据透视图向导–3 步骤之 1”对话框

(3) 在对话框中选择数据的来源“Microsoft Excel 数据清单或数据库”选项和创建的报表类型的“数据透视表”选项。

(4) 单击“下一步”按钮，屏幕显示图 5.31 所示的“数据透视表和数据透视图向导–3 步骤之 2”对话框。

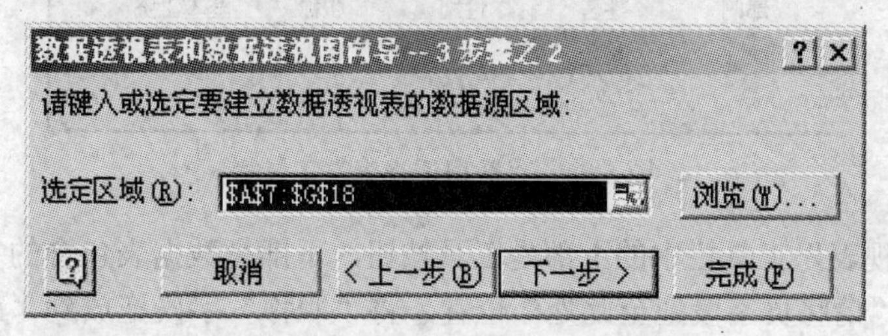

图 5.31　“数据透视表和数据透视图向导–3 步骤之 2”对话框

(5) 在对话框中数据区域已显示，也可以重新选定或输入。

(6) 单击“下一步”按钮，屏幕显示图 5.32 所示的“数据透视表和数据透视图向导–3 步骤之 3”对话框。

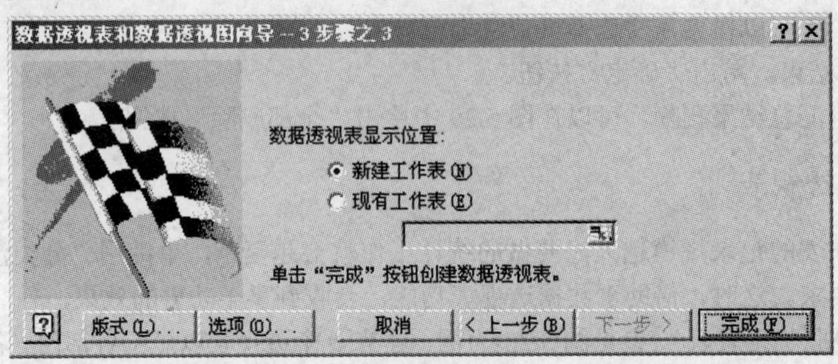

图 5.32 “数据透视表和数据透视图向导–3 步骤之 3”对话框

(7) 在对话框中选择数据透视表显示位置：如选择“新建工作表”，则在当前工作表之前插入一新的工作表，数据透视表从 A1 单元格开始显示；如选择“现有工作表”，则还需要选择数据透视表在工作表中的起始位置(数据透视表左上角的位置)。这里我们选择“现有工作表”，并选择数据透视表的起始位置 C20 单元格。

(8) 单击“下一步”按钮，屏幕显示图 5.33 所示的数据透视表页面布局和图 5.34 所示的“数据透视表”工具栏。

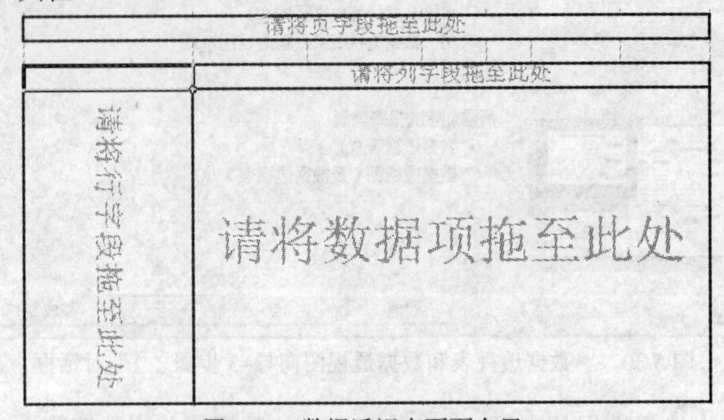

图 5.33 数据透视表页面布局

图 5.34 “数据透视表”工具栏

(9)“数据透视表”工具栏中的上部是工具按钮，下部是数据表包含的字段按钮。将“部门”字段拖放到“请将页字段拖至此处”位置，将“职称”字段拖放到“请将行字段拖至此处”位置，将“性别”字段拖放到“请将列字段拖至此处”位置，将“基本工资”字段拖放到“请将数据项拖至此处”位置。这时，生成的数据透视表如图 5.35 所示。

在创建一个数据透视表后，如需修改，可以选中数据透视表，使用“‘数据透视表’工具栏”中的工具进行修改。

部门	（全部）		
求和项:基本工资	性别		
职称	男	女	总计
高级会计师		1350	1350
会计师	1300		1300
经济师	2480	980	3460
助会		2850	2850
助经	780	1950	2730
总计	4560	7130	11690

图 5.35　生成的数据透视表

基于同一个数据表可以建立多个数据透视表，如果已经建立了数据透视表，再建立另一个数据透视表时，在“数据透视表和数据透视图向导–3 步骤之 2”对话框中单击“下一步”按钮后，屏幕会显示如图 5.36 所示的确认对话框。单击“是”按钮，则新建的数据透视表与现有的数据透视表相关联，以后重新计算一个数据透视表的数据后，另一个数据透视表也自动刷新；单击“否按钮，则新建的数据透视表与现有的数据透视表是相互独立的。

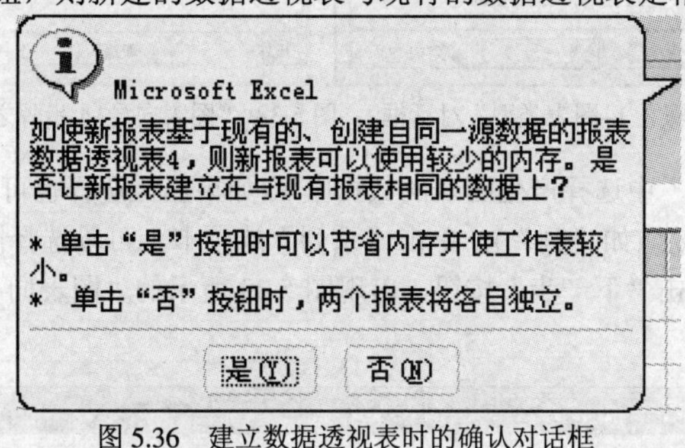

图 5.36　建立数据透视表时的确认对话框

5.5　数据图表化

用户常希望用图表来形象地、直观地表达一系列数据，这就是数据的图表化。Excel 可以由工作表数据生成各种不同类型的图表，形象地表达一个或多个区域内的相关数据。由于图表的生成源于数据，图表和数据直接相关，所以当数据发生变化时，图表也会自动更新。

图表分为两类：嵌入式图表和独立式图表。嵌入式图表是在图表生成时，图表和数据在同一张表中，独立式图表使生成的图表成为一张独立的工作表。

5.5.1　创建图表

由于图表是以数据为基础生成的，所以创建图表时必须有数据源。创建图表的步骤如下：

(1) 选择用于创建图表的单元格区域(如“姓名”、“基本工资”、“津贴”3 列)。

(2) 单击“插入”菜单，选择“图表”命令，或者单击工具栏中的“图表向导”按钮，出现图 5.37 所示的“图表向导–4 步骤之 1–图表类型”对话框。

(3) 在“图表类型”中选择所需要的图表形式(如“柱形图”)，并在“子图表类型”中进一步选择图表的形式(如“簇状柱形图”)，用户也可以选择“自定义类型”(自己定义图表的形式)。

(4) 选择结束，单击“下一步”按钮，出现图5.38示的“图表向导–4步骤之2–图表数据源”对话框。

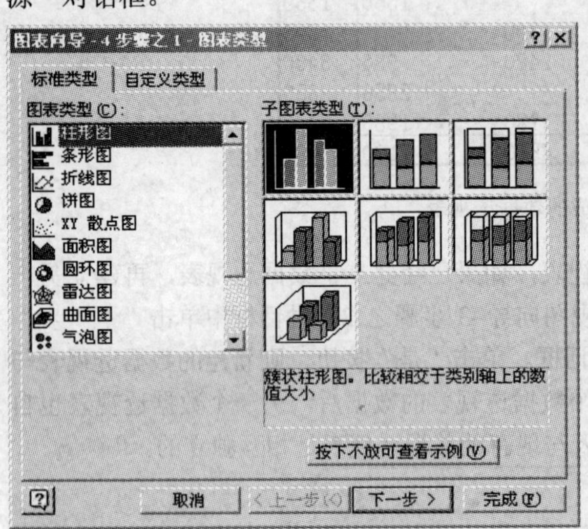

图5.37 “图表向导–4步骤之1–图表类型”对话框

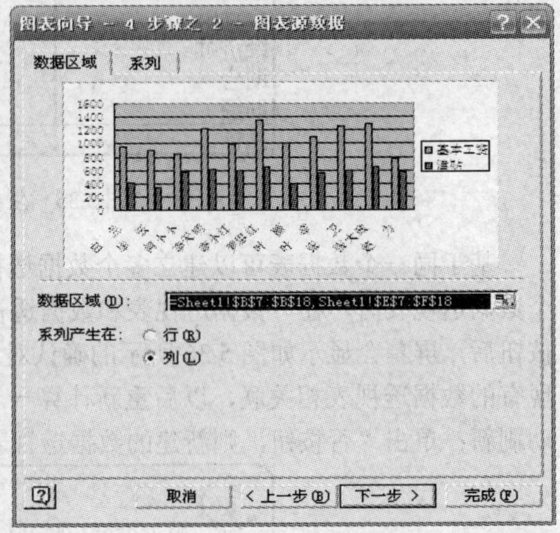

图5.38 “图表向导–4步骤之2–图表数据源”对话框

(5) 在“数据区域”中选择产生图表的数据区域(如果已经选择也可以改变区域)，并选择“系列产生在”的行或列(如“列”)，单击“系列”选项卡，可以选择图表产生的系列。

(6) 选项结束，单击“下一步”按钮，出现图5.39所示的“图表向导–4步骤之3–图表选项”对话框。

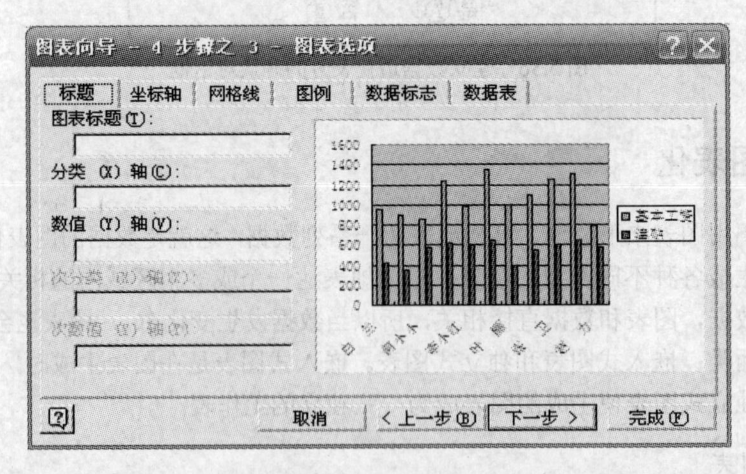

图5.39 “图表向导–4步骤之3–图表选项”对话框

(7) 在对话框中，在“标题”选项卡下可以输入图表标题，选择分类(X)轴和数值(Y)轴，选择其他标签可以选择相应的选项。

(8) 选项结束，单击“下一步”按钮，出现图5.40所示的“图表向导–4步骤之4–图表位置”对话框。

(9) 在图表位置中，选择图表的插入方式。

(10) 全部选项结束，单击“完成”按钮，图表在指定的位置显示。

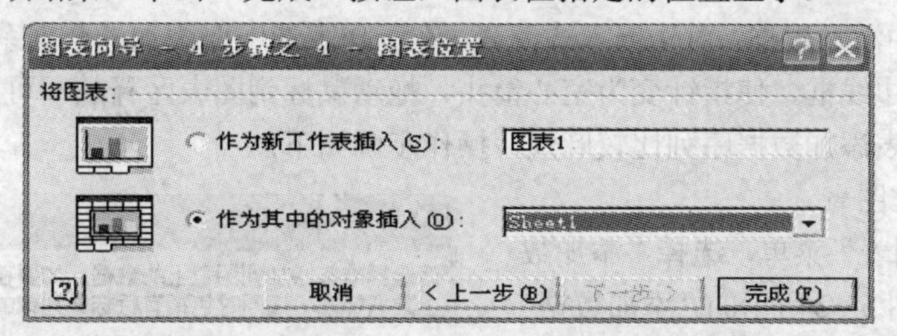

图 5.40　“图表向导–4 步骤之 4–图表位置”对话框

5.5.2　图表的编辑

图表的编辑包括图表复制、图表移动、数据增加、删除图表等基本操作。

5.5.2.1　选中图表元素

图表元素包括图表、绘图区、图表标题、坐标轴等。

(1) 选中图表：单击图标所在的空白区域，此时出现“图表”工具栏如图 5.41 所示，同时图表的四周出现 8 个小方块，表明图表被选中。

图 5.41　“图表”工具栏

(2) 选中绘图区：绘图区是图表中显示图形的区域，单击绘图区的空白区，绘图区域的四周和边框出现小方块，表明绘图区被选中。

(3) 选中数据系列：选中图表后，单击图中某一数据系列，该系列中的每一个项上均有一个小方块，表明被选中。

如果要选择标题、坐标轴、文字框和其他元素时，只要选中图表后，单击相应的选项即可选中。

5.5.2.2　图表的移动、复制、缩放和删除

(1) 图表的移动：选中图表后，图表四周出现 8 个控制点，将鼠标指针移到选中的图表上，用鼠标左键拖动，到合适的位置释放鼠标即可。如果要复制图表，选中图表后，按住 Ctrl 键，拖动鼠标到目标位置释放；也可以用先“复制”后“粘贴”来实现。

(2) 删除图表：选中图表后，用“剪切”命令或者按 Del 键。

(3) 图表的缩放：选中图表后，将鼠标插入点移动到控制点处，当指针鼠标呈现双向箭头时，拖动鼠标即可将图表放大或者缩小。

5.5.2.3　数据编辑

由于图表来源于工作表中的数据，所以当工作表的数据改变时，图表也自动被更新。

(1) 删除数据系列：选定所要删除的数据系列，按键盘上的 Del 键可以将整个数据系列从

工作表中删除，但不影响工作表中的数据。当删除工作表中的数据时，图表中的数据系列自动被删除。

(2) 向图表中添加数据：对于嵌入式图表，在工作表选中要添加的数据系列区域，将鼠标移到选定区域的边线框，使指针变为空心箭头，拖动鼠标到图表区释放即可。

向独立式图表添加数据序列比较麻烦，操作步骤如下：

① 选中独立图表。

② 单击“图表”菜单，选择“添加数据”命令，出现图 5.42 所示的“添加数据”对话框。

③ 在“选定区域”中输入产生数据源的数据区域。

④ 单击“确定”按钮。

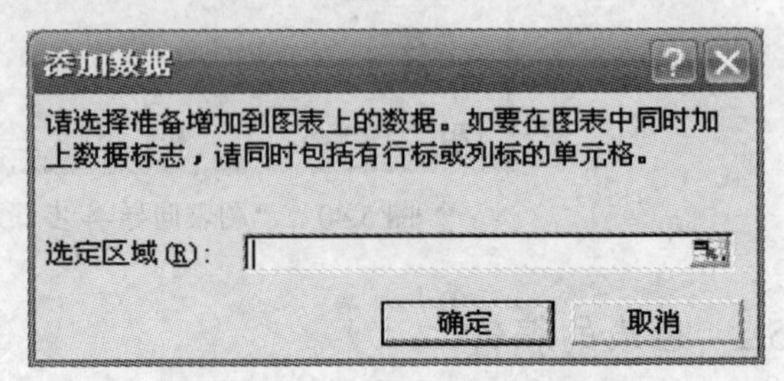

图 5.42 “添加数据”对话框

(3) 增加图表标题和坐标轴标题，操作步骤如下：

① 选中图表。

② 单击“图表”菜单，选择“图表选项”命令中的“标题”选项卡，出现图 5.43 所示的“图表选项”对话框。

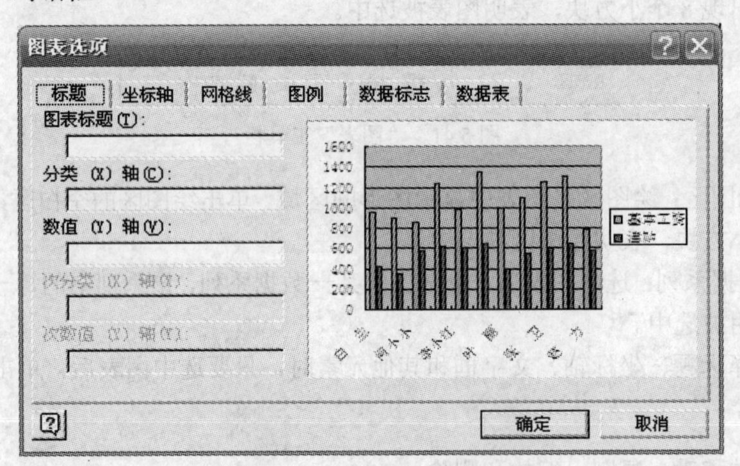

图 5.43 “图表选项”对话框

③ 在对话框中，选择“标题”选项卡，输入要添加的图表标题、“分类轴” 标题和“数值轴”标题。

④ 单击“确定”按钮，完成标题的增加。

在“图表选项”对话框中选择其他选项卡，还可以进行网格线、数据标志、数据表、图例等的设置。

5.5.3 图表的格式化

为使图表更加美观，通常需要对图表格式化。图表格式化主要包含更改图表类型、设置图表字符格式、设置图例格式，等等。

5.5.3.1　更改图表类型

Excel 提供了丰富的图表类型，用户可以将创建的图表更改为其他类型，操作步骤如下：

(1) 选中要更改类型的图表。

(2) 单击“图表”菜单，选择“图表类型”命令，出现图 5.44 所示的“图表类型”对话框。

(3) 选择要改变的图表类型和子类型。

(4) 单击“确定”按钮。

图 5.44　“图表类型”对话框

5.5.3.2　设置图表字符格式

图表中的字符包括标题、系列和坐标轴上的文字。改变图表字符格式的操作过程如下：

(1) 选中图表。

(2) 单击“格式”菜单，选择“图表区”命令，出现图 5.45 所示的“图表区格式”对话框。

(3) 在对话框的“图案”选项卡中，可以选择“边框”格式、“区域”颜色、“填充效果”。

(4) 单击“字体”选项卡，出现图 5.46 所示的“字体”对话框，这时可以选择字体、字形、字号、下划线、颜色及特殊效果等选项，并可以设置字体的自动缩放。

(5) 用户也可以单击“属性”选项卡，进行属性的设置，全部设置结束后，单击“确定”按钮。

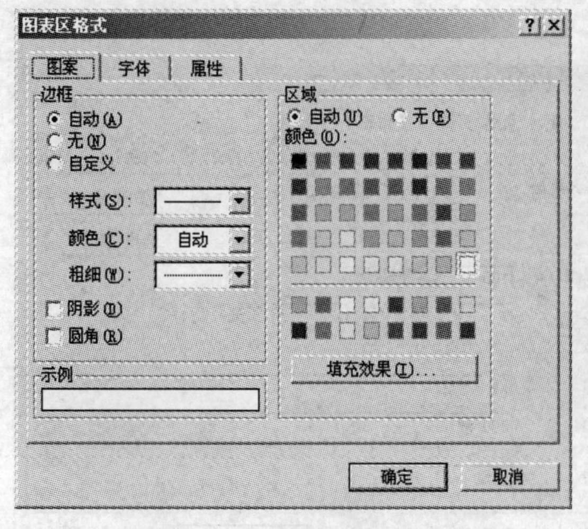

图 5.45　“图表区格式”对话框

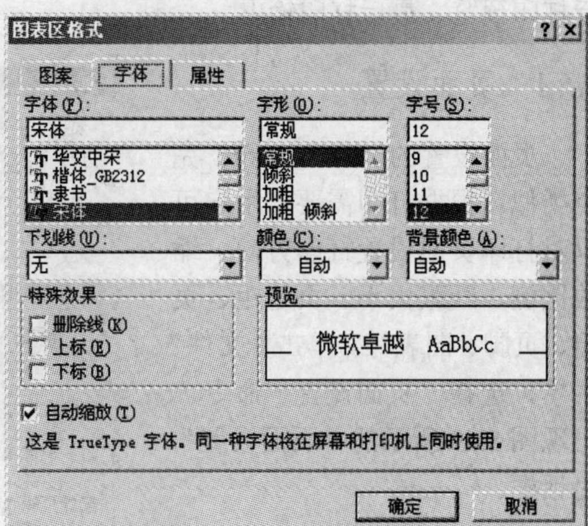

图 5.46　“字体”对话框

5.5.3.3 设置图例格式

图例格式的设置和图表格式设置完全类似。

(1) 选中图例，单击“格式”菜单，选择“图例”，出现图 5.47 所示的“图例格式”对话框。

(2) 在“图例格式”对话框中，可以选择“图案”、“字体”、“位置”选项卡，图案和字体的设置与图表完全类似。

(3) 当选择“位置”选项卡时，出现图 5.48 所示的“位置”对话框。

(4) 在“位置”对话框中，用户可以选择将图例放置的位置。

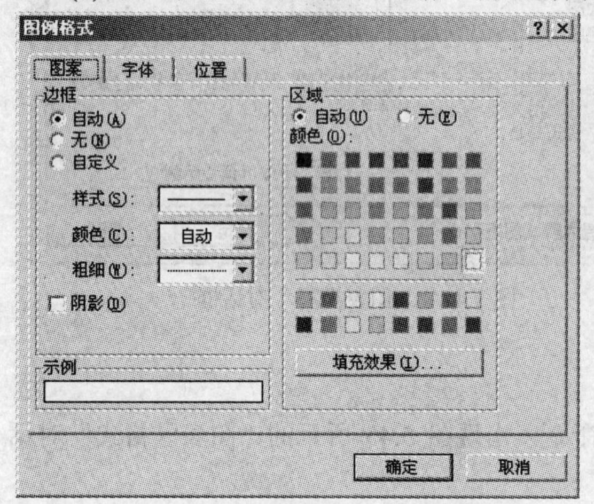

图 5.47 “图例格式”对话框

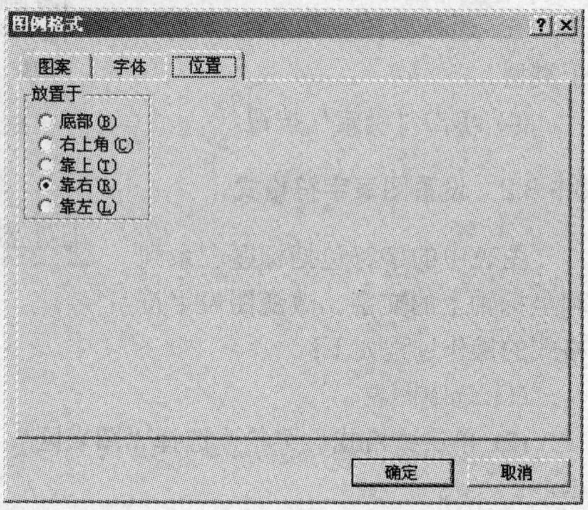

图 5.48 “位置”对话框

5.6 页面的设置和打印

工作表设置好后，往往要将工作表打出来，在打印之前要对工作表进行页面设置，再进行打印预览，最后打印输出。

5.6.1 页面设置

页面设置的步骤和 Word 完全类似。根据打印需要，用户可以对打印页面设置打印方向、缩放比例、纸张大小、页边距、页眉、页脚、图表等。单击“文件”菜单，选择“页面设置”命令，出现图 5.49 所示的“页面设置”对话框。

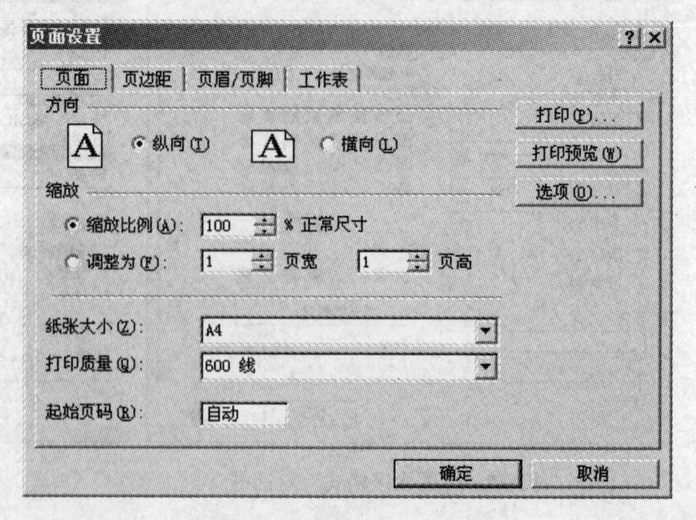

图 5.49 “页面设置”对话框

5.6.1.1 设置页面

在图 5.49 所示的“页面”选

项卡中，用户可以设置页面方向、缩放比例、纸张大小、打印质量、起始页码，具体设置和 Word 完全类似。

单击“选项”按钮，出现纸张、图形和设备的选项，用户可以选择图形的浓度和抖动程度，选择打印的质量等信息。

5.6.1.2　设置页边距

单击图 5.49 中的“页边距”选项卡，出现图 5.50 所示的“页边距”对话框。在“页边距”对话框中，用户可以设置页面距离上、下、左、右各边的距离，也可以设置页眉和页眉的打印位置。

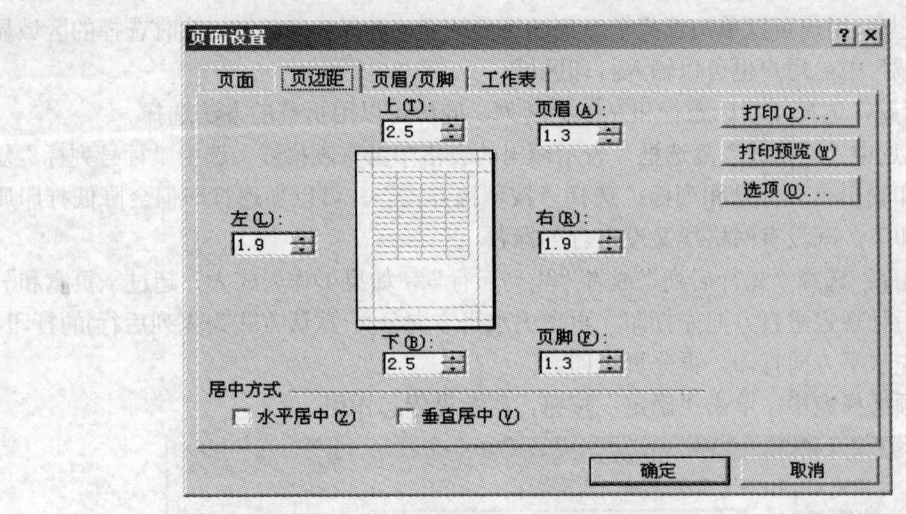

图 5.50　“页边距”对话框

5.6.1.3　设置页眉和页脚

单击图 5.49 中的“页眉/页脚”选项卡，出现图 5.51 所示的“页眉/页脚”对话框。

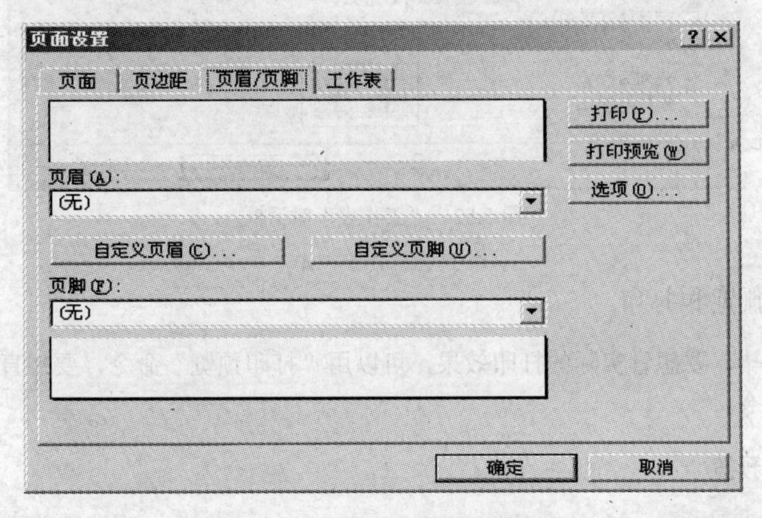

图 5.51　“页眉/页脚”对话框

用户可以设置页眉和页脚的格式，单击“页眉”下拉按钮，弹出所有的页眉格式列表，选择页眉格式，在页眉区域就会显示所选择的页眉格式。单击“页脚”下拉按钮，弹出所有的页脚格式列表，选择页脚格式，在页脚区域就会显示所选择的页脚格式。系统默认的是无页眉和无页脚，如果用户对预设的页眉和页脚不满意，也可以单击“自定义页眉”和“自定义页脚”进行自定义，用户可以定义人意的形式，并且可以定义显示的位置。

5.6.1.4 设置工作表

单击图 4.48 中的“工作表”选项卡，出现图 5.52 所示的“工作表”对话框。对话框中各选项的含义如下：

(1) 打印区域：用户可以单击选择框右侧的折叠按钮，选择打印区域，此时选择的区域显示在“打印区域”中，用户也可以输入打印区域。

(2) 打印标题：选择顶端标题行和左侧标题列，同样可以用折叠的方法选择。

(3) 打印：选中“网格线”复选框，表示输出的表格中带有表格线；选中“行号列标”复选框，表示打印输出带有行号和列标；选择“按草稿方式”，可以加速打印但会降低打印质量。在默认打印下，既没有网格线又没有行列标题。

(4) 打印顺序：选择“先行后列”或者“先列后行”，如果工作表较大，超过一页宽和一页高时，先列后行规定垂直方向先打印，再考虑水平方向分页(默认方式为先列后行)的打印，先行后列规定先水平方向打印，再分页打印。

当所有选项选择完毕，单击“确定”按钮，所有设置起作用。

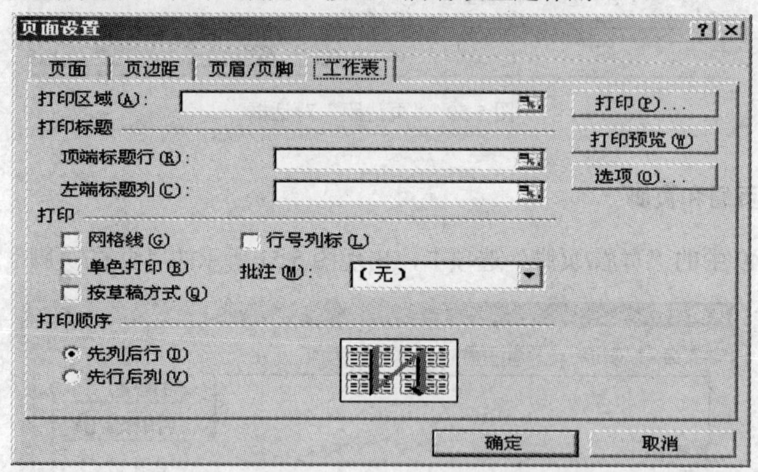

图 5.52 “工作表”对话框

5.6.2 打印预览和打印

当设置完毕，要想看实际的打印效果，可以用“打印预览”命令，要想直接打印可以选择“打印”命令。

5.6.2.1 打印预览

单击“文件”菜单，选择“打印预览”命令，或者单击常用工具栏的“打印预览”命令，出现图 5.53 所示的“打印预览”窗口。

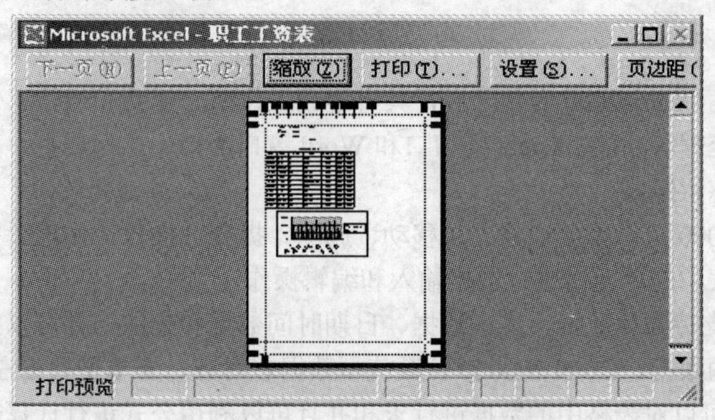

图 5.53　“打印预览”窗口

在“打印预览”窗口中，状态栏显示打印总页数和当前页码，上方第一排显示常用的功能按钮，其功能如下：

(1) 缩放：单击此按钮，可以将预览工作表放大，以便察看工作表的细节，再次单击又恢复原来的显示。

(2) 下一页：当工作表的内容超过一页，单击该按钮可以显示下一页的内容，也可以用键盘上的 Page Down。

(3) 上一页：单击该按钮可以显示上一页的内容，也可以用键盘上的 PageUp。

(4) 设置：单击此按钮，弹出页面设置对话框，用户可以修改预览中不合适的选项。

(5) 页边距：单击此按钮，用来显示或隐藏页边距、页眉、页脚以及列宽。用户可以根据显示的边线调整这些值。

(6) 打印：单击此按钮，弹出如图 5.54 所示的“打印”对话框，设置完毕可以开始打印。

5.6.2.2　打印

当用户对设置和打印预览全部满意后，可以打印工作表。单击“文件”菜单，选择“打印”命令，出现图 5.54 所示的“打印”对话框。用户可以选择打印机、打印范围、打印份数等数据，参数设置全部结束，单击“确定”按钮即可。

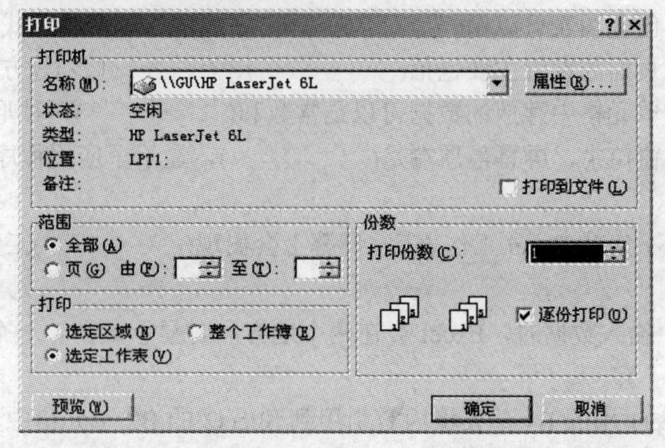

图 5.54　“打印”对话框

● 小结

Excel 2000 是 Office 2000 套件之一，具有建立工作簿、建立和编辑工作表、数据计算、数据管理、图表处理等功能。Excel 的窗口和 Word 窗口类似，由标题栏、菜单栏、工具栏、图表工作区、状态栏组成。

使用 Excel 2000 可以方便地建立、移动、删除、拆分、插入工作表，并可对工作表进行格式化，对工作表中的单元格进行数据输入和编辑操作。

Excel 2000 支持数值数据、文本数据、日期时间数据和批注，并可以按规律自动生成数据。对单元格中的数据，Excel 2000 默认数值型数据右对齐，文本型数据左对齐。

Excel 2000 可以对表格中的数据进行求和并且可以利用公式进行计算，利用系统提供的函数进行运算并支持公式的反向求解。

Excel 2000 可以对数据表进行管理，包括排序、筛选、分类汇总和数据透视表。

利用数据表生成图表是 Excel 2000 比较方便的功能之一，使数据的表达更形象和直观。

Excel 2000 对编辑的工作表、图表可以进行页面设置、打印预览和打印。

通过本章学习，我们应该达到下列要求：

(1) 熟悉 Excel 2000 的功能和特点。

(2) 掌握 Excel 2000 的启动和退出方法，熟悉 Excel 2000 的窗口。

(3) 熟练掌握工作簿的建立，工作表的编辑和单元格的操作。

(4) 掌握工作表中数据的计算、公式的使用和函数的应用。

(5) 掌握数据的排序、筛选、分类汇总和数据透视表。

(6) 熟练掌握由数据表生成图表的步骤以及图表编辑和格式化。

(7) 对图表进行页面设置和打印。

● 习题

1) 填空题

(1) 一张 Excel 工作表，最多可以包含(　　　　　)行和(　　　　　)行。

(2) 在 Excel 中创建图表可以用(　　　　　)和(　　　　　)两种方式。

(3) Excel 打印页面的设置主要包括(　　　　　)、(　　　　　)等方面。

(4) 在 Excel 的单元格中存放的数据可以是常数和(　　　　　)两种形式。

(5) Excel 工作窗口中，屏幕最顶端是(　　　　　)，显示了应用程序名 Microsoft Excel 以及(　　　　　)。

(6) 默认情况下，启动 Excel 工作表后，屏幕上会出现(　　　　　)工具栏和(　　　　　)工具栏。

(7) 向单元格中输入数据时，Excel 会在两个地方同时显示数据，一个是在单元格中，另一个是在(　　　　　)。

(8) 若要把 Sheet1 中的 B1 单元格内容引用到 Sheet2 的 B2 单元格中，则在 Sheet2 的 B2 单元格中应填入公式(　　　　　)。

(9) 公式中引用运算的运算符有(　　　　　)。

(10) 在 Excel 中插入图表的方式有(　　　　)和(　　　　)两种。

2) 选择题

(1) 在 Excel 中默认的工作簿名称是(　　)。

A. Sheet1　　B. Sheet2　　C. Sheet3　　D. Book1.xls

(2) 在 Excel 中指定 B2 到 B5 的 4 个连续的单元格，表示形式是(　　)。

A. B2,B5　　B. B2:B5　　C. B2&B5　　D. B2；B5

(3) 在 Excel 工作表中，下面有关输入函数方法的叙述中错误的是(　　)。

A. 像输入公式一样，输入“=”后直接输入

B. 执行插入菜单下的“fx 函数”命令

C. 单击格式公式栏中的“fx”粘贴函数按钮

D. 单击编辑栏中的“=”按钮，编辑栏下方会出现公式选项板，利用函数选项板输入

(4) 在 Excel 工作表中，有关“图表”的叙述正确的是(　　)。

A. 图表和工作表数据放在同一张工作簿中，称为嵌入式图表。

B. 将图表放在图表工作簿中，数据与图表分开，称为独立式图表

C. 图表是表现工作表数据的另一种较直观的方式

D. 当图表中的数据改变时，为保证图表和数据的一致性，需要新生成图表

(5) 在 Excel 中，有关数据分类汇总的叙述正确的是(　　)。

A. 分类汇总只能对分类字段进行分类求和

B. 在进行分类汇总前，无须对数据表按分类字段进行排序

C. 分类汇总前，对数据表按任意关键字段排序即可

D. 要取消分类汇总的分级显示结果，选择数据菜单的分类汇总菜单，在分类汇总对话框中，选择“全部删除”按钮

(6) 在 Excel 工作表中，有关“图表向导”叙述正确的是(　　)。

A. 图表向导之 1–子图表类型　　B. 图表向导之 2–图表数据源

C. 图表向导之 3–图表选项　　D. 图表向导之 4–图表位置

(7) 在 Excel 中，在某单元求 A1:C3 九个数值单元区域平均值时，应在该单元格输入(　　)。

A. .=Average(A1,C3)　　B. =Average(A1:C3)

C. =Average(A1,9)　　D. =Average(A1,C1,C3)

(8) 在 Excel 中，按(　　)键可以将 A1 单元格设置为活动单元格。

A. End　B. Home　C. Ctrl+Home　D. Ctrl+End

(9) 如果单元格 A2 的内容为 1，单元格 B2 的内容为 3，选中区域“A2:B2”，并向右拖动填充柄到 F2，则 F2 单元格中的内容为(　　)。

A. 5　　B. 7　　C. 9　　D. 11

(10) 当在一个单元格中输入数字信息时，则数字通常都是(　　)对齐。

A. 左　　B. 右　　C. 中间　　D. 随机

(11) 要 Excel 将行高设置为最大值，则最大值是(　　)。

A. 默认值　　B. 309　　C. 409　　D. 不限制

(12) 在当前单元格的填充柄位于(　　)位置。

A. 菜单栏　　B. 常用工具栏

C. 当前单元格的右下角　　D. 状态栏

(13) 如果下面几个运算符同时出现在一个公式中，Excel 将先计算(　　)。

A. +　　B. -　　C. *　　D. ^

(14) Excel 使用(　　)来定义一个连续的区域。

A. /　　B. :　　C. ;　　D. ,

(15) Excel 中，要删除选定的一列单元区域，单击(　　)后，再单击鼠标右键，在快捷菜单中选择删除选项、删除一列单元区域。

A. 全选框　　B. 行号

C. 列标　　D. 对应列中的一个单元格

3) 操作题

(1) 输入数据并按要求进行操作。建立工作簿文件 EX5-4-1.XLS，按表 5.2 所示数据命名工作表并输入数据，并对工作表实施如下操作：

① 使用公式计算每一个同学的总分。

② 使用公式计算每门课的平均分。

③ 按数学成绩的高低对数据表进行排序。

④ 按学生成绩表生成直方图。

表 5.2　学生成绩表

学号	姓名	数学	物理	总分
210101	李小萌	89	78	
210102	张家兴	87	76	
210103	张军事	77	92	
210104	陈青春	88	76	
210105	王一明	87	91	

(2) 输入数据并按要求进行操作。建立工作簿文件 EX5-4-2.XLS，在工作表 Sheet1 中输入表 5.3 所示的数据，并对工作表实施如下操作：

① 计算出所有职工的实发工资(条件为：工龄≥15 年者的实发工资为“基本工资＋1.3×奖金”，否则，其实发工资为“基本工资＋1.1×奖金”)、计算基本工资和奖金的平均值。

② 将标题“职工工资统计汇总表”占据工作表的 A1、A2 二行，并使该标题在 A1:G2 区域中居中，按样张设置金额列的数据格式，并调整列宽为 12。

③ 将“工资”区域中的字体设置为加粗、倾斜。

④ 为 A7 单元格插入批注，内容为“农业大学毕业”，设置显示批注。

⑤ 将数据列表中 B3:F12 单元格内容复制到 B16 开始的单元格,再进行分类汇总。

操作结果样张如图 5.55 所示。

表 5.3　职工工资表

职工工资统计汇总表						
姓名	性别	职称	工龄	基本工资	奖金	实发工资
张川	女	高工	30	432	66	
李洪	女	高工	25	488	75	
罗庆	女	助工	8	423	24	
秦汉	男	工程师	12	356	72	
刘少文	女	高工	21	530	114	
苏南昌	女	工程师	20	488	87	
孙红	男	高工	16	530	102	
王国庆	男	工程师	14	456	57	
张江川	男	助工	6	311	33	
平均值						

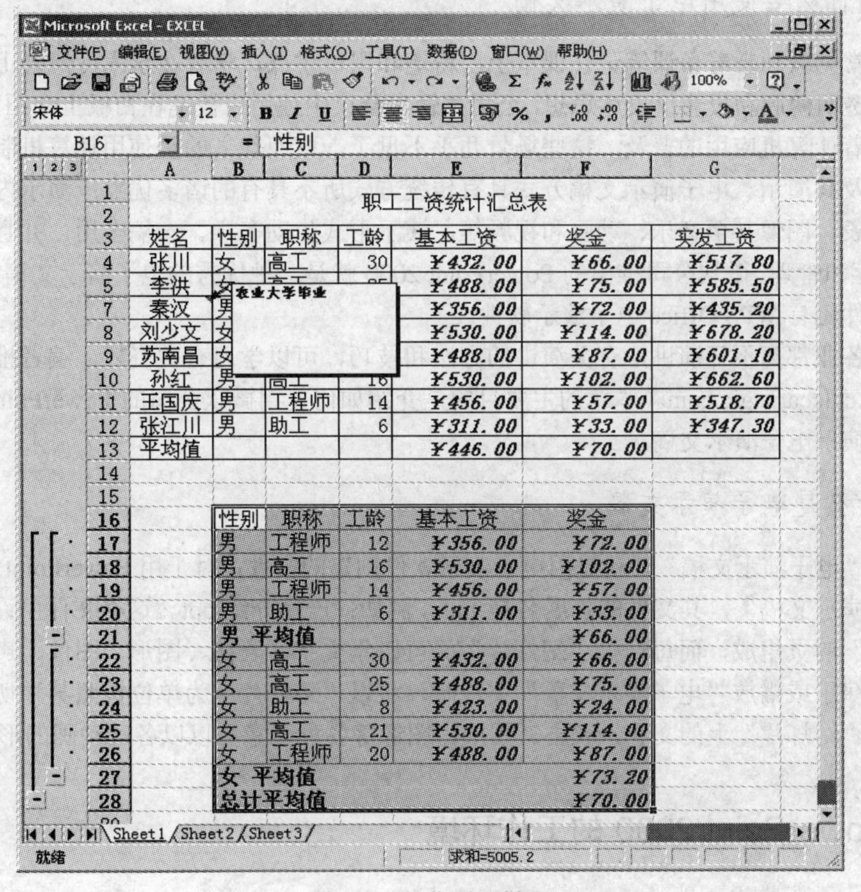

图 5.55　操作题(2)样张

第 6 章　电子演示软件 PowerPoint 2000

电子演示广泛应用于学术交流、产品演示、工作汇报和情况介绍。Microsoft PowerPoint 2000 是微软公司的办公自动化软件 Microsoft Office 2000 家族中的一员，是一个功能丰富使用方便的电子演示软件。利用 PowerPoint 2000 不仅可以制作出集文字、图形、声音和各种视频图像于一体的多媒体电子演示文稿，还可以创建出高度交互式的电子演示文稿，并可以通过计算机网络进行演示。本章介绍如何使用 PowerPoint 2000 进行电子演示文稿的制作、放映、输出和发布。

6.1　引言

6.1.1　为什么要使用电子演示文稿

过去常见教师带着备课笔记在课堂上用粉笔和黑板讲课，学者在学术交流会上使用手写或打印的透明薄膜和投影仪表述思想，公司主管在会议中使用白板笔在白板上介绍商业计划，等等。随着计算机应用的普及，这些场景几乎不见了，取而代之的是使用计算机制作的电子演示文稿及其演示。电子演示文稿方式具有传统方式所不具有的诸多优点：演示内容可以集文字、图表、图像甚至音乐、动画和视频等，演示形式生动多样、一稿多用，并且便于编辑修改、保存和管理。微软公司推出的 PowerPoint 2000 就是一种优秀的电子演示文稿制作软件。相关的软件还有 WPS Office 电子演示软件。

各行各业都离不开演讲，有关演讲的方法和技巧，可以学习有关资料，编者推荐学习网站：www.dalecarnegie.com。本章的主要目的是介绍如何使用微软公司的 PowerPoint 2000 软件制作和演示电子演示文稿。

6.1.2　什么是电子演示文稿

所谓“电子演示文稿”，就是用电子演示软件创建的文件，对于用 PowerPoint 2000 创建的“电子演示文稿”，其文件的扩展名是 ppt。例如：产品介绍.ppt。这类文件由许多称之为“幻灯片”的页组成，而每一页“幻灯片”又可以集文字、表格、图形、图像、声音及视频于一体。演示或播放“电子演示文稿”文件时，将以“幻灯片”为单位按照某种切换形式显示，而且“幻灯片”上的文字、表格、图形、图像等各种元素可以以各种动画的形式播放。

6.2　PowerPoint 2000 的工作环境

6.2.1　启动 PowerPoint 2000

在 Windows 操作系统环境下单击“开始”按钮，在“开始”菜单中找到“Microsoft

PowerPoint ”菜单项。点击该菜单项以启动“Microsoft PowerPoint”，如果是首次进入 PowerPoint 2000，则会显示如图 6.1 所示的 PowerPoint 2000 对话框，否则直接进入如图 6.2 所示的 PowerPoint 2000 工作环境。

图 6.1　首次启动“Microsoft PowerPoint”时的对话框

在该环境下，可以通过多种形式显示和查看文稿的内容：整个文稿的结构、每一页幻灯片的内容等；可以编辑文稿的内容：添加和修改幻灯片、在幻灯片上添加和修改文字、图表等信息元素；可以设置和改变文稿外观；可以选择各种演示方式：联机放映、幻灯片切换方式等；可以根据需要输出演示文稿：彩色和黑白投影机幻灯片、讲义、演讲者备注，甚至将演示文稿发布到 Web 上。

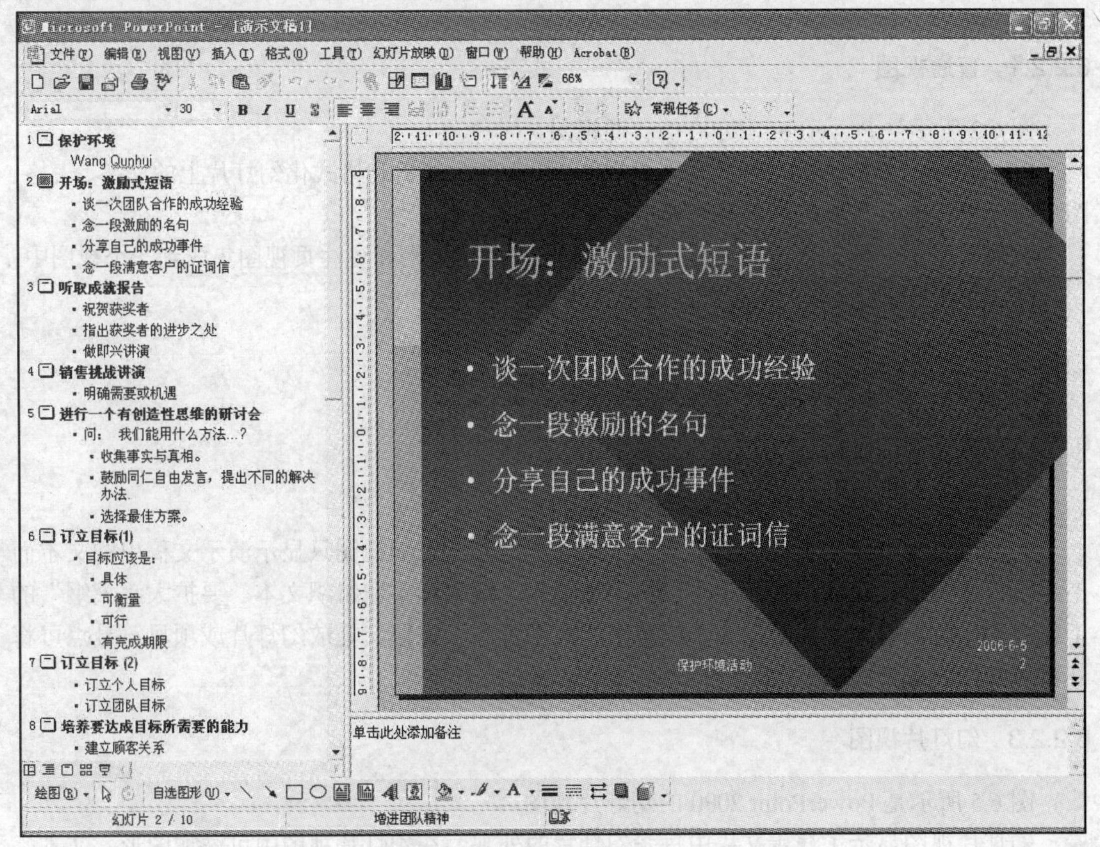

图 6.2　PowerPoint 2000 工作环境

6.2.2 PowerPoint 2000 视图

PowerPoint 2000 工作环境下的视图是查看和使用演示文稿的方式。PowerPoint 2000 有 5 种常用的视图方式：普通视图、大纲视图、幻灯片视图、幻灯片浏览视图、幻灯片放映视图。

这 5 种视图方式代表了不同的工作环境。例如，编辑幻灯片的时候用普通视图；编辑文稿纲领的时候用大纲视图；放映幻灯片的时候用幻灯片放映视图等。单击 PowerPoint 2000 窗口左下角的视图按钮可以在不同的视图之间进行切换，如图 6.3 所示。

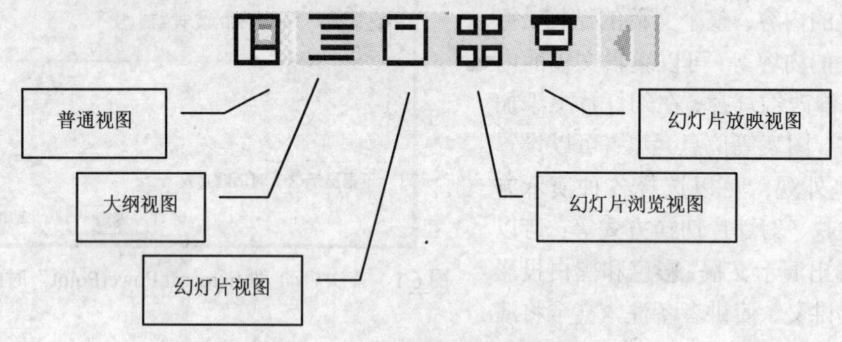

图 6.3 5 种视图方式及其切换按钮

6.2.2.1 普通视图

图 6.2 所示是 PowerPoint 2000 的普通视图。

PowerPoint 2000 的默认视图是普通视图，用于输入编辑和格式化幻灯片上的文字、表格、图形等元素，输入备注信息以及管理幻灯片。

普通视图是一种三合一的视图方式，它将幻灯片、大纲和备注页视图集成到一个视图中：

(1) 演示文稿的文本大纲位于左边的窗格中。

(2) 当前幻灯片及其所有图形和对象位于右边的窗格中。

(3) 注释位于“幻灯片”窗格之下的小窗格中。

6.2.2.2 大纲视图

图 6.4 所示是 PowerPoint 2000 的大纲视图。

大纲视图用于组织和键入演示文稿中的文本内容。大纲视图只显示演示文稿中的文本而不显示任何图形。在大纲视图中可以快速地输入、编辑和重新组织文本。要扩大“大纲”的工作空间，可调整大纲窗格的大小或单击“大纲视图”按钮。拖放幻灯片或项目符号点可将其重新安排。

6.2.2.3 幻灯片视图

图 6.5 所示是 PowerPoint 2000 的幻灯片视图。

幻灯片视图显示了演示文稿中每张幻灯片的外观。在幻灯片视图中可添加图形、文本、图表和其他对象。可以使用滚动条移动到演示文稿的其他幻灯片中。要扩大幻灯片的工作空间，可调整幻灯片窗格的大小，或单击“幻灯片视图”按钮。

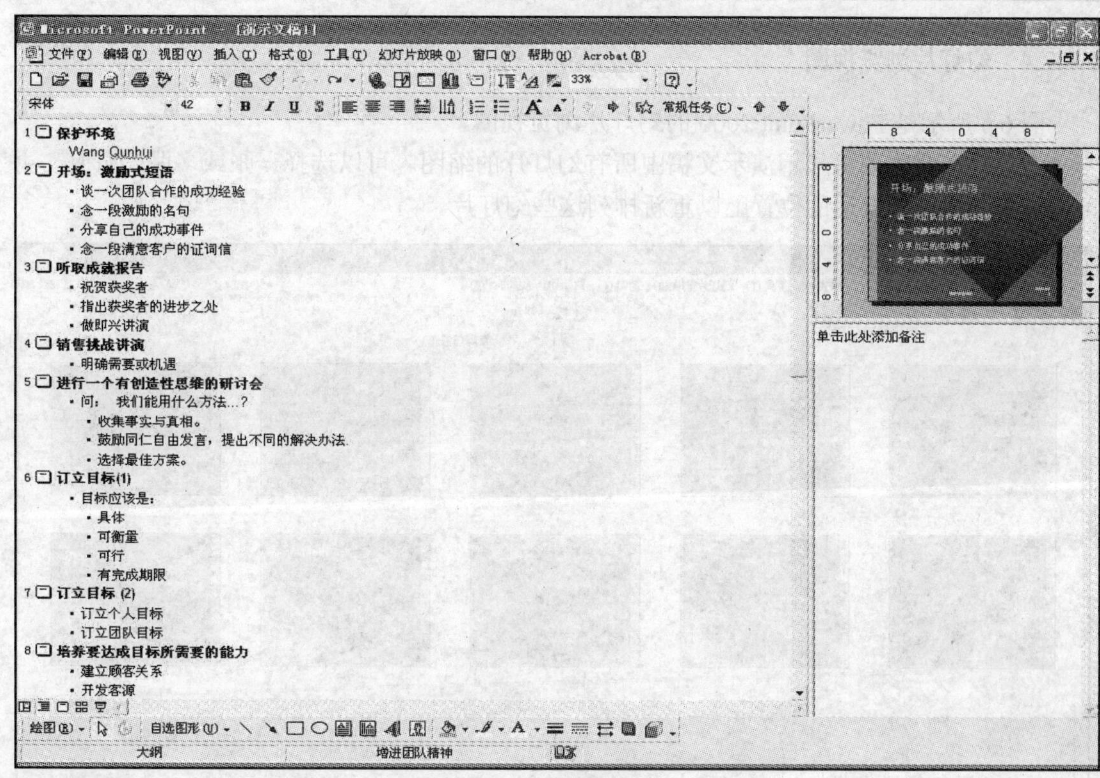

图 6.4　大纲视图

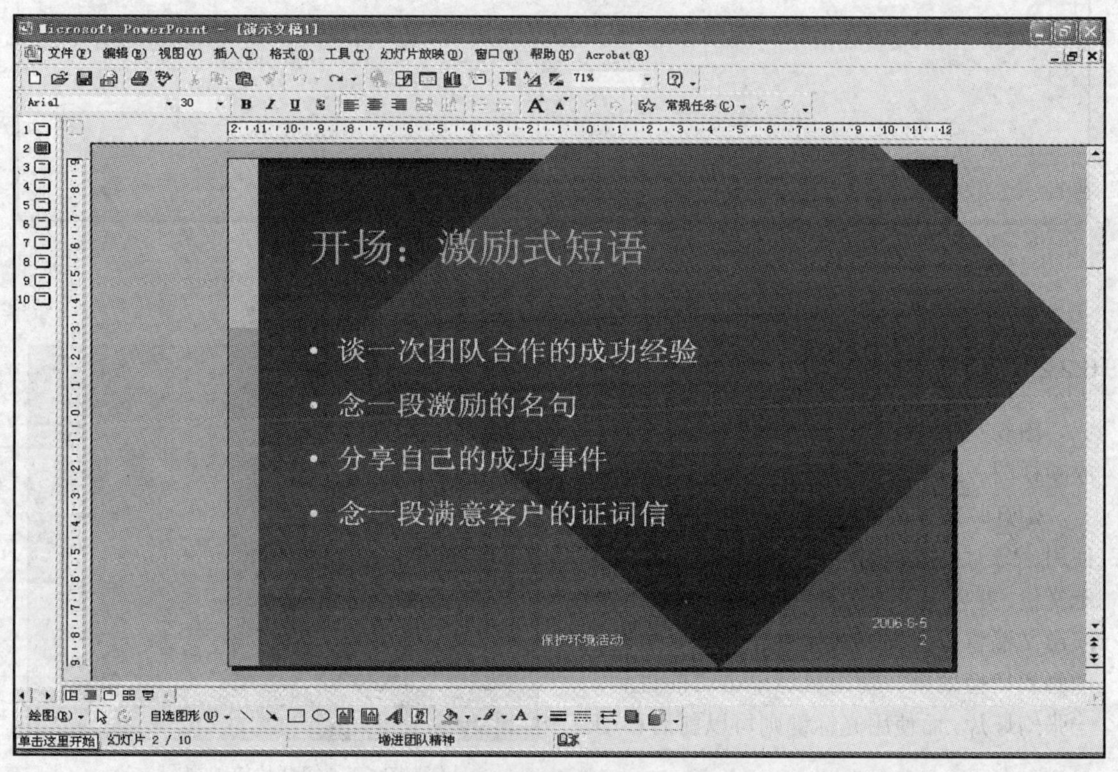

图 6.5　幻灯片视图

6.2.2.4 幻灯片浏览视图

图 6.6 所示是 PowerPoint 2000 的幻灯片浏览视图。

幻灯片浏览视图可显示演示文稿中所有幻灯片的缩图。可以选择一张或多张幻灯片，并可通过将其拖放到合适的位置上以重新排列这些幻灯片。

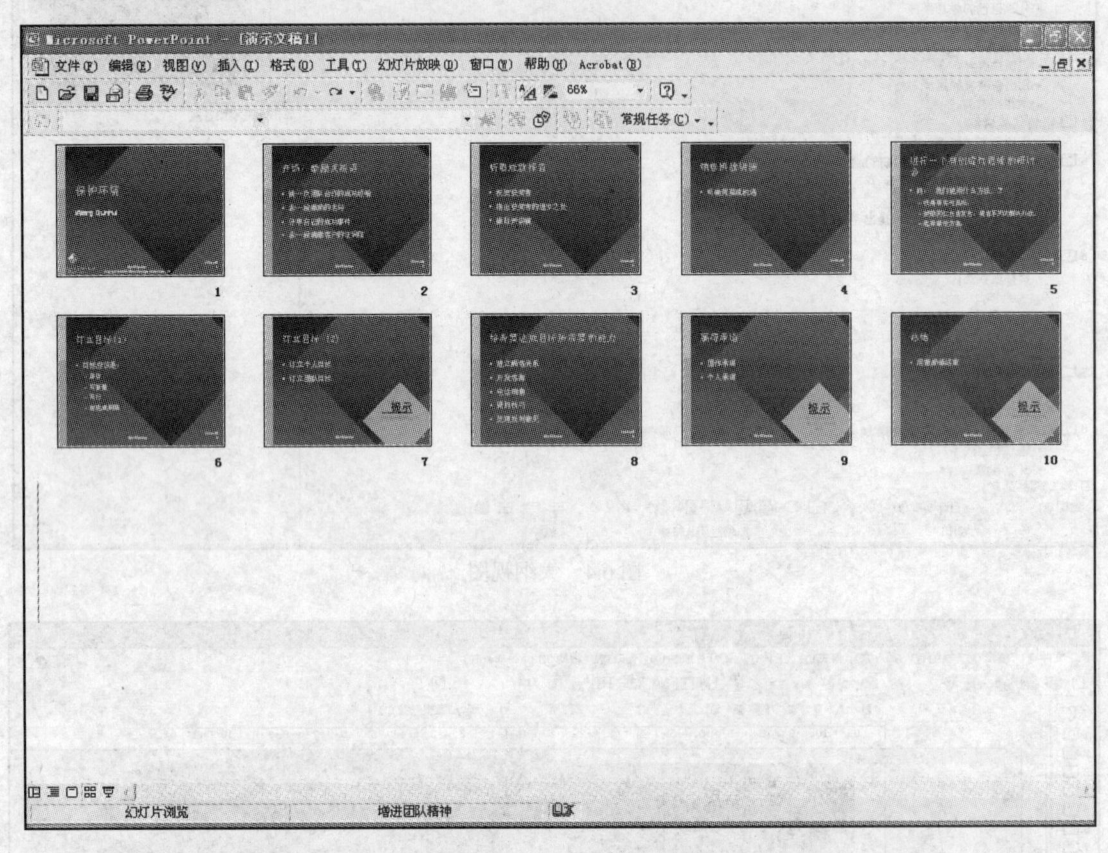

图 6.6 幻灯片浏览视图

6.2.2.5 幻灯片放映视图

图 6.7 所示是 PowerPoint 2000 的幻灯片放映视图。

幻灯片放映视图可用于查看演示文稿。使用 “幻灯片放映视图 ” 可预览和排练演示文稿，并以电子方式向观众展示演示文稿。演示文稿将以全屏方式运行，并具有所有的动画和切换效果。使用鼠标单击可前进到下一张幻灯片，而使用光标键则可以前后移动。

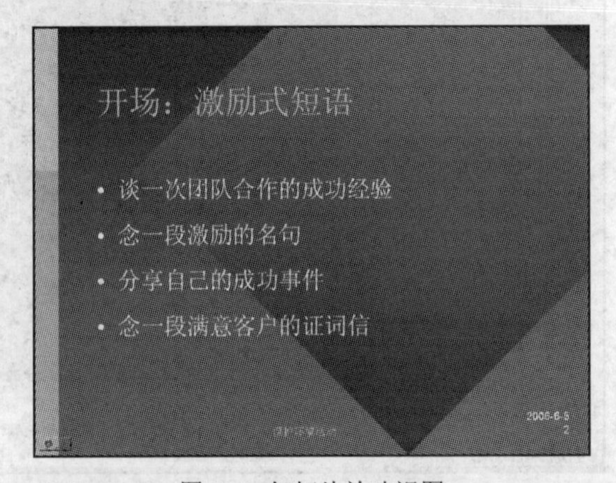

图 6.7 幻灯片放映视图

6.3　从零开始制作演示文稿

6.3.1　使用“内容提示向导”

如果尚未考虑好要演示的内容或不知道如何组织第一篇演示文稿，则可以按照“内容提示向导”中的指导逐步进行操作。“内容提示向导”可创建一个具有标题幻灯片和若干附加主题幻灯片的演示文稿。还为演示文稿提供了建议的内容和组织方式。完成之后，可根据建议的文本，用自己的内容替换建议的内容。

下面举例说明如何使用“内容提示向导”创建一个关于“激发团队精神”的演示文稿。

如果是在首次运行 PowerPoint 2000 时，请选择“内容提示向导”，如图 6.8 所示。

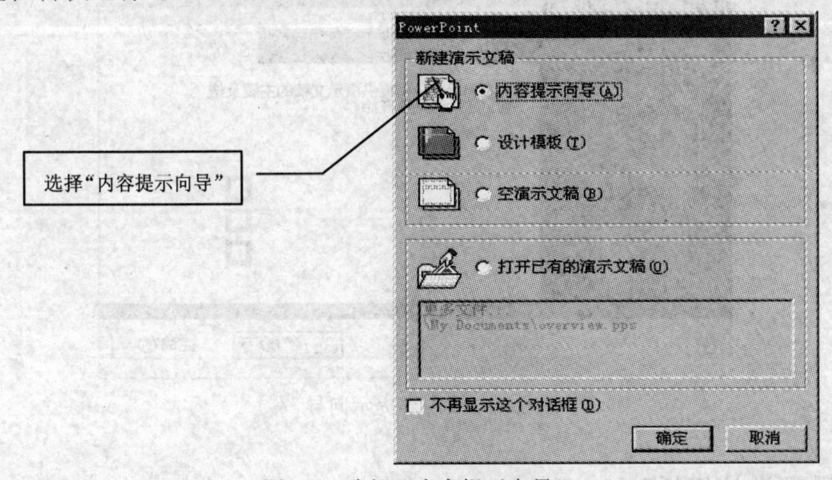

图 6.8　选择“内容提示向导”

否则，在菜单“文件”中，选择“新建”命令，新建 PowerPoint 2000 演示文稿。在“新建演示文稿”提示栏中选择“内容提示向导”，如图 6.9 所示。

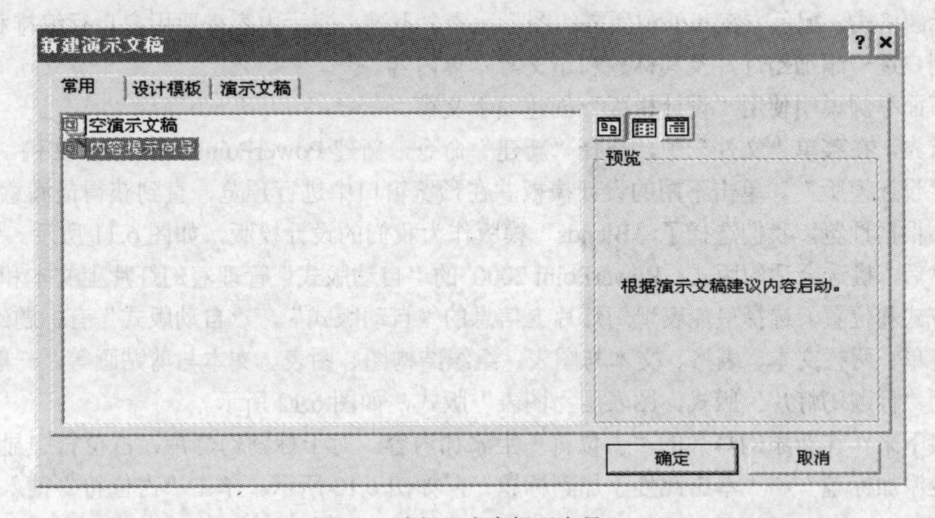

图 6.9　选择“内容提示向导”

根据该向导，逐步选择演示文稿类型、文稿样式、文稿选项，最后单击“完成”，如图6.10所示。演示文稿类型有：企业、项目、销售/市场、成功指南等，而每一类又进行了细分，比如说，销售/市场类型中细分为：市场计划、商品介绍等。由“内容提示向导”创建的演示文稿均由Dale Carnegie & Associates Inc.设计并且属其版权所有。演示文稿样式有：屏幕演示文稿、Web 演示文稿、彩色投影机等。一般情况下，在公司或者学校演讲时，选择屏幕演示文稿较为普遍。演示文稿选项有：演示文稿标题、每张幻灯片所包含的对象，如页脚、幻灯片编号等。根据向导，选择演示文稿类型为“成功指南”中的“激发团队精神”，完成了向导的每一步后，一个初步的关于“激发团队精神”的演示文稿就生成了，如图 6.2 所示。接下来可以将自己的内容替代此演示文稿中的提示内容，这样一个具体的演示文稿就创建成功了。

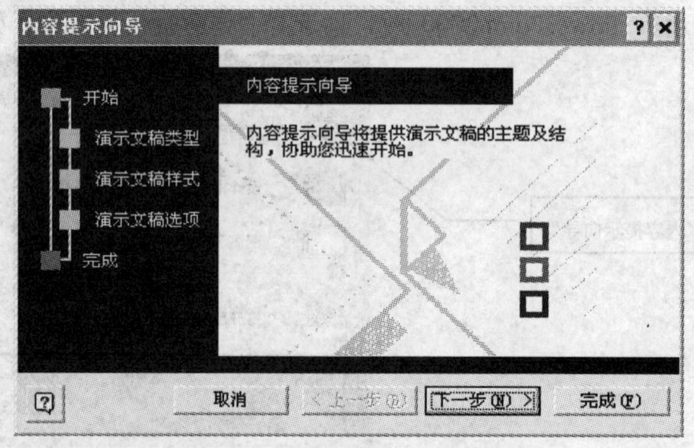

图 6.10 “内容提示向导”

6.3.2 使用“设计模板”

如果对自己要演示的内容已胸有成竹，则使用“设计模版”来制作演示文稿。这些模版是由专业人员设计出来供用户使用的。模版中已预先定义好了页面的外观，其中包括页面结构、标题格式、配色方案和外观所需的图形元素。不过，演示内容需要用户自行编排和组织，并由用户逐一添加幻灯片及其标题和正文等具体内容。

下面举例说明使用“设计模版”创建演示文稿。

首先，在菜单“文件”中，选择“新建”命令，新建 PowerPoint 2000 演示文稿。然后，选择“设计模版”。单击不同的设计模板并在预览窗口中进行预览，直到获得最满意的模板为止。根据预览，我们选择了“Blends”模版作为我们的设计模版，如图 6.11 所示。

然后，挑选合适的版式。PowerPoint 2000 的“自动版式”管理着幻灯片上文本和对象的对齐方式和位置。选择最能表现幻灯片上信息的“自动版式”。“自动版式”有标题幻灯片、项目清单、两栏文本、表格、文本与图表、组织结构图、图表、文本与剪贴画等。一般而言，标题用“标题幻灯片”版式，图表用“图表”版式，如图 6.12 所示。

接下来，在新添幻灯片的“占位符”上添加内容。对于标题幻灯片，占位符中显示“单击此处添加标题”和“单击此处添加副标题”，如图 6.13 所示。单击“占位符”键入相应文本即可。

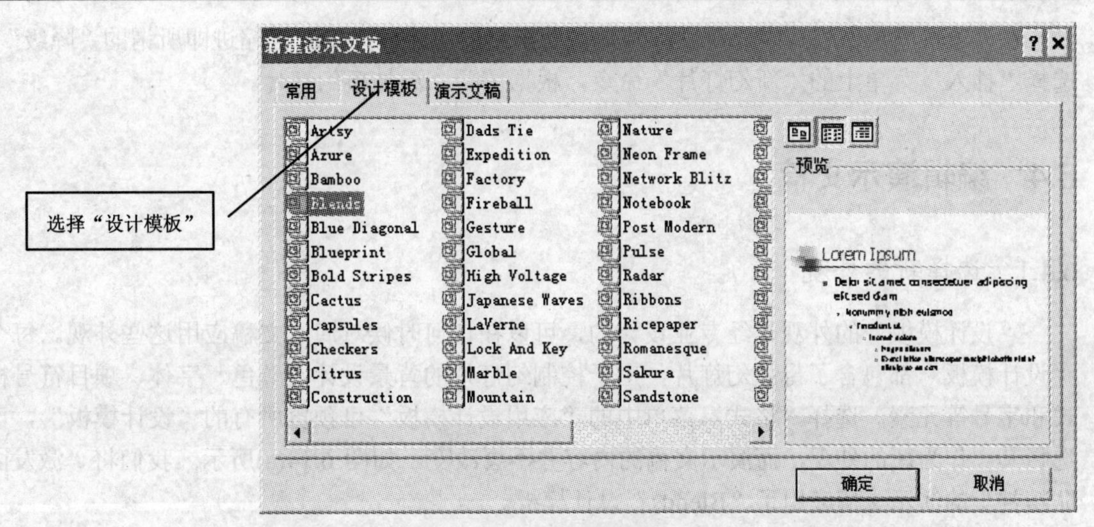

图 6.11　选择“设计模板”

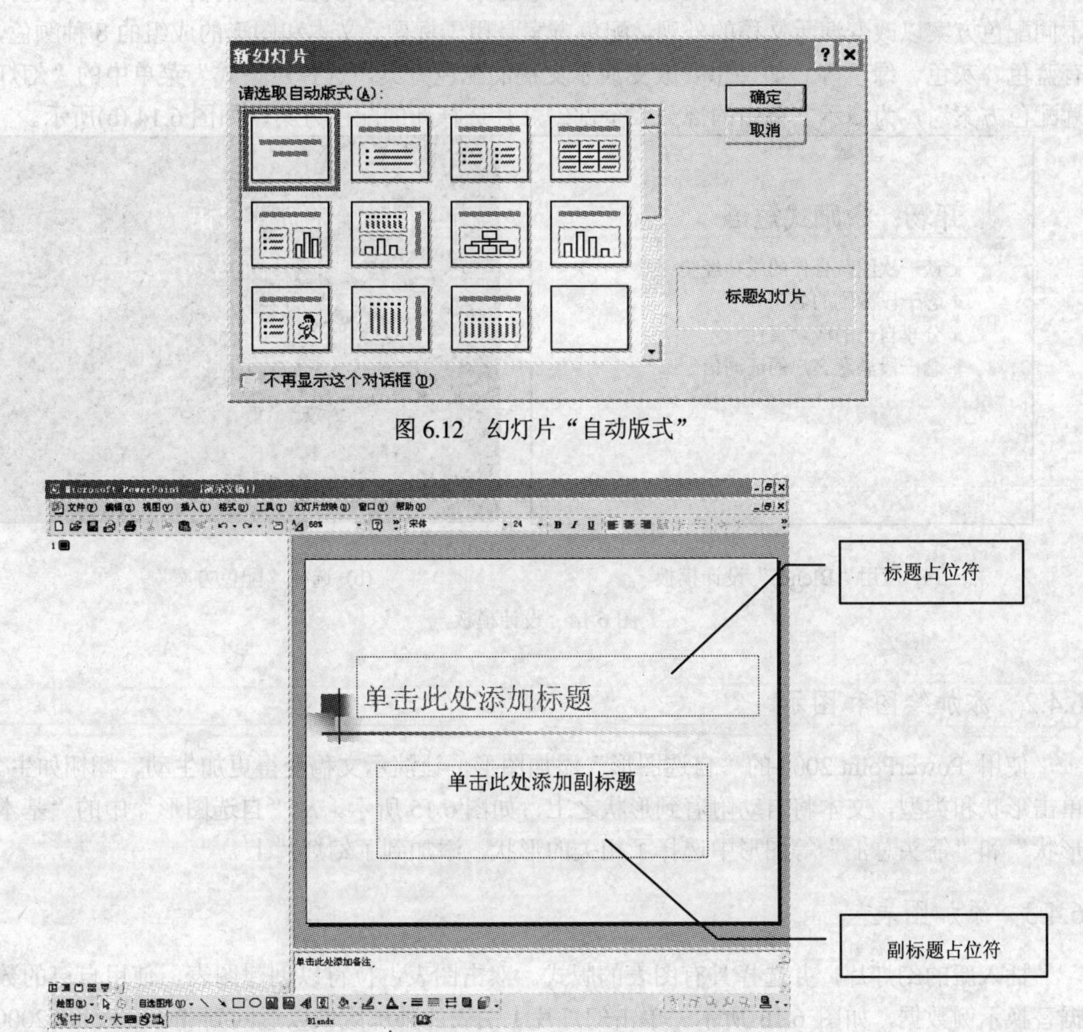

图 6.12　幻灯片“自动版式”

图 6.13　标题幻灯片及其“占位符”

在“项目清单”版式中，项目符号是自动出现的，并且按 Tab 键缩进即所谓的“降级”。选择“插入”菜单上的“新幻灯片”命令，根据需要，添加新幻灯片。

6.4 编辑演示文稿

6.4.1 选择新的外观

“设计模板”的外观是经专业设计的，可以在任何时候对演示文稿应用这些外观。每个“设计模板”都包含了母版幻灯片，用于控制幻灯片的背景设计、颜色、字体、项目符号样式和字号等元素。选择“格式”菜单中的“应用设计模板”可预览所有的“设计模板”，可选择其一作为新的外观，而演示文稿的内容并不会改变，如图 6.14(a)所示。我们将“激发团队精神”的演示文稿应用了“Blends”设计模板。

每个设计模板都有若干种“配色方案”可供选择。在设计模板不变的情况下，可以选择不同配色方案以改变演示文稿的外观。配色方案是用于标题、文本和图形的成组的 8 种颜色，有蓝色、灰色、绿色等。如果想要改变演示文稿的配色方案，选择“格式”菜单中的“幻灯片配色方案”，为演示文稿中的部分或全部幻灯片选择新的配色方案，如图 6.14 (b)所示。

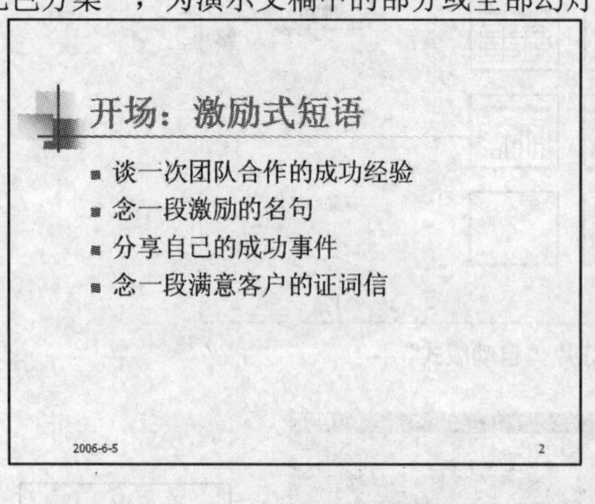

(a) 应用“Blends”设计模板

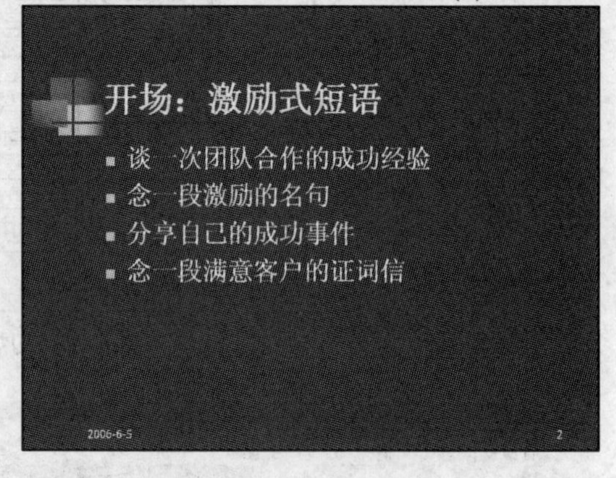

(b) 选择“配色方案”

图 6.14 设计模板

6.4.2 添加绘图和图示

使用 PowerPoint 2000 的“自选图形”添加图形，让演示文稿变得更加生动、栩栩如生。单击形状和类型，文本将自动附着到形状之上，如图 6.15 所示。从“自选图形”中的“基本形状”和“箭头总汇”等图形中选择了相关的形状，添加到了幻灯片上。

6.4.3 添加图表

插入新的幻灯片，并选择具有图表的版式。双击图表占位符以创建图表。使用自己的数据替换示例数据，如图 6.16 所示。单击幻灯片上图表的外部区域以返回到 PowerPoint 2000 中。双击图表可再次编辑。

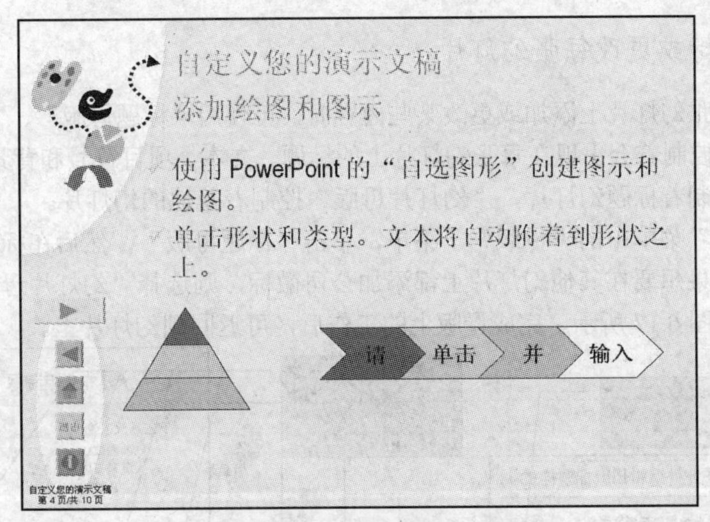

图 6.15　添加图形

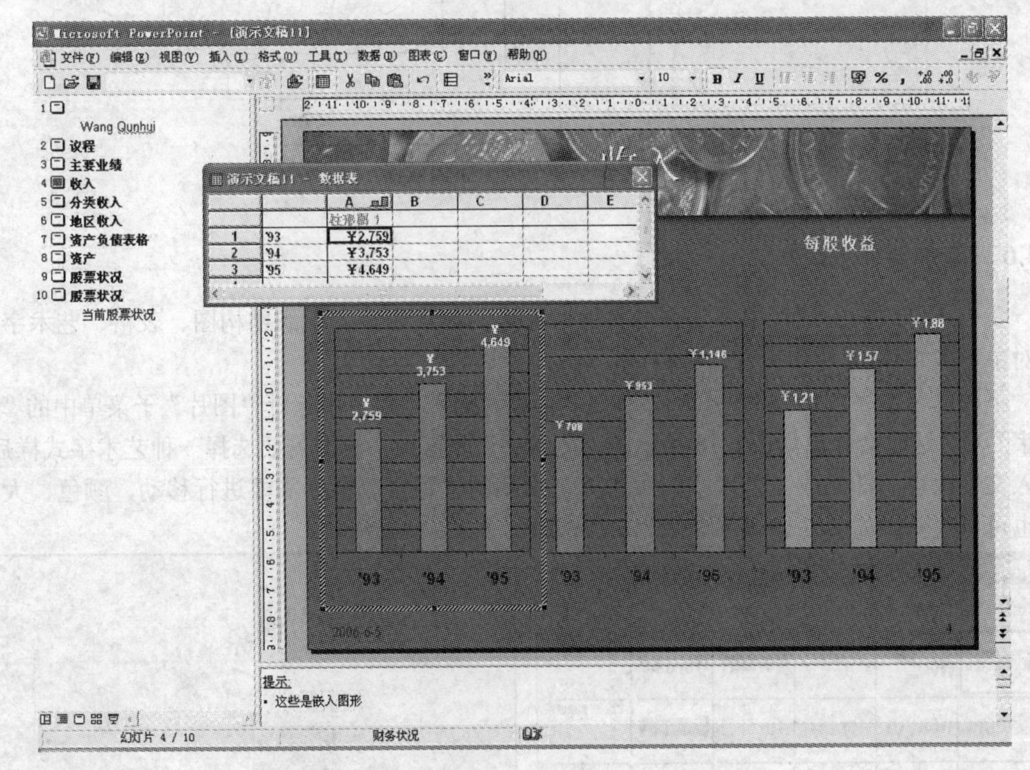

图 6.16　添加图表

6.4.4　添加剪贴画

在“插入”菜单中选择“图片”子菜单的“剪贴画”，可访问剪贴画库，可以从上百幅图像中精心挑选剪贴画。其类别有收藏夹、Web 背景、Web 标题、办公室、保健等。将选择剪贴画插入到幻灯片上，可以在幻灯片上移动剪贴画并调整其大小。在 Microsoft Office CD 和 Web 上也有几百幅剪贴画图片可供挑选。

6.4.5 添加徽标或更改每张幻灯片

当希望在每张幻灯片上添加或更改某些内容时，可使用“标题母版”、“幻灯片母版”。“母版”幻灯片控制着会出现在每张幻灯片上的标题、文本、项目符号和背景项的格式信息。“标题母版”控制着标题幻灯片，“幻灯片母版”控制着其他的幻灯片。

选择“视图”菜单中的“母版”子菜单，单击“标题母版”，然后在标题幻灯片上插入公司的徽标。如果想要在其他幻灯片上都添加公司徽标，则选择“幻灯片母版”，在其上添加公司徽标，如图 6.17 所示。完成母版上的工作后，可返回到幻灯片上。

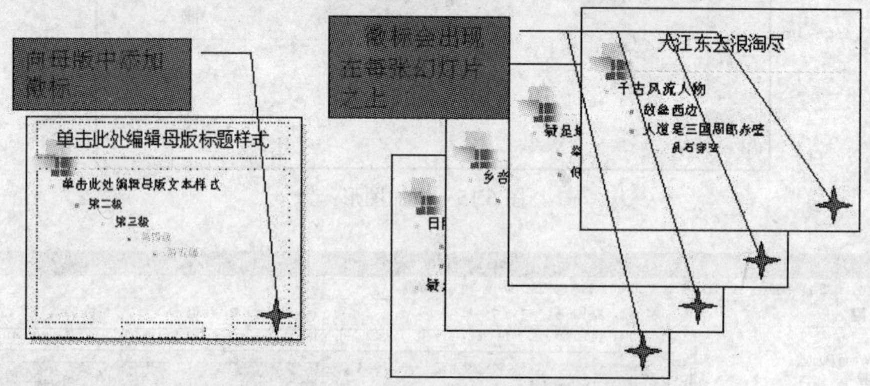

图 6.17 在母版上添加徽标

6.4.6 添加其他图形

我们还可以向幻灯片中添加许多其他对象。例如：图片、组织结构图、表格、艺术字图形对象、多媒体(影片和声音、旁白)等。

下面以艺术字图形为例，介绍制作过程。在“插入”菜单中选择“图片”子菜单中的“艺术字”项，这时会弹出如图 6.18 所示的“艺术字”库窗口，根据需要选择一种艺术字式样后，键入文字内容后即完成了艺术字的添加。艺术字的位置可以根据需要进行移动，颜色、大小等也可以改变，如图 6.19 所示。

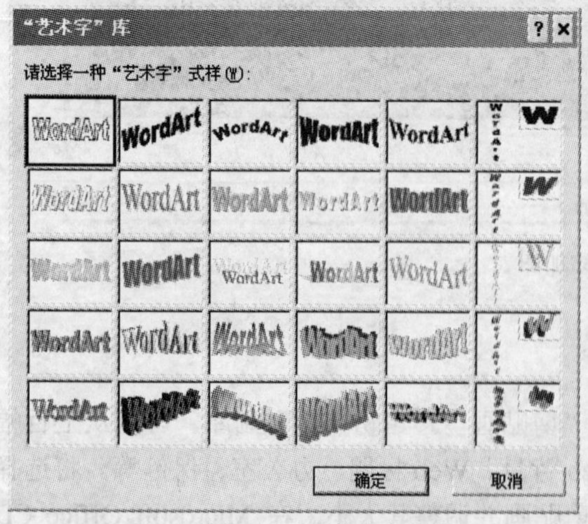

图 6.18 “艺术字”库

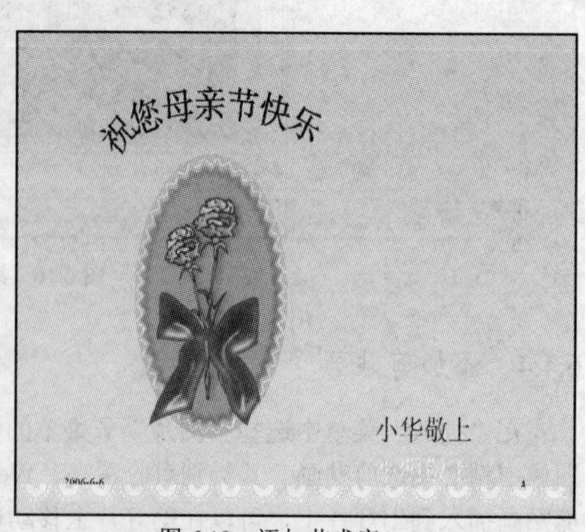

图 6.19 添加艺术字

6.5 放映演示文稿

6.5.1 联机幻灯片放映

联机幻灯片放映即直接在计算机上放映幻灯片，以电子方式向观众展示演示文稿。使用“幻灯片放映”视图即可预览和排练演示文稿。但为了能够更加吸引观众、增强演示效果，可以使用特殊的视听和动画效果。不过向演示文稿中添加特殊效果要适度，不可喧宾夺主。下面介绍常用的特殊效果：动画和切换效果。

动画可以使幻灯片上的文本或其他对象(如图表或图片)以动态的方式显示。例如：如果观众使用的语言习惯是从左到右进行阅读，那么可以将动画幻灯片设计成从左边飞入。然后在强调重点时，改为从右边飞入。这种变换能吸引观众的注意力，并且加强重点。幻灯片动画效果设置步骤如下：

(1) 在普通视图中，显示包含要动画显示的文本或者对象的幻灯片。

(2) 单击“幻灯片放映”菜单中的“自定义动画”，再单击“效果”选项卡，如图 6.20 所示。

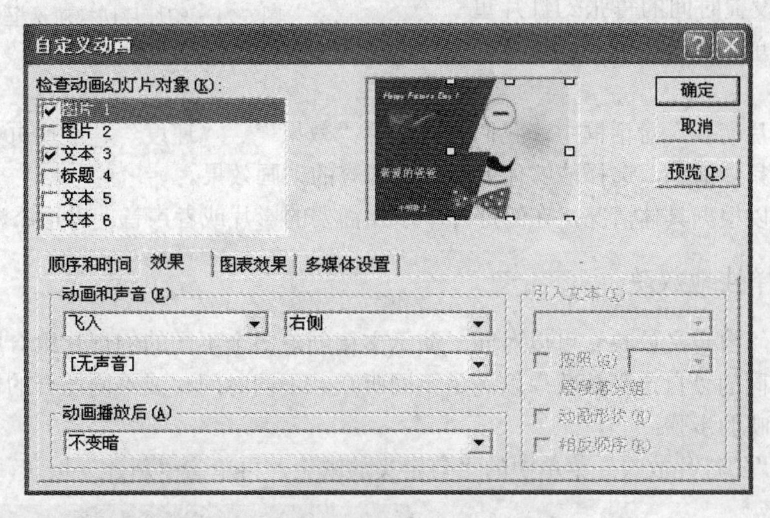

图 6.20　自定义动画设置对话框

(3) 在“检查动画幻灯片对象”下，选择要动态显示的文本或对象旁的复选框。

(4) 在“动画和声音”下，选择所需的效果。

(5) 在“动画播放后”下，选择所需的效果。

(6) 对于每一个需要动态显示的对象，请重复步骤(3)和(5)。

(7) 单击“顺序和时间”选项卡。要改变动画次序，可在“动画顺序”下选择要改变的对象，然后单击箭头以便在列表中上下移动对象。要设置时间，可选定对象后执行下列操作之一：

① 如果要通过单击此文本或者对象来激活动画，请单击“单击鼠标时”。

② 如果要自动启动动画，请单击“在前一事件后”，然后输入前一动画到当前动画之间希望的等待秒数。

③ 单击“预览”可预览动画。

另一种常用的特殊效果是切换，切换是在幻灯片放映过程中引入幻灯片的动态方式。可以选择各种不同的切换方式，并改变其速度，也可以改变切换效果以引出演示文稿新的部分或强调某张幻灯片。幻灯片切换效果设置步骤如下：

(1) 在幻灯片浏览视图中，选择要设置时间的幻灯片。

(2) 单击“幻灯片放映”菜单中的“幻灯片切换”，如图 6.21 所示。

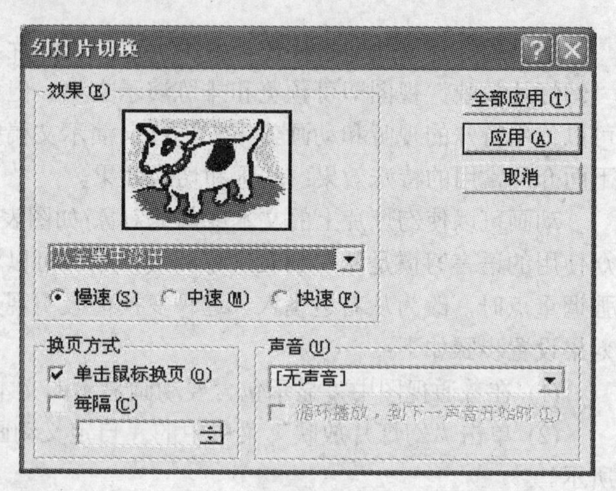

图 6.21 幻灯片切换对话框

(3) 在“换页方式”下单击“每隔”，然后输入希望幻灯片在屏幕上出现的秒数。

(4) 如果要将此时间应用到选择的幻灯片上，请单击“应用”；如果要将此时间应用到所有的幻灯片上，请单击“全部应用”。

(5) 对要设置时间的每张幻灯片重复上述步骤，单击菜单中的“幻灯片切换”命令。

在“幻灯片切换”对话框中，我们可以选择“效果”、“速度”、“换页方式”、“声音”等，根据具体情况，选择能够体现幻灯片内容的动画效果。

我们还可以根据具体情况，在幻灯片中添加需要的影片或者声音，以增添演示效果。

6.5.2 有选择性地放映

通过创建“自定义放映”可以对同一演示文稿创建多个不同的幻灯片组合即“自定义放映”，播放不同的“自定义放映”以满足不同听众、不同时间、或不同场合的需要。以下是创建自定义放映的步骤：

(1) 单击“幻灯片放映”菜单中的“自定义放映”，再单击“新建”按钮，如图 6.22 所示。

(2) 在“演示文稿中的幻灯片”中选取要添加到自定义放映的幻灯片，再单击“添加”按钮，如图 6.23 所示。

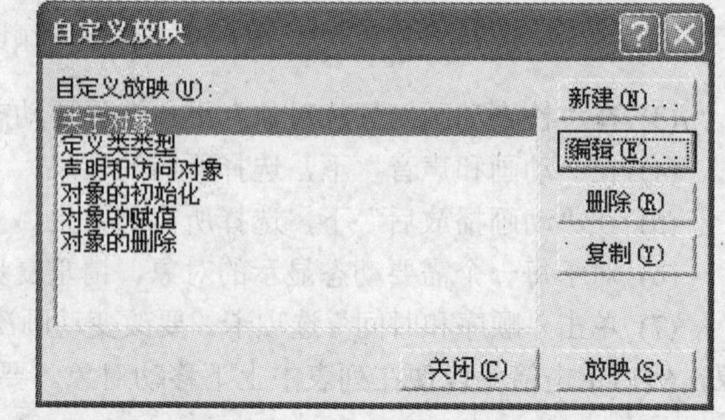

图 6.22 “自定义放映”对话框

(3) 如果要选择多张幻灯片，请在选取幻灯片时按下 Ctrl 键；如果要改变幻灯片显示次序，请选择幻灯片，然后使用箭头键将幻灯片在列表内上下移动。

(4) 在“幻灯片放映名称”方框中输入名称，再单击“确定”按钮。

(5) 如果要预览自定义放映，请在“自定义放映”对话框内选择要放映的幻灯片名称，再单击“放映”按钮。

(6) 接着根据需要启动不同自定义放映，该过程使演示文稿只显示自定义放映中的幻灯片。启动方法是：首先单击“幻灯片放映”菜单中的“设置放映方式”命令，然后单击“自定义放映”按钮并在列表中选择所需的放映，单击“确定”按钮即启动幻灯片放映。

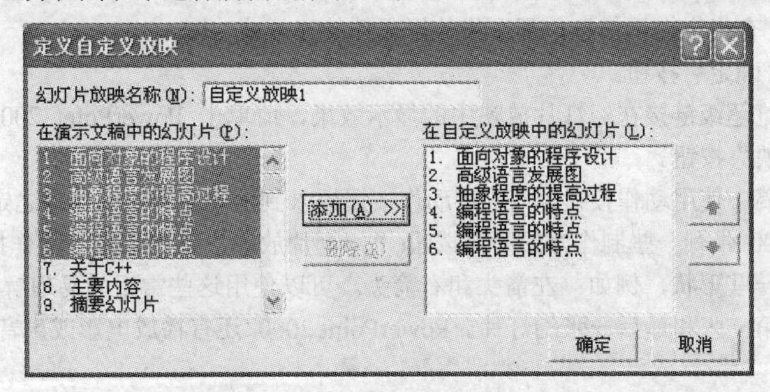

图 6.23　“定义自定义放映”对话框

6.5.3　创建交互式演示文稿

可以通过在幻灯片中的添加超级链接和动作按钮创建交互式演示文稿，如图 6.24 所示。

图 6.24　使用超级链接

在演示文稿中添加超级链接，可使用户通过该超级链接跳转到不同的位置。例如，跳到自定义放映、演示文稿中的某张幻灯片、其他演示文稿、Microsoft Word 文档、Microsoft Excel 电子表格、Internet、公司内部网或电子邮件地址。用户可以通过任何对象(包括文本、形状、表格、图形和图片)创建超级链接。代表超级链接的文本会添加下划线，并且显示成配色方案指定的颜色。单击超级链接跳转到其他位置后，颜色就会改变。因此，可以通过颜色分辨访问过的超级链接。超级链接是在运行幻灯片放映时被激活的，而不是创建放映时被激活的。如果图形中包含文本，那么可以为图形和文本分别设置超级链接。创建超级链接的步骤如下：

(1) 选择用于代表超级链接的文本或对象。

(2) 单击“插入超级链接”按钮。

(3) 单击“本文档中的位置” 按钮。

(4) 在列表中选择想转到的幻灯片或自定义放映。

(5) 要指定当鼠标指针在超级链接上停留时显示的提示信息，请单击“屏幕提示”按钮，然后键入所需文本。

(6) 如果没有指定提示信息，那么将使用文件的路径或 URL。

(7) 单击“确定”按钮。

如果要预览超级链接在幻灯片放映中的显示效果，请单击 PowerPoint 2000 窗口左下角的“幻灯片放映”按钮。

在演示文稿中使用动作按钮，可以将动作按钮插入到演示文稿中，并为之定义超级链接，PowerPoint 2000 带有一些制作好的动作按钮(“幻灯片放映”菜单上的“动作按钮”命令)。动作按钮包括一些形状，例如：左箭头和右箭头。可以使用这些常用的易理解符号转到下一张、上一张、第一张和最后一张幻灯片。PowerPoint 2000 还有播放电影或声音的动作按钮。

6.6 输出演示文稿

6.6.1 打印输出

电子演示文稿可以各种形式打印输出：既可用彩色、灰度或黑白打印整个演示文稿的幻灯片、大纲、备注和观众讲义，也可打印特定的幻灯片、讲义、备注页或大纲页。其中黑白打印适用于幻灯片和讲义打印。单击“文件”菜单中的“打印”，将打开如图 6.25 所示的对话框。在对话框中首先选择“打印范围”，然后选择“打印内容”，打印内容可以是“幻灯片”、“讲义”、“备注页”和“大纲视图”，如果是“打印内容”选择为“讲义”，还可选择“每页幻灯片数”和“打印顺序”。如果要以灰度方式打印，请选择“灰度”复选框，如果要以黑白方式打印，请选择“纯黑白”复选框。

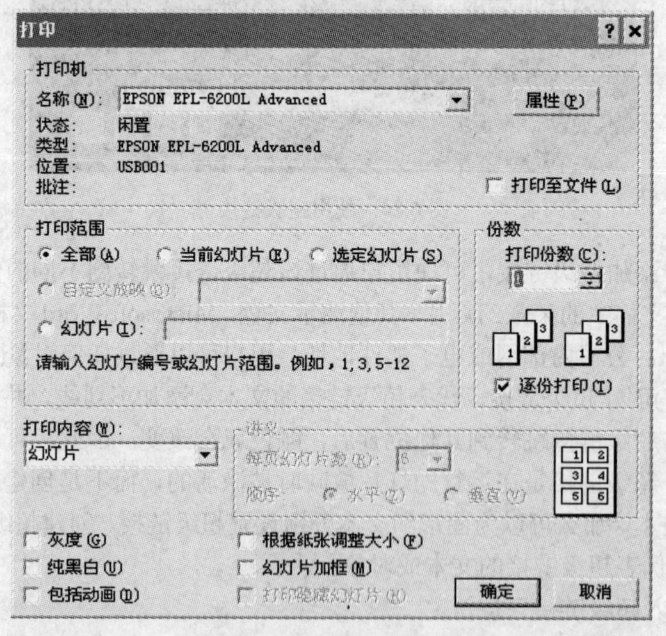

图 6.25 打印输出对话框

6.6.2　幻灯片打包输出

如果要在另一台计算机上运行幻灯片放映，可以使用“打包”向导，将演示文稿所需的文件和字体打包到一起。如果要在没有安装 PowerPoint 2000 程序的计算机上观看放映，“打包”向导还能够将 PowerPoint 2000 播放器打包进去。选择“文件”菜单中的“打包”命令，出现“打包”向导，如图 6.26 所示。

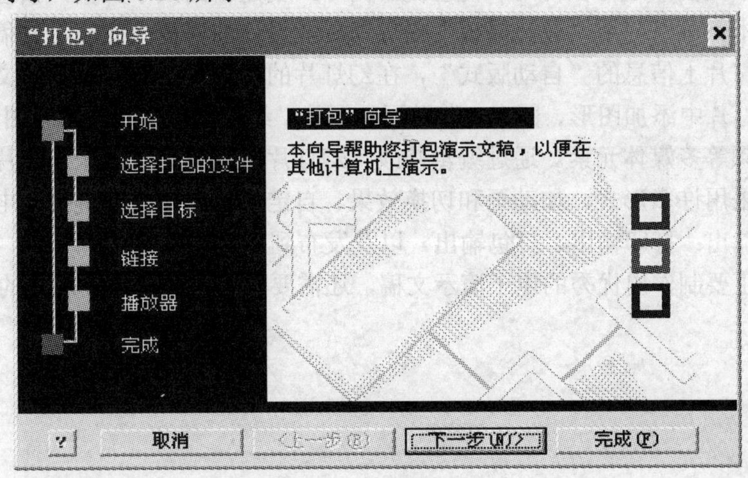

图 6.26　“打包”向导

根据“打包”向导，选择打包的文件、将文件复制到的位置、是否将链接的文件和字体一起打包、是否包含播放器。如果要在已经安装 PowerPoint 2000 程序的计算机上放映演示文稿，选择“不包含播放器”；如果要在没有安装 PowerPoint 2000 程序的计算机上放映演示文稿，则选择“Microsoft Windows 播放器”。最后，单击“完成”，向导开始打包。如果要在另一台计算机上安装打包的演示文稿，则将打包文件复制到该计算机硬盘中，双击“Pngsetup.exe”，文件进行安装。安装完毕后，即可在该计算机上放映演示文稿了。

另一种情况，如果你的演示文稿没有其他的链接文件和字体，则可以直接将你的演示文稿另存为“PowerPoint 2000 放映(*.pps)”，将该文件复制到要放映的另一台计算机上，双击该文件就可以放映了。

6.6.3　将演示文稿发布到 Web 上

除了可以在本地放映演示文稿外，也可以将演示文稿发布到 Web 上。我们可以将演示文稿保存为 HTML 格式的 Web 页，并将其发布到 Web 上，这样错过了演示文稿的用户也可在日后查看该演示文稿。

6.7　获取联机帮助

为了获取联机帮助，可使用“Office 助手”。“Office 助手”提供了有关创建精美演示文稿以及专业演示方面的详尽指南，其中也包括 Dale Carnegie Training®提供的建议。

Microsoft Office 更新的 web 站点上具有大量最新信息和可免费下载的信息。欲详细了解，请单击“帮助”菜单上的“网上 Office”。

● 小结

本章介绍了利用 PowerPoint 2000 进行电子演示文稿的制作、放映和输出。如果不知道如何开始设计演示文稿，则可以使用“内容提示向导”创建新的演示文稿，接着用自己的内容替换建议的文本。可以应用“设计模板”提供的专业设计的模板改变演示文稿的外观。可以选择能表现幻灯片上信息的“自动版式”，在幻灯片的占位符中键入标题和文本等。还可以根据需要向幻灯片中添加图形、图表、剪贴画、图片、组织结构图、艺术字图形对象、表格，以及音频和视频等多媒体元素。通过编辑修改“幻灯片母版”更改每张幻灯片。电子演示文稿的放映可以采用许多形式，如动画和切换效果、自定义放映、超级链接。电子演示文稿还可以各种形式输出：打印输出、打包输出，以及发布到 Web 上。

但是，真正要制作出优秀的电子演示文稿，还需要有创新的思想和演讲的技巧。

● 习题

1) 问答题

(1) 电子演示文稿相对于传统演示文稿的优势是什么？

(2) PowerPoint 2000 与电子演示文稿的关系是什么？

(3) 在 PowerPoint 2000 工作环境中，有哪几种视图？各适用于何种情况？

(4) 从零开始制作演示文稿的两种方式是什么？这两种方式的区别是什么？

(5) 在演示文稿中可以改变或者添加哪些元素来使你的演示文稿增色？

(6) 标题母板与幻灯片母版的区别是什么？

(7) 演示你的演示文稿有哪几种方式？

(8) 如何将一个大而复杂的演示文稿安装到另一台无 PowerPoint 2000 软件的计算机上去演示？大致描述一下过程。

2) 操作题

请事先创建 6 张幻灯片，内容自定，(1)～(9)题将在这 6 张幻灯片的基础上操作。

(1) 标题：

① 将第 1 张幻灯片的主标题的字体设置为“隶书”，字号不变。

② 将第 2 张幻灯片的主标题的字体设置为“华文彩云”，字号为默认。

③ 将第 3 张幻灯片中的标题字体设置为“楷体_GB2312”，字号不变。

④ 将第 4 张幻灯片的版式设置为“标题幻灯片”。

⑤ 将第 5 张幻灯片的标题字体设置为“黑体”，字号不变。

⑥ 将第 6 张幻灯片的标题文本的字体设置为“隶书”。

⑦ 在新插入的幻灯片中添加标题，内容为“加速度的计算”，字体为“宋体”。

(2) 版式设置：

① 将第 4 张幻灯片的版式设置为“项目清单”。

② 将第 2 张幻灯片的版式设置为“垂直排列标题与文本”。

③ 将第 5 张幻灯片的版式设置为“文本与剪贴画”。

④ 将第 3 张幻灯片的版式设置为“标题幻灯片”。

⑤ 将第 6 张幻灯片的版式设置为“垂直排列文本”。

⑥ 最后添加一张“空白”版式的幻灯片，为第 7 张幻灯片。

(3) 背景：

① 将第 5 张背景过渡颜色设置为“金色年华”，底纹式样为默认。

② 将第 4 张幻灯片的背景过渡颜色设置为“雨后初晴”。

③ 将第 3 张幻灯片的背景纹理设置为“蓝色砂纸”。

④ 将第 2 张幻灯片的背景设置为“鱼类化石”纹理效果。

⑤ 将第 1 张幻灯片的背景设置为“信纸”纹理。

⑥ 将第 6 张幻灯片的背景过渡颜色设置为“茵茵绿原”，底纹式样为“从标题”。

(4) 页眉和页脚：

① 在第 1 张幻灯片的“页眉和页脚”设置中插入幻灯片编号。

② 给第 2 张幻灯片设置页脚为“网球王子”。

③ 给第 3 张幻灯片设置页脚为“超重失重现象”。

④ 在第 4 张幻灯片中插入自动更新的日期和时间。

⑤ 在每张幻灯片的日期区插入演示文稿的日期和时间，并设置为自动更新(采用默认日期格式)。

(5) 预设动画：

① 将第 1 张幻灯片中艺术字对象“自由落体运动”设置预设动画为“从上部飞入”。

② 将第 2 张幻灯片中的一级文本设置预设动画为“溶解”。

③ 将第 3 张幻灯片的剪贴画设置预设动画为“从上部飞入”。

④ 将第 4 张幻灯片的艺术字“动画片”设置预设动画为“照相机”。

⑤ 将第 5 张幻灯片中文本设置预设动画为“飞入”。

⑥ 将第 6 张幻灯片中的一级文本设置预设动画为“溶解”。

(6) 切换：

① 将第 6 张幻灯片的切换效果设置为“向下擦除”、“中速”。

② 将所有幻灯片的切换效果设置为“水平百叶窗”、“中速”。

③ 将第 3 张幻灯片的切换效果设置为“随机水平线条”，速度为默认。

④ 将第 2 张幻灯片的切换效果设置为“随机垂直线条”。

(7) 超链接：

① 为第 1 张幻灯片的剪贴画建立超链接，链接到 http://www.library.com/。

② 给第 4 张幻灯片的剪贴画建立超链接，链接到第 2 张幻灯片。

③ 将第 3 张幻灯片中的图片设置超链接，链接到第 2 张幻灯片。

④ 将第 2 张幻灯片中的文本“机会成本”超链接到第 3 张幻灯片。

(8) 设计模板：

① 将演示文稿的应用设计模板设置为“Blends”。

② 将演示文稿的应用设计模板设置为“Notebook”。

(9) 编辑幻灯片：

① 删除第 3 张幻灯片中一级文本的项目符号。

② 将第 2 张幻灯片文本框内容改为“自由落体运动的概念”。

③ 最后插入一张“文本与剪贴画”版式的幻灯片。

④ 为第 1 张幻灯片添加标题，内容为“超重与失重”，字体为“宋体”。

⑤ 在新添加的幻灯片上插入一个文本框，文本框的内容为“The End”，字体为“Times New Roman”。

⑥ 将所有幻灯片的切换效果设置为“水平百叶窗”、“中速”。

⑦ 将第 2 张幻灯片的一级文本的项目符号设置为“√”。

⑧ 取消第 3 张幻灯片中文本框内的所有项目符号。

⑨ 隐藏最后一张幻灯片(“The End”)。

(10) 制作一个介绍你自己的电子演示文稿。要求如下：

① 至少 4 张幻灯片，有标题页，目录页，详细内容页。

② 选用任一种设计模板作为背景。

③ 有艺术字和剪贴画，内容、样式不限。

④ 至少设置两种不同效果的文本动画。

⑤ 插入表格，内容、格式不限；设置动画，任一种声音。

⑥ 除标题页外每张幻灯片上要有 2 个“动作按钮”，作用分别为“开始”、“结束”。效果为“单击鼠标”。

⑦ 设置幻灯片切换方式，全部应用，“每隔 00:01”换页，任一种声音。

⑧ 保存演示文稿(不要改变路径和文件名)。

⑨ 打包输出。

第 7 章　计算机网络基础

进入 21 世纪后的今天，人类社会的发展呈现出两个重要特点：信息化和全球化。而要实现信息化和全球化，就必须依靠计算机网络技术。计算机网络已经成为 21 世纪驱动人类社会发展的核心动力之一，对人类的政治、经济和文化产生了深远的影响。基于计算机网络技术的应用已经渗透到人类社会的各个角落，例如电子商务、远程教育以及网络信息服务等。计算机网络不仅广泛应用于商业领域，而且渗透到了人们的日常生活。诸如收发电子邮件、网上查找信息、网上聊天、网上游戏、建立博客等已成为人们日常生活的一部分。为了更好地运用网络功能为自己的学习、工作和生活服务，了解相关的计算机网络知识和掌握一些计算机网络的应用工具与技能是非常必要的。本章将介绍这两方面的内容。

7.1　计算机网络的定义和功能

什么是计算机网络？它又能为我们做些什么呢？下面就来回答这两个问题。

7.1.1　何谓计算机网络

计算机网络如同我们日常生活中常见的交通网、电话网甚至关系网。交通网是通过公路、铁路等交通线路将许多城镇连接起来的网络；电话网是通过通信线路将许多电话机及其他通信设备连接起来的网络；关系网则是通过相互利用关系将许多人连接起来的网络。可以通俗地说，计算机网络就是将许多计算机连接起来的网络。

计算机网络是表示通过同一种技术相互连接起来的一组计算机的集合。如果两台计算机能够交换信息，则称这两台计算机是相互连接的(interconnected)。两台机器之间的连接不一定要通过铜线，光纤、微波、红外线和通信卫星也可以用来建立连接。Internet 或者万维网(World Wide Web)都不是计算机网络，因为 Internet 并不是一个单一的网络，而是一个由许多个网络构成的网络；万维网(Web)是一个分布式系统，它运行在 Internet 之上。目前被广泛采用的定义是计算机网络为“以能够相互共享资源的方式互联起来的自治计算机系统的集合”。该定义可以详细地解释为以下几点：

(1) 计算机网络建立的主要目的是实现计算机资源的共享。计算机资源主要指计算机硬件、软件与数据。网络用户不但可以使用本地计算机资源，而且可以通过网络访问联网的远程计算机资源，还可以调用网中几台不同的计算机共同完成某项任务。

(2) 计算机网络中互联的计算机是自治的。互联的计算机之间可以没有明确的主从关系，每台计算机既可以联网工作，也可以脱网独立工作；联网计算机可以为本地用户提供服务，也可以为远程网络用户提供服务。

(3) 联网计算机之间的通信必须遵循共同的网络协议。计算机网络是由多台计算机互联而成的，网络中的计算机之间需要不断地交换数据。要保证网络中计算机能有条不紊地交换数据，就必须要求网络中的每台计算机在交换数据的过程中遵守事先约定好的通信规则。

总之，计算机网络是通过通信介质，把各个独立的计算机连接起来的系统，以实现计算机间的数据通信和资源共享。其中通信技术是计算机网络的基础，计算机技术提高了通信网络的性能，两者的相互结合促进了计算机网络的形成和发展。计算机网络是通信技术与计算机技术高度发展、紧密结合的产物。

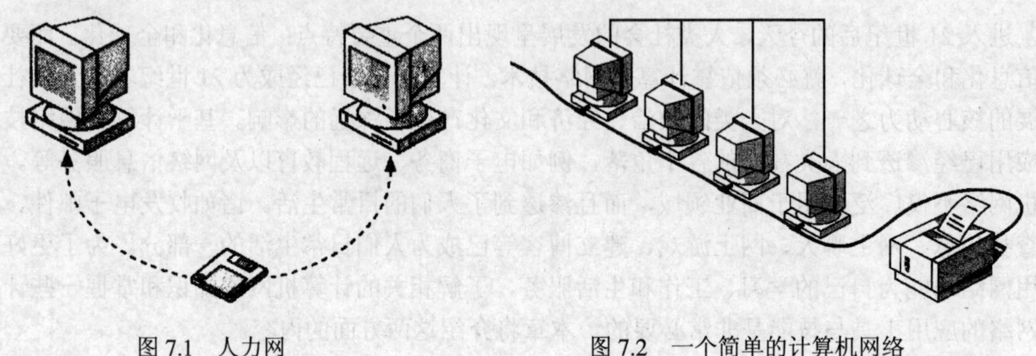

图 7.1 人力网　　图 7.2 一个简单的计算机网络

7.1.2 为何使用计算机网络

由于早期计算机的昂贵和稀有，计算机网络的最初目的是为了共享计算机的计算能力，这时的计算机网络是以主机与终端连接形式的网络系统，随着计算机技术、通信技术、尤其是因特网技术的发展，使用计算机网络从计算能力共享到硬件共享、软件共享、数据共享进而发展到目前的信息共享、数据通信，以及各种形式的应用，其中包括个人生活与娱乐等。可以不夸张地说，现在人们的生活已经离不开计算机网络了。

7.1.2.1 商业应用

一个简单的例子是，让一个办公室里的所有工作人员共用同一台打印机。然而，比共享物理资源(比如打印机、扫描仪和 CD 刻录机)更重要的是共享信息。大多数公司都有顾客记录、库存信息、收到的账单记录、财务报告、缴税信息以及其他更多的在线信息，而这些信息都是通过计算机网络实现共享的。对于小公司而言，可能所有的计算机都在一个办公室里，或者位于同一个建筑物内，但是对于大型的公司，计算机和雇员们可能分散在许多个办公室中，甚至分散在不同国家的多个分支机构中。例如，纽约的一个销售员有时候需要访问新加坡的产品库存数据库。换句话说，一个用户离他要访问的数据相隔 15000 公里，借助于计算机网络，他不仅能够访问这些数据，而且能够像访问本地数据一样访问这些数据。这就是所谓的计算机网络企图打破“地理位置的束缚”的目标。

有了计算机网络之后，两个或者多个相距甚远的人可以联合起来写一份报告，当一个工作人员修改了一份在线文档的时候，其他的人立即就可以看到文档被改动了，使得那些分散在各地的工作组协同工作非常容易，而这在以前是根本不可能的。另一种计算机辅助通信的形式是视频会议。利用这项技术，即使雇员们处于相距甚远的不同地点，他们也可以开会，相互之间看得到、听得到，甚至还可以在一个共享的虚拟黑板上写写画画。视频会议是一个功能强大的工具，它省去了与会者差旅费开销和路途上所需的时间。

越来越多的公司与其他公司进行电子商务活动，特别是与供应商和客户公司之间的商务活动。例如，汽车、飞机和计算机的制造商需要从各种不同的供应商处购买子系统，然后再将这些部件装配起来。这些制造商利用计算机网络，就可以根据需要以电子的方式下订单。这种实时(即根据需要)下订单的能力大大降低了对于大库存量的需求，并且提高了工作效率。

通过 Internet 与客户做各种交易也越来越普遍，航空公司、书店和音乐零售商发现，许多顾客喜欢在家里购买他们的商品或者服务。因此，许多公司提供了在线查询商品和服务的功能，并且允许在线下订单。计算机网络的这种用途有望在将来得到进一步的发展。这就是所谓的电子商务。

7.1.2.2　家庭应用

最初，人们为家庭购买计算机是为了文字处理和玩游戏，但是，最近几年情况发生了很大的变化。现在最主要的理由是为了访问 Internet。对于家庭用户而言，Internet 的几个最流行的用途是：

(1) 访问互联网上的信息。通常使用浏览器浏览 Web 页面，获取多种多样的信息，其中包括艺术、商务、烹饪、政府、健康、历史、娱乐、科学、运动、旅游，等等。

(2) 个人之间的通信。除了收发电子邮件，还允许两个人或多人相互之间实时地交流信息。聊天室就是其中的一种应用。在聊天室应用中，一组人可以同时输入消息，并且所有的人都可以看到这些消息。全球范围的新闻组常常是一组特定相关人员的公共活动场所，在这里大家可以畅所欲言。在新闻组的讨论中，每个人都可以张贴消息，所有其他订阅该新闻组的人都可以读到这条消息。与聊天室不同的是，新闻组不是实时的，其中的消息将被保存起来，所以，当你度完假回来时，仍然可以阅读到所有在度假期间张贴的消息。

(3) 交互式娱乐。有的音乐迷喜欢收集公益音乐或者样本音乐片段，然后拿出来与其他人共享；有些家庭喜欢共享照片、电影和家谱信息；有些青少年喜欢玩多人在线游戏。

(4) 电子商务。现在网上购物已经非常流行，它允许用户在家里浏览上千家公司的在线商品目录。对于有些商品，你只要在商品的名字上单击一下鼠标，就可以看到一段关于该商品的录像。如果不清楚怎么使用该商品，还可以获得在线技术支持。在电子商务应用中，另一个领域是允许直接访问金融机构。许多人已经通过电子方式来支付账单、管理银行的账户、处理他们的投资。随着计算机网络变得越来越安全，这种业务肯定会继续增长。

毫无疑问，在将来，计算机网络的使用范围还会持续增长，甚至这种增长的态势是现在所无法预测的。

对于那些地理位置极其不方便的人来说，计算机网络可能会变得非常重要，因为计算机网络使得他们在访问远程服务的时候与那些住在市中心的人们同样方便。远程学习可能会极大地影响到教育领域，有些高等院校可能会因此而变成全国性的，或者是国际性的。远程医学现在还只是刚刚起步(例如，远程病人监控)，但是将来可能会变得非常重要。不过也许更吸引人的会是日常生活中的应用，比如在冰箱中使用一个支持 Web 的摄像头，这样你就可以确定是否需要在下班的路上购买一些牛奶。

随着计算机技术的发展，其应用领域、应用范围会越来越广。计算机网络在服务业、金融业、企业管理与决策支持、信息咨询、办公自动化、军事、航空航天、教育、图书馆管理等方面有着广泛的应用。

7.1.2.3 社会问题

当然，人们在享受计算机网络带来的诸多好处的同时，也在遭受着因为它所带来的烦恼甚至是灾难。网络的广泛应用已经导致了新的社会、伦理和政治问题。

由于在网上张贴文章、甚至传输高分辨率的彩色图片或者简短的视频片断是非常容易的，如果张贴了某些具有特定含义的材料(比如对于某些国家或者宗教的攻击，或者色情图片等)是不可接受的。在某些领域，不同的国家会有不同的法律，有的甚至是相互冲突的。因此会造成人与人之间的冲突，甚至民族与民族、国家与国家之间的冲突。

Internet 使得人们有可能快速地找到想要的信息，但是有许多信息是过期的、误导的或者完全错误的。你从 Internet 上收集来的医疗建议有可能来自于一位诺贝尔奖得主，也可能来自于一位连中学都没有读完的学生。计算机网络也会导致一些新的危害社会秩序甚至犯罪的行为的发生。人们会经常受到电子垃圾邮件的骚扰，更严重的会受到带有病毒的电子邮件的攻击，以致轻则系统运行受影响，重则信息泄漏、系统瘫痪。

网上身份偷窃也成了一个日益严重的问题，因为窃贼可以收集到受害人足够的信息，利用受害人的名字获得信用卡号和其他的文档进行金融诈骗。还有通过网络可以很方便地传输数字音乐和视频，为打开侵犯版权大门提供方便，而且这种版权侵犯还难以捕捉和制约。如何保证有一个安全可靠的网络环境，一直受到各界的重视和努力，现在很多问题都已能够解决。

7.2 计算机网络的形成和发展

计算机网络从形成到今天只经历了约半个世纪，但其技术的发展速度与应用的广泛程度是惊人的。任何一种新技术的出现都必须具备两个条件，即强烈的社会需求与先期技术的成熟。计算机网络技术的形成与发展也是如此，从这个角度出发，可以将其划分为以下 4 个阶段。

7.2.1 数据通信技术的研究与发展

第一阶段可以追溯到 20 世纪 50 年代。1946 年，当世界上第一台电子数字计算机 ENIAC 在美国诞生时，计算机技术与通信技术并没有直接的联系。20 世纪 50 年代初，由于美国军方的需要，美国半自动地面防空系统(SAGE)进行了计算机技术与通信技术相结合的尝试。它将远程雷达与其他测量设施测到的信息通过总长度达 241 万公里的通信线路与一台 IBM 计算机连接，进行集中的防空信息处理与控制。

要实现这样的目的，首先要完成数据通信技术的基础研究。在这项研究的基础上，完全可以将地理位置分散的多个终端通过通信线路连接到一台中心计算机上，用户可以在自己的办公室内的终端键入程序，通过通信线路传送到中心计算机，分时访问和使用其资源进行信息处理，处理结果再通过通信线路回送用户终端显示或打印。人们把这种以单个计算机为中心的联机系统称做面向终端的远程联机系统。它是计算机通信网络的一种。60 年代初美国航空公司建成的由一台计算机与分布在全美国的 2000 多个终端组成的航空订票系统 SABRE-1 就是一种典型的计算机通信网络。

7.2.2 分组交换技术的研究与发展

第二阶段应该从20世纪60年代美国的ARPANET与分组交换技术算起。20世纪60年代，随着计算机应用的发展，出现了多台计算机互联的需求。这种需求主要来自军事和科学研究、地区与国家经济信息分析决策、大型企业经营管理等领域的用户。他们希望将分布在不同地点的计算机通过通信线路互联成为计算机–计算机的网络。网络用户可以通过计算机使用本地计算机的软件、硬件与数据资源，也可以使用联网的其他地方的计算机的软件、硬件与数据资源，以达到计算机资源共享的目的。

这一阶段研究的典型代表是美国国防部高级研究计划局(ARPA，Advanced Research Projects Agency)的ARPANET(通常称为ARPA网)。1969年美国国防部高级研究计划局提出将多个大学、公司和研究所的多台计算机互联的课题。1969年ARPANET只有4个结点，1973年ARPANET发展到40个结点，1983年已经达到100多个结点。ARPANET通过有线、无线与卫星通信线路，使网络覆盖了从美国本土到欧洲与夏威夷的广阔地域。

ARPANET是计算机网络技术发展的一个重要的里程碑。它对发展计算机网络技术的主要贡献表现在以下几个方面：完成了对计算机网络定义、分类与子课题研究内容的描述；提出了资源子网、通信子网的两级网络结构的概念；研究了报文分组交换的数据交换方法；采用了层次结构的网络体系结构模型与协议体系；促进了TCP/IP协议的发展；为Internet的形成与发展奠定了基础。

ARPANET研究成果对计算机网络发展的意义是深远的。七八十年代计算机网络发展十分迅速，并出现了大量的计算机网络，仅美国国防部就资助建立了多个计算机网络。同时，还出现了一些研究试验性网络、公共服务网络与校园网。例如，美国加利福尼亚大学劳伦斯原子能研究所的OCTOPUS、法国信息与自动化研究所的CYCLADES、国际气象监测网WWWN、欧洲情报网EIN等。在70年代中期，开始出现了由邮电部门或通信公司统一组建和管理的公用分组交换网，即公用数据网PDN。早期的公用数据网采用模拟通信的电话交换网，新型的公用数据网则采用数字传输技术与分组交换方法。典型的公用分组交换网有：美国的TELENET、加拿大的DATAPAC、法国的TRANSPAC、英国的PSS、日本DDX等。公用分组交换网的组建为计算机网络发展提供了良好的外部通信条件，它可以为更多的用户提供数据通信服务。

以上介绍的是利用远程通信线路组建的广域网。随着计算机的广泛应用，尤其是微型计算机的出现，一个办公室、一座大楼等局域地区内计算机联网的需求日益强烈。70年代初期，一些大学和研究所为实现实验室或校园内多台计算机共同完成科学计算与资源共享的目的，开始了局域计算机网络的研究。1972年美国加州大学研制了Newhall环网，1976年美国Xerox公司研究了总线拓扑的实验性Ethernet网，1974年英国剑桥大学研制了Cambridge环网。这些研究成果对80年代局域网络技术的发展起到了十分重要的作用。

7.2.3 网络体系结构与协议标准化的研究

第三阶段可以从20世纪70年代中期算起。70年代中期国际上各种广域网、局域网与公用分组交换网发展十分迅速，各个计算机生产商纷纷发展各自的计算机网络系统，一些大的计算机公司纷纷开展了计算机网络研究与产品开发工作，同时也提出了各种网络体系结构与网络协议。例如，IBM 公司的 SNA(System Network Architecture)、DEC 公司的 DNA(Digital Network Architecture)与 UNIVAC 公司的 DCA(Distributed Computer Architecture)等。但随之而来的是网络体系结构与网络协议的国际标准化问题。如果网络体系结构与协议标准不统一，势必会限制和影响计算机网络的发展和应用。因此，网络体系结构与网络协议必须走国际标准化的道路。

在这个阶段，国际标准化组织成立了计算机与信息处理标准化技术委员会(TC97)，该委员会专门成立了一个分委员会(SC 16)，从事网络体系结构与网络协议国际标准化问题的研究。经过多年的努力，ISO 正式制订了开放系统互联(OSI，Open System Interconnection)参考模型，即 ISO/IEC 7498 国际标准。在 80 年代，ISO 与国际电报与电话咨询委员会(CCITT)等组织分别为参考模型的各个层次制订了一系列的协议标准，组成了一个庞大的 OSI 基本协议集。尽管人们对 ISO/OSI 参考模型的评价褒贬不一，但 ISO/OSI 参考模型与协议的研究成果对推动网络体系结构理论的发展起了很大的作用。

如果说广域网的作用是扩大了信息社会中资源共享的范围，那么局域网的作用则是进一步增强了信息社会中资源共享的深度。局域网是继广域网之后网络研究与应用的又一个热点。广域网技术与微型机的广泛应用推动了局域网技术研究的发展。在 80 年代，局域网技术出现了突破性的进展。在局域网领域中，采用以太网(Ethernet)、令牌总线(token bus)、令牌环(token ring)的局域网产品形成三足鼎立之势，并且已经形成了国际标准(IEEE 802)，采用光纤作为传输介质的光纤分布式数字接口(FDDI)产品在高速与主干网应用方面起了重要的作用。

在 90 年代，局域网技术在传输介质、局域网操作系统与客户机/服务器计算模式等方面取得了重要的进展。在 Ethernet 中，用非屏蔽双绞线实现了 10Mbps 的数据传输，并在此基础上形成了网络结构化布线技术，使局域网在办公自动化环境中得到更广泛的应用。局域网操作系统 NetWare、Windows NT Server、IBM LAN Server 及 UNIX 操作系统的应用，使局域网技术进入成熟阶段；客户机/服务器计算模式的应用，使网络服务功能达到更高水平；而 TCP/IP 协议的广泛应用，使网络互联技术发展到了一个崭新的阶段。

7.2.4 Internet 的广泛应用与高速网络技术的快速发展

第四阶段要从 20 世纪 90 年代算起。这个阶段最有挑战性的话题是 Internet 与异步传输模式(ATM)技术。Internet 作为世界性的信息网络，正在当今经济、文化、科学研究、教育与人类社会生活等方面发挥着越来越重要的作用。以 ATM 技术为代表的高速网络技术的发展，为全球信息高速公路的建设提供了技术准备。

Internet 的中文名为“因特网”。它是全球性的、最具影响力的计算机互联网，也是世界范围的信息资源宝库。Internet 是通过路由器实现多个广域网和局域网互联的大型网际网，它对推动世界科学、文化、经济和社会的发展有着不可估量的作用。1995 年 4 月，北京大学力学系学生利用 Internet，为当时生命垂危国内无法确诊的清华大学的学生朱令所患的奇怪病症向全世界发出求援信息，几小时内即得到来自世界各地的回应并得以及时诊治，挽救了该学生的生命。这是中国首次成功地利用计算机互联网络进行全球医学专家的远程会诊。对于广大用户来说，它好像是一个庞大的广域计算机网络。如果用户将自己的计算机连入 Internet，就可以在这个信息资源宝库中漫游。Internet 中的信息资源几乎是应有尽有，涉及商业金融、医疗卫生、科研教育、休闲娱乐、热点新闻等，用户足不出户便可知天下事。如果用户希望在几分钟内将信件投递给远在外国的朋友，可以使用 Internet 提供的电子邮件服务。通过 Internet 与未谋面的网友聊天，在 Internet 上发表自己的见解或寻求帮助。此外，用户还可以使用 Internet 上的 IP 电话服务。

进入 90 年代以来，世界经济已经进入了一个全新的发展阶段。世界经济的发展推动着信息产业的发展，信息技术与网络技术的应用水平已成为衡量 21 世纪综合国力与企业竞争力的重要标准。1993 年 9 月，美国宣布了国家信息基础设施(NII，National Information Infrastructure)建设计划，NII 被形象地称为信息高速公路。美国建设信息高速公路的计划触动了世界各国，人们开始认识到信息技术的应用与信息产业发展将对各国经济发展产生重要的作用，因此很多国家开始制定各自的信息高速公路建设计划，如日本计划在 2010 年完成全国光纤网建设计划、英国建设 Super Janet 的计划、法国建设 Minitel 10 的计划、新加坡的智能岛建设计划与欧盟的信息高速公路建设计划等。对于国家信息基础设施建设的重要性已在各国形成共识。1995 年 2 月，全球信息基础设施委员会(Global Information Infrastructure Committee，GIIC)成立，它的目的是推动与协调各国信息技术与信息服务的发展与应用。在这种情况下，全球信息化的发展趋势已经不可逆转。

信息高速公路的服务对象是整个社会，因此它要求网络无所不在，未来的计算机网络将覆盖所有的企业、学校、科研部门、政府及家庭，其覆盖范围可能要超过现有的电话通信网。为了支持各种信息的传输，网上电话、视频会议等应用对网络传输的实时性要求很高，未来的网络必须具有足够的带宽、很好的服务质量与完善的安全机制，以满足不同应用的需求。

在 Internet 飞速发展与广泛应用的同时，高速网络的发展也引起了人们越来越多的注意。高速网络技术发展主要表现在：宽带综合业务数据网、异步传输模式、高速局域网、交换局域网与虚拟网络。高速网络技术发展迅速，在传输速率为 10 Mbps Ethernet 局域网广泛应用的基础上，速率为 100 Mbps 与 1G(1000 M)bps 的高速 Ethernet 已经进入实用阶段。传输速率为 10 Gbps 的 Ethernet 正在研究之中。

为了有效地保护金融、贸易等商业秘密，保护政府机要信息与个人隐私，网络必须具有足够的安全机制，以防止信息被非法窃取、破坏与损失。作为信息高速公路基础设施的网络系统，必须具备高度的可靠性与完善的管理功能，以保证信息传输的安全与畅通。网络安全技术的研究与应用已经成为当前的热点问题。

现代网络不论在规模上还是在业务种类上都在高速发展。电信网络、有线电视网和以 Internet 为代表的计算机网络都发生了巨大的变化，而且这三个网络正在走向统一，演变成集信息交换、信息传播、信息共享功能为一体的高速综合信息网，就是“三网合一”。这种信息网提供了包括如电话、数据、图像、电视、VOD(视频点播)等多种业务服务。综合业务的实现带来了经济生活、社会生活的巨大变革，具有代表性的活动包括高速实时视频传输、高速科学数据库、远程教育系统、地理信息系统。

计算机网络的未来正朝着高速化、实时化、智能化、集成化、多媒体化的方向发展。Internet2 协会计划建立一套新网络，预计该网络的传输容量将是现有网络的 80 倍，其传输速度可达每秒 8.8GB，几乎接近 Internet2 现有网络的理论速率峰值即每秒 10GB，这一速率是目前普通的家庭宽带速率的成千上万倍，能够为众多对宽带有较高要求的科学研究提供服务，比如该网络可将分布在全球的望远镜连接在一起共同执行科研任务。Internet2 组织总裁道格拉斯·霍维林表示，新网络将于 2007 年秋建成。

7.3 计算机网络的分类与组成

计算机网络的分类方法有很多，其中最主要的分类方法有两种：根据网络所使用的传输技术分类和根据网络的覆盖范围与规模分类。

7.3.1 根据网络传输技术进行分类

网络所采用的传输技术决定了网络的主要技术特点，因此根据网络所采用的传输技术对网络进行分类是一种很重要的方法。

在通信技术中，通信信道的类型有两类：广播通信信道与点-点通信信道。在广播通信信道中，多个结点共享一个通信信道；一个结点广播信息，其他结点必须接收信息。而在点-点通信信道中，一条通信线路只能连接一对结点；如果两个结点之间没有直接连接的线路，那么它们只能通过中间结点转接。显然，网络要通过通信信道完成数据传输任务，网络所采用的传输技术也只可能有两类：广播方式与点-点方式。因此，相应的计算机网络也可以分为以下两类：广播式网络(broadcast networks)与点-点式网络(point to point networks)。

7.3.1.1 广播式网络

广播网络(broadcast networks)只有一个通信信道，网络上所有的机器都共享该信道。在机器之间传递的是短消息(或称分组或包，packet)，任何一台机器发送的短消息都可以被其他所有的机器接收到。在分组中有一个地址域，指明了该分组的目标接收者。一台机器收到了一个分组以后，必须去检查地址域。如果该分组正是发送给它的，那么它就处理该分组；如果该分组是发送给其他机器的，那么它就忽略该分组。显然，在广播式网络中，发送的报文分组的目的地址可以有三类：单一结点地址、多结点地址与广播地址。

比方说，考虑这样的情形：老师在教室里上课，需要某同学回答问题，他会对着整个教室说："张三同学，请你回答广播式网络的特点是什么？" 虽然许多同学都收到了(听到了)这个分组，但是，只有张三同学会应答。其他人都忽略了。另外一个可以类比的例子是，机场广播站请所有乘坐 644 航班的旅客都立即到第 12 号登机口上飞机。听到广播后，乘 644 航班的旅客都去 12 号登机口上飞机了，而其他旅客却不会去。

7.3.1.2 点-点式网络

与广播式网络相反，在点-点式网络中，每条物理线路连接一对计算机。假如两台计算机之间没有直接连接的线路，那么它们之间的分组传输就要通过中间结点的接收、存储与转发，直至目的结点。由于连接多台计算机之间的线路结构可能是复杂的，因此，从源结点到目的结点可能存在多条路由。决定分组从通信子网的源结点到达目的结点的路由需要有路由选择算法。采用分组存储转发与路由选择机制是点-点式网络与广播式网络的重要区别之一。一般的原则(尽管也有很多例外)是，越是小的、地理位置越是局部化的网络越是倾向于使用广播传输模式，而大的网络通常使用点到点传输模式。

7.3.2　根据网络的覆盖范围进行分类

计算机网络按照其覆盖的地理范围进行分类，可以很好地反映不同类型网络的技术特征。按覆盖的地理范围进行分类，计算机网络可以分为以下三类：

- 局域网(LAN，local area network)；
- 城域网(MAN，metropolitan area network)；
- 广域网(WAN，wide area network)。

7.3.2.1　局域网

局域网用于连接有限范围内(如一个实验室、一幢大楼、一个校园)的各种计算机、终端与外部设备，是专有网络。传统 LAN 的运行速度在 10～100Mbps 之间，其延迟很低(微秒或者纳秒量级)，而且很少有传输错误。新型的 LAN 可以达到 10Gbps 的速度。局域网按照采用的技术、应用范围和协议标准的不同可以分为共享式局域网与交换式局域网。

7.3.2.2　城域网

城域网可以覆盖整个城市。一个典型的例子是城市中的有线电视网，几乎所有的城市都有这样的网络。在高速无线 Internet 接入领域中的最新发展导致了另一个城域网——无线城域网(Wireless MAN)的列建，其相关的标准是 IEEE 802.16，它涉及 Internet 接入、局域网的远程连接、电视和无线广播等。城域网可以满足几十公里范围内的大量企业、机关、公司的多个局域网互联的需求，以实现大量用户之间的数据、语音、图形与视频等多种信息的传输功能。

7.3.2.3　广域网

广域网可以跨越很大的地理区域，通常是一个国家或者一个洲。它连接了大量的主机，可以是一般用户拥有，这些主机通常提供各种资源，称为资源子网。主机通过通信子网(或简称为子网)连接起来，而通信子网往往是电话公司或者 Internet 服务提供商(ISP)所拥有和运营。子网的任务是将消息从一台主机发送到另一台主机，这就好比电话系统将话音从说话者一端传递到接听者一端。把计算机网络的数据通信部分(子网)与应用部分(主机)分离开来，有利于简化整个网络的设计和管理，这就好比把电话系统与电话机分开管理一样。

在广域网中，子网由两个独立的部分组成：传输线和交换单元。传输线用于在机器之间传送数据，它们可以由铜线、光纤，甚至无线电链路构成。交换单元是一种特殊的计算机，通常称为“路由器”，它们连接了三条或者更多条传输线，当数据从一条入口传输线到达时，交换单元必须选择一条出口传输线以将数据转发出去。

7.3.3　计算机网络的组成

计算机网络要完成数据处理与数据通信两大基本功能。早期的计算机网络主要是广域网，它从逻辑功能上分为资源子网和通信子网两个部分：资源子网由负责数据处理的主计算机与终端组成；通信子网由负责数据通信的通信控制处理机与通信线路组成。

在 Internet 的前身 ARPANET 中，承担通信控制处理机功能的设备是接口报文处理机

(IMP)。随着微型计算机的广泛应用，大量的微型计算机是通过局域网连入广域网的，而局域网与广域网、广域网与广域网的互联是通过路由器实现的；在 Internet 中，用户计算机需要通过校园网、企业网或 ISP 联入地区主干网，地区主干网通过国家主干网联入国家间的高速主干网，这样就形成了一种由路由器互联的、大型的、具有层次结构的互联网络，如图 7.3 所示。

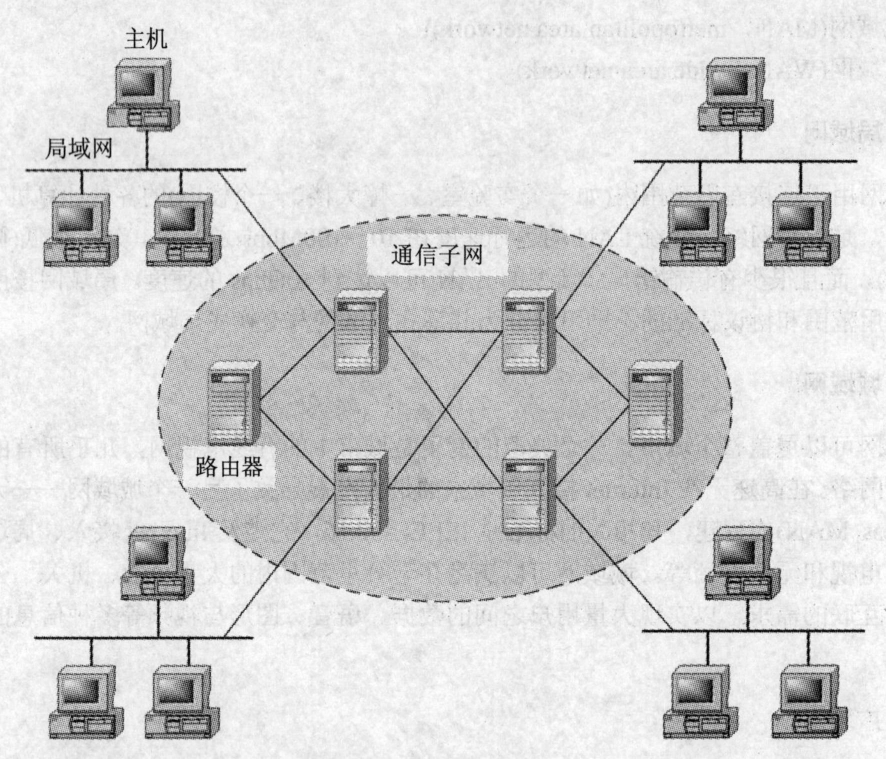

图 7.3 由路由器互联的、大型的、具有层次结构的互联网络示意图

7.4 计算机网络的体系结构及协议

7.4.1 实际社会生活中的例子

图 7.4 是目前实际运行的邮政系统结构，以及信件发送与接收过程的示意图。几乎每个人对利用现行的邮政系统发送、接收信件的过程都很熟悉。通过这个例子可以使我们对网络体系结构与协议的概念有一个直观的了解。

如果你在上海上大学，而你的家在拉萨。当你想给拉萨家中的父母写信时，那你第一步是要写一封信；第二步是要在信封上按国内信件的信封书写标准，在信封的左上方写上收信人的地址，在信封的中部写上收信人的姓名，在信封的右下方写上发信人的地址；第三步是要将信件封在信封里，贴上邮票；第四步是要将信件投入邮箱。这样，发信人的动作就完成了。发信人并不需要了解是谁来收集信件与如何传输。

在信件投入邮箱后，邮递员将按时从各个邮箱收集信件，检查邮票邮资是否正确，盖上邮戳后转送地区邮政枢纽局。邮政枢纽局的工作人员再根据信件的目的地址与传输的路线，将送到相同地区的邮件打成一个邮包，并在邮包上贴上运输的线路、中转点的地址，然后由铁路或飞机进行运送。

邮包送到拉萨地区邮政枢纽局后，邮政枢纽局的分拣员将会拆开邮包，并将信件按目的地址分拣传送到各区邮局，再由邮递员将信件送到收信人的邮箱。收信人接到信件后，确认是自己的信件后，再拆开信封、阅读书信。这样，一个信件的发送与接收过程就完成了。

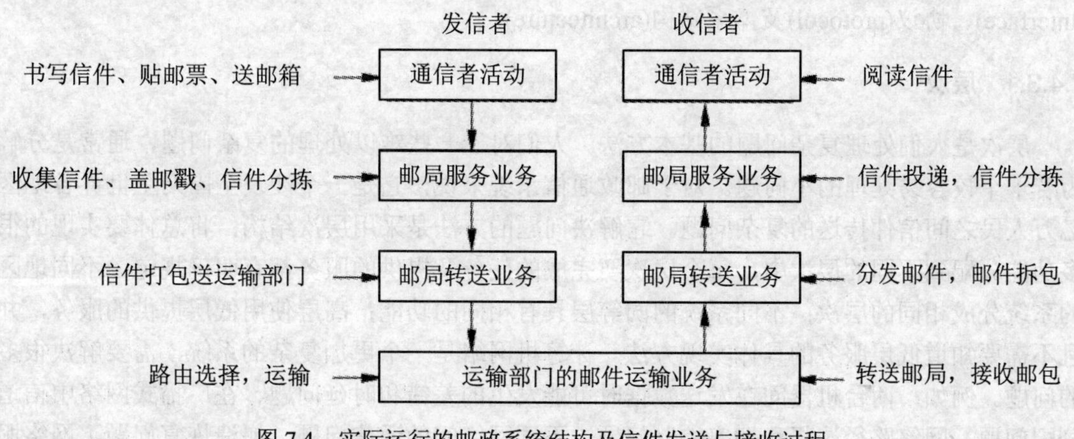

图 7.4　实际运行的邮政系统结构及信件发送与接收过程

7.4.2　网络协议的概念

计算机网络是由多个互联的结点组成的，结点之间要做到有条不紊地交换数据，每个结点都必须遵守一些事先约定好的规则。这些为网络数据交换而制定的规则、约定与标准被称为网络协议。网络协议主要由以下三个要素组成：

- 语法：用户数据与控制信息的结构与格式；
- 语义：需要发出何种控制信息，以及完成的动作与做出的响应；
- 时序：对事件实现顺序的详细说明。

在邮政通信系统中，存在着很多的通信协议。例如，写信人在写信之前要确定是用中文还是用英文，或是用其他文字写。如果对方只懂英文，那么如果用中文写信，对方一定得请人译成英文后才能阅读。不管选择中文还是英文，写信人在内容书写中一定要严格遵照中文或英文的写作规范(包括语义、语法等)。其实，语言本身就是一种协议。协议的另一个例子是信封的书写格式和方法。

如果你写的信是在中国国内邮寄，那么信封的书写规则如前所述。如果你要给住在美国的一位朋友写信，那么你的信封要用英文书写，并且左上方应该是发信人的姓名与地址，中间部分和右下方分别是收信人姓名与地址。显然，国内中文信件与国际英文信件的书写格式是不相同的。这本身也是一种通信规约，即关于信封书写格式的一种协议。对于普通的邮递员，也许他不懂英文。他可以不管信是寄到哪儿去的，只需要按普通信件的收集、传送方法，送到邮政枢纽局，由那里的分拣人员来阅读寄到国外的用英文书写信封的目的地址，然后确定传送的路由。

从广义的角度讲，人们之间的交往就是一种信息交互的过程，我们每做一件事都必须遵循一种事先规定好的规则与约定，否则就会到处碰壁。那么，为了保证在计算机网络中的大量计算机之间有条不紊地交换数据，就必须制定一系列的通信协议。因此，协议是计算机网络中一个非常重要和基本的概念。

7.4.3 网络体系结构的概念

无论是邮政通信系统还是计算机网络，它们都有以下几个重要的概念：层次(layer)、接口(interface)、协议(protocol)及体系结构(architecture)。

7.4.3.1 层次

层次是人们处理复杂问题的基本方法。人们对于一些难以处理的复杂问题，通常是分解为若干个较容易处理的小问题。对于邮政通信系统来说，它是一个涉及全国乃至世界各地区亿万人民之间信件传送的复杂问题。它解决问题的方法是采用层次结构：将总体要实现的很多功能分配到不同的层次中，每个层次要完成的任务及提供的服务都有明确规定；不同地区的系统分成相同的层次；不同系统的同等层具有相同的功能；高层使用低层提供的服务，并且不需要知道低层服务的具体实现方法。计算机网络是一个更加复杂的系统，需要解决很多的问题。例如：两台机器间在发送数据时可能发生的差错和时延问题、在广播式网络中信道分配问题、网络路径选择和拥塞控制问题、不同网络间的通信问题、崩溃恢复问题、网络服务质量问题、网络安全问题，以及网络管理问题等。要解决这么多诸如此类的复杂问题，最好的方法是分而治之。层次结构体现出对复杂问题采取"分而治之"的模块化方法，它可以大大降低复杂问题的处理难度，这正是计算机网络采用层次结构的直接动力，它具有以下优点：

(1) 每一层的任务相对简单明确，便于实现。

(2) 各层之间相互独立，高层只需利用低层通过层间接口提供服务，而无需知道低层是如何实现这些服务的。

(3) 当任何一层发生变化时，例如由于技术进步促进实现技术的变化，只要接口保持不变，则在该层以上或以下的各层均不会受到影响。

(4) 各层都可以采用最合适的技术来实现，各层实现技术的改变不影响其他层。

(5) 便于实现和维护这个庞大而复杂的系统。

(6) 每层的功能与所提供的服务都已有精确的说明，因此这有利于促进标准化过程。

7.4.3.2 接口

接口是计算机网络实现技术中的另一个重要概念。接口是同一结点内相邻层之间交换信息的连接点。在邮政系统中，邮箱就是发信人与邮递员之间规定的接口。同一个结点的相邻层之间存在着明确规定的接口，低层向高层通过接口提供服务。只要接口条件、低层功能不变，低层功能的具体实现方法与技术的变化就不会影响整个系统的工作。

7.4.3.3 协议

对于采用层次结构的计算机网络系统，为便于各层间的通信，需要为各层制定协议。我们将网络层次结构模型与各层协议的集合定义为计算机网络体系结构。网络体系结构对计算机网络应该实现的功能进行了精确的定义，而这些功能是用什么样的硬件与软件去完成的，则是具体的实现问题。体系结构是抽象的，而实现是具体的，它是指能够运行的一些硬件和软件。

7.4.3.4　体系结构

1974 年，IBM 公司提出了世界上第一个网络体系结构，这就是系统网络体系结构(system network architecture，SNA)。此后，许多公司纷纷提出各自的网络体系结构。这些网络体系结构共同之处在于它们都采用了分层技术，但层次的划分、功能的分配与采用的技术术语均不相同。随着信息技术的发展，各种计算机系统联网和各种计算机网络的互联成为人们迫切需要解决的课题。OSI 参考模型就是在这个背景下提出与研究的。

7.4.4　ISO/OSI 参考模型

7.4.4.1　OSI 参考模型的提出

从历史上来看，在制定计算机网络标准方面，起着很大作用的是两大国际组织：国际电报与电话咨询委员会(Consultative Committee on International Telegraph and Telephone，CCITT)与国际标准化组织(ISO)。CCITT 与 ISO 的工作领域是不同的，CCITT 主要是从通信的角度去考虑一些标准的制定，而 ISO 则关心信息的处理与网络体系结构。随着科学技术的发展，通信与信息处理之间的界限已变得比较模糊。于是，通信与信息处理就成为 CCITT 与 ISO 共同关心的领域。

1974 年，ISO 发布了著名的 ISO/IEC 7498 标准，它定义了网络互联的 7 层框架，也就是开放系统互联(Open System Internetwork，OSI)参考模型。在 OSI 框架下，进一步详细规定了每一层的功能，以实现开放系统环境中的互联性、互操作性与应用的可移植性。CCITT 的建议书 X.400 也定义了一些相似的内容。

7.4.4.2　OSI 参考模型的概念

在 OSI 中的“开放”是指：只要遵循 OSI 标准，一个系统就可以与位于世界上任何地方、遵循同一标准的其他任何系统进行通信。

OSI 参考模型定义了开放系统的层次结构、层次之间的相互关系及各层所包括的可能的服务。OSI 参考模型只是描述了一些概念，并没有提供一个可以实现的方法。

7.4.4.3　OSI 参考模型的结构

OSI 是分层体系结构的一个实例，它将整个通信功能划分为 7 个层次。划分层次的主要原则是：

(1) 网中各结点都具有相同的层次。

(2) 不同结点的同等层具有相同的功能。

(3) 同一结点内相邻层之间可以通过接口进行通信。

(4) 每一层可以使用下层提供的服务，并向其上层提供服务。

(5) 不同结点的对等层通过协议进行通信。

OSI 参考模型的结构如图 7.5 所示。将信息从一层传送到下一层是通过命令方式实现的，这里的命令称为原语。被传送的信息成为协议数据单元(protocol data unit，PDU)。在 PDU 进入下层之前，会在 PDU 中加入新的控制信息，这种控制信息称为协议控制信息(protocol control information，PCI)。接下来，会在 PDU 中加入发送给下层的指令，这些指令称为接口控制信息(interface control information，ICI)。PDU、PCI 与 ICI 共同组成了接口数据单元(interface data unit，IDU)。下层接收到 IDU 后，就会从 IDU 中去掉 ICI，这时的数据包被称为服务数据单元(service data unit，SDU)。随着 SDU 一层层向下传送，每一层都要加入自己的信息。

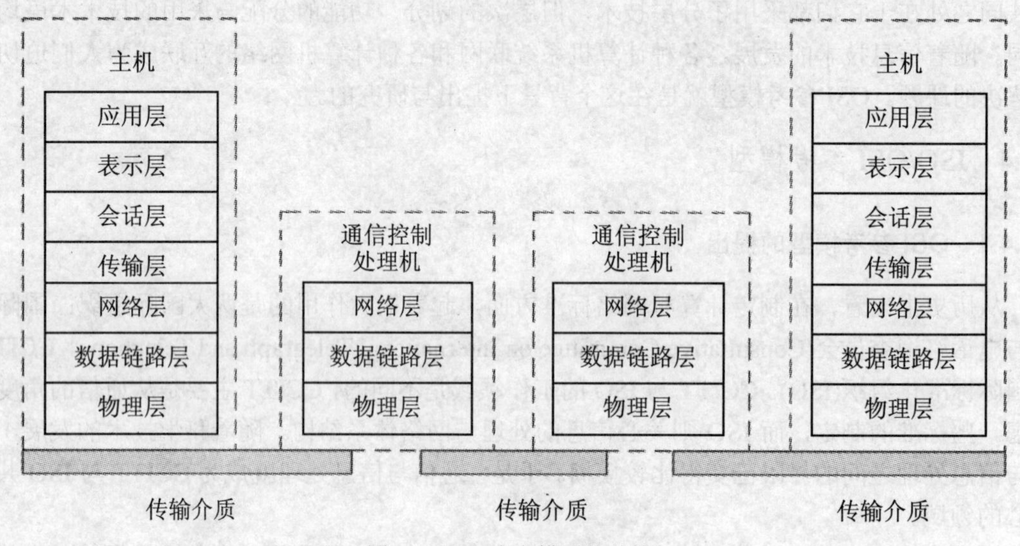

图 7.5 OSI 参考模型的结构

7.4.4.4 OSI 参考模型各层的功能

OSI 参考模型各层的功能如下：

(1) 物理层：物理层是 OSI 参考模型的最底层，不包括传输介质。该层的主要功能是：保证传输介质的一端到另一端的以位(0 或 1)为单位的数据的正确传输，向数据链路层透明地传送比特流(0 和 1 的序列)。

(2) 数据链路层：数据链路层是 OSI 参考模型的第 2 层，其主要功能是：在两个相邻的节点间以帧为单位传送数据，解决由于帧的破坏、丢失和重复所出现的问题，防止高速发送方的数据“淹没”低速接收方，使有差错的物理线路变成无差错的数据链路，对网络层显现为一条无错线路。

(3) 网络层：网络层是 OSI 参考模型的第 3 层，网络层的主要功能是：为数据在结点之间传输创建逻辑链路，通过路由选择算法为分组通过通信子网选择最适当的路径，以及实现拥塞控制、网络互联等功能。

(4) 传输层：传输层是 OSI 参考模型的第 4 层，其主要功能是：向用户提供可靠的端到端(end-to-end)服务，而该层下面各层的协议是相邻机器间的协议。该层负责处理数据包错误、数据包次序，以及其他一些关键传输问题。传输层向高层屏蔽了下层数据通信的细节，因此，它是计算机通信体系结构中关键的一层。

(5) 会话层：会话层是 OSI 参考模型的第 5 层。会话层的主要功能是：负责维护两个结点之间的传输链接，以便确保点到点传输不中断，以及管理数据交换等功能。

(6) 表示层：表示层是 OSI 参考模型的第 6 层，其主要功能是：用于处理在两个通信系统中交换信息的表示方式，主要包括数据格式变换、数据加密与解密、数据压缩与恢复等功能。

(7) 应用层：应用层是 OSI 参考模型的最高层。应用层的主要功能是：为应用软件提供了很多服务，如文件服务器、数据库服务、电子邮件与其他网络软件服务。

7.4.5 TCP/IP 参考模型

7.4.5.1 TCP/IP 参考模型的发展

OSI 参考模型研究的初衷是希望为网络体系结构与协议的发展提供一种国际标准，并具有较高的理论价值，但由于种种原因，其相关的协议却几乎没有在使用。而 TCP/IP 参考模型却正好相反，其协议被广泛使用，并成为事实上的工业标准。

ARPANET 是最早出现的计算机网络之一，现代计算机网络的很多概念与方法都是从它的基础上发展出来的。美国国防部高级研究计划局(ARPA)提出 ARPANET 研究计划的要求是：在战争中，只要通话两端的主机工作正常，即使连接它们的部分子网被摧毁，其通话仍能继续进行。此外由于当卫星网络与无线网络被加入后，最初开发的 ARPANET 网络协议在尝试互联这些不同网络时出现了很多的问题，因而又提出了新的要求，最终导致了新的网络协议 TCP/IP 的诞生。新的网络协议是一种灵活的网络体系结构，能够实现异型网络的互联与互通。因此，虽然 TCP/IP 协议都不是 OSI 标准，但它们是目前最流行的商业化协议，并被公认为是当前的工业标准或“事实上的标准”。在 TCP/IP 协议出现后，人们才开始研究它，建立了 TCP/IP 参考模型。1974 年 Kahn 定义了最早的 TCP/IP 参考模型，1985 年 Leiner 等人进一步对它开展了研究，1988 年 Clark 在参考模型出现后对其设计思想进行了改进。

Internet 上的 TCP/IP 协议之所以能够迅速发展，不仅因为它是美国军方指定使用的协议，更重要的是它恰恰适应了世界范围内的数据通信的需要，并具有以下特点：

(1) 开放的协议标准，可以免费使用，并且独立于特定的计算机硬件与操作系统。

(2) 独立于特定的网络硬件，可以运行在局域网、广域网，更适用于互联网中。

(3) 统一的网络地址分配方案，使得整个 TCP/IP 设备在网中都具有唯一的地址。

(4) 标准化的高层协议，可以提供多种可靠的用户服务。

7.4.5.2 TCP/IP 参考模型各层的功能

在如何用分层模型描述 TCP/IP 参考模型的问题上争论很多，但共同的观点是 TCP/IP 参考模型的层次数比 OSI 参考模型的 7 层要少。图 7.6 给出了 TCP/IP 参考模型及与 OSI 参考模型的层次对应关系。TCP/IP 参考模型可以分为以下 4 个层次：

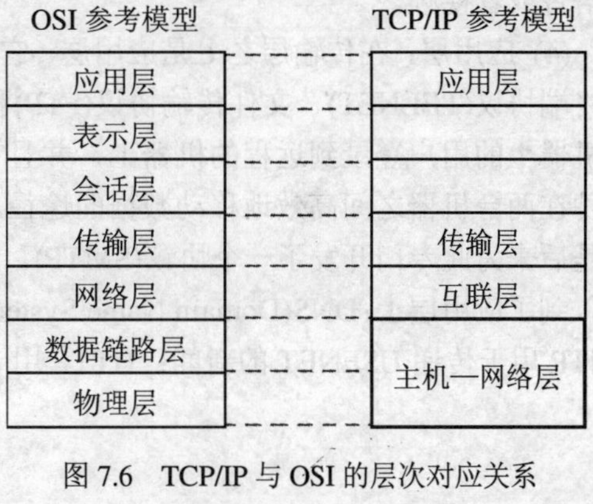

OSI 参考模型	TCP/IP 参考模型
应用层	应用层
表示层	
会话层	
传输层	传输层
网络层	互联层
数据链路层	主机—网络层
物理层	

图 7.6 TCP/IP 与 OSI 的层次对应关系

- 应用层(application layer)；

- 传输层(transport layer)；
- 互联层(internet layer)；
- 主机–网络层(host-to-network layer)。

其中，TCP/IP 参考模型的应用层对应于 OSI 参考模型的应用层；TCP/IP 参考模型的传输层对应于 OSI 参考模型的传输层；TCP/IP 参考模型的互联层对应于 OSI 参考模型的网络层；TCP/IP 参考模型的主机—网络层对应于 OSI 参考模型的数据链路层和物理层。在 TCP/IP 参考模型中，对 OSI 参考模型的表示层、会话层没有对应的协议。下面简述一下 TCP/IP 参考模型各层的功能：

(1) 主机–网络层：是 TCP/IP 参考模型的最底层，负责通过网络发送和接收 IP 数据报。TCP/IP 参考模型允许主机连入网络时使用各种协议，如局域网的 Ethernet、局域网的令牌环、分组交换网的 X.25 等，只要能够传送 IP 数据包即可。这体现了 TCP/IP 协议的兼容性与适应性，也为 TCP/IP 的成功奠定了基础。

(2) 互联层：互联层相当于 OSI 参考模型中的网络层。该层的主要任务是解决数据传输过程中的路径选择问题即路由问题以及网络流量控制和拥塞问题。该层的主要协议是 IP 协议，它提供的是无连接的、“尽力而为”的服务。互联层在将源主机的报文分组发送到目的主机的过程中，这些报文分组可以经过不同的路径、与发送不同的顺序到达目的主机。通常情况下，两台主机处于不同的网络上。该层的最主要协议是网际协议 IP(Internet Protocol)，是 TCP/IP 参考模型命名协议之一。

(3) 传输层：位于互联层之上。它的设计目标是，允许源主机和目标主机上的对等体之间进行对话，就如同 OSI 的传输层中的情形一样。该层有两个重要协议即 TCP(Transport Control Protocol，传输控制协议)和 UDP(User Datagram Protocol，用户数据报协议)。前者是一个可靠的、面向连接的协议，允许从一台机器发出的字节流正确无误地递交到互联网上的另一台机器上。源端的 TCP 进程将欲发送的字节流分割成离散的报文，并把这些报文传递给互联层，目标端的 TCP 进程把收到的报文重新装配传递给上层。TCP 还负责处理流量控制，以保证一个快速的发送方不会因为发送太多的报文，超出了一个慢速接收方的处理能力，而将慢速接收方淹没。第二个协议是 UDP(User Datagram Protocol，用户数据报协议)，它是一个不可靠的、无连接的协议，主要用于那些“不想要 TCP 的序列化或者流控制功能，而希望自己提供这些功能”的应用程序。UDP 广泛应用于那些“快速递交比精确递交更加重要”的场合，比如传输语音或者视频。

(4) 应用层：在传输层之上是应用层，它包含了所有的高层协议。最早的高层协议包括虚拟终端协议(TELNET)、文件传输协议(FTP)和电子邮件协议(SMTP)等。虚拟终端协议允许一台机器上的用户登录到远程的机器上，并且在远程的机器上进行工作。文件传输协议提供了一种在两台机器之间高效地移动数据的途径。电子邮件协议最初只是一种文件传输的方法，但是后来为此专门开发了一个协议(SMTP)。经过了这么多年的发展以后，许多其他的协议也加入到了应用层上：DNS(Domain Name System，域名系统)将主机名字映射到它们的网络地址；NNTP 用于传递 USENET 的新闻；HTTP 用于获取 WWW 上的页面等。

7.5　数据通信与数据交换技术

数据通信技术是网络技术发展的基础。了解基本的数据通信原理和技术对理解计算机网络尤其是广域网和因特网大有帮助。本节简单介绍数据通信的基本概念、广域网中的数据交换技术及差错控制方法。

7.5.1　数据通信的基本概念

数据通信的任务是传输以二进制代码形式的数据，在数据通信中，人们习惯将被传输的二进制代码 0、1 称为码元。二进制代码形式的数据以电信号或光信号等物理信号的形式在传输介质上传输。传输介质上传输的信号有两种：模拟信号和数字信号。电话线上传送的按照声音的强弱幅度连续变化的电信号称为模拟信号。模拟信号的信号电平是连续变化的，其波形如图 7.7(a)所示。计算机所产生的电信号是用两种不同的电平去表示 0、1 比特序列的电压脉冲信号，这种电信号称为数字信号。数字信号的波形如图 7.7(b)所示。按照在传输介质上传输的信号类型，可以相应地将通信系统分为模拟通信系统与数字通信系统两种。

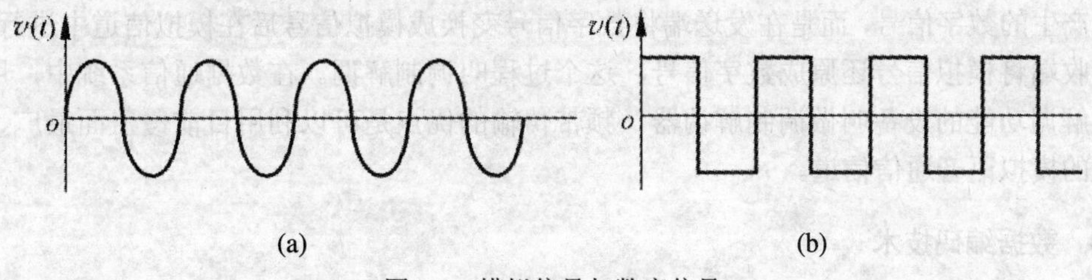

图 7.7　模拟信号与数字信号

数据在计算机中是以离散的二进制数字信号表示的，但是在数据通信过程中，它是以数字信号方式还是以模拟信号方式表示，这主要取决于选用的通信信道所允许传输的信号类型。利用数字通信信道直接传输数字数据信号的方法称为基带传输。利用模拟通信信道传输数据信号的方法称为频带传输。

7.5.1.1　基带传输的基本概念

1) 数据传输速率的定义

数据传输速率是描述数据传输系统的重要技术指标之一。数据传输速率在数值上等于每秒钟传输构成数据代码的二进制比特数，单位为 b/s(bit/second)，也可记做 bps。对于二进制数据，数据传输速率为：

$$S=1/t\text{(bps)}$$

其中，t 为发送每一比特所需要的时间。

例如，如果在通信信道上发送 1 比特“0”、“1”信号所需要的时间是 0.104 ms，那么，信道的数据传输速率为 9600 bps。

2) 通信信道的带宽

通信信道的带宽是指通信信道所能通过的最快的连续振荡信号，通常用频率单位赫兹(Hz)表示，任何一种物理传输系统的带宽都是有限的，并且不同的物理传输系统带宽也不同。关于通信信道的带宽与数据传输速率的关系有以下两个定理。

奈奎斯特(Nyquist)定理：二进制数据信号的最大数据传输速率 R_{max} 与通信信道带宽 B(单位 Hz)的关系为：$R_{max}=2B$(b/s)。如果传输系统用 K 个可能的电压值而不是 2 个，则：

$$R_{max} = 2B\log_2 K$$

香农(Shannon)定理：在有随机热噪声的信道上传输数据信号时，数据传输速率 R_{max} 与信道带宽 B、信噪比 S/N 的关系为：

$$R_{max} = 2B\log_2(1-\frac{S}{N})$$

其中 S/N 为信噪比。

在现代网络技术中，常以带宽表示通信信道的数据传输速率，带宽与速率几乎成了同义词。

7.5.1.2 频带传输的基本概念

研究表明基带传输方式并不适合远距离传输数据，而采用频带传输，即不是直接传输计算机所产生的数字信号，而是在发送端将数字信号变换成模拟信号后在模拟信道中进行传输，再在接收端将模拟信号还原成数字信号，这个过程叫调制解调。在数据通信系统中，用来完成调制解调功能的设备叫做调制解调器。频带传输的优点是可以利用目前覆盖面最广、应用最普遍的模拟语音通信信道。

7.5.1.3 数据编码技术

无论是采用基带传输还是采用频带传输，都要对被传输的数据信号进行编码。相应的数据编码方式是数字数据编码和模拟数据编码。

1) 数字数据编码方法

基带传输在基本不改变数字数据信号频带(即波形)的情况下直接传输数字信号，可以达到很高的数据传输速率和系统效率。在基带传输中，数字数据信号的编码方式主要有：非归零码(non return to zero，NRZ)、曼彻斯特(Manchester)编码和差分曼彻斯特(difference Manchester)编码。曼彻斯特编码与差分曼彻斯特编码是数据通信中最常用的数字数据信号编码方法。这 3 种数字数据编码方法如图 7.8 所示。

2) 模拟数据编码方法

为了利用模拟信道传输数字数据信号，必须首先将数字信号转换成模拟信号。我们将发送端数字数据信号变换成模拟数据信号的过程称为调制，将调制设备称为调制器；将接收端把模拟数据信号还原成数字数据信号的过程称为解调，将解调设备称为解调器。因此，同时具备调制与解调功能的设备，就被称为调制解调器。

在调制过程中，首先要选择音频范围内的某一角频率 ω 的正(余)弦信号作为载波，该正(余)弦信号可以写为：

$$u(t) = U_m \sin(\omega_t + \varphi_0)$$

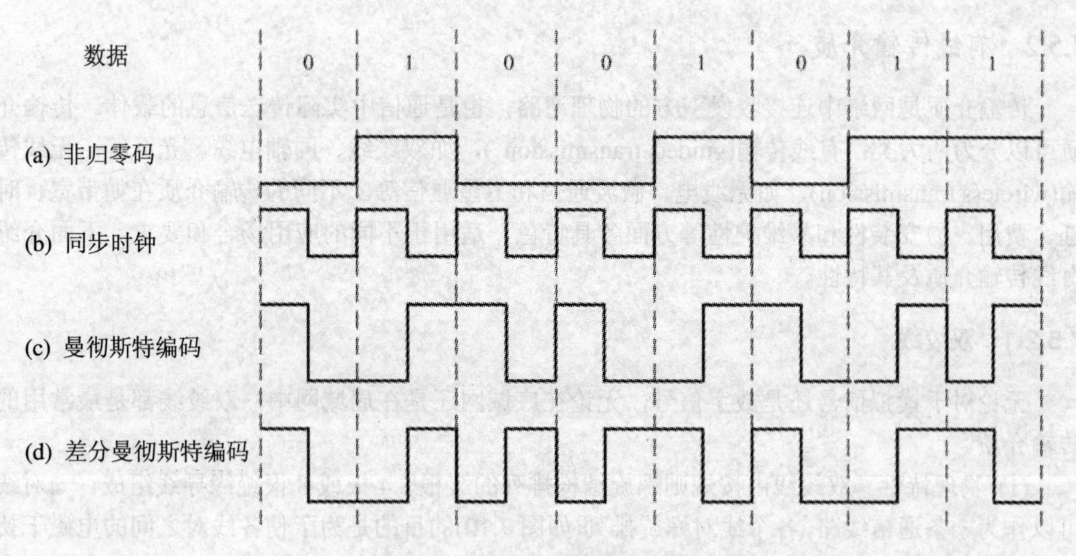

图 7.8　3 种数字数据编码方法

在载波 $u(t)$中，有 3 个可以改变的电参量：振幅 U_m、角频率 ω 与相位 φ。可以通过改变这 3 个电参量来实现模拟数据信号的编码。因此，可以有调幅、调频、调相 3 类编码方式。相应的通信术语是：振幅键控(amplitude shift keying，ASK)、移频键控(frequency-shift keying，FSK)、移相键控(phase-shift keying，PSK)。这 3 种模拟数据编码方法分别如图 7.9 中的(b)、(c)、(d)所示。

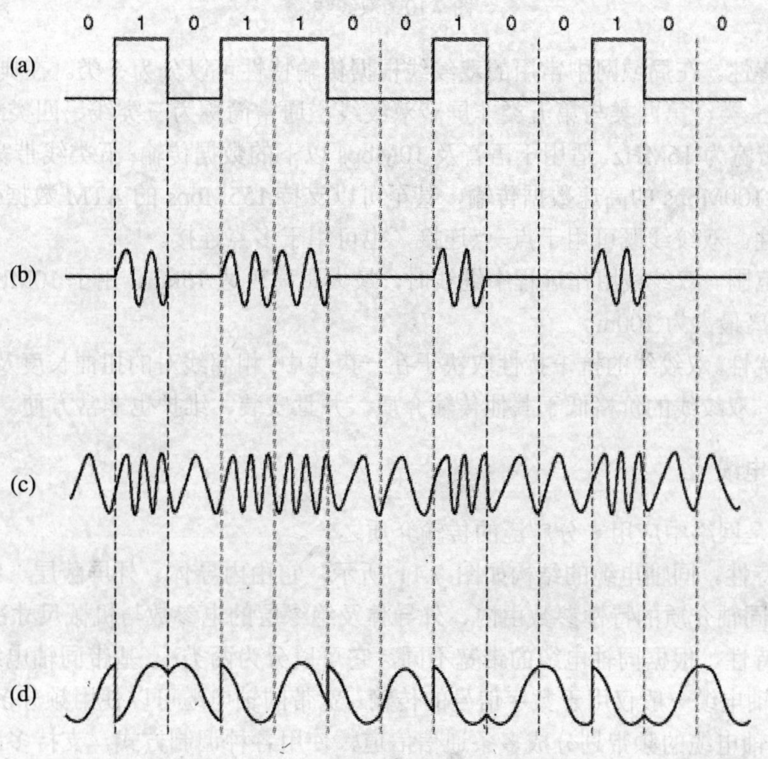

图 7.9　3 种模拟数据编码方法

7.5.2 有线传输介质

传输介质是网络中连接收发双方的物理通路，也是通信中实际传送信息的载体。传输介质可以分为两大类：有线传输(guided transmission)，如双绞线、同轴电缆、光纤等；无线传输(wireless transmission)，如无线电、微波通信和卫星通信等。不同的传输介质在如带宽、时延、费用、易安装性和易维护性等方面各具特色，适用于不同的应用场合和要求。下面介绍有线传输介质及其特性。

7.5.2.1 双绞线

无论对于模拟信号还是数字信号，无论在广域网还是在局域网中，双绞线都是最常用的传输介质。

(1) 物理特性。双绞线由按规则螺旋结构排列的 2 根、4 根或 8 根绝缘导线组成。一对线可以作为一条通信线路，各个线对螺旋排列(如图 7.10)的目的是为了使各线对之间的电磁干扰最小。局域网中所使用的双绞线分为两类： 屏蔽双绞线(shielded twisted pair，STP)和非屏蔽双绞线(unshielded twisted pair，UTP)。屏蔽双绞线由外部保护层、屏蔽层与多对双绞线组成。非屏蔽双绞线由外部保护层与多对双绞线组成。

(a) 3 类双绞线

(b) 5 类双绞线

图 7.10 双绞线

(2) 传输特性。在局域网中常用的双绞线根据传输特性可以分为 5 类。在典型的 Ethernet 网中，常用第三类、第四类与第五类非屏蔽双绞线，通常简称为三类线、四类线与五类线。其中，三类线带宽为 16MHz，适用于语音及 10Mbps 以下的数据传输；五类线带宽为 100MHz，适用于语音及 100Mbps 的高速数据传输，甚至可以支持 155Mbps 的 ATM 数据传输。

(3) 连通性。双绞线既可用于点-点连接，也可用于多点连接。

(4) 地理范围。双绞线用作远程中继线时，最大距离可达 15km；用于 10Mbps 局域网时，与集线器的距离最大为 100m。

(5) 抗干扰性。双绞线的抗干扰性取决于在一束线中，相邻线对的扭曲长度及适当的屏蔽。

(6) 价格。双绞线的价格低于其他传输介质，并且安装、维护也非常方便。

7.5.2.2 同轴电缆

同轴电缆是网络中应用十分广泛的传输介质之一。

(1) 物理特性。同轴电缆的结构如图 7.11 所示，它由内导体、外屏蔽层、绝缘层及外部保护层组成。同轴介质的特性参数由内、外导体及绝缘层的电参数与机械尺寸决定。

(2) 传输特性。根据同轴电缆的带宽不同，它可以分为两类： 基带同轴电缆、宽带同轴电缆。基带同轴电缆一般仅用于数字信号的传输。宽带同轴电缆可以使用频分多路复用方法，将一条宽带同轴电缆的频带划分成多条通信信道，使用各种调制方式，支持多路传输。宽带同轴电缆也可以只用于一条通信信道的高速数字通信，此时称之为单信道宽带。

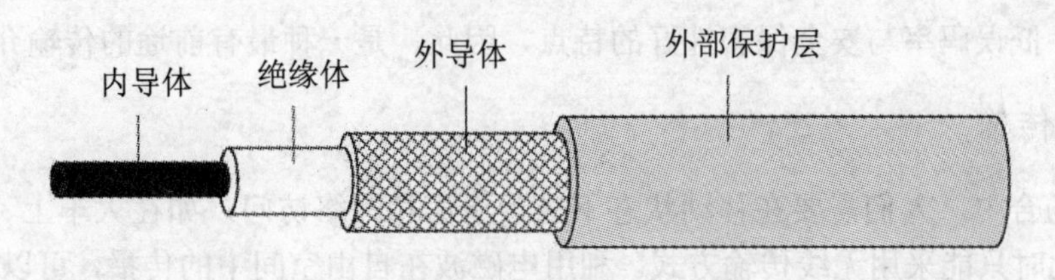

图 7.11　同轴电缆

(3) 连通性。同轴电缆既支持点-点连接，也支持多点连接。基带同轴电缆可支持数百台设备的连接，而宽带同轴电缆可支持数千台设备的连接。

(4) 地理范围。基带同轴电缆使用的最大距离限制在几公里范围内，而宽带同轴电缆最大距离可达几十公里左右。

(5) 抗干扰性。同轴电缆的结构使得它的抗干扰能力较强。

(6) 价格。同轴电缆的造价介于双绞线与光缆之间，使用与维护方便。

7.5.2.3　光缆的主要特性

光纤电缆简称为光缆，是网络传输介质中性能最好、应用前途最广泛的一种。

(1) 物理描述。光纤是一种直径为 50～100μm 的柔软、能传导光波的介质，多种玻璃和塑料可以用来制造光纤，其中使用超高纯度石英玻璃纤维制作的光纤可以得到最低的传输损耗。在折射率较高的单根光纤外面，用折射率较低的包层包裹起来，就可以构成一条光纤通道；多条光纤组成一束，就可以构成一条光缆。光纤的结构如图 7.12 所示。

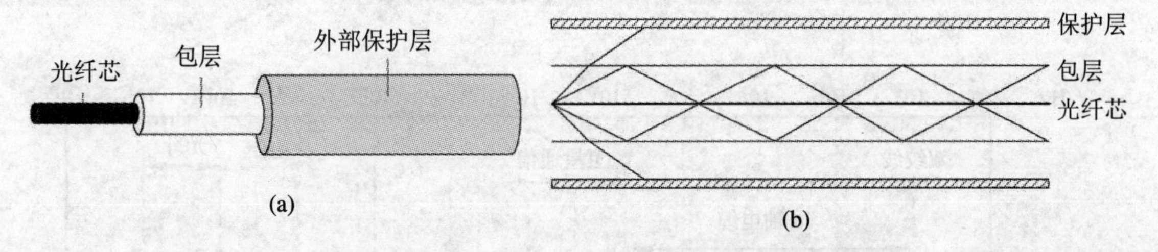

图 7.12　光纤

(2) 传输特性。光导纤维通过内部的全反射来传输一束经过编码的光信号。光波通过光纤内部全反射进行光传输的过程如图 7.12(b)所示。由于光纤的折射系数高于外部包层的折射系数，因此可以形成光波在光纤与包层的界面上的全反射。光纤的传输速率可以达到数千 Mbps。

(3) 连通性。光纤最普遍的连接方法是点-点方式，但是在某些实验系统中，也可以采用多点连接方式。

(4) 地理范围。光纤信号衰减极小。它可以在 6～8km 的距离内，在不使用中继器的情况下，实现高速率的数据传输。

(5) 抗干扰性。光纤不受外界电磁干扰与噪声的影响，能在长距离、高速率的传输中保持低误码率。双绞线典型的误码率在 10-6～10-5 之间。基带同轴电缆的误码率低于 10-7。宽带同轴电缆的误码率低于 10-9。而光纤的误码率可以低于 10-10。因此，光纤传输的安全性与保密性都非常好。

(6) 价格。目前，光纤价格高于同轴电缆与双绞线。由于光纤具有低损耗、宽频带、高数据传输速率、低误码率与安全保密性好的特点，因此，是一种最有前途的传输介质。

7.5.3 无线传输

在很多场合中，人们需要在移动状态下进行通信和网络访问，如在火车上、飞机上进行商务工作，此时只能采用无线传输方式。利用电磁波在自由空间中的传播，可以实现无线电、微波、卫星等各种无线通信。目前，实际应用的移动通信系统有：蜂窝移动通信系统和卫星移动通信系统。有人预测将来只会保留两种通信：光纤和无线。

无线通信与电磁波的特性密切相关。描述电磁波的参数有 3 个：波长 λ、频率 f 与光速 C。它们三者之间的关系为：

$$\lambda \times f = C$$

其中，光速 C 为 3×108m/s，频率 f 的单位为 Hz。

从电磁波谱中可以看出，按照频率由低向高排列，不同频率的电磁波可以分为无线、微波、红外、可见光、紫外线、X 射线与 γ 射线。目前，用于通信的主要有无线、微波、红外与可见光。国际电信联盟根据不同的频率(或波长)，将不同的波段进行了划分与命名，见图 7.13。

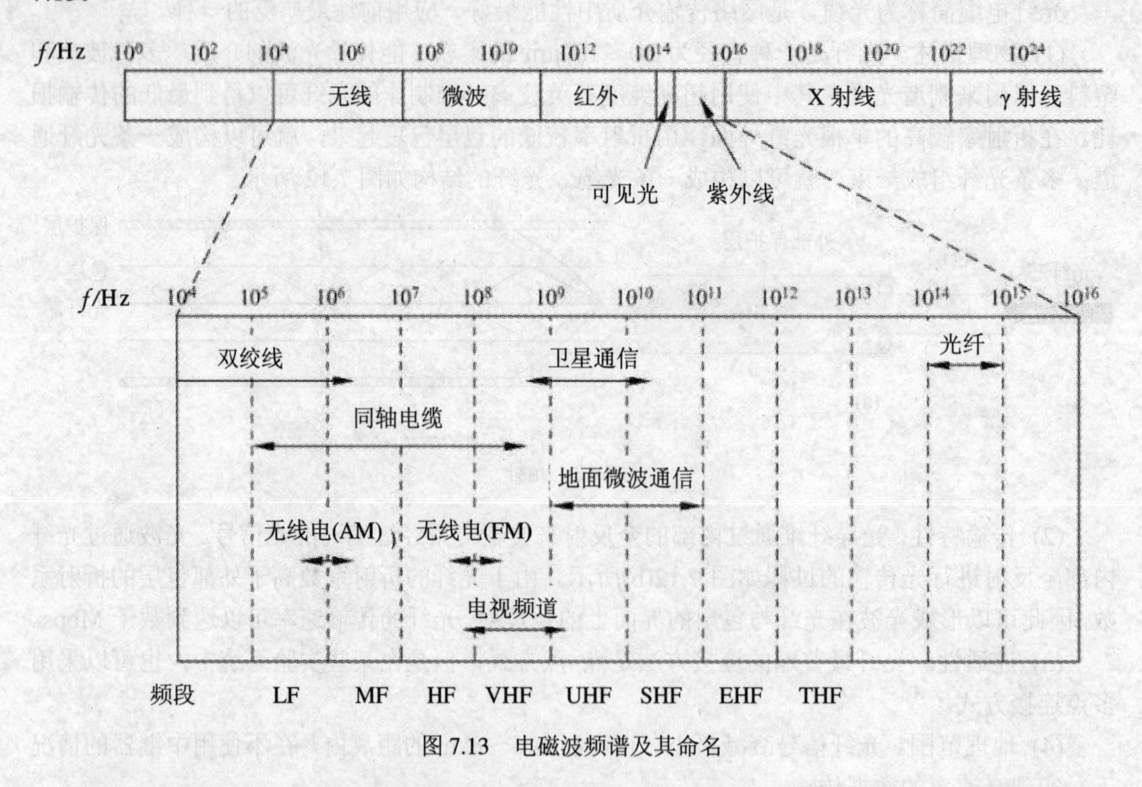

图 7.13 电磁波频谱及其命名

不同的波段应用于不同的无线通信方式，分别介绍如下：

7.5.3.1 无线电通信

从电磁波谱中可以看出，我们所说的无线电(radio)通信所使用的频段覆盖范围从低频到特高频。其中，调幅无线电通信使用中波(MF)；调频无线电广播使用甚高频(VHF)；电视广播使用甚高频到特高频(VHF-UHF)。在 VLF、LF 和 MF 波段，无线电波绕着地球曲面传播，如图 7.14(a)所示。而在 HF 和 VHF 波段，无线电波可以通过电离层反射传播，如图 7.14(b)所示。这些波段不适合数据通信的主要原因是它们的带宽太低。

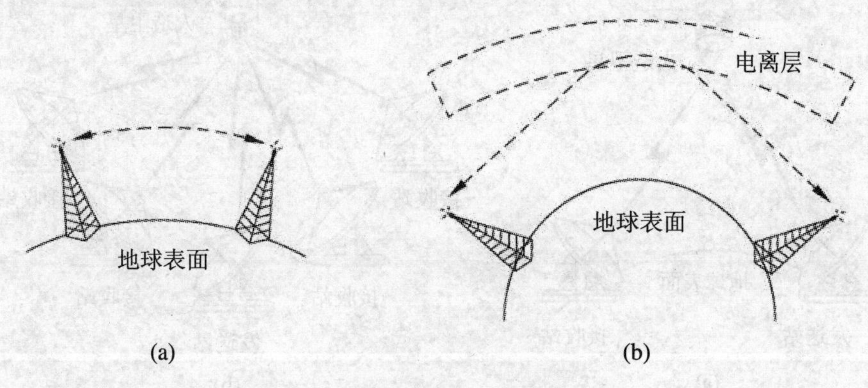

图 7.14　无线电传输过程

7.5.3.2　微波通信

在电磁波谱中，频率在 100M～10GHz 的信号叫做微波信号，它们对应的信号波长为 3m～3cm。微波信号传输的主要特点如下：

(1) 只能进行视距传播。因为微波信号没有绕射功能，所以两个微波天线只能在可视，即中间无物体遮挡的情况下才能正常收发。

(2) 大气对微波信号的吸收与散射影响较大。由于微波信号波长较短，因此利用机械尺寸相对较小的抛物面天线，就可以将微波信号能量集中在一个很小的波束内发送出去，这样就可以用很小的发射功率来进行远距离通信。同时，由于微波频率很高，因此可以获得较大的通信带宽，特别适用于卫星通信与城市建筑物之间的通信。

7.5.3.3　卫星通信

1945 年，英国人阿塞 C.克拉克提出了利用卫星进行通信的设想。1957 年，苏联发射了第一颗人造地球卫星 Sputnik，使人们看到了实现卫星通信的希望。1962 年，美国成功发射了第一颗通信卫星 Telsat，试验了横跨大西洋的电话和电视传输。由于卫星通信具有通信距离远，费用与通信距离无关，覆盖面积大，不受地理条件的限制，通信信道带宽较宽，可进行多址通信与移动通信的优点，因此它发展迅速，并成为现代主要的通信手段之一。

图 7.15 是一个简单的卫星通信系统示意图。图 7.15(a)是通过卫星-微波形成的点-点通信线路，它是由两个地球站(发送站、接收站)与一颗通信卫星组成的。卫星上可以有多个转发器，它的作用是接收、放大与发送信息。不同的转发器使用不同的频率。地面发送站使用上行链路(uplink)向通信卫星发射微波信号。卫星起到一个中继器的作用，它接收通过上行链路发送来的微波信号，经过放大后再使用下行链路(downlink)发送回地面接收站。由于上行链路与下行链路使用的频率不同，因此可以将发送信号与接收信号区分出来。图 7.15(b)是通过卫星微波形成的广播通信线路。

使用卫星通信时，需要注意到它的传输延时，以及覆盖整个地球的卫星数量。低轨道通信卫星的优点是：因为轨道高度低，所以传输延迟短，但需要更多的卫星才能覆盖全球。

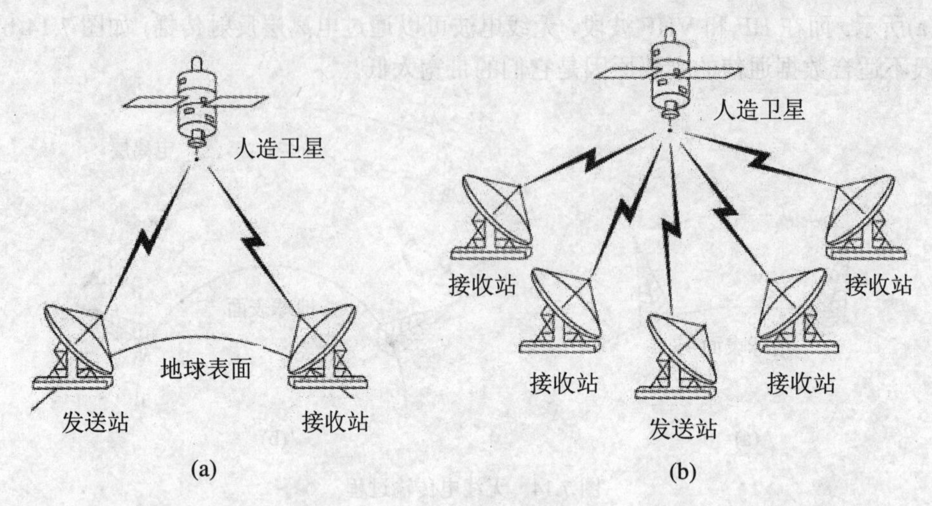

图 7.15 卫星通信

7.5.3.4 蜂窝移动通信

早期的移动通信系统采用大区制的强覆盖区，即建立一个无线电台基站，架设很高的天线塔(一般高于 30m)，使用很大的发射功率(一般为 50～200W)，覆盖范围可以达到 30～50km。大区制的优点是结构简单，不需要交换，但频道数量较少，覆盖范围有限。为了提高覆盖区域的系统容量与充分利用频率资源，人们提出了小区制的概念。

如果将一个大区制覆盖的区域划分成多个小区(cell)，每个小区中设立一个基站(base station)，小区覆盖的半径较小，一般为 1～20km，因此可以用较小的发射功率实现双向通信。由多个小区构成的通信系统的总容量将大大提高。由若干小区构成的覆盖区叫做区群。由于区群的结构酷似蜂窝，因此人们将小区制移动通信系统叫做蜂窝移动通信系统。其结构如图 7.16 所示，其中图 7.16(a)表示频率不会在相邻的小区重复使用，图 7.16(b)表示为加入更多的用户可以使用更小的区域。蜂窝移动通信经历了三代，第一代是模拟语音，第二代是数字语音，现已进入第三代即数字语音和数据。第三代的移动通信不仅可以提供高质量的语音服务，而且可提供多媒体服务和 Internet 访问服务。

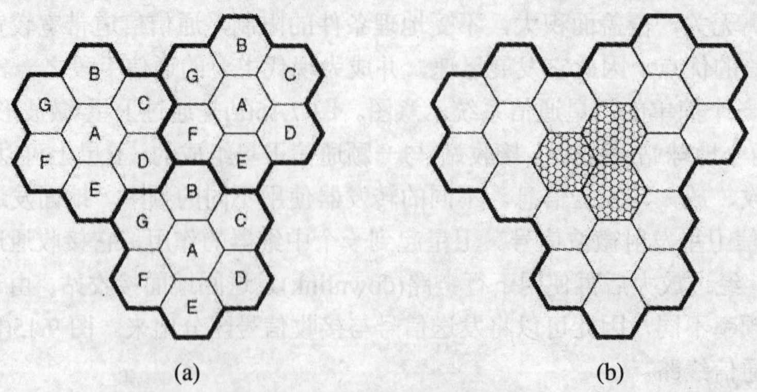

图 7.16 蜂窝移动通信结构

7.5.4　数据交换技术

在介绍了数据如何进行编码与传输等基本问题后，接下来将要介绍数据如何通过通信子网，实现资源子网中两台联网计算机间的数据交换问题。在早期的广域网中，数据通过通信子网的交换方式分为两类：　线路交换方式和存储转发交换方式。

7.5.4.1　线路交换方式

线路交换方式与电话交换方式的工作过程很类似。两台计算机通过通信子网进行数据交换之前，首先要在通信子网中建立一个实际的物理线路连接。典型的线路交换过程如图 7.17(a)所示。线路交换方式的通信过程分为 3 个阶段：线路建立阶段：如果主机 A 要向主机 B 传输数据，首先要通过通信子网在主机 A 与主机 B 之间建立线路连接。数据传输阶段：在主机 A 与主机 B 通过通信子网的物理线路连接建立以后，主机 A 与主机 B 就可以通过该连接实时、双向交换数据。线路释放阶段：在数据传输完成后，就要进入路线释放阶段。

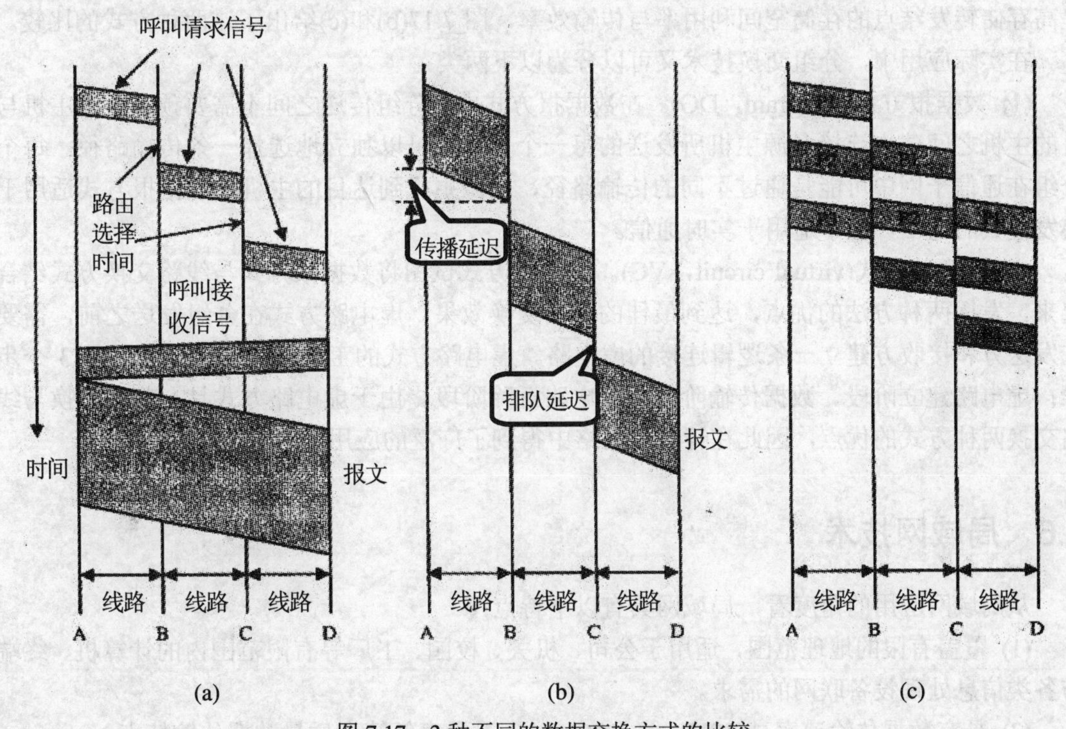

图 7.17　3 种不同的数据交换方式的比较

线路交换方式的优点是：通信实时性强，适用于交互式会话式通信。线路交换方式的缺点是：呼叫建立时间长，对突发性通信不适应，线路利用率低，系统不具有存储数据的能力，不能平滑交通量；系统不具备差错控制能力，无法发现与纠正传输过程中发生的数据差错。在进行线路交换方式研究的基础上，人们提出了存储转发交换方式。

7.5.4.2　存储转发交换方式

存储转发交换方式与线路交换方式的主要区别表现在以下两个方面：发送的数据与目的

地址、源地址、控制信息按照一定格式组成一个数据单元进入通信子网；通信子网中的结点是通信控制处理机，它负责完成数据单元的接收、差错校验、存储、路选和转发功能。

存储转发方式的优点主要有以下几点：

(1) 由于通信子网中的通信控制处理机可以存储数据单元，因此，多个数据单元可以共享通信信道，线路利用率高。

(2) 通信子网中通信控制处理机具有路选功能，可以动态选择数据单元通过通信子网的最佳路径，同时可以平滑通信量，提高系统效率。

(3) 数据单元在通过通信子网中的每个通信控制处理机时，均要进行差错检查与纠错处理，因此可以减少传输错误，提高系统可靠性。

在利用存储转发交换原理传送数据时，被传送的数据单元又可以分为两类：报文与分组。报文中的数据长度不受限制，而分组限制数据的最大长度，典型的最大长度是1000或几千比特。发送站将一个长报文分成多个报文分组，接收站再将多个分组按顺序重新组织成一个长报文。由于分组长度较短，在传输出错时，检错容易并且重发花费的时间较少，这就有利于提高存储转发结点的存储空间利用率与传输效率，图7.17(b)和(c)给出了这两种方式的比较。

在实际应用中，分组交换技术又可以分为以下两类：

(1) 数据报方式(datagram，DG)。在数据报方式中，分组传送之间不需要预先在源主机与目的主机之间建立连接。源主机所发送的每一个分组都可以独立地选择一条传输路径。每个分组在通信子网中可能是通过不同的传输路径，从源主机到达目的主机。数据报方式适用于突发性大的通信，但不适用于实时通信。

(2) 虚电路方式(virtual circuit，VC)。虚电路方式试图将数据报方式与线路交换方式结合起来，发挥两种方法的优点，达到最佳的数据交换效果。虚电路方式在分组发送之前，需要在发送方和接收方建立一条逻辑连接的虚电路。虚电路方式的工作过程可以分为以下3个步骤：虚电路建立阶段、数据传输阶段和虚电路拆除阶段。由于虚电路方式具有分组交换与线路交换两种方式的优点，因此在计算机网络中得到了广泛的应用。

7.6 局域网技术

从局域网应用的角度看，局域网具有以下特点：

(1) 覆盖有限的地理范围，适用于公司、机关、校园、工厂等有限范围内的计算机、终端与各类信息处理设备联网的需求。

(2) 具有数据传输速率高(10Mbps～10Gbps)、误码率低等高质量数据传输特点。

(3) 具有私有性，一般属于一个单位所有，易于建立、维护与扩展。

(4) 从使用的传输介质角度，可分为有线局域网和无线局域网。

(5) 从介质访问控制方法的角度，可分为共享介质局域网与交换局域网。

(6) 决定局域网特性的主要技术要素为网络拓扑、传输介质与介质访问控制方法。

7.6.1 局域网的拓扑结构

局域网与广域网的一个重要区别是它们覆盖的地理范围。由于局域网设计的主要目标是覆盖一个公司、一所大学、一幢办公大楼的“有限的地理范围”，因此，它从基本通信机制上选择了与广域网完全不同的方式，从“存储转发”方式改变为“共享介质”方式与“交换方式”。局域网在传输介质、介质存取控制方法上形成了自己的特点。局域网在网络拓扑结构上主要分为总线型、环型与星型结构 3 种，在网络传输介质上主要采用双绞线、同轴电缆与光纤等。

7.6.1.1　总线型拓扑结构

总线型拓扑结构是局域网主要的拓扑结构之一。其拓扑结构如图 7.18(a)所示。总线型局域网的介质访问控制方法采用的是“共享介质”方式。总线型拓扑结构的优点是：结构简单，实现容易，易于扩展，可靠性较好。

总线型局域网的主要特点是：所有结点都通过网卡直接连接到一条作为公共传输介质的总线上，所有结点都可以通过总线发送或接收数据，但一段时间内只允许一个结点通过总线发送数据。当一个结点通过总线传输介质以“广播”方式发送数据时，其他的结点只能以“收听”方式接收数据，通常采用双绞线或同轴电缆作为传输介质。

由于总线作为公共传输介质为多个结点共享，就有可能出现同一时刻有两个或两个以上结点通过总线发送数据的情况，因此会出现“冲突”导致传输失败。在“共享介质”方式的总线型局域网实现技术中，必须解决多个结点访问总线的介质访问控制(MAC，medium access control)问题。

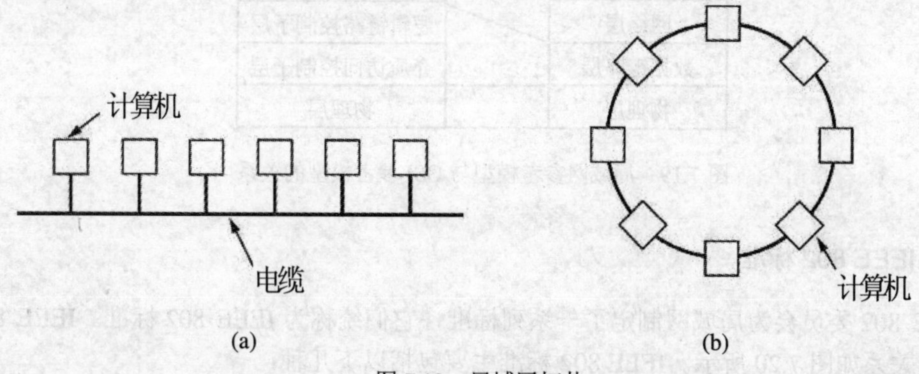

图 7.18　局域网拓扑

7.6.1.2　环型拓扑结构

环型拓扑结构是共享介质局域网主要的拓扑结构之一。其拓扑结构如图 7.18(b)所示。在环型拓扑结构中，结点通过相应的网卡，使用点-点线路连接，构成闭合的环型。环中数据沿着一个方向绕环逐站传输。在环形拓扑中，多个结点共享一条环通路，为了确定环中的结点在什么时候可以插入传送数据帧，同样要进行介质访问控制。因此，环形拓扑的实现技术中也要解决介质访问控制方法问题。

7.6.1.3　星型拓扑结构

在学习星型拓扑结构时，应该注意逻辑结构与物理结构的关系问题。逻辑结构是指局域网结点间的相互关系，而物理结构是指局域网外部连接形式。逻辑结构属于总线型与环型的局域网，在物理结构上也可以是星型的。在出现了交换局域网(switched LAN)后， 才真正出现了物理结构与逻辑结构统一的星型拓扑结构。交换局域网的中心结点是一种局域网交换机。在典型的交换局域网中，结点可以通过点-点线路与局域网交换机连接。局域网交换机可以在多对通信结点之间建立并发的逻辑连接。

7.6.2 IEEE 802 参考模型与协议

为适应局域网特有的数据通信环境，形成了不同于广域网的网络层次结构与协议，即IEEE 802 参考模型与协议。1980 年 2 月，IEEE 成立了局域网标准委员会(简称为 IEEE 802 委员会)，专门从事局域网标准化工作，并制定了 IEEE 802 标准。IEEE 802 标准所描述的局域网参考模型与 OSI 参考模型的关系如图 7.19 所示。IEEE 802 参考模型只对应于 OSI 参考模型的数据链路层与物理层，它将数据链路层划分为逻辑链路控制(logical link control，LLC)子层与介质访问控制(media access control，MAC)子层。

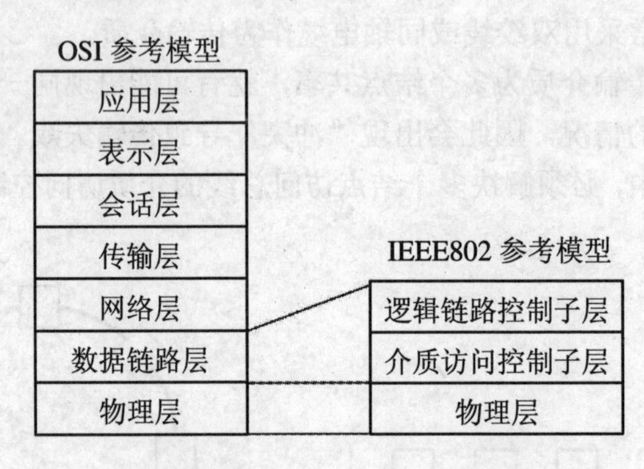

图 7.19 局域网参考模型与 OSI 参考模型的关系

7.6.2.1 IEEE 802 标准

IEEE 802 委员会为局域网制定了一系列标准，它们统称为 IEEE 802 标准。IEEE 802 标准之间的关系如图 7.20 所示。IEEE 802 标准主要包括以下几种：

- IEEE 802.1 标准：定义了局域网体系结构、网络互联以及网络管理与性能测试。
- IEEE 802.2 标准：定义了逻辑链路控制子层功能与服务。

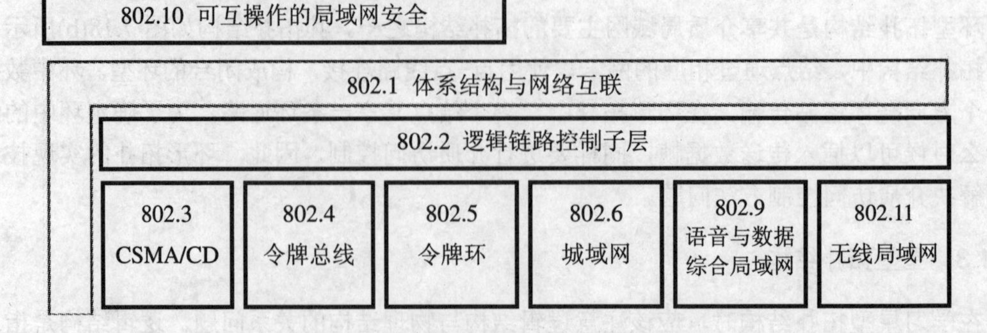

图 7.20 IEEE 802 标准之间的关系

- IEEE 802.3 标准：定义了以太网(Ethernet)技术。
- IEEE 802.4 标准：定义了令牌总线(Token bus)技术。
- IEEE 802.5 标准：定义了令牌环(Token ring)技术。
- IEEE 802.6 标准：定义了城域网技术。
- IEEE 802.7 标准：定义了宽带网络技术。
- IEEE 802.8 标准：定义了光纤传输技术。
- IEEE 802.9 标准：定义了综合语音与数据局域网(IVD-LAN)技术。
- IEEE 802.10 标准：定义了可互操作的局域网安全性规范(SILS)。
- IEEE 802.11 标准：定义了无线局域网技术。
- IEEE 802.15 标准：定义了个人域网络(蓝牙 Bluetooth)技术。
- IEEE 802.16 标准：定义了宽带无线技术。

其中 IEEE 802.3、IEEE 802.11、IEEE 802.15、IEEE 802.16 是目前最重要的标准。

7.6.2.2　局域网的工作原理

传统的共享介质局域网主要有以太网、令牌总线与令牌环，而应用最广泛的是以太网(Ethernet)。以太网的核心技术是随机争用型介质访问控制方法，即带有冲突检测的载波侦听多路访问(carrier sense multiple access with collision detection，CSMA/CD)方法。IEEE 802.3 标准定义了 CSMA/CD 总线介质访问控制子层与物理层规范。下面简介 CSMA/CD 以了解共享介质局域网的工作原理。

CSMA/CD 方法用来解决多结点如何共享公用总线的问题。在以太网中，任何结点都没有可预约的发送时间，它们的发送都是随机的，并且网中不存在集中控制的结点，网中结点都必须平等地争用发送时间，这种介质访问控制属于随机争用型方法。其工作原理是：在 Ethernet 中，如果一个结点要发送数据，就以“广播”方式把数据通过作为公共传输介质的总线发送出去，连在总线上的所有结点都能“收听”到这个数据信号。由于网中所有结点都可以利用总线发送数据，并且网中没有控制中心，因此冲突的发生将是不可避免的。为了有效地实现分布式多结点访问公共传输介质的控制策略，CSMA/CD 的发送流程可以简单地概括为四点：先听后发、边听边发、冲突停止、随机延迟后重发。所谓冲突检测，就是发送结点在发送数据的同时，将它发送的信号波形与从总线上接收到的信号波形进行比较。如果总线上同时出现两个或两个以上的发送信号，那么它们叠加后的信号波形将不等于任何结点发送的信号波形。当发送结点发现自己发送的信号波形与从总线上接收到的信号波形不一致时，表示总线上有多个结点在同时发送数据，冲突已经产生。如果在发送数据过程中没有检测出冲突，结点将在发送结束后进入正常结束状态；如果在发送数据过程中检测出冲突，为了解决信道争用冲突，结点将停止发送数据，并在随机延迟后重发。

7.6.3　高速局域网技术

传统的局域网技术是建立在“共享介质”的基础上，网中所有结点共享一条公共通信传输介质，需要使用介质访问控制方法来控制结点传输数据。如果以太网的数据传输速率为 10Mbps 或称带宽 10Mbps，局域网中有 n 个结点，那么每个结点平均能分配到的带宽为 10Mbps/n。因此，当网络结点数增大，一方面每个结点平均能分配到的带宽减少，另一方面网络的通信负荷加重，使冲突和重发现象大量发生，网络效率与网络服务质量将会急剧下降。为了克服网络规模与网络性能之间的矛盾，人们提出了以下几种解决方案：

(1) 提高 Ethernet 的数据传输速率，从 10Mbps 提高到 100Mbps，甚至提高到 1Gbps、10Gbps，这就导致了高速局域网的研究与产品的开发。在这个方案中，无论局域网的数据传输速率提高到 100Mbps 还是 1Gbps、10Gbps，它的介质访问控制仍采用 CSMA/CD 方法。这导致了快速以太网的产生。

(2) 将一个大型局域网划分成多个用网桥或路由器互联的子网，这就导致了局域网互联技术的发展。网桥与路由器可以隔离子网之间的交通量，使每个子网成为一个独立的小型局域网。通过减少每个子网内部结点数 *n* 的方法，使每个子网的网络性能得到改善，而每个子网的介质访问控制仍采用 CSMA/CD 的方法。

(3) 将“共享介质方式”改为“交换方式”，这就导致了“交换局域网”技术的发展。交换局域网的核心设备是局域网交换机，局域网交换机可以在它的多个端口之间建立多个并发连接。交换式局域网可以分为交换式以太网、ATM 局域网仿真、IP over ATM 与 MPOA，以及在此基础上发展起来的虚拟局域网。

7.6.3.1 快速以太网

20 世纪 90 年代局域网技术的一大突破是使用非屏蔽双绞线的 10 BASE-T 标准的出现。10 BASE-T 标准的广泛应用导致了结构化布线技术的出现，使得人们广泛使用非屏蔽双绞线且速率为 10Mbps 的以太网遍布世界各地。

随着局域网应用的深入，用户对局域网带宽提出了更高的要求。人们只有两条路可以选择：要么重新设计一种新的局域网体系结构与介质访问控制方法，去取代传统的局域网技术；要么保持传统的局域网体系结构与介质控制方法不变，设法提高局域网的传统速率。

既要保护大量用户已有的投资，同时又要增加网络的带宽，因而快速以太网(fast Ethernet)应运而生。快速以太网的传输速率比传统以太网快 10 倍，数据传输速率达到了 100Mbps。快速以太网保留着传统以太网的所有特征，包括相同的数据帧格式、介质访问控制方法与组网方法，只是将每个比特的发送时间由 100ns 降低到了 10ns。1995 年 9 月，IEEE 802 委员会正式批准了快速以太网标准(IEEE 802.3 u)。IEEE 802.3 u 标准在 LLC 子层使用 IEEE 802.2 标准，在 MAC 子层使用 CSMA/CD 方法，只是在物理层作了一些必要的调整，定义了新的物理层标准(100 BASE-T)。100 BASE-T 标准定义了介质专用接口(MII，media independent interface)，它将 MAC 子层与物理层分隔开来。这样，物理层在实现 100Mbps 速率时所使用的传输介质和信号编码方式的变化不会影响 MAC 子层。

7.6.3.2 千兆以太网

尽管快速以太网具有高可靠性、易扩展性、成本低等优点，并且成为高速局域网方案中的首选技术，但在数据仓库、桌面电视会议、三维图形与高清晰度图像这类应用中，人们不得不寻求拥有更高带宽的局域网。千兆以太网就是在这种背景下产生的技术。

人们设想一种用以太网组建企业网的全面解决方案：桌面系统采用传输速率为 10Mbps 的以太网；部门级系统采用传输速率为 100Mbps 的快速以太网；企业级系统采用传输速率为 1000Mbps 的千兆以太网。由于普通以太网、快速以太网与千兆以太网有很多相似之处，并且很多企业已大量使用了以太网。因此，局域网系统升级到快速以太网或千兆以太网时，网络技术人员不需要重新进行培训。

制定千兆以太网标准的工作是从1995年开始的。1995年11月，IEEE 802.3委员会成立了高速网研究组。1996年8月，成立了802.3 z工作组，主要研究使用多模光纤与屏蔽双绞线的千兆以太网物理层标准。1997年初，成立了802.3 ab工作组，主要研究使用单模光纤与非屏蔽双绞线的千兆以太网物理层标准。1998年2月，IEEE 802委员会正式批准了千兆以太网标准(IEEE 802.3 z)。IEEE 802.3 z标准在LLC子层使用IEEE 802.2标准，在MAC子层使用CSMA/CD方法，只是在物理层作了一些必要的调整，它定义了新的物理层标准(1000 BASE T)。1000 BASE T标准定义了千兆介质专用接口(gigabit media independent interface，GMII)，它将MAC子层与物理层分隔开来。这样，物理层在实现1000Mbps速率时所使用的传输介质和信号编码方式的变化不会影响MAC子层。

7.6.3.3 交换式局域网技术

为了克服传统的共享介质局域网的网络规模与网络性能之间的矛盾，人们提出将共享介质方式改为交换方式，从而促进了交换式局域网的发展。

交换式局域网的核心设备是局域网交换机，局域网交换机可以在它的多个端口之间建立多个并发连接。图7.21显示了共享介质局域网与交换局域网工作原理的区别。典型的交换式局域网是交换式以太网，它的核心部件是以太网交换机。以太网交换机可以有多个端口，每个端口可以单独与一个结点连接，也可以与一个以太网集线器(hub)连接。对于传统的共享介质以太网来说，当连接到集线器中的一个结点发送数据时，它将用广播方式将数据传送到集线器的每个端口。交换式局域网从根本上改变了“共享介质”的工作方式，它可以通过以太网交换机支持交换机端口结点之间的多个并发连接，可以实现多结点之间数据的并发传输。因此，交换式局域网可以增加网络带宽，改善局域网的性能与服务质量。

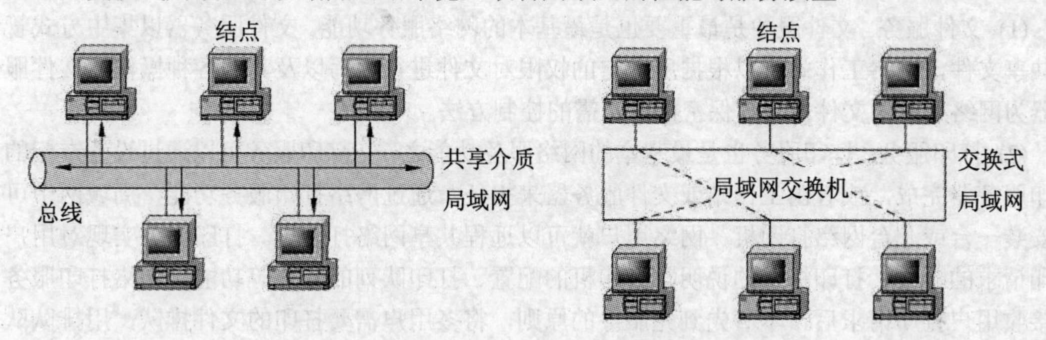

图7.21 共享介质局域网与交换局域网

7.6.4 虚拟局域网技术

在传统的局域网中，通常一个工作组是在同一个网段上，多个工作组之间通过实现互联的网桥或路由器来交换数据。如果一个工作组的结点要转移到另一个工作组结点时，就需要将结点计算机从一个网段撤出，连接到另一个网段上，甚至需要重新进行布线。因此，工作组的组成就要受结点所在网段的物理位置限制。虚拟网络是建立在交换技术基础上的。如果将网络上的结点按工作性质与需要，划分成若干个“逻辑工作组”，那么一个逻辑工作组就是一个虚拟网络。

虚拟网络建立在局域网交换机之上，它以软件方式来实现逻辑工作组的划分与管理，逻辑工作组的结点组成不受物理位置的限制。同一逻辑工作组的成员不一定要连接在同一个物理网段上，它们可以连接在同一个局域网交换机上，也可以连接在不同的局域网交换机上，只要这些交换机是互联的就可以了。当一个结点从一个逻辑工作组转移到另一个逻辑工作组时，只需要简单地通过软件设定，而不需要改变它在网络中的物理位置。同一个逻辑工作组的结点可以分布在不同的物理网段上，它们之间的通信就像在同一个物理网段上一样。

7.6.5 局域网操作系统

如果计算机已连接到一个局域网中，但是没有安装局域网操作系统，那么这台计算机仍然不能提供任何网络服务功能。

从 OSI 参考模型角度来看，完整的计算机网络由 7 层构成，而初期的局域网标准只定义了低层(物理层、数据链路层)协议。例如，IEEE 802 协议只涵盖了 OSI 参考模型的物理层与数据链路层的内容。实现局域网协议的硬件与驱动程序只能为高层用户提供数据传输功能，因此要为用户提供完备的网络服务功能，就必须具备局域网高层软件。所谓局域网操作系统，就是能利用局域网低层提供的数据传输功能，为高层网络用户提供共享资源管理服务，以及提供具有其他网络服务功能的局域网系统软件。

这些计算机既要为本地用户使用资源提供服务，也要为远地网络用户使用资源提供服务。局域网操作系统的基本任务就是：屏蔽本地资源与网络资源的差异性，为用户提供各种基本网络服务功能，完成网络共享系统资源的管理，并提供网络系统的安全性服务。

尽管局域网操作系统品种繁多、各具特色，但它们提供的网络服务功能都有很多相同点。一般来说，局域网操作系统都能提供以下的基本功能：

(1) 文件服务。文件服务是最重要也是最基本的网络服务功能。文件服务器以集中方式管理共享文件，网络工作站可以根据所规定的权限对文件进行读写以及其他各种操作，文件服务器为网络用户的文件安全与保密提供必需的控制方法。

(2) 打印服务。打印服务也是最基本的网络服务功能之一。打印服务可以通过设置专门的打印服务器完成，或者由工作站或文件服务器来担任。通过网络打印服务功能，局域网中可以安装一台或几台网络打印机，网络用户就可以远程共享网络打印机。打印服务实现对用户打印请求的接收、打印格式的说明、打印机的配置、打印队列的管理等功能。网络打印服务在接收用户打印请求后，本着先到先服务的原则，将多用户需要打印的文件排队，用排队队列管理用户打印任务。

(3) 数据库服务。选择适当的网络数据库软件，依照客户机/服务器(client/server)工作模式，开发出客户端与服务器端数据库应用程序，这样客户端可以用结构化查询语言(SQL)向数据库服务器发送查询请求，服务器进行查询后将查询结果传送到客户端。它优化了局域网系统的协同操作模式，从而有效地改善了局域网应用系统性能。

(4) 通信服务。局域网提供的通信服务主要有：工作站与工作站之间的对等通信、工作站与网络服务器之间的通信服务等功能。

(5) 信息服务。局域网可以通过存储转发方式或对等方式完成电子邮件服务。目前，信息服务已经逐步发展为文件、图像、数字视频与语音数据的传输服务。

(6) 分布式服务局域网操作系统为支持分布式服务功能，提出了一种新的网络资源管理机制，即分布式目录服务。分布式目录服务将分布在不同地理位置的网络中的资源，组织在一个全局性的、可复制的分布数据库中，网中多个服务器都有该数据库的副本。用户在一个工作站上注册，便可与多个服务器连接。对于用户来说，网络系统中分布在不同位置的资源都是透明的，这样就可以用简单方法去访问一个大型互联局域网系统。

(7) 网络管理服务局域网操作系统提供了丰富的网络管理服务工具，可以提供网络性能分析、网络状态监控、存储管理等多种管理服务。

(8) Internet/Intranet 服务。为了适应 Internet 与 Intranet 的应用，局域网操作系统一般都支持 TCP/IP 协议，提供各种 Internet 服务，全面支持对 Internet 的访问。

7.7　网络互联技术

网络互联是指将分布在不同地理位置的网络、设备相连接，以构成更大规模的网络，以实现互联网络的资源共享。互联的网络和设备可以是同种类型的网络，可以是不同类型的网络，也可以是运行不同网络协议的设备与系统。

7.7.1　网络互联的类型

目前，计算机网络可以分为广域网、城域网与局域网 3 种。因此，网络互联类型主要有以下几种：局域网-局域网互联、局域网-广域网互联、局域网-广域网-局域网互联、广域网-广域网互联。

(1) 局域网-局域网互联。在实际的网络应用中，局域网-局域网互联是最常见的一种，它的结构如图 7.22(a)所示。局域网-局域网互联进一步可以分为两种：同种局域网互联，即符合相同协议的局域网之间的互联。例如，两个以太网之间的互联，或者是两个令牌环网之间的互联。同种局域网之间的互联比较简单，使用网桥可以将分散在不同地理位置的多个局域网互联起来；异型局域网互联，异型局域网互联是指不符合相同协议的局域网之间的互联，例如，一个以太网与一个令牌环网之间的互联，或者是以太网与 ATM 网络之间的互联，异型局域网之间的互联也可以用网桥来实现，但是网桥必须支持要互联的网络使用的协议。

(2) 局域网-广域网互联。局域网-广域网的互联也是常见的方式之一，它的结构如图 7.22(b)所示。局域网-广域网互联可以通过路由器或网关来实现。

(3) 局域网-广域网-局域网互联。两个分布在不同地理位置的局域网通过广域网实现互联，也是常见的互联类型之一，它的结构如图 7.22(c)所示。局域网-广域网-局域网互联可以通过路由器或网关来实现。局域网-广域网-局域网互联结构正在改变传统接入模式，即主机通过广域网中的通信控制处理机(CCP)的传统接入模式。大量的主机通过局域网接入广域网是今后接入广域网的重要方法。

(4) 广域网-广域网互联。广域网-广域网互联也是目前常见的方式之一，它的结构如图 7.22(d)所示。广域网与广域网之间的互联可以通过路由器或网关实现，这样连入各个广域网的主机资源可以实现共享。

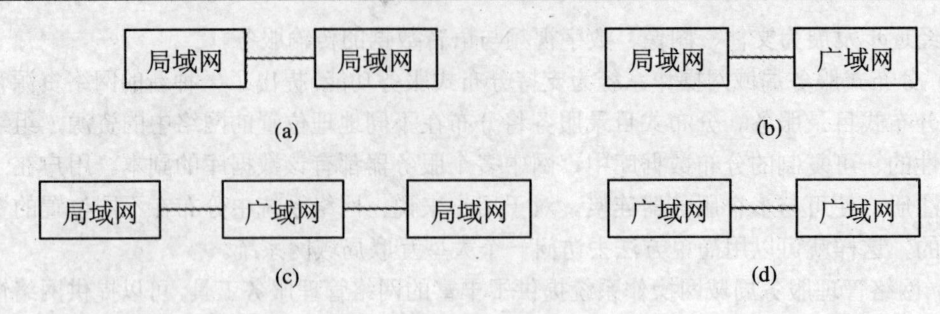

图 7.22 网络互联的几种形式

7.7.2 网络互联的层次

7.7.2.1 几个重要的概念

在网络系统集成技术中，我们常常会遇到互联(interconnection)、互通(intercommunication)与互操作(interoperability)这 3 个术语。从网络互联角度看，网络的互联、互通与互操作表示了不同的内涵。

互联是指在两个物理网络之间至少有一条在物理上连接的线路，它为两个网络的数据交换提供了物质基础和可能性，但并不能保证两个网络一定能够进行数据交换，这要取决于两个网络的通信协议是不是相互兼容。

互通是指两个网络之间可以交换数据。例如，在 Internet 中，TCP/IP 协议屏蔽了物理网络的差异性，它能保证在互联的不同网络中的计算机之间交换数据。因此，互通仅仅涉及通信的两台计算机之间的端-端连接与数据交换，它为不同计算机系统之间的互操作提供了条件。

互操作是指网络中不同计算机系统之间具有透明地访问对方资源的能力。因此，互操作性是由高层软件来实现的。例如，Internet 的两个互联网络中各有一台 Sun 工作站与一台 VAX 小型机，它们之间可以通过 TCP/IP 协议实现互通，但如不解决两个操作系统的差异性问题，它们也无法透明地互相访问对方资源。要做到这一点，就需要使用应用网关。

因此，互联、互通、互操作表示了三层含义。互联是基础，互通是手段，互操作则是网络互联的目的。

7.7.2.2 网络互联的层次

根据 OSI 参考模型的层次划分，网络协议分别属于不同的层次，因此网络互联一定存在着互联层次的问题。根据网络层次的结构模型，网络互联的层次可以分为：数据链路层互联、网络层互联、高层互联。

(1) 数据链路层互联。数据链路层互联的设备是网桥。网桥在网络互联中起着数据接收、地址过滤与数据转发的作用，它用来实现多个网络系统之间的数据交换。用网桥实现数据链路层互联时，互联网络的数据链路层与物理层协议可以不相同。

(2) 网络层互联。网络层互联的设备是路由器。网络层互联主要是解决路由选择、拥塞控制、差错处理与分段技术等问题。如果网络层协议相同，则互联主要是解决路由选择问题；

如果网络层协议不同，则需使用多协议路由器(multiprotocol router)。用路由器实现网络层互联时，互联网络的网络层及以下各层协议可以不相同。

(3) 高层互联。传输层及以上各层协议不同的网络之间的互联属于高层互联，实现高层互联的设备是网关。一般来说，高层互联使用的网关很多是应用层网关，通常称为应用网关(application gateway)。用应用网关来实现两个网络的高层互联时，两个网络的应用层及以下各层网络协议可以不相同。

7.7.3　典型的网络互联设备

7.7.3.1　网桥

1) 网桥的应用环境

在很多实际应用中，需要将多个局域网互联起来，常见的场景有下面几种：

一个单位的很多部门都需要将各自的服务器、工作站与微型机互联成网，不同的部门根据各自的需要选用了不同的局域网，而各个部门之间又需要交换信息、共享资源，这样就需要把多个局域网互联起来。

一个单位有多幢办公楼，每幢办公楼内部建立了局域网，这些局域网需要互联起来，构成支持整个单位管理信息系统的局域网环境。

在一个大型的企业或校园内，有数千台计算机需要联网，如果将它们用一个局域网连接，那么局域网的负荷将会增加并且性能也会下降。可行的办法是将数千台计算机按地理位置或组织关系划分为多个子网，每个子网是一个局域网，将多个局域网互联起来构成一个大型的企业网或校园网。

如果联网计算机之间的距离超过了单个局域网的最大覆盖范围，就可以将它们分成几个局域网来组建，再把这几个局域网互联起来。

如果一个企业中某一部门的信息在安全、保密方面要求较高，就可以将这一部门的计算机单独连在一个局域网内，再把这个局域网与企业的其他局域网互联起来。

2) 网桥的基本特征

网桥是在数据链路层上实现网络互联的设备，它具有以下几个基本特征：

(1) 能够连接两个采用不同数据链路层协议、不同传输介质与不同传输速率的网络。

(2) 以接收、存储、地址过滤与转发的方式，实现互联的网络之间的通信。

(3) 要求互联的网络在数据链路层以上采用相同的协议。

(4) 可以分隔两个网络之间的广播通信量，有利于改善互联网的性能与安全性。

3) 网桥的基本工作原理

网桥最常见的用法是用于互联两个局域网。图 7.23 给出了两个局域网通过网桥互联的结构示意图。

如果局域网 1 中地址为 201 的结点想与同一局域网中地址为 202 的结点通信，网桥就可以接收到发送帧，但网桥在进行地址过滤后认为不需要转发，因而会将该帧丢弃；如果结点 201 要与中结点 104 通信，结点 201 发送的帧就可以被网桥接收到，网桥进行地址过滤后识别出该帧应发送到局域网 2，网桥将通过与局域网 2 的网络接口转发该帧，这时局域网 2 中的 104 结点将能接收到这个帧。

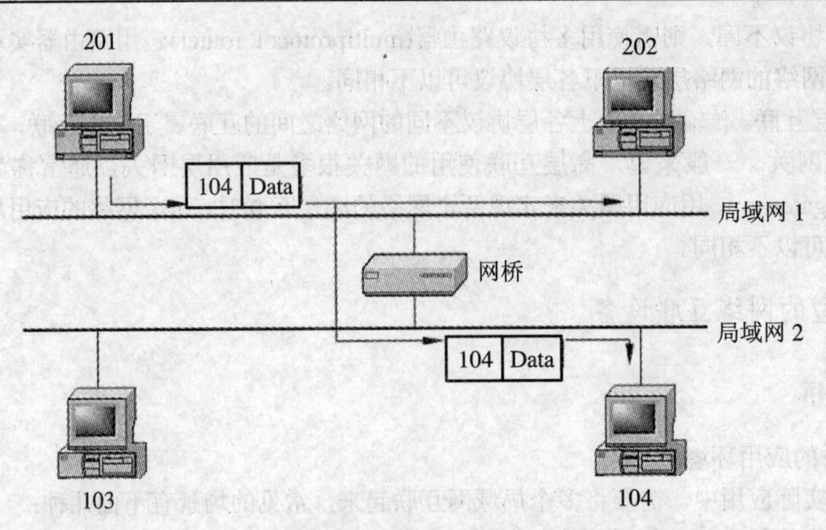

图 7.23　网桥互联网络

从用户的角度看，用户并不知道网桥的存在，局域网 1 与局域网 2 就像是一个网络。在一个大型局域网中，网桥常被用来将局域网分成既独立又能相互通信的多个子网，从而改善各个子网的性能与安全性。根据网桥的工作原理，网桥对同一个子网中传输的数据帧不转发，因此可以达到隔离互联子网的通信量的目的。但由于网桥是通过“广播”方式来解决结点位置不明确的问题的，因而会引起所谓的数据帧传输“风暴”问题，从而造成网络中重复、无目的的数据帧传输急剧增加，给网络带来很大的通信负荷。

7.7.3.2　路由器

1) 路由器的基本工作原理

路由器是在网络层上实现多个网络互联的设备。由路由器互联的局域网中，每个局域网只要求网络层及以上高层的协议相同，数据链路层与物理层协议可以是不同的。例如，路由器可以分别连接以太网与令牌环网。路由器与以太网连接使用以太网卡，而与令牌环网连接就需要用令牌环网卡。虽然以太网与令牌环网的帧格式与 MAC 方法不相同，但路由器可以通过不同的网卡处理不同类型局域网的帧。

如果互联的局域网高层采用了不同的协议，就需要用多协议路由器。例如，在互联的局域网中，既有支持 TCP/IP 协议的主机，同时又有 NetWare 主机，它们分别采用不同的通信协议。这时，分布在网络中的 TCP/IP 主机只能通过路由器与其他的 TCP/IP 主机通信，但不能与同一局域网或其他局域网中的 NetWare 主机通信。NetWare 主机也只能通过专用的路由器与其他的 NetWare 主机通信。这种结构的缺点是：互联网主机之间的通信受到路由器协议的限制。

为了解决互联局域网中不同类型主机之间的通信问题，可以采用多协议路由器的互联结构。多协议路由器具有处理多种不同协议分组的能力，它可以处理不同的分组的路由选择与分组转发问题。多协议路由器要为不同类型的协议建立与维护不同的路由表。图 7.24 给出了使用多协议路由器实现多个局域网互联的结构。

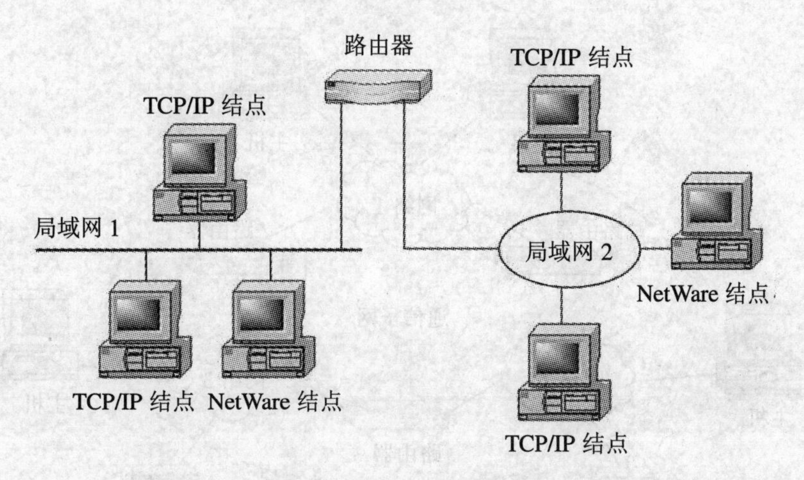

图 7.24　路由器互联网络

7.7.3.3　网关

前面在网桥的介绍中，假设互联的网络在数据链路层以上使用的高层协议相同，在路由器的介绍中，假设互联的网络在网络层以上使用的高层协议相同，而网关是在更高层上实现多个网络互联的设备。

7.8　Internet

Internet 的汉译名为因特网。它是全人类共同拥有的计算机网络系统，既不属于哪个国家，也不属于哪个组织，Internet 不仅仅是一个计算机网络系统，而且是对任何人都平等的信息世界。Internet 连接了分布在世界各地的计算机，制定了“全球统一”的协议来协调计算机之间的交往。

7.8.1　Internet 的基本概念

7.8.1.1　何谓 Internet

Internet 是一个使用路由器将分布在世界各地的数以万计、规模不一的计算机网络互联起来的网际网(图 7.25)。Internet 的前身是 ARPANET。1983 年，TCP/IP 协议正式成为 ARPANET 的协议标准。TCP/IP 协议为任何一台计算机连入 Internet 提供了技术上的保障，任何人、任何团体都可以加入到 Internet 中。Internet 的最初用户限于科研与学术领域，其目的是进行研究和教育而不是谋求利润，但到了 20 世纪 90 年代初期，Internet 上的商业活动开始缓慢发展，各公司也逐渐意识到 Internet 在产品推销、信息传播与电子商贸方面的价值，商业应用的推动，又使 Internet 的发展更加迅猛、规模不断扩大、用户不断增加、应用不断拓展、技术不断更新。今天，Internet 几乎深入到了人类生活的每个角落，改变了人们的工作、学习与生活方式。

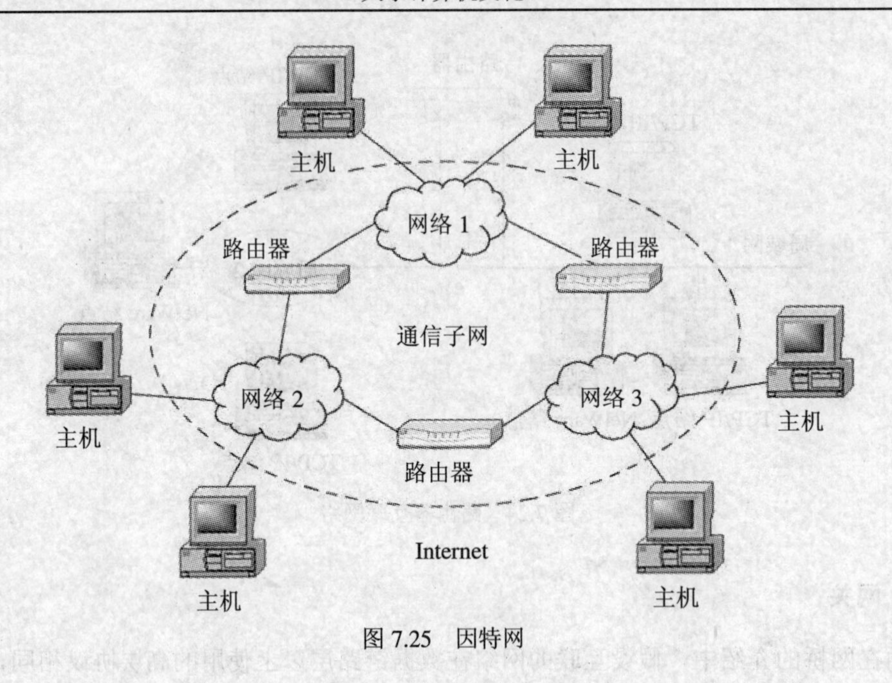

图 7.25 因特网

7.8.1.2 IP 地址的概念

与电话网中的电话类似，接入 Internet 的每台计算机或路由器都必须有一个能够进行识别的号码，称为 IP 地址。在 Internet 中，IP 编址是由 TCP/IP 协议中的网际协议(IP)定义的。对于上海的某个电话用户，其完整的电话号码表述为：中国区号-上海区号-本地电话号码，例如：86-21-54740001。同理，IP 地址由网络号和主机号组成，其中，网络号用来标识主机所在的网络，主机号用于在同一网络中区别主机。一台 Internet 主机至少有一个 IP 地址，而且这个 IP 地址是全网唯一的。如果一台 Internet 主机有两个或多个 IP 地址，则该主机属于两个或多个逻辑网络。

IP 地址的结构如图 7.26 所示。长度为 32 个二进制位组成的数字，通常采用 w.x.y.z 的格式来表示，分别为 8 个二进制位组成的数字，如 11001010.01111000.00111011.11111010。为方便表示和记忆，通常将其转换成十进制形式，如上面的 IP 地址表示为：202.120.59.250。

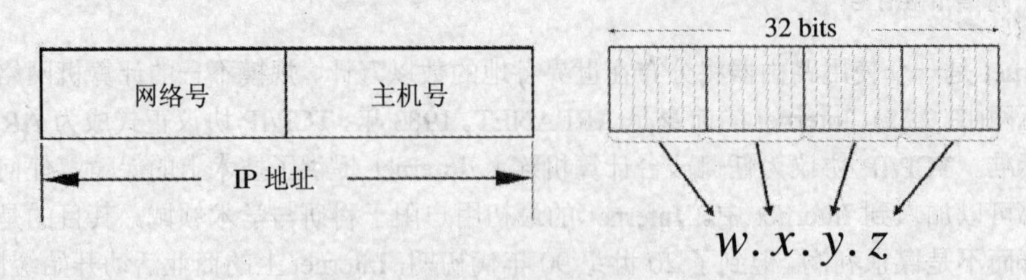

图 7.26 IP 地址结构

IP 地址被分为 5 类。5 类 IP 地址的区别如图 7.27 所示。IP 地址中的前 5 位用于标识 IP 地址的类别，A 类地址的第一位为“0”，B 类地址的前两位为“10”，C 类地址的前三位为“110”，D 类地址的前四位为“1110”，E 类地址的前五位为“11110”。其中，A 类、B 类与 C 类地址为基本的 IP 地址。由于 IP 地址的长度限定于 32 位，类标识符的长度越长，则可用的地址空间越小。

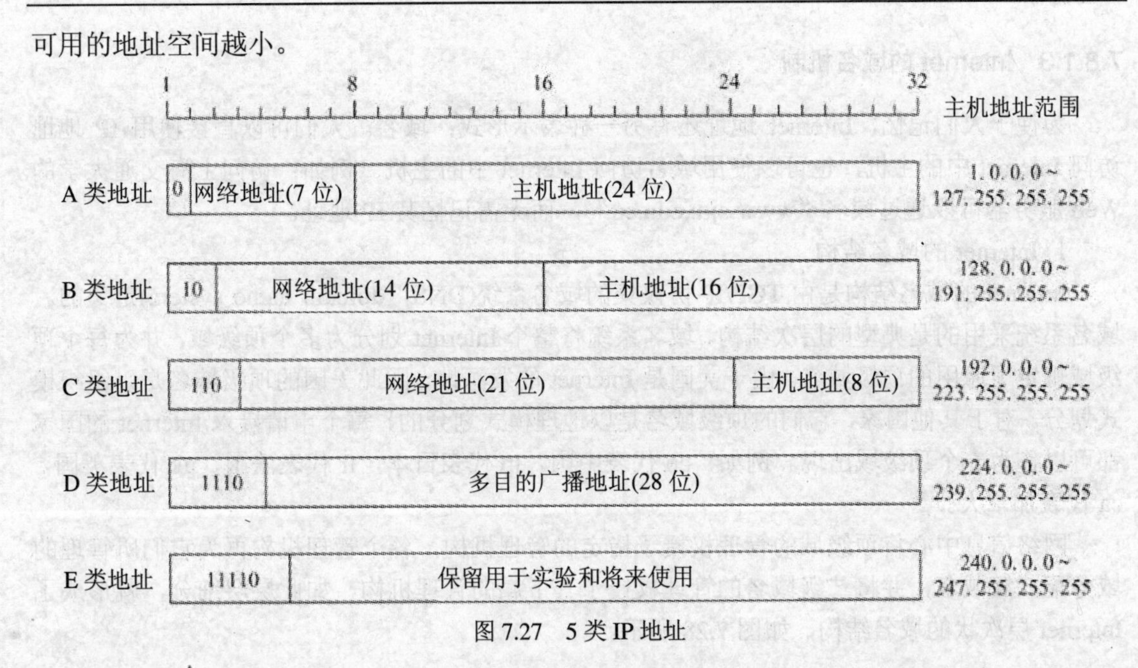

图7.27 5类IP地址

对于A类IP地址，其网络地址空间长度为7位，主机地址空间长度为24位。A类地址的范围是：1.0.0.0～126.255.255.255。由于网络地址空间长度为7位，因此允许有126个不同的A类网络(网络地址的0和127保留用于特殊目的)。同时，由于主机地址空间长度为24位，因此每个A类网络的主机地址数多达224(即16 000 000)个。A类IP地址结构适用于有大量主机的大型网络。

对于B类IP地址，其网络地址空间长度为14位，主机地址空间长度为16位。B类地址的范围是：128.0.0.0～191.255.255.255。由于网络地址空间长度为14位，因此允许有214(16 384)个不同的B类网络。同时，由于主机地址空间长度为16位，因此每个B类网络的主机地址数多达216(65 536)个。B类IP地址适用于一些国际性大公司与政府机构等。

对于C类IP地址，其网络地址空间长度为21位，主机地址空间长度为8位。C类IP地址的范围是：192.0.0.0～223.255.255.255。由于网络地址空间长度为21位，因此允许有221(2 000 000)个不同的C类网络。同时，由于主机地址空间长度为8位，因此每个C类网络的主机地址数最多为256个。C类IP地址特别适用于一些小公司与普通的研究机构。

D类IP地址不标识网络，它的范围是：224.0.0.0～239.255.255.255。D类IP地址用于其他特殊的用途，如多目的地址广播(multicasting)。

E类IP地址暂时保留，它的范围是：240.0.0.0～255.255.255.255。E类地址用于某些实验和将来使用。

Internet上最高一级的维护机构为网络信息中心(NIC)，它负责分配最高级的IP地址。它授权给下一级的申请成为Internet网点的网络管理中心，每个网点组成一个自治系统。网络信息中心只给申请成为新网点的组织分配IP地址的网络号，主机地址则由申请的组织自己来分配和管理。自治域系统负责自己内部网络的拓扑结构、地址建立与刷新。这种分层管理的方法能够有效地防止IP地址的冲突。

7.8.1.3 Internet 的域名机制

为便于人们记忆，Internet 地址还有另一种表示形式：域名。人们可以直接使用 IP 地址访问 Internet 中的主机，也可以使用域名访问 Internet 中的主机。例如：访问上海交通大学的 Web 服务器可以通过域名“www.sjtu.edu.cn”，而无需记忆其 IP 地址。

1) Internet 的域名结构

Internet 的域名结构是由 TCP/IP 协议集的域名系统(DNS，domain name system)定义的。域名系统采用的是典型的层次结构。域名系统将整个 Internet 划分为多个顶级域，并为每个顶级域规定了通用的顶级域名。由于美国是 Internet 的发源地，因此美国的顶级域名是以组织模式划分。对于其他国家，它们的顶级域名是以地理模式划分的，每个申请接入 Internet 的国家都可以作为一个顶级域出现。例如，cn 代表中国，jp 代表日本，fr 代表法国，uk 代表英国，ca 代表加拿大。

网络信息中心将顶级域的管理权授予指定的管理机构，各个管理机构再为它们所管理的域分配二级域名，并将二级域名的管理权授予其下属的管理机构，如此层层细分，就形成了 Internet 层次状的域名结构，如图 7.28 所示。

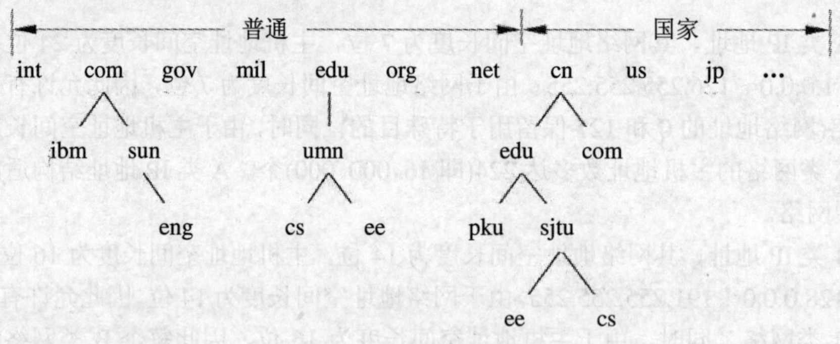

图 7.28 域名层次结构

2) 我国的域名结构

中国互联网信息中心(CNNIC)负责管理我国的顶级域。它将 cn 域划分为多个二级域。我国二级域的划分采用了两种划分模式：组织模式与地理模式。按组织模式划分的二级域名中，ac 表示科研机构，com 表示商业组织，edu 表示教育机构，gov 表示政府部门，int 表示国际组织，net 表示网络支持中心，org 表示各种非赢利性组织。在地理模式中，bj 代表北京市，sh 代表上海市，tj 代表天津市，he 代表河北省，nl 代表黑龙江省，nm 代表内蒙古自治区，hk 代表香港。

我国的各个行政区 CNNIC 将我国教育机构的二级域(edu 域)的管理权授予中国教育和科研计算机网(CERNET)网络中心。CERNET 网络中心将 edu 域划分为多个三级域，将三级域名分配给各个大学与教育机构。例如，edu 域下的 sjtu 代表上海交通大学，并将 sjtu 域的管理权授予上海交通大学网络管理中心管理。上海交通大学网络管理中心又将 sjtu 域划分为多个四级域，将四级域名分配给下属部门或主机。例如，sjtu 域下的 cs 代表计算机系。

Internet 主机域名的排列原则是低层的子域名在前面，而它们所属的高层域名在后面。Internet 主机域名的一般格式为：四级域名.三级域名.二级域名.顶级域名。例如：cs.sjtu.edu.cn。

而 www.cs.sjtu.edu.cn 是 cs.sjtu.edu.cn 域中的一台 Web 主机。

在域名系统 DNS 中，每个域是由不同的组织来管理的，而这些组织又可将其子域分给其他的组织来管理。这种层次结构的优点是：各个组织在它们的内部可以自由选择域名，只要保证组织内的唯一性，而不用担心与其他组织内的域名冲突。

7.8.2　Internet 的基本服务

随着 Internet 的飞速发展，目前 Internet 上的各种服务已多达上万种，其中大多数服务是免费的。随着 Internet 商业化的发展趋势，它所能提供的服务将会进一步增多。下面介绍其主要的几个服务：

7.8.2.1　WWW 服务

WWW(World Wide Web)的中文名为万维网，它的出现是 Internet 发展中的一个里程碑。WWW 服务是 Internet 上最方便也是最受欢迎的信息服务类型，以广泛应用于电子商务、远程教育、远程医疗与信息服务等领域。

1) 超文本与超媒体

要想了解 WWW，首先要了解超文本(hypertext)与超媒体(hypermedia)的基本概念，因为它们是 WWW 的信息组织形式，也是 WWW 实现的关键技术之一。

长期以来，人们一直在研究如何对信息进行组织，其中最常见的方式就是现有的书籍。书籍采用有序的方式来组织信息，它将所要讲述的内容按照章、节的结构组织起来，读者可以按照章节的顺序进行阅读。

在 Web 信息服务中，采用了不同于传统书籍的信息组织方式，更方便于人们对各种信息的访问。在 WWW 系统中，信息是以超文本方式组织的，用户在浏览文本信息的同时，可以随时选中其中的“热字”，通过选择“热字”可以跳转到其他的文本信息上。“热字”成为超连接。图 7.29(a)给出了超文本方式的工作原理。

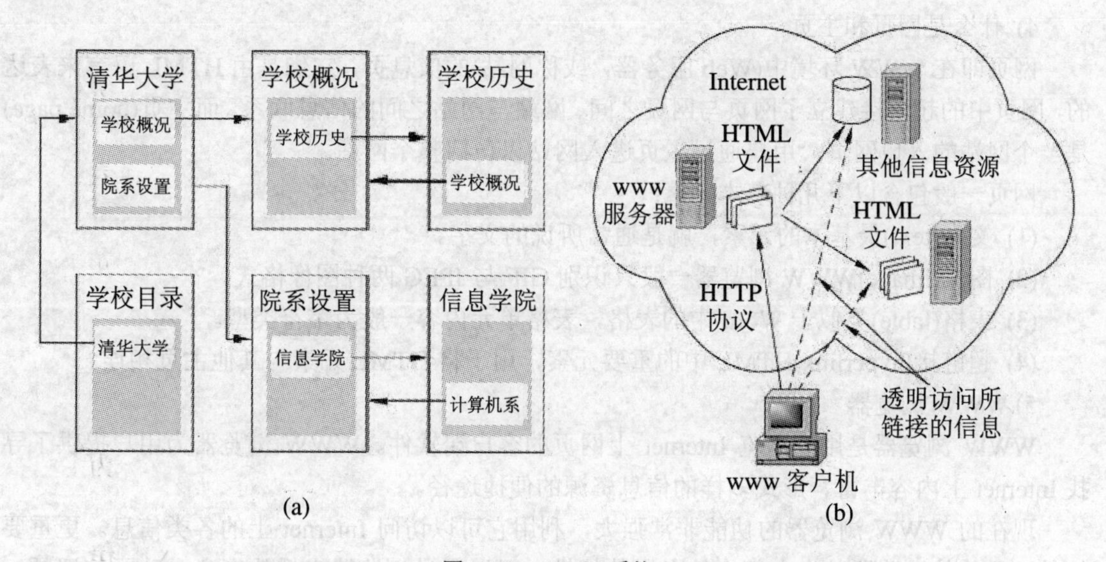

图 7.29　WWW 系统

超媒体进一步扩展了超文本所链接的信息类型。用户不仅能从一个文本跳到另一个文本，而且可以激活一段声音，显示一个图形，甚至可以播放一段动画。

2) WWW 的工作方式

WWW 是以超文本标注语言(HTML，Hypertext Markup Language)与超文本传输协议(HTTP，Hypertext Transfer Protocol)为基础的，能够提供面向 Internet 服务的、一致的用户界面的信息浏览系统。

WWW 系统的结构采用了客户机/服务器模式，它的工作原理如图 7.29(b)所示。信息资源以主页(也称网页)的形式存储在 WWW 服务器中，用户通过 WWW 客户端程序(浏览器)向 WWW 服务器发出请求；WWW 服务器根据客户端请求内容，将保存在 WWW 服务器中的某个页面发送给客户端；浏览器在接收到该页面后对其进行解释，最终将图、文、声并茂的画面呈现给用户。我们可以通过页面中的链接，方便地访问位于其他 WWW 服务器中的页面，或是其他类型的网络信息资源。

3) URL 与信息定位

在 Internet 中有如此众多的 WWW 服务器，而每台服务器中又包含很多的主页，我们如何找到想看的主页呢？这时，就需要使用统一资源定位器(URL，Uniform Resource Locators)。

标准的 URL 由三部分组成如下：服务器类型、主机名、路径和文件名。例如，上海交通大学的 WWW 服务器的 URL 为：

http://www.sjtu.edu.cn/index.html

协议类型　主机名　路径及地址

其中，“http:”指出要使用 HTTP 协议，“www．sjtu.edu.cn”指出要访问的服务器的主机名，“index.html”指出要访问的主页的路径与文件名。

因此，通过使用 URL 机制，用户可以指定以什么形式访问哪台服务器中的哪个文件。如果用户希望访问某台 WWW 服务器中的某个页面，只要在浏览器中输入该页面的 URL，便可以浏览到该页面。

4) 什么是网页和主页

网页即在 WWW 环境中(Web 服务器，或称网站)的信息页，它们是由 HTML 语言来表达的，网页中的超链接建立了网页与网页之间、网站与网站之间的信息联系。而主页(home page)是一个网站的入口网页，用户通过主页进入网站以访问整个网站。

网页一般包含以下几种基本元素：

(1) 文本(text)最基本的元素，就是通常所说的文字。

(2) 图像(image)WWW 浏览器一般只识别 GIF 与 JPEG 两种图像格式。

(3) 表格(table)类似于 Word 中的表格，表格单元内容一般为字符类型。

(4) 超链接(hyperlink)HTML 中的重要元素，用于将 HTML 元素与其他主页相连。

5) WWW 浏览器

WWW 浏览器是用来浏览 Internet 上网页的客户端软件。WWW 浏览器为用户提供了寻找 Internet 上内容丰富、形式多样的信息资源的便捷途径。

现在的 WWW 浏览器的功能非常强大，利用它可以访问 Internet 上的各类信息。更重要的是，目前的浏览器基本上都支持多媒体特性，可以通过浏览器来播放声音、动画与视频，使得 WWW 世界变得更加丰富多彩。目前，较流行的浏览器有：Netscape 公司的 Navigator，

Microsoft 公司的 Internet Explorer，以及 Mozilla 公司的 Firefox。

6) 搜索引擎

Internet 中拥有数以百万计的 WWW 服务器，而且 WWW 服务器所提供的信息种类及所覆盖的领域也极为丰富，如果要求用户了解每台 WWW 服务器的主机名，以及它所提供的资源种类，这简直就是天方夜谭。那么，用户如何在数百万个网站中快速、有效地查找到想要得到的信息呢？这就需要借助于 Internet 中的搜索引擎。

搜索引擎也是 WWW 服务器，但是它的主要任务是在 Internet 中主动搜索其他 WWW 服务器中的信息并对其自动索引，将索引内容存储在可供查询的大型数据库中。用户可以利用搜索引擎所提供的分类目录和查询功能查找所需要的信息。

用户在使用搜索引擎之前必须知道搜索引擎站点的主机名，通过该主机名用户便可以访问到搜索引擎站点的主页。使用搜索引擎，用户只需要知道自己要查找什么，或要查找的信息属于哪一类。当用户将自己要查找信息的关键字告诉搜索引擎后，搜索引擎会返回给用户包含该关键字信息的 URL，并提供通向该站点的链接，用户通过这些链接便可以获取所需的信息。

目前，较流行的搜索引擎有：Google(www.google.com)，Yahoo(www.yahoo.com)，以及百度(www.baidu.com)。

7.8.2.2　电子邮件服务

电子邮件服务又称为 E-mail 服务，是目前 Internet 上使用最频繁的一种服务，它为 Internet 用户之间发送和接收消息提供了一种快捷、廉价的现代化通信手段，在电子商务及国际交流中发挥着重要的作用。在传统通信方式中需要几天完成的传递，电子邮件系统仅用几分钟，甚至几秒钟就可以完成。

现在，电子邮件系统不但可以传输各种文字与格式的文本信息，而且还可以传输图像、声音、视频等多种信息，它已成为多媒体信息传输的重要手段之一。

Internet 中的电子邮件系统如同传统的邮政系统一样，设有邮局——邮件服务器、邮箱——电子邮箱，并有自己的电子邮件地址书写规则。

1) 电子邮件服务器的概念

邮件服务器(mail server)是 Internet 邮件服务系统的核心，它的作用与日常生活中的邮局相似。一方面，邮件服务器负责接收用户送来的邮件，并根据收件人地址发送到对方的邮件服务器中；另一方面，它负责接收由其他邮件服务器发来的邮件，并根据收件人地址分发到相应的电子邮箱中。

2) 电子邮箱的概念

如果我们要使用电子邮件服务，首先要拥有一个电子邮箱(mail box)。电子邮箱是由提供电子邮件服务的机构(一般是 ISP)为用户建立的。当用户向 ISP 申请 Internet 账户时，ISP 就会在它的邮件服务器上建立该用户的电子邮件账户，它包括用户名(user name)与用户密码(password)。任何人都可以将电子邮件发送到某个电子邮箱中，但只有电子邮箱的拥有者输入正确的用户名与用户密码，才能查看电子邮件内容或处理电子邮件。

每个电子邮箱都有一个邮箱地址，称为电子邮件地址(E-mail address)。电子邮件地址的格式是固定的，并且在全球范围内是唯一的。用户的电子邮件地址格式为：用户名@主机名，其中“@”符号表示“at”。主机名指的是拥有独立 IP 地址的计算机的名字，用户名是指在该计算机上为用户建立的电子邮件账号。例如，在“sjtu.edu.cn”主机上，有一个名为 zhangsan 的用户，那么该用户的 E—mail 地址为：zhangsan@sjtu.edu.cn。

3) 电子邮件系统结构

电子邮件系统分为两个部分：邮件服务器端与邮件客户端。在邮件服务器端，包括用来发送邮件的 SMTP 服务器、用来接收邮件的 POP3 服务器或 IMAP 服务器，以及用来存储电子邮件的电子邮箱；在邮件客户端，包括用来发送邮件的 SMTP 代理、用来接收邮件的 POP3 代理，以及为用户提供管理界面的用户接口程序。电子邮件系统结构如图 7.30 所示。

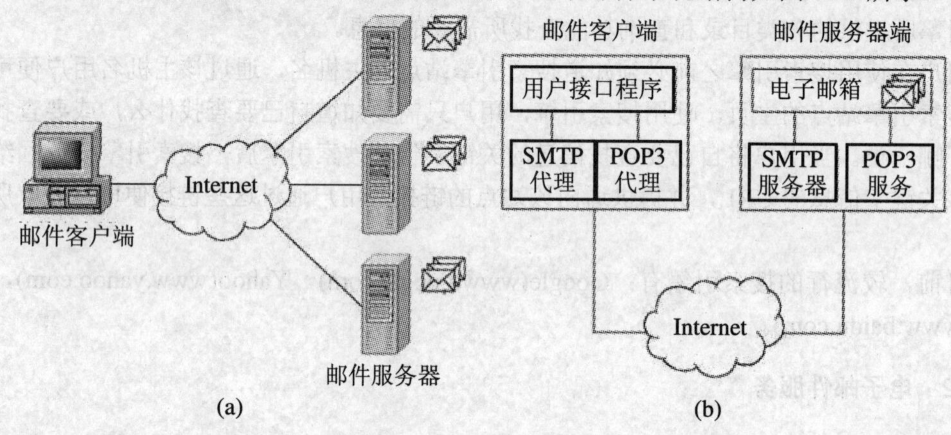

图 7.30 电子邮件系统结构

用户通过邮件客户端访问邮件服务器中的电子邮箱和其中的邮件，邮件服务器根据邮件客户端的请求对邮箱中的邮件作适当处理。邮件客户端使用 SMTP 协议向邮件服务器中发送邮件，邮件客户端需使用 POP3 协议或 IMAP 协议从邮件服务器中接收邮件。至于使用哪种协议接收邮件，取决于邮件服务器与邮件客户端支持的协议类型，一般的邮件服务器与客户端应用程序都支持 POP3 协议。

4) 电子邮件服务的工作过程

电子邮件服务基于客户机/服务器结构，它的具体工作过程简介如下：

首先，发送方将写好的邮件发送给自己的邮件服务器；发送方的邮件服务器接收用户送来的邮件，并根据收件人地址发送到对方的邮件服务器中；接收方的邮件服务器接收到其他服务器发来的邮件，并根据收件人地址分发到相应的电子邮箱中；最后，接收方可以在任何时间或地点从自己的邮件服务器中读取邮件，并对它们进行处理。发送方将电子邮件发出后，通过什么样的路径到达接收方，这个过程可能非常复杂，但是不需要用户介入，一切都是在 Internet 中自动完成的。

5) 电子邮件客户端软件

通过客户机中的电子邮件应用程序，我们才能发送与接收电子邮件。能够实现电子邮件功能的应用程序很多，其中最常用的主要有：Microsoft 公司的 Outlook Express 软件与 Netscape 公司的 Messanger 软件。

电子邮件应用程序的功能主要有以下两个方面：一方面，电子邮件应用程序负责将写好的邮件发送到邮件服务器中；另一方面，它负责从邮件服务器中读取邮件，并对它们进行处理。各种电子邮件系统所提供的服务功能基本上是相同的，都可以完成以下操作：

(1) 创建与发送电子邮件。

(2) 接收、阅读与管理电子邮件。

(3) 账号、邮箱与通信簿管理。

在电子邮件程序向邮件服务器中发送邮件时，使用的是简单邮件传输协议(Simple Mail Transfer Protocol，SMTP)。而在电子邮件程序从邮件服务器中读取邮件时，可以使用邮局协议(Post Office Protocol，POP3)或交互式邮件存取协议(Interactive Mail Access Protocol，IMAP)协议，它取决于邮件服务器支持的协议类型。

6) 电子邮件的格式

电子邮件与普通的邮政信件相似，也有自己固定的格式。电子邮件包括邮件头(mail header)与邮件体(mail body)两部分。

邮件头是由多项内容构成的，其中一部分是由系统自动生成的，如发信人地址(From：)、邮件发送的日期与时间；另一部分是由发件人自己输入的，如收信人地址(To：)、抄送人地址(Cc：)与邮件主题(Subject：)等。

邮件体就是实际要传送的信函内容。传统的电子邮件系统只能传输英文信息。而采用多目的电子邮件系统扩展(MIME，Multipurpose Internet Mail Extensions)的电子邮件系统不但能传输各种文字信息，而且能传输图像、语音与视频等多种信息，这就使得电子邮件变得丰富多彩起来。

7.8.2.3　文件传输服务

文件传输服务又称为 FTP 服务，它是 Internet 中最早提供的服务功能之一，目前仍然在广泛使用中。

1) 文件传输的概念

文件传输服务是由 FTP 应用程序提供的，而 FTP 应用程序遵循的是 TCP/IP 中的文件传输协议(FTP，File Transfer Protocol)，它允许用户将文件从一台计算机传输到另一台计算机上，并且能够保证传输的可靠性。

由于采用 TCP/IP 协议作为 Internet 的基本协议，无论两台 Internet 上的计算机在地理位置上相距多远，只要它们都支持 FTP 协议，它们之间就可以随意地相互传送文件。这样做不仅可以节省实时联机的通信费用，而且可以方便地阅读与处理传输过来的文件。

在 Internet 中，许多公司、大学的主机上含有数量众多的各种程序与文件，这是 Internet 的巨大而宝贵的信息资源。通过使用 FTP 服务，用户就可以方便地访问这些信息资源。采用 FTP 传输文件时，不需要对文件进行复杂的转换，因此 FTP 服务的效率比较高。在使用 FTP 服务后，等于使每个联网的计算机都拥有一个容量巨大的备份文件库，这是单个计算机无法比拟的优势。

2) FTP 服务的工作过程

FTP 服务采用的是典型的客户机/服务器工作模式。提供 FTP 服务的计算机称为 FTP 服务器，它通常是信息服务提供者的计算机，就相当于一个大的文件仓库。用户的本地计算机称为客户机。将文件从 FTP 服务器传输到客户机的过程称为下载，将文件从客户机传输到 FTP 服务器的过程称为上载。

FTP服务是一种实时的联机服务，用户在访问FTP服务器之前必须进行登录，登录时要求用户给出其在FTP服务器上的合法账号和口令。只有成功登录的用户才能访问该FTP服务器，并对授权的文件进行查阅和传输。FTP的这种工作方式限制了Internet上一些公用文件及资源的发布。为此，Internet上的多数FTP服务器都提供了一种匿名的FTP服务。

3) 匿名FTP服务

匿名FTP服务的实质是：提供服务的机构在它的FTP服务器上建立一个公开账户(一般为Anonymous)，并赋予该账户访问公共目录的权限，以便提供免费的服务。

要访问这些提供匿名服务的FTP服务器，一般不需要输入用户名与用户密码。如果需要输入它们，可以用“Anonymous”作为用户名，用“Guest”作为用户密码。有些FTP服务器可能会要求用户用自己的电子邮件地址作为用户密码。提供这类服务的服务器叫做匿名FTP服务器。

目前，Internet用户使用的大多数FTP服务都是匿名服务。为了保证FTP服务器的安全，几乎所有的匿名FTP服务都只允许用户下载文件，而不允许用户上载文件。

4) FTP客户端程序

目前，常用的FTP客户端程序通常有以下3种类型：传统的FTP命令行、浏览器与FTP下载工具。传统的FTP命令行是最早的FTP客户端程序，但需要进入MS—DOS窗口(或命令提示符窗口)。FTP命令行包括了几十条命令，对初学者来说是比较难于使用的。

目前的浏览器不但支持WWW方式访问，还支持FTP方式访问，通过它可以直接登录到FTP服务器并下载文件。例如，如果要访问上海交通大学的FTP服务器，只需在URL地址栏中输入“ftp://portal.sjtu.edu.cn”即可。使用FTP命令行或浏览器从FTP服务器下载文件时，如果在下载过程中网络连接意外中断，下载完的那部分文件将会前功尽弃。FTP下载工具可以解决这个问题，通过断点续传功能就可以继续进行剩余部分的传输。

目前，常用的FTP下载工具主要有以下几种：CuteFTP、LeapFTP、AceFTP、BulletFTP、WS FTP。其中，CuteFTP是较早出现的一种FTP下载软件，它的功能比较强大，支持断点续传、文件拖放、上载、标签与自动更名等功能。CuteFTP的使用方法很简单，但使用它只能访问FTP服务器。CuteFTP是一种共享软件，可以从很多提供共享软件的站点获得。

7.8.2.4 电子公告牌

电子公告牌(BBS)也是Internet上较常用的服务功能之一。电子公告牌提供一块公共电子白板，每个用户都可以在上面书写、发布信息或提出看法。用户可以利用BBS服务与未谋面的网友聊天，组织沙龙，获得帮助，讨论问题及为别人提供信息。

电子公告牌就像日常生活中的黑板报，可以按不同的主题，分成很多个布告栏。布告栏是依据大多数BBS使用者的需求与喜好而设立的。使用者可以阅读他人关于某个主题的最新看法，它有可能是在几秒钟之前别人刚发布的；使用者也可以将自己的看法毫无保留地贴到布告栏中去，同样也可以看到别人对你的观点发表的看法。如果需要私下进行交流的话，可以将想说的话直接发到某人的邮箱中。

网上聊天是BBS的一个重要功能，一台BBS服务器上可以开设多个聊天室。进入聊天室的人要输入一个聊天代号，先到聊天室的人会列出本次聊天的主题，用户可以在自己计算机的屏幕上看到。用户可以通过阅读屏幕上所显示的信息及输入自己想要表达的信息，与同一聊天室中的网友进行聊天。

在 BBS 中，人们之间的交流打破了空间与时间的限制。与别人进行交往时，无需考虑自己的年龄、学历、知识、社会地位、财富、外貌与健康状况，而这些条件在人们的其他交往形式中是无法回避的。而且，你也无法得知对方的真实社会地位。采用这种形式，你可以平等地与其他人进行任何问题的讨论。

国内许多大学都有 BBS，如清华大学的“水木清华” BBS，北京大学的“北大未名”BBS，上海交通大学的“饮水思源” BBS，复旦大学的“日月光华” BBS。目前，很多 BBS 站点开始提供 WWW 访问方式，用户只要连接到 Internet 上，就可以直接用浏览器阅读其他用户的留言，或者发表自己的意见。

7.8.3　接入 Internet

对于用户或称终端用户(end user)，要很好地利用 Internet 所提供的各种服务，首先要将自己的计算机接入 Internet。接入 Internet 有两种情景：单机接入(如从家里接入)和局域网接入(如从校园网接入)，如图 7.31 所示。提供单机接入 Internet 的技术通常称为“最后一公里”接入技术，就像是汽车从居住小区驶入主要公路的一段路程。传统的接入技术有通过传统电话线和有线电视网络，但是由于无法同时提供语音和数据业务以及窄带宽而处于基本淘汰状态，代之而起的是 ADSL、Cable Modem 和宽带无线接入等宽带接入技术，它们既可同时提供语音和数据业务，又能满足用户快速浏览网页、快速文本型 Email 收发、彩铃下载、MP3 音乐下载、电子书下载、基本的 QQ/MSN 视频聊天，以及多人互动网络游戏等基本需求。不过 Cable Modem 是总线型联网架构，挂在总线上的用户越多，每个用户能得到的带宽就越窄。而由于下一代网络正在向四合一(语音、数据、视频和无线)方向发展，因此宽带无线接入也将越来越多地成为消费者的一种选择。

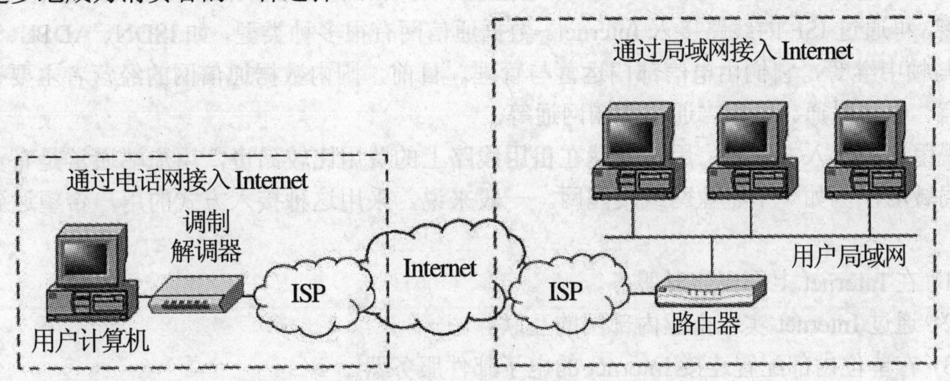

图 7.31　接入 Internet

不管使用哪种接入方式，首先都要连接到 ISP 的主机。从用户角度看，ISP 位于 Internet 的边缘，用户通过某种通信线路连接到 ISP，再通过 ISP 的连接通道接入 Internet。

7.8.3.1　选择 ISP

ISP 即 Internet 服务提供者(Internet Service Provider)是用户接入 Internet 的入口点。一方面，它为用户提供 Internet 接入服务；另一方面，它也为用户提供各类信息服务。国内主要的 ISP

有：中国宽带互联网(CHINANET)、中国教育和科研网(CERNET)、覆盖大专院校及科研部门的校园网)、中国移动互联网、中国联通互联网、中国卫星集团互联网等。

用户是否能够有效地访问 Internet，与 ISP 的选择有着直接的关系。应将速度快、使用方便、服务周到、价格便宜作为选择 ISP 的主要考虑因素。

7.8.3.2 通过电话网接入 Internet

通过电话网接入 Internet 可以有窄带接入(带宽不超过 56Kbps，通过拨号调制解调器连接)、宽带接入(如 ADSL)和无线接入。

由于电话线支持的传输速率有限，目前较好线路的最高传输速率可以达到 56kbps，一般线路只能达到 33.6kbps，而较差线路的传输速率会更低，所以这种方式适合于个人或小型企业使用。由于技术方面的原因，拨号线路的可靠性不够高，在大量信息传输过程中连接有时会断开，因此这种方式不适于提供 Internet 服务。

ADSL 是英文 Asymmetrical Digital Subscriber Loop(非对称数字用户环路)的英文缩写，ADSL 技术是运行在原有普通电话线上的一种新的高速宽带技术，它利用现有的一对电话铜线，为用户提供上、下行非对称的传输速率(带宽)。非对称主要体现在上行速率(最高 640Kbps)和下行速率(最高 8Mdps)的非对称性上。上行(从用户到网络)为低速的传输，可达 640Kbps；下行(从网络到用户)为高速传输，可达 8Mbps。它最初主要是针对视频点播业务开发的，随着技术的发展，逐步成为了一种较方便的宽带接入技术，为电信部门所重视。通过网络电视的机顶盒，可以实现许多以前在低速率下无法实现的网络应用。

7.8.3.3 通过局域网接入 Internet

所谓“通过局域网接入 Internet”，是指用户局域网使用路由器，通过数据通信网与 ISP 相连接，再通过 ISP 的线路接入 Internet。数据通信网有很多种类型，如 ISDN、ADSL、DDN、X.25 与帧中继等，它们由电信部门运营与管理。目前，国内数据通信网的经营者主要有：中国电信、中国联通、中国吉通与中国网通等。

采用这种接入方式时，用户花费在租用线路上的费用比较昂贵，用户端通常是有一定规模的局域网，例如一个企业网或校园网。一般来说，采用这种接入方式的用户希望达到以下目的：

(1) 在 Internet 上得到信息服务。

(2) 通过 Internet 实现企业内部网的互联。

(3) 在单位内部配置连接 Internet 的电子邮件服务器。

(4) 获得更大的带宽，以保证传输的可靠性。

至于用户选择哪种数据通信网络以及租用多大的带宽，要取决于用户的信息流量与能够承担的费用等多种因素。通常，ADSL 接入方式适合于中小企业的联网需求，而 DDN 与帧中继接入方式适合于对带宽要求比较高的应用，如大型企业接入 Internet 与专门的网站。

7.8.4 我国 Internet 宏观状况统计

2006 年 1 月 17 日，CNNIC(网址：http://www.cnnic.net.cn/)发布了“第十七次中国互联网络发展状况统计报告”。报告显示，截至 2005 年 12 月 31 日，我国网民人数达到 1.11 亿；

宽带上网网民人数为 6 430 万人，比 2004 年增加了 2 150 万人，增长率为 50.2%。宽带上网成为上网接入主流。详细信息如下：

(1) 网民规模和上网普及率平稳增长，但仍远低于世界平均水平。我国网民人数达到 1.11 亿，比 2004 年末增加了 1 700 万，增长率达到 18.1%。我国网民普及率达到 8.5%，目前，全球网民约 9.7 亿，平均普及率为 15.2%。

(2) 宽带网民增长迅速，宽带上网成为上网接入主流。宽带上网网民人数为 6430 万人，比 2004 年增加了 2 150 万人，增长率为 50.2%。宽带上网计算机数也首次超过了拨号上网计算机数。

(3) 域名总量平稳增长，国家域名.CN 增长迅速，成为国内新增域名首选。我国域名总数(包括我国国家顶级域名 CN 和 COM、NET、ORG 等通用顶级域名)为 2 592 410 个；CN 下注册的域名首次突破百万大关，达 1 096 924 个。

(4) 网站数量平缓增长。我国网站数为 694 200 个，一年增加 25 300 个。

(5) IP 地址位居世界第三，区域分布差异较大。我国大陆的 IPv4 地址数达到了 74 391 296 个，仅次于美国和日本，位居世界第三。

(6) 国际带宽增长迅速。网络国际出口带宽总量达到 136 106 M，同比增长率为 82.9%。

7.9　网络安全

在看到计算机网络的广泛应用对社会发展的正面作用的同时，也必须注意到它的负面影响。网络可以使经济、文化、社会、科学、教育等领域信息的获取、传输、处理与利用更加迅速和有效。那么，也必然会使个别坏人可能比较“方便” 地利用网络非法获取重要的经济、政治、军事、科技情报，或进行信息欺诈、破坏与网络攻击等犯罪活动。同时，也会出现利用网络发表不负责或损害他人利益的消息，涉及个人隐私法律与道德问题。计算机犯罪正在引起社会的普遍关注，而计算机网络是犯罪分子攻击的重点。计算机犯罪是一种高技术型犯罪，由于其犯罪的隐蔽性，因此会对网络安全构成很大的威胁。

7.9.1　网络安全的重要性

由于网络犯罪所造成的危害和损失是惊人的。2000 年有这样的统计数据：用计算机窃取银行资产，平均每次盗窃额为 883 279 美元，而银行被抢，平均每次损失才 6 100 美元。2000 年 2 月 7 日 10 时 15 分，汹涌而来的垃圾邮件堵死了雅虎网站除电子邮件服务等三个站点之外的所有服务器，雅虎大部分网络服务陷入瘫痪。第二天，世界最著名的网络拍卖行电子湾(eBay)也因神秘客袭击而瘫痪。美国有线新闻网 CNN 的网站也因遭神秘客的袭击而瘫痪近两个小时；顶级购物网站亚马逊也被迫关闭一个多小时。在此之后，又有一些著名网站被袭击，到 2 月 17 日为止，黑客攻击个案已增至 17 宗，引起美国道穷斯股票指数下降了 200 多点。成长中的高科技股纳斯达克股票也一度下跌了 80 个点。计算机病毒泛滥成灾，

恶性计算机病毒 CIH，导致国内很多应用单位的计算机被传染后，造成严重损失，影响了计算机信息系统的正常应用。CIH 计算机病毒在全球造成的损失据估计超过 10 亿美元，“爱虫(I Love you)” 病毒球造成全球损失预计高达 100 亿美元，“红色代码” 病毒更是危害无穷，具有病毒和黑客双重功能。冲击波病毒的肆虐更是损失惨重，美国国防部各大网站为此暂时

关闭，直至安装了防范该病毒的保护装置后才启动。

7.9.2 网络安全标准

7.9.2.1 主要的网络安全标准

网络安全单凭技术来解决是远远不够的，还必须依靠政府与立法机构，制定与不断完善法律与法规来进行制约。目前，我国与世界各国都非常重视计算机、网络与信息安全的立法问题。从 1987 年开始，我国政府就相继制定与颁布了一系列行政法规，它们主要包括：《电子计算机系统安全规范》(1987 年 10 月)、《计算机软件保护条例》(1991 年 5 月)、《计算机软件著作权登记办法》(1992 年 4 月)、《中华人民共和国计算机信息与系统安全保护条例》(1994 年 2 月)、《计算机信息系统保密管理暂行规定》(1998 年 2 月)、全国人民代表大会常务委员会通过的《关于维护互联网安全决定》(2000 年 12 月)等。

国外关于网络与信息安全技术与法规的研究起步较早，比较重要的组织有美国国家标准与技术协会(NIST)、美国国家安全局(NSA)、美国国防部(ARPA)，以及很多国家与国际性的组织(例如 IEEE CS 安全与政策工作组、故障处理与安全论坛等)。它们的工作重点各有侧重，主要集中在计算机、网络与信息系统的安全政策、标准、安全工具、防火墙、网络防攻击技术研究，以及计算机与网络紧急情况处理与援助等方面。

用于评估计算机、网络与信息系统安全性的标准已有多个，但是最先颁布，并且比较有影响的是美国国防部的黄皮书(可信计算机系统 TC-SEC-NCSC)评估准则。相应的欧洲信息安全评估标准(ITSEC)最初是用来协调法国、德国、英国、荷兰等国行动的指导标准，目前已经被欧洲各国所接受。

7.9.2.2 安全级别的分类

可信计算机系统评估准则 TC SEC NCSC 是 1983 年公布的，1985 年公布了可信网络说明(TNI)。可信计算机系统评估准则将计算机系统安全等级分为 4 类 7 个等级，即 D、C1、C2、B1、B2、B3 与 A1。

D 类系统的安全要求最低，属于非安全保护类，它不能用于多用户环境下的重要信息处理。D 类只有一个级别。

C 类系统为用户能定义访问控制要求的自主型保护类，它分为两个级别。C1 级系统具有一定的自主型访问控制机制，它只要求用户与数据应该分离。大部分 UNIX 系统可以满足 C1 级标准的要求。C2 级系统要求用户定义访问控制，通过注册认证、对用户启动系统、打开文件的权限检查，防止非法用户与越权用户访问信息资源。UNIX 系统通常能满足 C2 标准的大部分要求，有一些厂商的最新版本可以全部满足 C2 级系统要求。

B 类系统属于强制型安全保护类，即用户不能分配权限，只有网络管理员可以为用户分配访问权限。B 类系统分为 3 个级别。如果将信息保密级定为非保密、保密、秘密与机密四级，则 B1 级系统要求能够达到“秘密”一级。B1 级系统要求能满足强制型保护类，它要求系统的安全模型符合标准，对保密数据打印需要经过认定，系统管理员的权限要很明确。一些满足 C2 级的 UNIX 系统，可能只满足某些 B1 级标准的要求；也有一些软件公司的 UNIX 系统可以达到 B1 级标准的要求。B2 级系统对安全性的要求更高，它属于结构保护级。B2 级系统除了满足C1级系统的要求之外，还需要满足：对所有与信息系统直接或间接连接的计算机与外设均要由系统管理员分配访问权限；用户及信息系统的通信线路与设备都要可靠，并能够防御外界的电磁干扰；系统管理员与操作员的职能与权限明确。除了个别的操作 系统之外，大部分商用操作系统不能达到B2级系统的要求。B3级系统又称为安全域级系统，它要求系统通过硬件的方法去保护某个域的安全，例如通过内存管理的硬件去限制非授权用户对文件系统的访问企图。B3级要求系统在出现故障后能够自动恢复到原状态。现在的操作系统如不重新进行系统结构设计，是很难通过B3级系统安全要求测试的。

A1级系统的安全要求最高。A1级系统要求提供的安全服务功能与B3级系统基本一致。A1级系统在安全审计、安全测试、配置管理等方面提出了更高的要求。A1级系统在系统安全模型设计与软、硬件实现上要通过认证，要求达到更高的安全可信度。

7.9.3　个人计算机的安全措施

7.9.3.1　合理设置用户

网络中的非法用户可以通过猜测用户口令或窃取口令的办法，以合法用户的身份进入系统，进行非法查看、下载、修改、删除未授权访问的信息或使用未授权的网络服务等活动。对付这类问题的首要措施是合理设置用户，其中包括用户访问权限的设置、用户口令的设置。强壮的口令应该满足以下条件：

(1) 口令应该不少于8个字符。

(2) 不包含字典里的单词、不包括姓氏的汉语拼音。

(3) 同时包含多种类型的字符，比如：大写字母、小写字母、数字或标点符号。

(4) 不要在不同的计算机上使用相同的口令。

7.9.3.2　安装防病毒软件

据统计，目前70%的病毒发生在网络上。联网微型机病毒的传播速度是单机的20倍，而网络服务器消除病毒所花的时间是单机的40倍。电子邮件炸弹可以轻易地使用户的计算机瘫痪。有些网络病毒甚至会破坏系统硬件。我们经常会发现，有些网络设计人员可能已经在文件目录结构、用户组织、数据安全性、备份与恢复方法上，以及系统容错技术上采取了严格的措施，但是没有重视网络防病毒问题。也许有一天，人们在互相复制文件过程中染上病毒，以致系统瘫痪。

有关专家建议在操作系统安装之后要立即安装防病毒软件，并定期扫描、实时检测和清除计算机磁盘引导记录、文件系统和内存，以及电子邮件病毒。由于新的病毒和蠕虫及其各种变种发展很快，还应及时更新病毒定义码。从Internet上下载并运行软件时一定要谨慎，因为这些软件有可能感染病毒、藏有木马或后门。如果您必须使用这些软件，一定选择可信度高的站点。不要轻易打开陌生人的邮件，特别是邮件中的附件。

现在流行的防病毒软件有：赛门铁克(Symantec)公司的诺顿(Norton)防病毒软件，瑞星公司的杀毒软件。

7.9.3.3 设置防火墙

防火墙的概念起源于中世纪的城堡防卫系统。那时人们为了保护城堡的安全，在城堡的周围挖一条护城河，每一个进入城堡的人都要经过一个吊桥，接受城门守卫的检查。在网络中，人们借鉴了这种思想，设计了一种网络安全防护系统(即网络防火墙)。

防火墙是提供安全系统的硬件和软件的组合，通常用来防止从外部到内部网络或到Intranet 的未授权访问。防火墙通过网络外部的代理服务器路由通讯防止网络和外部计算机之间的直接通信。代理服务器确定将文件传送到网络上是否是安全的。

设计防火墙的目的有两个：一是进出内部网络的所有通信量都要通过防火墙；二是只有合法的通信量才能通过防火墙。通常可以通过设置不同的安全规则的防火墙来实现不同的网络安全策略。

7.10 网络软件的使用

7.10.1 局域网操作系统的使用

下面以Windows 2000 Server操作系统管理下的局域网为例,介绍用户账号的创建与管理、组的创建与管理、文件与目录服务，以及设置网络打印服务。

7.10.1.1 用户账号的创建与管理

Windows 2000 Server 使用活动目录创建与管理用户账号。

1) 用户账号的概念

要访问网络资源，必须登录到计算机网络。每个要登录到 Windows 2000 Server 的用户，都必须拥有一个合法的账号名称，该名称就称为“用户账号”。在活动目录中，账号表现为一条记录，它记录着有关用户的所有信息，包括用户名称、密码、组成员身份、用户权限与访问权限等。

Windows 2000 Server 安装成功后,系统自动提供两个内置的账号：一个是 Administrator,即系统管理员账号，这是拥有系统内最高权限的特殊身份用户。通常，它是由安装人员在系统安装时指定的。Administrator 账号的名称可以改变，但是这个账号不能被删除。另一个是Guest，即来宾账号，是供用户临时访问计算机或域而设置的账号，它只拥有很少的几种权限。Guest 账号的名称可以改变，但是这个账号不能被删除。

2) 创建用户账号

Windows 2000 Server 使用“Active Directory 用户和计算机”管理工具，来管理用户账号与组。依次选择“开始”→“程序”→“管理工具”“Active Directory 用户和计算机”，就可以打开“Active Directory 用户和计算机”管理工具(界面如图 7.32 所示)。

要创建用户账号，可以按以下步骤进行操作：首先，打开“Active Directory 用户和计算机”对话框。在对话框右侧区域中，选中“Users”选项，然后单击鼠标右键；在弹出的快捷菜单中，选择“新建”→“User”选项，这时将会弹出“新建对象-User”对话框。在“姓名”框中,输入用户姓名(例如“张三”);在“用户登录名”框中,输入用户登录名(例如“zhangsan”)。

完成输入后，单击“下一步”按钮。接着，按照向导逐次输入用户密码等选项，最后，单击“完成”按钮，系统将创建这个用户账号。

类似账户的创建，利用该工具我们还可以对用户账号进行其他方面的管理，如启用与禁用账号，重命名用户账号，修改用户账号密码，修改用户账号属性，以及删除用户账号。

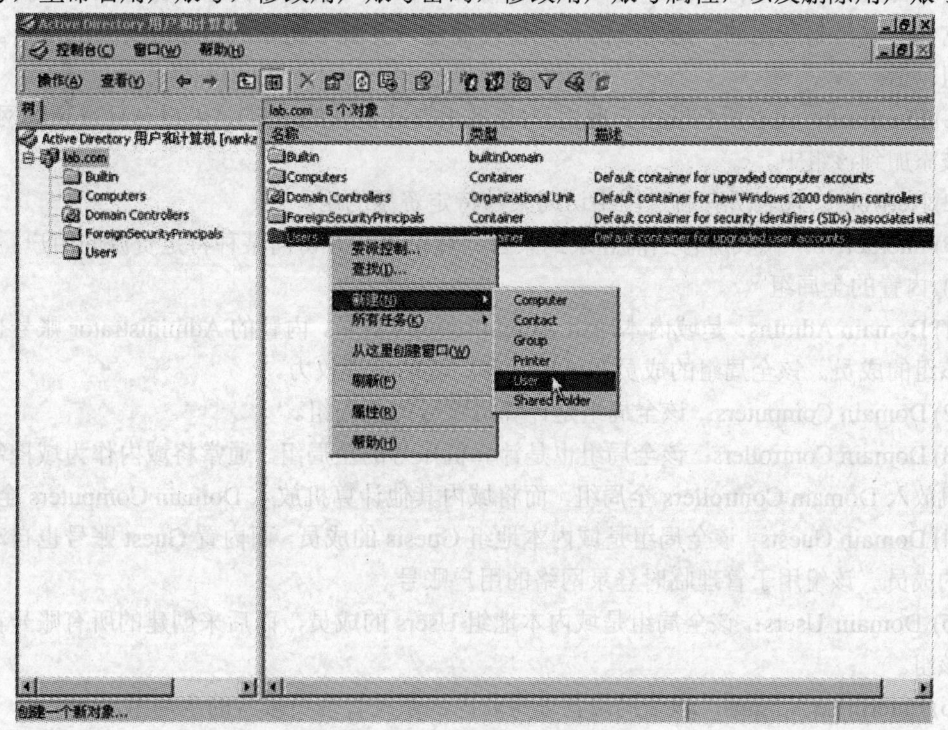

图 7.32　用户和计算机管理工具界面

7.10.1.2　组的创建与管理

Windows 2000 Server 可以将用户进行分组，通过对组的管理更方便更有效地进行用户管理。

1) 组的概念

对于网络中的资源，每个用户可以具有不同的访问权限。为用户分配权限时，可以分别设置每个用户对每种资源的权限。但是，当网络中的用户很多时，这种方法就显得相当麻烦，而且工作量也相对较大。组是管理用户权限的有效策略。把某种权限分配给一个组，然后把用户加入这个组，该用户就拥有了该组的所有权限。

2) 组的有效范围

在 Windows 2000 Server 中，每个组都有特定的有效范围。一般来说，组的有效范围分为以下 3 种：

(1) 通用组(universal group)：可以包含当前域林中的任何域成员，并可以在当前域林的任何域中获得权限。

(2) 全局组(global group)：其组成员只能来自其所在的域中，但其成员可以在当前域林的任何域获得权限。

(3) 域本地组(domain local group)：其组成员只能来自其所在的域中，也只能从所在域获得权限。

3) 活动目录中的特殊对象

活动目录还有一些特殊的、类似于组的特殊对象，可以将它们理解为特殊组。特殊的原因是它们的成员是变化的，随网络的使用情况而定，并且不能显示和修改其中的成员。这些特殊组包括：

(1) Everyone：代表所有网络当前用户(包括来自其他域的用户)，用户一旦登录到网络上，就会被添加到该组中。

(2) Network：代表所有通过网络访问某种特定资源的用户。

(3) Interactive：代表所有当前登录到某台计算机上，并访问某种特定资源的用户。

4) 内置的全局组

(1) Domain Admins：是域内本地组 Administrators 成员，内置的 Administrator 账号也自动成为该组的成员。该全局组的成员在域内具有广泛的管理权力。

(2) Domain Computers：该全局组是计算机账号的全局组。

(3) Domain Controllers：该全局组也是计算机账号的全局组。通常将域内作为域控制器的计算机放入 Domain Controllers 全局组，而将域内其他计算机放入 Domain Computers 全局组。

(4) Domain Guests：该全局组是域内本地组 Guests 的成员，而内置 Guest 账号也自动成为该组的成员。该组用于管理临时登录网络的用户账号。

(5) Domain Users：该全局组是域内本地组 Users 的成员，而后来创建的所有账号都自动加入该组。

(6) Enterprise Admins：该全局组管理企业内部系统管理员账号的全局组。

(7) Group Policy Admins：该全局组是具有组管理策略权限的用户账号的全局组。

(8) Schema Admins：该全局组是具有对象类型定义管理权限的用户账号的全局组。

5) 内置的本地组

域本地组的成员只能来自其所在的域中，并且它的成员也只能从所在域中获得权限。Windows 2000 Server 提供了一些内置的本地组。它们主要是：

(1) Account Operators：该组的成员可以通过”Active Directory 用户和计算机”管理工具来管理账号与组。

(2) Administrators：该组的权力最大，能完全地控制域和域控制器，也是唯一能自动被系统赋予所有权力的域本地组。

(3) Backup Operators：该组的成员可以备份、还原文件与文件夹，而不管他们是否具有访问这些文件与文件夹的权限。

(4) Guests：该组用于管理临时访问网络的用户，该组的成员不具有任何服务器上的任何权限，但可以登录到工作站上。

(5) Print Operators：该组的成员可以管理域内的打印机的所有操作。

(6) Replicator：该组实际上不包含实际的用户账号，只能给该组分配一个域用户账号，以便登录到域控制器，从而管理文件与文件夹的复制。

(7) Server Operators：每个域控制器上都有 Server Operators 组，该组可以管理域服务器。该组的成员可以进行大多数管理工作，但是他们不能控制安全选项。

(8) Users ：该组为用户提供日常使用权限，例如访问文件夹，运行应用程序，使用本地或网络打印机等。

6) 创建组和管理组

组是管理用户权限的有效策略，可以根据管理的需要，创建自己的组并将用户加入到这些组中。如果把某种权限分配给某个组，则该组中的所有用户都将拥有这些权限。

创建新组类似于创建账户。首先，打开“Active Directory 用户和计算机”对话框。在该对话框中，选中要创建新组的功能，然后按照添加新组的向导依次操作即可。接着向组中添加用户。如果将某种权限分配给某个组，然后再将某些用户添加到该组中，则该组中的用户都将拥有这些权限。同理我们可以对组进行有关管理：修改组的属性，重新命名组，以及删除组。

7.10.1.3　文件与目录服务

在 Windows 2000 Server 所提供的服务中，文件与目录服务是最重要的功能之一。只有将服务器上的目录或文件设置为共享，网络上的其他用户才能访问共享目录并访问其中的子目录或文件。

1) 设置共享目录

在将目录设置为共享目录时，首先需要为该目录起一个共享名称，该名称可以与目录的名称相同，也可以与目录的名称不同。对于网络上的用户来说，他们可以通过该共享名称来访问共享目录。

在 Windows 2000 Server 中，只有那些属于“Administrators”与“Server Operators” 组的用户，才有权力将目录设置为共享，并为共享目录设置一定的共享权限。

在将目录设置为共享目录时，有必要为该目录设置共享权限，以便限制网络用户对该目录的使用权限。共享权限共有以下 4 种：

(1) 拒绝：不允许用户访问该共享目录，以及它的子目录与文件。

(2) 读取：允许用户查看子目录与文件名称、文件中的数据，进入子目录并运行应用程序。

(3) 更改：允许用户查看子目录与文件名称、文件中的数据，进入子目录并运行应用程序，添加子目录与文件，修改文件中的数据，删除子目录与文件。

(4) 完全控制：允许用户查看子目录与文件名称、文件中的数据，进入子目录并运行应用程序，添加子目录与文件，修改文件中的数据，删除子目录与文件，更改 NTFS 格式的目录与文件的权限，夺取 NTFS 格式的目录与文件的所有权。

要将某个目录设置为共享目录，可以按以下步骤进行操作：首先，选中要设置为共享目录的目录(例如本地驱动器 E 下的“data”目录)，然后单击鼠标右键。这时，将会弹出一个快捷菜单，在菜单中选择“共享”命令。这时，将会弹出“data 属性”对话框。首先，选中“共享该文件夹”单选项，在“共享名”框中，输入该共享目录的共享名(例如“共享数据”)。在“用户数限制”选项框中，如果不限制访问该共享目录的用户数，选中“最多用户”；如果要限制访问该共享目录的用户数，选中“允许”单选项，然后在增量框中设置用户数量。接下来，我们要为该目录设置共享权限，系统默认的设置是“Everyone”，所有用户对该共享目录具有“完全控制”权限。如果要为用户设置共享权限，单击“添加”，在列表框中，列出所有可供选择的用户和组，然后设置权限，在“权限”列表框中，提供 4 种共享权限：完全控制、更改、读取与拒绝。如果要为用户设置某种权限，可以利用选中权限名称后的“允许”或“拒绝”复选框。

7.10.1.4 设置网络打印服务

打印机共享是将网络中的打印机设置为共享，以供有权限的用户使用。共享的打印机通常称为网络打印机。在使用网络打印机时，用户可以不必考虑打印机所处的位置，也不必考虑自己从何处上网。在 Windows 2000 Server 中，既可以将本地计算机上的打印机设置为共享，供网络用户使用来打印文档；也可以通过安装网络打印机，使用网络上其他计算机提供的共享打印机。

不仅客户机上的打印机可以设置为共享，服务器上的打印机也可以设置为共享。通过在服务器上创建打印机共享，用户可以将服务器配置成打印服务器。当然先要在服务器上安装打印机，然后将其设置为共享。可以通过设置打印机的属性将其设置为共享。

7.10.2 接入 Internet 的方法

7.10.2.1 通过电话网接入 Internet 的方法

对于我国大多数用户，尤其是个人用户，通过电话网或有线电视网接入 Internet 是普遍采用的方法。如果已经有一台计算机与一部电话，则只需为计算机安装一个调制解调器或网卡即可。以 Windows XP 为例介绍操作步骤如下：

(1) 打开“网络连接”(可通过“控制面板”上的“网络和 Internet 连接”类别)。

(2) 在“网络任务”下，单击“创建一个新的连接”，然后单击“下一步”。

(3) 单击“连接到 Internet”，然后单击“下一步”。

(4) 选择下列选项之一：

① 如果已在 Internet 服务提供商(ISP)那里拥有帐户，那么请单击“手动设置我的连接”，然后单击“下一步”。

对于“手动设置我的连接”进行以下操作：

- 如果使用标准 28.8 Kbps 或 56 Kbps 或 ISDN 调制解调器连接到 ISP，那么请单击“用拨号调制解调器连接”，单击“下一步”，然后按照向导中的说明进行操作。
- 如果 DSL 或电缆调制解调器 ISP 连接要求输入用户名和密码，那么请单击“用要求用户名和密码的宽带连接来连接”，单击“下一步”，然后按照向导中的说明进行操作。
- 如果 DSL 或电缆调制解调器 ISP 连接始终处于连接状态，并且不要求输入用户名和密码，那么请单击“用一直在线的宽带连接来连接”，单击“下一步”，然后单击“完成”。

② 如果拥有 ISP 的 CD，那么请单击“使用我从 ISP 得到的 CD”，然后单击“下一步”。

③ 如果没有 Internet 帐户，那么请单击“从 Internet 服务提供商(ISP)列表选择”，然后单击“下一步”。

7.10.2.2 通过局域网接入 Internet 的具体方法

局域网通常是由路由器负责与 Internet 建立连接的，例如校园网。如果要通过局域网接入 Internet，只需接入该局域网。因此，需要为计算机安装一块网卡，并需从局域网提供者处获得许可或账户，按照其要求进行网络设置。对于学校用户来说，这是非常方便的途径。

7.10.3　WWW 浏览器的使用

下面以 Microsoft Internet Explorer(简称为：IE)为例介绍 Web 浏览器的基本使用方法。如果需要进一步了解和使用 IE 的其他功能，可以通过其“帮助”菜单打开“目录和索引”查看有关信息。

7.10.3.1　Internet Explorer 浏览器界面

Internet Explorer 浏览器界面如图 7.33 所示。

图 7.33　Internet Explorer 浏览器界面

标题栏：标题栏位于界面的顶部，用于显示当前网页的名称。

菜单栏：提供 IE 浏览器的操作命令。

工具栏：包括标准功能按钮、“地址”栏、“链接”栏三项。标准按钮以按钮的形式列出菜单中常用的操作命令，“地址”栏用来输入和显示当前网页的网址，“链接”栏则可用于访问收藏夹中链接项中存放的网页。

工作区：显示当前网页的文字、图等内容。

7.10.3.2　浏览网页

在浏览器的地址栏中输入要浏览的网站的 URL 地址，然后按回车键即可。接着就可以在浏览器的工作区中浏览网页上的信息，并通过点击超链接浏览相关网页。在浏览过程中可以利用工具栏中的按钮方便浏览：

(1) 主页按钮：用于打开浏览器时浏览器自动进入的页面。主页的设置：单击“工具”菜单→“Internet 选项”→“常规”，在“主页”的“地址”文本框处可输入起始页的地址。单击工具栏的“主页”图标可直接进入设定的主页。

(2) 后退按钮：用于浏览访问过的网页，该网页相对于当前网页的上一页。

(3) 前进按钮：用于浏览访问过的网页，该网页相对于当前网页的下一页。

(4) 停止按钮：中断正在浏览的 Web 页的连接。

(5) 刷新按钮：更新当前页。如果在频繁更新的 Web 页上看到旧的信息或者图形加载不正确，可以使用该功能。

注：通过按钮图标，可以直观地判断按钮的功能。将鼠标指向该图标按钮并停留片刻，就能显示其功能。

7.10.3.3 浏览器的基本设置

通过“工具”菜单的“Internet 选项”可以对 IE 浏览器进行“常规”、“安全”、“隐私”、“内容”、“连接”、“程序”、“高级”等设置，如图 7.34 所示。

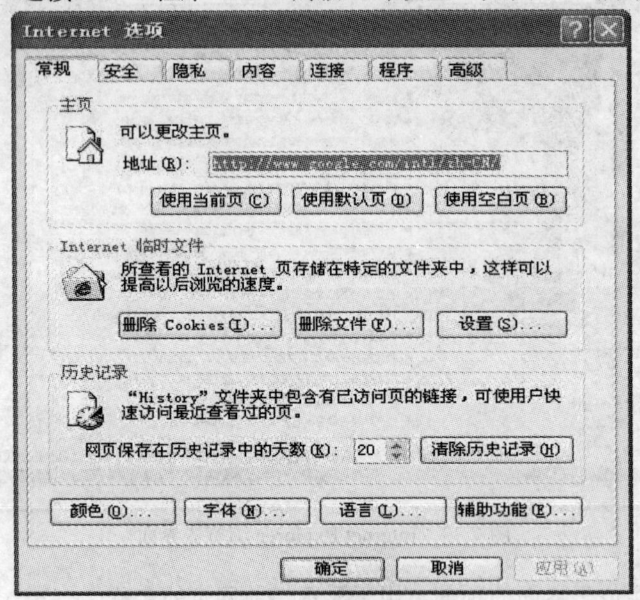

图 7.34 浏览器设置

(1)“常规”选项卡。其功能有：可以更改默认的主页；设置 Internet 临时文件夹的属性，以便提高以后浏览的速度；删除临时文件夹的内容，增加计算机的硬盘可用空间；以及对历史记录中记录的清除及历史记录存储时间的设置。

(2)“安全”选项卡。Web 内容的安全设置，其中包括 Internet、本地 Intranet、受信任的站点、受限制的站点的内容设置。在这里还可以对该区域的安全级别进行设置，其中包括自定义级别和默认级别。

(3)“隐私”选项卡。在该选项卡中，可以移动滑块来为 Internet 区域选择一个浏览的隐私设置，即设置浏览网页是否允许使用 Cookie 的限制。

(4)“内容”选项卡。在该选项卡中可以进行三方面的设置，分别是分级审查、证书和个人信息。分级系统可以帮助我们控制在计算机上看到的 Internet 内容。

(5)“连接”选项卡。在该选项卡中可以设置一个 Internet 拨号连接，或添加 Internet 网络连接，还可以设置连接的代理服务器，以及设置局域网的相关参数(代理服务器的地址)等。如果在局域网内上网，单击“连接”选项卡，可设置代理服务器的地址

(6)“程序”选项卡。在该选项卡的“Internet 程序”项中，可以指定 Windows 自动用于每个 Internet 服务的程序，其中包括 HTML 编辑器、电子邮件等。可“重置 Web 设置”，将 Internet Explorer 重置为使用默认的主页和搜索页等。

(7)“高级”选项卡。在该选项卡中的设置很多，它主要是 IE 个性化浏览的设置，其中包括 HTTP1.1 设置、MicrosoftVM、安全、从地址栏中搜索、打印、多媒体、辅助功能、浏览页面的显示效果等相关的属性设置。

7.10.3.4　收藏夹的使用

用于保存正在浏览的网页网址以便以后浏览。可以通过“收藏”菜单中的“添加到收藏夹”命令将当前网页的地址添加到收藏夹的列表中；此外可以通过“收藏”菜单中的“整理收藏夹”命令，将已收藏的网页地址分类管理。

7.10.3.5　搜索引擎的使用

首先利用浏览器打开搜索引擎，如图 7.35 所示，然后在查询条件栏中输入查询关键字，为快速查询有关信息，可采用以下方法：

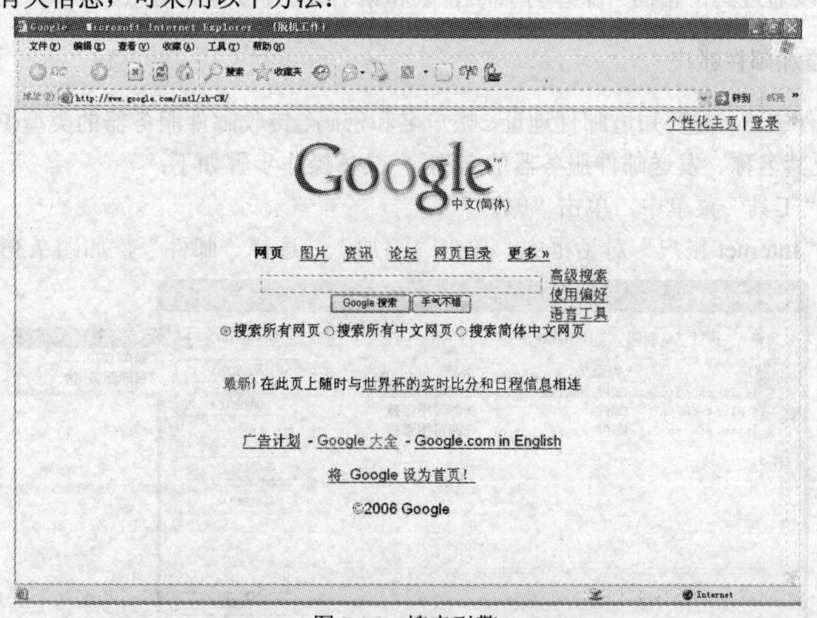

图 7.35　搜索引擎

(1) 查询条件具体化。在搜索引擎中输入稍微复杂的搜索条件。举例来讲，如果想找一些有关“Excel 的数学函数的使用方法”的资料，可搜索“Excel 数学函数”(“Excel”与“数学函数”之间用空格隔开)。试比较这两种查询所返回的结果。使用第二种搜索条件返回的搜索

结果远远大于使用第一种搜索条件返回的搜索结果。输入较具体的条件可以过滤掉大量的无用信息，从而加速搜索。

(2) 使用加号。有时需要搜索结果中包含有查询的两个或是两个以上的内容，这时可以把几个条件之间用“+”号相连。比如说想查询王菲的歌曲《香奈儿》，可以输入‘王菲+香奈儿'。其实大多数搜索引擎用加号的查询结果和用空格的查询结果是相同的。

(3) 使用减号。有时可能在查询某个主题的内容时不希望包含另一个主题的内容，这时就可以使用减号了。加快搜索相关信息的速度，不必为太多的无关信息而烦恼。

(4) 使用引号。在搜索引擎中，使用引号“”可以保证搜索结果非常准确。因为，即使是有分词功能的搜索引擎也不会对引号内的内容进行拆分。在很多搜索引擎中，给这种查询方式起名叫短语查询，或者专用词语查询。这一方法在查找名言警句或专有名词时显得格外有用。像Google可以对中文句子作智能化处理，会自动把句子分割成词语作为关键词。

7.10.4 电子邮件客户端软件的使用

下面以Microsoft公司的Outlook Express为例介绍电子邮件客户端软件的使用方法。

通过 Internet 连接和 Microsoft Outlook Express，你可以与 Internet 上的任何人交换电子邮件并加入许多有趣的新闻组。如果要收发电子邮件，则必须添加邮件帐户，此时需要帐户名、密码及发送和接收邮件服务器的名称或IP地址。如果要加入新闻组，则必须添加新闻组，此时需要所要连接的新闻服务器的名称或IP地址，如果必要，还需要帐户名和密码。本节仅介绍利用Outlook Express如何收发电子邮件。如果需要进一步了解和使用Outlook Express的其他功能可以通过其“帮助”菜单打开“目录和索引” 查看有关信息。

7.10.4.1 添加邮件帐户

对于邮件帐户，需要知道邮件地址、帐户名和密码、接收邮件服务器的类型(POP3、IMAP或 HTTP)及其名称、发送邮件服务器的名称。 具体操作步骤如下：

(1) 在“工具”菜单中，单击“帐户”。

(2) 在“Internet帐户”对话框中，单击“添加”，选择“邮件”，如图7.36所示。

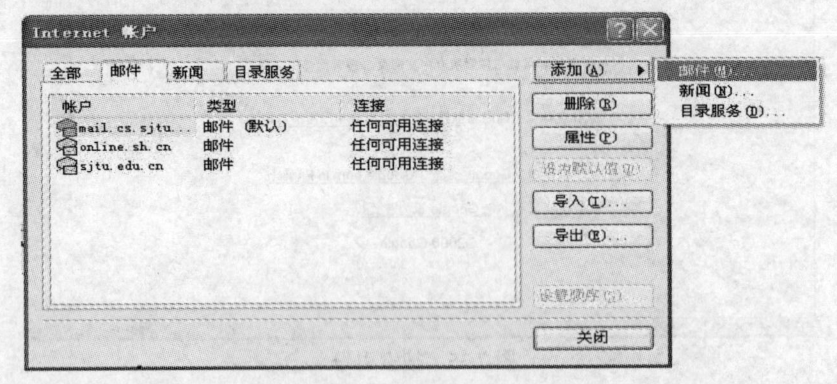

图7.36 添加邮件账户

(3) 按照向导，输入电子邮件地址，如zhangsan@sjtu.edu.cn。

(4) 输入接收邮件服务器和发送邮件服务器的地址，如图7.37所示。

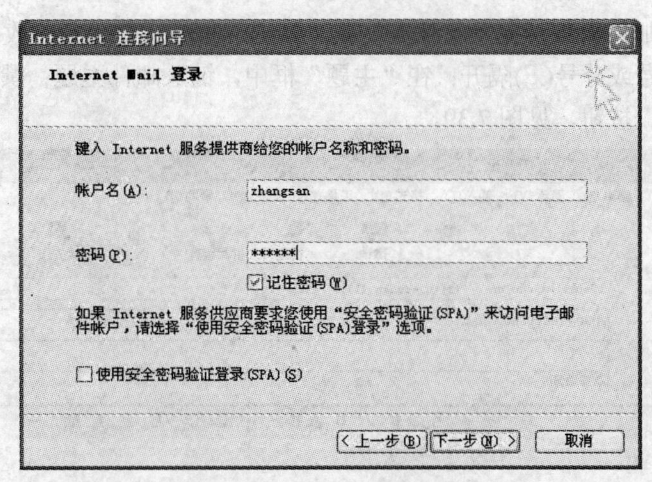

图 7.37　邮件服务器设置

(5) 输入电子邮件账号：用户名和密码，如图 7.38 所示。

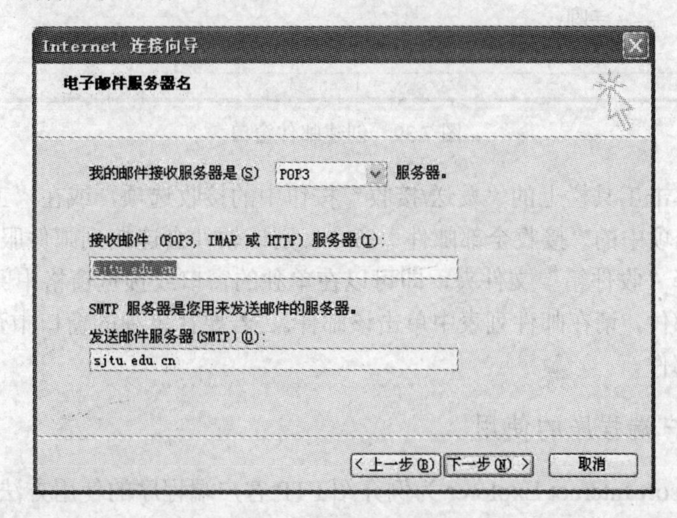

图 7.38　邮件账户设置

7.10.4.2　几个重要的邮件文件夹

(1) 收件箱：保存各账户收到的已读和未读的邮件。

(2) 发件箱：保存各账户没有成功发送到收件服务器的邮件，Outlook Express 启动或按"发送/接收"按钮时，会自动发送其中的邮件。

(3) 已发送邮件：保存各账户已成功发送到收件服务器的邮件。

(4) 已删除邮件：保存用户删除的邮件，以便用户在必要时阅读。

(5) 草稿：保存着用户撰写后尚未发送的邮件，一旦用户进行了"发送"操作，这个邮件立即转到发件箱中，等待发送，如果发送成功，这个邮件又转到"已发送邮件"箱中。

7.10.4.3　发送和接收邮件

发送邮件：在工具栏上，点击"创建邮件"按钮，或 在"文件"菜单中选择"新建"邮件命令，可打开新邮件窗口，在“收件人”或“抄送”框中，键入每位收件人的电子邮件地址，分别用英文逗号或分号(;)隔开；在“主题”框中，键入邮件主题；撰写邮件，然后单击工具栏上的“发送”按钮，见图 7.39。

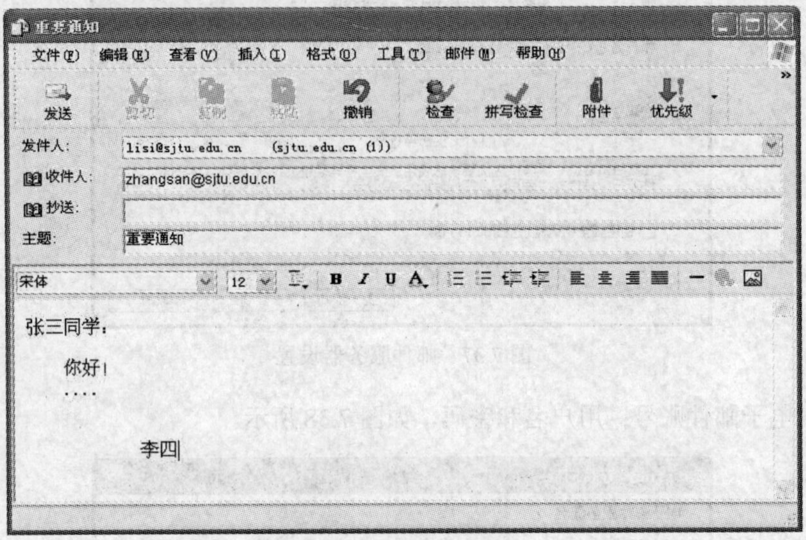

图 7.39 创建邮件窗口

接收邮件：单击工具栏上的“发送/接收”按钮中的接收选项，或在“工具”菜单中选择“发送和接收”选项中的“接收全部邮件”命令，则该软件会连接到邮件服务器并下载邮件，下载完毕后，选择“收件箱”文件夹，即可以在单独的窗口或预览窗格中阅读邮件。若要在预览窗格中查看邮件，请在邮件列表中单击该邮件。 若要在单独的窗口中查看邮件，请在邮件列表中双击该邮件。

7.10.5 FTP 客户端程序的使用

下面以 Microsoft Internet Explorer 为例介绍 FTP 客户端程序的使用方法。

7.10.5.1 连接 FTP 服务器

简单地说，FTP 就是完成两台计算机之间的文件复制，从远程计算机上把文件复制至本地计算机上，称之为“下载(download)”文件。若将文件从本地计算机中复制到远程计算机上，则称之为“上传(upload)”文件。利用 IE “下载”或“上传” 文件，首先要连接到 FTP 服务器。连接的方式是在 IE 地址栏内输入以下格式的 URL：

ftp：//用户名：密码@FTP 服务器的 IP 地址或域名[：FTP 端口]/路径/文件名

上面的参数中，协议名 ftp 和 FTP 服务器的 IP 地址或域名是必需的。以下地址都是有效的 FTP 地址：

ftp：//portal.sjtu.edu.cn

ftp：//user @ portal.sjtu.edu.cn

ftp：//user：password@ portal.sjtu.edu.cn

注：默认的 FTP 端口是 21，通常不必给出。

7.10.5.2　访问 FTP 服务器

如果连接成功，则可浏览和下载文件，如图 7.40 所示。浏览的方式非常简单，只需要双击即可打开相应的文件夹和文件。若要下载只需选择文件后右击鼠标，在快捷菜单中选择“复制”而后打开 Windows 资源管理器，将该文件或文件夹粘贴到要保存的位置即可。如果要上传文件或重命名、删除、新建文件和文件夹，则用户必须具有 “读写”的权限。通过 Web 浏览器向 FTP 站点中上传文件夹和文件的方式是：先打开 Windows 资源管理器，选中并复制要上传的文件夹和文件，然后，在 Web 浏览器中浏览并找到目的文件夹，再在浏览器的空白处右击鼠标，在快捷菜单中选择“粘贴”即可。在 Web 浏览器中重命名和删除 FTP 站点中的文件夹和文件的方式，类似于 Windows 资源管理器。其他专用的 FTP 客户端软件，如 CuteFTP、LeapFTP 等，功能更强大、使用更方便。

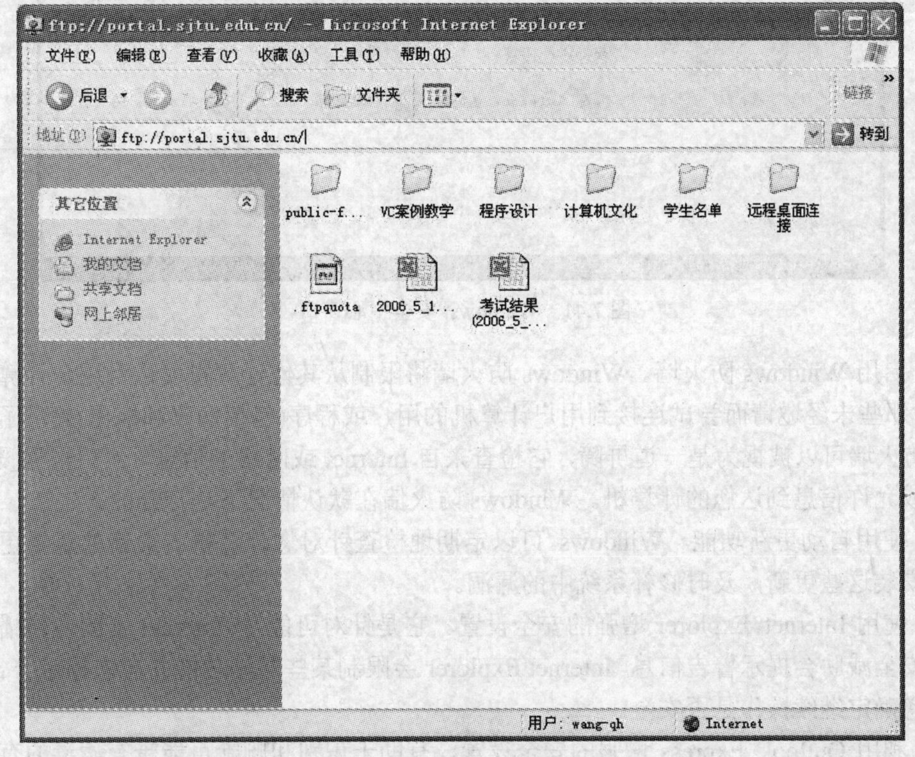

图 7.40　利用 IE 访问 ftp

7.10.6　安全设置

考虑到目前大多数用户的操作系统都是 Windows XP，下面以 Windows XP 为例介绍个人计算机环境下的安全设置。

较之以前版本的 Windows 操作系统，Windows XP 不仅安全功能更强，而且设置和管理也相当的方便，我们应该充分利用它们：

(1) 使用“安全中心”检查安全设置，并进一步了解如何通过 Windows 防火墙、自动更新和防病毒软件来增强计算机的安全性。通过控制面板打开“安全中心”，如图 7.41 所示。

通过“安全中心”可以查看系统的安全设置状态或进行安全设置。

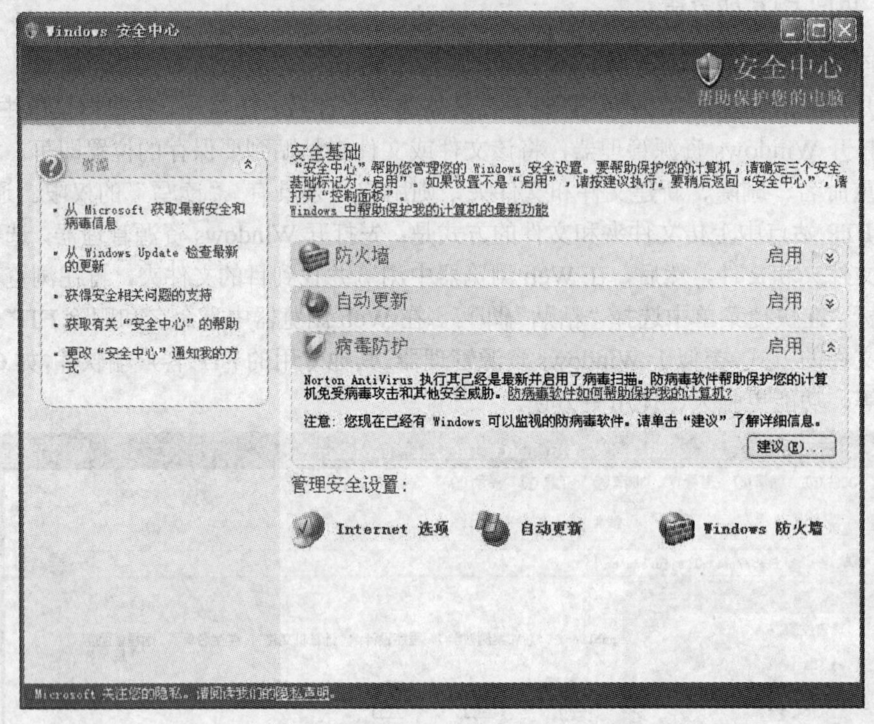

图 7.41　Windows 安全中心窗口

(2) 启用 Windows 防火墙。Windows 防火墙将限制从其他计算机发送到用户计算机上的信息，对那些未经邀请而尝试连接到用户计算机的用户或程序(包括病毒和蠕虫)提供了一条防御线。防火墙可以被视为是一道屏障，它检查来自 Internet 或网络的信息，然后根据设置，拒绝信息或允许信息到达您的计算机。Windows 防火墙在默认情况下是打开的。

(3) 使用自动更新功能。Windows 可以定期地检查针对您计算机的最新的重要更新，然后自动安装这些更新，及时修补系统中的漏洞。

(4) 使用 Internet Explorer 增强的安全设置。它是针对可能在 Internet 范围内传播的病毒和其他安全威胁会提示警告信息。Internet Explorer 会限制某些网站功能并向您提示警告信息，以便让您确定继续操作是否安全。

(5) 利用 Outlook Express 增强的安全设置，有助于识别和删除可能带有病毒的有害电子邮件附件。不要打开来自您不认识的发件人的电子邮件附件。如果主题行比较杂乱或者没有任何意义，请在打开附件前向发件人确认。

● 小结

计算机网络是计算机技术与通信技术高度发展、紧密结合的产物。网络技术的进步正在对当前信息产业的发展产生着重要的影响。计算机网络经历了 4 个发展阶段。当前计算机网络发展的特点是：Internet 的广泛应用与高速网络技术的迅速发展。从资源共享观点来看，计算机网络是“以能够相互共享资源的方式互联起来的自治计算机系统的集合”。计算机网络根据所采用的传输技术可分为两类：广播式网络与点-点式网络；从网络可覆盖的范围可分为三类：局域网、城域网与广域网。联网的计算机之间要做到有条不紊地交换数据，就必须遵守一些事先约定好的规则。这些为网络数据交换而制定的规则、约定与通信标准被称为网络协议。国际标准化组织定义了计算机网络的7层结构模型，即OSI参考模型。OSI参考模型定义了开放系统的层次结构、层次之间的相互关系及各层所包括的可能的服务。OSI参考模型的提出对推动网络协议标准化研究起到了重要作用。TCP/IP参考模型是四层结构的网络互联参考模型，它伴随着Internet的发展而成为目前公认的工业标准。

数据通信技术是网络技术发展的基础。数据通信是指在不同计算机之间传送二进制代码0、1比特序列的过程。信号是数据在传输过程中的电信号的表示形式。按照在传输介质上传输的信号类型，可以分为模拟信号和数字信号两类，我们相应将数据通信系统分为模拟通信系统与数字通信系统两种。传输介质是网络中连接收发双方的物理通路，也是通信中实际传送信息的载体。网络中常用的传输介质有：双绞线、同轴电缆、光纤电缆及无线与卫星通信信道。传输介质的特性对网络中数据通信质量的影响很大。由于光纤具有低损耗、高带宽、低误码率与安全保密性好的特点，因此是一种最有前途的传输介质。在数据通信技术中，我们将利用模拟通信信道，通过调制解调器传输数字信号的方法称做频带传输；而将直接利用数字通信信道传输数字数据信号的方法称做基带传输。数据传输速率是描述数据传输系统性能的重要技术指标之一。数据传输速率在数值上等于每秒钟传输构成数据代码的二进制比特数，单位为比特每秒，记做bps。网络中计算机之间的数据交换主要采用分组交换技术。在采用存储转发方式的广域网中，分组交换可以采用数据报方式或虚电路方式。误码率是指二进制码元在数据传输系统中被传错的概率，它是衡量数据传输系统正常工作状态下传输可靠性的主要参数之一。循环冗余编码CRC是目前应用最广、检错能力较强的一种检错码编码方法。

局域网与广域网的一个重要区别是它们覆盖的地理范围，它在基本通信机制上选择了与广域网完全不同的方式，从“存储转发”改变为“共享介质”方式与“交换方式”。局域网在网络拓扑结构上主要分为总线型、环型与星型结构3种。在网络传输介质上，局域网主要采用双绞线、同轴电缆与光纤，但是目前无线局域网技术的发展也十分迅速。随着交换式局域网技术的发展，交换局域网结构将逐渐取代传统的共享介质局域网，交换技术的发展为虚拟局域网的实现提供了技术基础。局域网操作系统是利用局域网低层提供的数据传输功能，为高层网络用户提供共享资源管理服务的局域网系统软件。局域网操作系统的基本功能主要有：文件服务、打印服务、数据库服务、通信服务、网络管理服务等。典型的网络操作系统主要有：Windows 2000 Server、NetWare、UNIX与Linux等。网络用户账号是每个要登录到网络的用户必须拥有的合法账号名称。Administrator是系统管理员账号，是拥有系统内最高权限的特殊身份用户。Guest是供用户临时访问计算机或域而设置的账号，它只拥有很少的几种权限。组是一种用来保存账号信息的对象。将某种权限分配给一个组，然后把用户加入这个组，该用户就拥有了该组的所有权限。网络用户可以通过该共享名称来访问共享目录。在将目录设置为共享目录时，有必要为该目录设置共享权限，以限制网络用户对该目录的使用权限。在网络中共享的打印机通常称为网络打印机，它可以供拥有该打印机使用权限的用户使用。

网络互联是将分布在不同地理位置的网络连接起来，以构成更大规模的互联网络系统，实现在更大范围内对互联网络资源的共享。网络互联类型主要有：局域网-局域网互联、局域网-广域网互联、局域网-广域网-局域网互联，以及广域网-广域网互联。根据网络层次的结构模型，网络互联的层次可以分为：在数据链路层实现互联，在网络层实现互联，以及在传输层及以上的各层实现互联。网桥是在数据链路层上实现网络互联的设备，它能够互联两个采用不同数据链路层协议、不同传输介质与不同传输速率的网络。路由器是在网络层上实现多个网络互联的设备。在一个大型互联网中，经常用多个路由器将多个局域网与局域网、局域网与广域网互联起来。路由器能够为不同子网的计算机之间的数据交换选择适当的传输路径。网关是在传输层及以上层上实现多个网络互联的设备，可以实现不同网络协议之间的转换功能。

Internet 的中文名为“因特网”，它是全球性的、最具影响力的计算机互联网络，也是世界范围的信息资源宝库。从 Internet 的结构角度看，它是一个使用路由器将分布在世界各地的、数以千万计的计算机网络互联起来的网际网。用户可以通过 Internet 实现全球范围的电子邮件、WWW 信息查询与浏览、电子新闻、文件传输、语音服务等功能。TCP/IP 协议是 Internet 中计算机之间通信所必须共同遵循的一种通信协议。Internet 地址能够唯一地确定 Internet 上每台计算机与每个用户的位置。对于用户来说，Internet 地址有两种表示形式：IP 地址与域名。WWW 服务是 Internet 上最方便与最受用户欢迎的信息服务类型。它的出现对推动 Internet 技术的发展，扩大 Internet 应用领域起到了十分重要的作用。电子商务、远程教育、远程医疗与各种信息服务都是建立在 WWW 服务的基础上的。电子邮件服务是 Internet 上应用最为广泛的一种服务，它为 Internet 用户之间发送和接收消息提供了一种快捷、方便的通信手段。文件传输服务是 Internet 的基本服务功能之一，利用它可以将文件从一台计算机传输到另一台计算机中，并保证传输的可靠性。用户计算机接入 Internet 的方式主要有两种：通过单机接入 Internet 与通过局域网接入 Internet。ISP 是 Internet 接入服务的提供者，不论通过哪种方式接入 Internet，首先都要连接到 ISP 的主机。Internet Explorer 是目前使用最广泛的一种 WWW 浏览器软件，它是访问 Internet 中的主页的必备工具，而且还是一个 FTP 客户端程序，通过它可以登录到 FTP 服务器并下载文件。Outlook Express 是目前使用最广泛的一种电子邮件软件，它是接收与发送电子邮件的必备工具。搜索引擎是指 Internet 上执行信息搜索的专门站点，它们可以对站点、主页等进行分类与搜索等操作。

在看到计算机网络的广泛应用对社会发展所起的正面作用的同时，也必须注意到它的负面影响。有些人可以比较“方便”地利用网络进行各种犯罪活动，对网络安全构成了很大的威胁。由于网络安全问题所造成的危害和损失是惊人的。我们必须有强烈的网络安全意识和掌握一定的防范技术，其中常用的方法有：及时更新系统、安装防病毒软件和定期扫描、设置防火墙、进行必要的数据备份。

● 习题

(1) 计算机网络的发展可以划分为几个阶段？每个阶段都有什么特点？

(2) 按照资源共享的观点定义的计算机网络应具备哪几个主要特征？

(3) 通信子网与资源子网的联系与区别是什么？

(4) 局域网、城域网与广域网的主要特征是什么？

(5) 计算机网络采用层次结构的模型有什么好处？

(6) 请描述 OSI 参考模型中各层的基本功能。

(7) 请描述 TCP/IP 参考模型中各层的基本功能。

(8) 请比较 OSI 参考模型与 TCP/IP 参考模型的异同点。

(9) 通过比较说明双绞线、同轴电缆和光纤等 3 种常用传输介质的特点。

(10) 在广域网中采用的数据交换技术主要有几种类型？它们各有什么特点？

(11) 在通信过程中，数据传输差错是如何产生的？

(12) 决定局域网特性的三个技术要素是什么？

(13) 局域网基本拓扑构型主要分为哪 3 类？它们之间有什么区别与联系？

(14) 网络互联的类型有哪几种？它们之间有什么区别？

(15) 网桥在哪层上实现了不同网络的互联？网桥具有什么特点？

(16) 路由器在哪层上实现了不同网络的互联？

(17) 网关在哪层上实现了不同网络的互联？

(18) 局域网操作系统与单机操作系统的主要区别是什么？

(19) 请说明局域网操作系统的基本服务功能。

(20) 请说明 Internet 的基本结构与组成部分。

(21) IP 地址的结构是怎样的？IP 地址可以分为哪几种？

(22) Internet 的基本服务功能有哪几种？它们各有什么特点？

(23) 请说明 WWW 服务的基本工作原理。

(24) 请说明电子邮件服务的基本工作原理。

(25) 什么是用户账号的概念？系统提供了哪些内置用户账号？如何创建新的用户账号？

(26) 什么是组账号的概念？组账号的类型有哪些？如何创建新的组账号？

(27) 什么是共享目录的共享权限与本地使用权限？它们有什么区别与联系？如何为共享目录设置共享权限与本地使用权限？

(28) 如何安装网络打印机？如何设置网络打印服务器属性？

(29) ISP 在用户接入 Internet 时的作用是什么？如何选择 ISP？

(30) 如何通过电话网接入 Internet？

(31) 请使用 IE 浏览器访问“上海交通大学”主页(http://www.sjtu.edu.cn)。

(32) 请使用 IE 浏览器访问一个 FTP 服务器(ftp://portal.sjtu.edu.cn)。

(33) 请使用 IE 浏览器访问“百度”搜索引擎(http://www.baidu.com)，并搜索关键字为“计算机网络”的站点或信息。

(34) 请使用 Outlook Express 创建电子邮件账号，首先到网络中心申请电子邮件账号，然后进行设置(如电子邮件地址为“zhangsan@sjtu.edu.cn”。邮件接收服务器(POP3)为“sjtu.edu.cn”，邮件发送服务器(SMTP)为“sjtu.edu.cn”)。

(35) 请使用 Outlook Express 发送电子邮件(邮件标题为“Test”)。

(36) 请使用 Outlook Express 接收电子邮件。

(37) 请从校园网中下载防病毒软件并进行安装。

参 考 文 献

[1] 吴功宜. 计算机网络应用技术教程[M]. 北京：清华大学出版社, 2002.
[2] Douglas E Comer. 计算机网络与因特网[M]. 北京：清华大学出版社, 2002.
[3] 余志和. 信息时代纵横[M]. 北京：京华出版社, 1998.
[4] 邹忠民. 网络环境下信息服务的特点及图书馆发展探索[J]. 中国图书馆学报, 2001(1).
[5] 赵继海. 论数字图书馆个性化定制服务[J]. 中国图书馆学报, 2001(3).
[6] 郳锦文. 论信息的开发利用[J]. 情报学报, 2001, 20(3).
[7] 傅祖靶. 信息论——基础理论与应用[M]. 北京：电子工业出版社, 2001.
[8] 岳剑波. 信息管理基础[M]. 北京：清华大学出版社, 1999.
[9] 薛华成. 管理信息系统(第三版)[M]. 北京：清华大学出版社, 1999.
[10] 虞有澄. 开创数字化未来[M]. 北京：生活•读书•新知三联书店, 1999.
[11] 张燕飞. 信息产业概论[M]. 湖北：武汉大学出版社, 1998.
[12] 鄂大伟. 信息技术基础[M]. 北京：高等教育出版社, 2003.

网络站点资源

http://www.bast.cn.net　首都科技网站
http://www.bjkp.gov.cn　北京科普之窗网站
http://www.bnii.gov.cn　北京市信息化工作办公室首都之窗网站
http://www.shanghaiit.gov.cn　上海信息化网站
http://www.hnii.gov.cn　湖南省信息产业厅机关网站
http://www.infosec.org.cn　中国计算机安全网站
http://www.ithome.org.cn　北京市信息协会 iThome 网站